教育部高等职业教育示范专业规划教材
（电气工程及自动化类专业）

可编程控制器综合应用技术

主编　邓　松
参编　阮友德　马金平
　　　吴　锋　付　婕
主审　张迎辉

机　械　工　业　出　版　社

本书选用三菱小型机中功能最强的 FX_{3U} PLC 和应用最广泛的 FX_{2N} PLC 为目标机型。

全书主要内容分为 3 篇，共 8 章。第 1 篇为可编程序控制器基本单元及指令系统，包括第 1 ~4 章，介绍了常用可编程序控制器及其基本单元、逻辑指令及其应用、顺序控制指令及其应用，以及功能指令及其应用；第 2 篇为 FX 可编程序控制器特殊功能单元，包括第 5 ~7 章，介绍了模拟量处理模块及通信模块(板)、变频器及触摸屏；第 3 篇为综合应用，包括第 8 章，介绍了可编程序控制器的综合应用。为了便于学生理解知识要领，提高动手能力，本书设计了 38 个项目，其中，逻辑指令应用项目 9 个，顺序控制指令应用项目 6 个，功能指令应用项目 4 个，综合应用项目 19 个。

为方便教师教学，本书配有免费电子课件等，凡选用本书作为教材的学校，均可来电索取，咨询电话：010-88379375；E-mail：cmpgaozhi@sina. com。

本书可作为高职高专院校、本科院校的电气工程及自动化类专业、机电一体化技术专业、检测技术及应用专业、数控技术专业及相关专业的教材，也可作为成人教育学院、技师学校相关专业的教材，还可供专业技术人员参考。

图书在版编目(CIP)数据

可编程控制器综合应用技术/邓松主编. —北京：机械工业出版社，2010. 3(2015. 8 重印)

教育部高等职业教育示范专业规划教材. 电气工程及自动化类专业

ISBN 978-7-111-29933-2

Ⅰ. ①可… Ⅱ. ①邓… Ⅲ. ①可编程序控制器-高等学校：技术学校-教材 Ⅳ. ①TM571. 6

中国版本图书馆 CIP 数据核字(2010)第 035372 号

机械工业出版社(北京市百万庄大街 22 号 邮政编码 100037)
策划编辑：于 宁 责任编辑：王宗锋 版式设计：霍永明
责任校对：姜 婷 封面设计：鞠 杨 责任印制：乔 宇
北京铭成印刷有限公司印刷
2015 年 8 月第 1 版第 3 次印刷
184mm×260mm ·22. 5 印张 · 549 千字
6001—8000 册
标准书号：ISBN 978-7-111-29933-2
定价：47. 00 元

凡购本书，如有缺页、倒页、脱页，由本社发行部调换

电话服务	网络服务
社服务中心：(010)88361066	教 材 网：http://www. cmpedu. com
销 售 一 部：(010)68326294	机工官网：http://www. cmpbook. com
销 售 二 部：(010)88379649	机工官博：http://weibo. com/cmp1952
读者购书热线：(010)88379203	**封面无防伪标均为盗版**

前　言

在 PLC 技术应用中，存在着入门容易提高难的问题；在选择教材时也存在着入门类的教材多，而提高类的教材少的现象。例如，对于功能最强大的 FX_{3U} 系列 PLC，介绍其综合应用的教材非常缺乏。为此，本书选用三菱小型机中功能最强的 FX_{3U} 系列 PLC 和应用最广泛的 FX_{2N} 系列 PLC 为目标机型，介绍了可编程序控制器基本单元及其指令系统、特殊功能单元以及其综合应用。

本书贯彻以就业为导向，以能力培养为核心，以技能训练为载体，注重工学结合的指导思想，根据企业实际需求和 PLC 技术的发展选取内容；章节安排遵循由浅入深、循序渐进的认知规律；项目典型、可操作性强，通过大量操作性训练，使学生在不断解决新问题中，学习知识、应用知识、巩固知识，达到举一反三，进而全面提高 PLC 综合应用的能力。

本书由深圳职业技术学院邓松老师主编，参加编写的还有阮友德、马金平、吴锋和付婕。其中，邓松和马金平编写第 1 篇，邓松、付婕和吴锋编写第 2 篇，邓松和阮友德编写第 3 篇和附录。邓松负责本书大纲的制定并统稿。张迎辉老师认真审阅了全书，提出了许多宝贵的建议，在此深表谢意。

由于编者水平有限，书中难免出现错误，敬请读者批评指正，联系电话：0755-26731267，电子邮箱：ds1210@ oa. szpt. net。

编　者

目　　录

第 1 篇

可编程序控制器基本单元及指令系统

1

第1章　常用可编程序控制器及其基本单元

1.1　常用可编程序控制器

可编程序控制器英文 Programmable Controller，缩写为 PC，但为了和个人计算机(Personal Computer,PC)区别，把可编程序控制器称为可编程序逻辑控制器(Programmable Logical Controller)，简称 PLC，但 PLC 已远远超越逻辑控制的概念，它已经成为工业控制中最重要、应用场合最多的工业控制计算机。

1.1.1　国产 PLC 品牌

国内 PLC 生产厂商约 30 家，比较知名的 PLC 品牌有北京和利时公司生产的 HOLLiAS LK 和 HOLLiAS LM 系列，深圳市矩形科技有限公司(原德维森科技自动化事业部)生产的 ATCS PPC 和 ATCS V80 系列，深圳汇川技术有限公司生产的 H2U 系列，南京德冠科技有限公司生产的嘉华 JH200 和 CA 系列等，当前国产 PLC 市场占有率越来越高，性能与国外 PLC 相当，有的技术指标甚至超过国外品牌。

图 1-1　HOLLiAS LK 大型 PLC

1. 和利时公司的 HOLLiAS LK 系列 PLC 和 HOLLiAS LM 系列 PLC

和利时公司的 HOLLiAS LK 系列大型 PLC 是国产大型 PLC 中最为成熟的产品之一，如图 1-1 所示，厂家提供多种型号 CPU 模块，可根据不同的需要进行选择。其特点如下：

1）配备高性能处理器，运算处理速度快，性能稳定。

2）用户程序存储量大，可达 4～16MB。

3）高速背板总线，直接将本地 I/O 数据映射到 CPU 存储空间。

4）支持 CPU 及通信网络冗余，系统安全性高。

5）集成 10Mbit/s、100Mbit/s 以太网接口。

6）集成 RS232 接口、RS232/RS485(组态可选)接口。

7）支持 PROFIBMS-DP 协议，系统扩展能力强。

8）支持带电插拔。

9）支持 SD 存储卡。

10）支持梯形图(LD)、指令表(IL)、功能块图(FBD)、结构文本(ST)、顺序功能图(SFC)和连续功能图(CFC)六种编程语言。

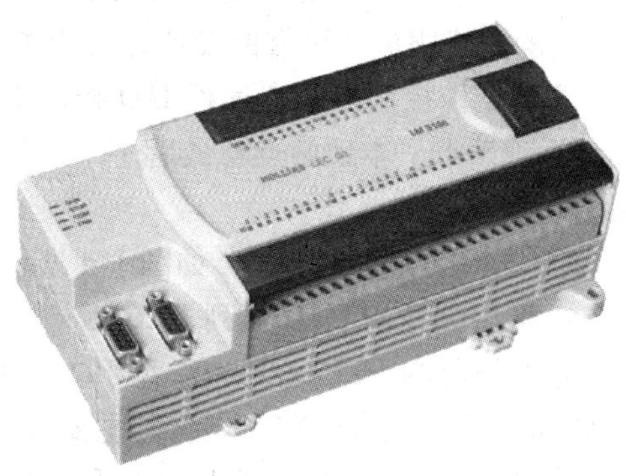

图 1-2　HOLLiAS LM 小型 PLC

HOLLiAS LM 系列为小型 PLC 系列，如图 1-2

所示，包括 LM3104～LM3109 等多种型号，其配套扩展单元和模拟量单元及通信扩展单元比较齐全，指令系统丰富，基本指令有 340 条，扩展指令 47 条，运算速度为 0.37μs/步。

2. 矩形公司的 ATCS PPC 系列 PLC 和 ATCS V80 系列 PLC

深圳市矩形科技有限公司是国内知名 PLC 生产厂家，其技术实力雄厚，产品系列齐全，ATCS 控制系统有 PPC 中型和 V80 小型两大系列，PPC 系列集成传统的 SCADA、PLC、DCS 以及运行控制于一体，以其技术先进、开放灵活、性价比高等特点广泛应用于轻工机械、电站、石油、化工、天然气、冶金、建材、物流运输、仓储、印染、制药、印刷、采矿、水处理、食品加工、电子制造、市政城建、节能以及楼宇智能建筑等众多领域。

ATCS PPC 系列包括 PPC11、PPC11/R、PPC22、PPC22/R、PPC31 和 PPC31/R 等型号，如图 1-3 所示。

图 1-3　ATCS PPC PLC

PPC11 系列可编程序控制器在应用上可以作为一独立控制系统，亦可通过特殊的内建功能 PLC Link 来连接多台 PLC 以减轻单站 PLC 的工作负担，更可达到分布式控制的成效；或通过远程控制模块 Link10 来控制远程的 I/O 模块。可控制的 I/O 点最大可达 2048 点；应用程序记忆容量大，梯形图程序容量为 48K 字，可进行各种复杂或中大规模的控制；执行每 1K 字的程序仅需 0.2ms。PPC11 系列可编程序控制器应用指令丰富，除具有基本梯形图指令、计数指令、计时指令外，还具有浮点数的四则运算指令、数码转换指令、数据处理指令及特殊指令（如 CDMR、CDMW）等，能适应各种复杂的控制要求；具有远程 I/O 能力，控制距离长达 10km，传输速度高达 2.5Mbit/s，除增强可靠性外，还可大量节省配线成本；具有各种 AC、DC 输入/输出模块及 A/D 模块、D/A 模块、高速计数模块、高级语言模块等多种接口，可满足各种控制需求。

ATCS PPC22 系列控制器是一种面向对象的实时可编程序控制器，采用 32 位 CPU 和嵌入式实时操作系统，数字量输入/输出分别可达 16384 和 8192 点，模拟量输入和输出分别可达 4096 和 2048 点，16MB RAM 空间。

ATCS PPC31 系列控制器（PPC31、PPC31/R 和 PPC31/HS）融合了 PC-BASED 和 JAVA 虚拟机技术，使其在信息处理方面具备了超强的灵活性和开放性，并提供丰富的网络服务和可靠的设备冗余功能。

PPC31/R 控制器具有远程 I/O 控制能力，可以连接 15 个远程站点。本地站点与最后一个远程站点的最大传输距离为 6096m。

ATCS V80 为小型 PLC，如图 1-4 所示。

图 1-4　ATCS V80 PLC

3. 汇川公司的 H2U 系列 PLC

汇川公司的 H2U 系列为小型 PLC，有 14 个型号的产品，I/O 点数为 32～128 点，其主要特点如下：

1）用户程序存储空间大，无需扩展内存卡即可达 24K 步。

2）模块内集成大容量电源，可以直接给传感器、人机界面、外部继电器提供电源。

3）提供多通道高频率高速输入接口端子，实现运行控制和定位控制。

4）集成两个独立 RS422、RS485 通信口，支持 MODBUS 指令，方便系统集成。

5）提供完备的加密功能，保护用户知识产权。

6）运算速度快，支持 128 个子程序和 21 个中断子程序，均可以带参数调用和独立的密码保护。

4. 嘉华公司的 JH200 系列 PLC 和 CA 系列 PLC

JH200 系列可编程序控制器是带自堆栈接口模块，以 12 点为最小任意配置，功能丰富，不仅能胜任逻辑、定时和计数控制，还能完成数据处理、高速计数和模拟量控制。JH200 系列 PLC 还具有通信联网功能，很容易和上位机组成网络控制系统，实现集散控制，而且编程简单，标准卡槽安装方便，已达到国际先进水平。该系列 PLC 是中国 PLC 协会推荐替代进口同类产品的首选产品。JH200 系列和 JH200H 系列可编程序控制器是适用于小型工业过程自动控制理想的控制装置。JH200 系列 PLC 可扩展 8 路输入 4 路输出单元模块，最大点数为 108 点(72 入 36 出)，适用于交流 127V/1A、直流 30V/2A 以下输出状态的控制场合。JH200H 系列 PLC 的可扩展 12 路输入模块和 8 路输出模块，最大点数为 120 点(72 入 48 出)，适用于交流 240V/5A、直流 24V/5A 以下输出状态的控制场合。

CA 系列可编程序控制器，为最新设计的高性能低价位小型 PLC，继承了 JH 系列可靠性高、使用方便的特点。采用了基于新的 RISC 结构的 MCU、所有运算处理都在单芯片中完成，大幅提高了运行速度和可靠性，并可使用多种 PLC 指令编程，内置的 RS485 接口，可以极为方便地组网。由标准的 12 路输入模块及标准的 8 路输出模块构成，可嵌接出最大为 120 点(72 入 48 出)的 PLC，适用于交流 240V/5A、直流 24V/5A 以下输出状态的控制场合。

1.1.2 国外 PLC 品牌

国外主要的 PLC 生产厂商有日本的三菱(MITSUBISHI)，德国西门子(SIEMENS)，美国 ROCKWELL 公司所属 A—B 公司、法拉克(GE-FANUC)公司，法国施奈德(SCHNEIDER)，此外还用日本的欧姆龙(OMRON)、夏普(SHARP)、富士(FUJI)等。

1. 三菱公司(MITSUBISHI)的 Q 系列 PLC 和 FX 系列 PLC

日本三菱公司生产的 PLC 有 Q 系列和 FX 系列，其中 Q 系列为大型 PLC，FX 系列为小型 PLC，早期还有 QnA、AnS、A 系列，目前这三个系列都已经停产。Q 系列 PLC 包括基本型、高性能型、过程型和冗余型，如图 1-5 所示。

图 1-5 三菱公司的 Q 系列 PLC

基本型 Q 系列 PLC 的 CPU 是以小规模系统为对象的，适合于简单而又紧凑的控制系统；它所支持的最大 I/O 点数为 1024 点(Q00J 为 256 点)；基本型 Q 系列 PLC 的 CPU 内部都含有闪存 ROM，所以能在不使用存储卡的情况下对 ROM 进行操作；Q00/Q01

的 ROM 容量为 8KB 和 14KB；可以使用梯形图、语句表、ST(结构化文本,类高级语言)、SFC、FB 等 5 种编程语言对基本型 Q 系列 PLC 的 CPU 进行编程。除了 Q00J 为 CPU、电源和主基板(可带 32 点输入/输出)一体的以外，Q00/Q01 都为独立的 CPU 模块。Q00/Q01CPU 内置串行通信功能，CPU 的 RS232 接口能与使用 MC 通信协议的外部设备进行通信。

高性能型 Q 系列 PLC 的 CPU 是以中大规模系统为对象的，在大幅提高 CPU 模块处理性能和程序寄存器容量的同时，还提高了 PLC 与网络模块、外围设备之间进行数据通信的性能；支持的本地 I/O 最大可达 4096 点，内置标准 RAM 及 ROM，还可插存储卡，程序容量最大有 252KB(Q02、Q02H 容量 28KB,Q06 容量 60KB,Q12 容量 124KB,Q25 容量 252KB)；最快指令速度仅需 34ns(纳秒)；除了可以使用梯形图、语句表、ST(结构化文本,类高级语言)、SFC、FB 等 5 种编程语言进行编程外还支持结构化编程；有 12MB 的 USB 和 115KB 的 RS232 两个编程接口(除 Q02PLC 的 CPU 外)；高性能 QCPU 可支持多达 4 个 CPU，一个系统中可集成顺序控制 CPU、过程控制 CPU、运行控制 CPU(最大 96 轴)和 PC CPU。

过程型 Q 系列 PLC 是为了构建高性价比的计量测试控制系统，以高性能型 Q 系列 PLC 的 CPU 为基础，在追加计量测试控制用指令的同时，还提高了工程环境使用的随意性；52 种控制算法，自整定 PID，具有小型 DCS 的特性且成本更低廉；与梯形图相结合，提高编程效率；通道间隔离的高精度的模拟量处理模块，支持在线模块更换。过程型 Q 系列 PLC 包括 Q12PH 和 Q25PH 两种型号。

冗余型 PLC 的 CPU 在过程控制 CPU(与过程型 PLC 型号相同)的基础上实现电源冗余、网络冗余、CPU 冗余。在以太网、MELSECNET/H、CPU、电源发生故障时都会进行自动切换，切换时间最快为 40ms。可以预防因突然出现的故障而造成的损失。程序只需写入主控 CPU，备用 CPU 可通过热备电缆备份。冗余系统可以使用普通的 Q 系列模块降低成本。

FX 小型机在产系列包括 FX_{1N}、FX_{1NC}、FX_{1S}、FX_{2N}、FX_{2NC}、FX_{3U}、FX_{3UC}、FX_{3G}。

FX_{1N}：控制规模为 4～128 点，CPU 运算处理速度为 0.55～0.7μs/条基本指令，在 FX_{1N} 系列 PLC 右侧可连接输入/输出扩展模块和特殊功能模块，基本单元内置 2 轴独立(最高 100kHz)定位输出功能(晶体管输出型)，内置 8KB 的 EEPROM 存储器，无需电池，免维护。

FX_{1NC}：控制规模为 16～128 点，连接器输入/输出型的紧凑型标准机型，可扩展输入/输出，内置 8KB 的 EEPROM 存储器，无需电池，免维护。

FX_{1S}：控制规模为 10～30 点，内置 2KB 的 EEPROM 存储器，无需电池，免维护，CPU 运算处理速度 0.55～0.7μs/条基本指令，基本单元内置 2 轴独立(最高 100kHz)定位输出功能(晶体管输出型)。

FX_{1N}、FX_{1S} 如图 1-6 和图 1-7 所示。

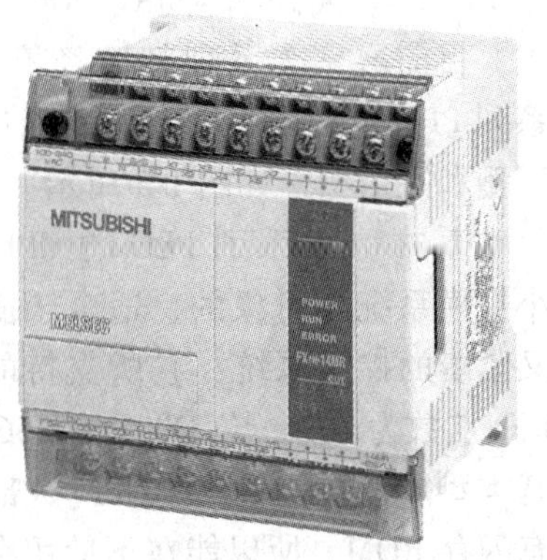

图 1-6　FX_{1N}PLC

FX_{2N}：控制规模为 16～256 点，内置 8KB 容量的 RAM 存储器，最大可以扩展到 16KB，CPU 运算处理速度为 0.08μs/条基本指令，在 FX_{2N} 系列右侧可连接输入/输出扩展模块和特殊功能模块，基本单元内置 2 轴独立(最高 20kHz)定位输出功能(晶体管输出型)。

FX_{2NC}：控制规模为 16～256 点，连接器输入/输出型的紧凑型标准机型，CPU 运算处理速度为 0.08μs/条基本指令，内置 8KB 容量的 RAM 存储器，最大可以扩展到 16KB。

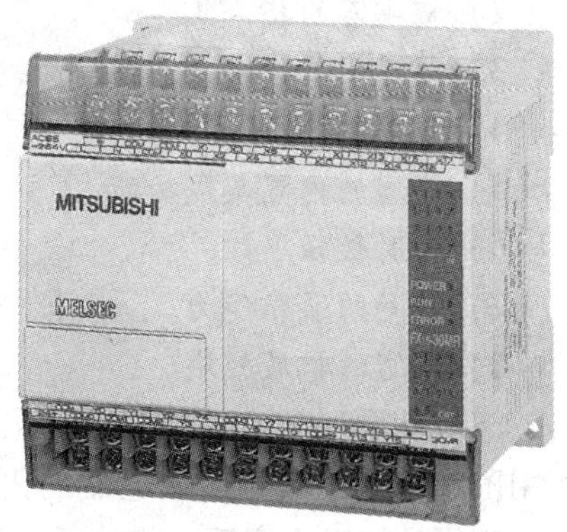

图 1-7　FX_{1S}PLC

FX_{3U}、FX_{3UC}为第三代微型可编程序控制器，内置高达 64KB 大容量的 RAM 存储器，内置业界最高水平的高速处理(0.065μs/条基本指令)的 CPU。控制规模：16～384(包括 CC-Link I/O)点，内置独立 3 轴(最高 100kHz)定位输出功能(晶体管输出型)，基本单元左侧均可以连接功能强大、便于使用的适配器。

FX_{2N}、FX_{3U}PLC 如图 1-8 和图 1-9 所示。

FX_{3G}为第三代微型可编程序控制器，基本单元自带两路高速通信接口(RS422&MSB)，内置高达 32KB 的大容量存储器，标准模式时基本指令处理速度可达 0.21μs/条。控制规模：14～256 点(包括 CC-Link 网络 I/O)，定位功能设置简便(最多三轴)，基本单元左侧最多可连接 4 台 FX_{3U}特殊适配器，可实现浮点数运算，设置两级密码，每级 16 字符，增强密码保护功能。

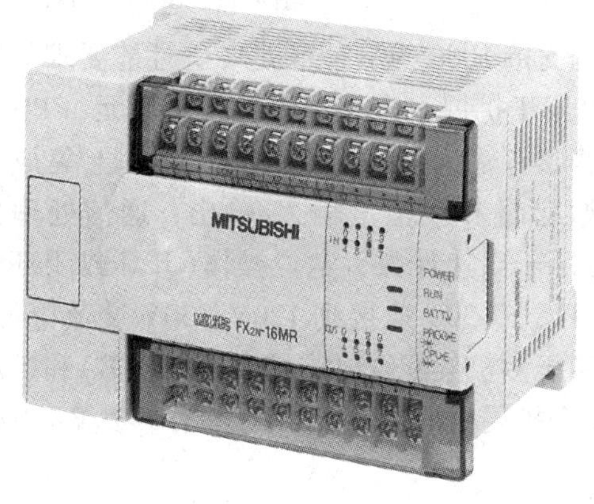

图 1-8　FX_{2N}PLC

图 1-9　FX_{3U}PLC

2. 西门子公司的(SIEMENS)PLC

西门子公司的 PLC 主要有三个系列，分别是 S7-200、S7-300、S7-400，其中 S7-200、S7-300 PLC 如图 1-10 和图 1-11 所示。

SIMATIC S7-200 系列是小型 PLC，支持 256 点以下，适用于各行各业中的检测、监测及控制的自动化。S7-200 系列 PLC 的强大功能使其无论在独立运行中，还是相连成网络，皆能实现复杂控制功能，因此 S7-200 系列 PLC 具有极高的性价比。S7-200 系列特点如下：

图 1-10　S7-200 PLC

1）极高的可靠性。

2）极丰富的指令集。

3）学习简单、易于掌握。

4）操作便捷。

5）丰富的内置集成功能。

6）实时性强。

7）强劲的通信能力。

8）丰富的扩展模块。

图 1-11　S7-300 PLC

S7-200 系列 PLC 在集散自动化系统中充分发挥其强大功能，使用范围可覆盖从替代继电器的简单控制到更复杂的自动化控制；应用领域极为广泛，覆盖所有与自动检测、自动化控制有关的工业及民用领域，包括各种机床、机械、电力设施、民用设施和环境保护设备等。

SIMATIC S7-300 是模块化中型 PLC 系统，单机支持 1000 点，能满足中等性能要求的应用；S7-300 各种单独的模块之间可进行广泛组合以用于扩展；多型号中央处理单元（CPU），可根据不同需要进行配置，例如，有的 CPU 上集成有输入/输出点，有的 CPU 上集成有 PROFIBUS-DP 通信接口等；信号模块（SM）用于数字量和模拟量输入/输出，通信处理器（CP）用于连接网络和点对点连接，功能模块（FM）用于高速计数、定位操作（开环或闭环定位）和闭环控制；负载电源模块（PS）用于将 SIMATIC S7-300 连接到 120V/230V 交流电源，或 24V/48V/60V/110V 直流电源；接口模块（IM）用于多机架配置时连接主机架（CR）和扩展机架（ER）。S7-300 通过分布式的主机架（CR）和 3 个扩展机架（ER），可以操作多达 32 个模块。SIMATIC S7-300 主要技术特点如下：

1）具有高电磁兼容性和强抗冲击性，最高的工业环境适应性。

2）标准型温度范围为 0 ~ 60℃，扩展型温度范围为 −25 ~ 60℃。

3）更强的耐受振动和污染特性。

4）大量功能支持帮助用户进行编程和维护。

5）高速的指令处理能力（0.6 ~ 0.1μs/条指令），在中等和较低性能要求范围内开辟了应用领域。

6）浮点数运算功能可以有效地实现更为复杂的算术运算，方便用户对参数赋值，带标准用户接口的软件工具给所有模块进行参数赋值。

7）人机界面（HMI）服务已经集成在 S7-300 操作系统内。因此人机对话的编程要求大大减少。SIMATIC 人机界面从 S7-300 中取得数据，按用户指定的刷新速度传送这些数据。

8）S7-300 操作系统自动地处理数据和传送数据。

9）CPU 智能化的诊断系统，连续监控系统功能是否正常、记录是否错误和特殊系统事件（例如：超时，模块更换等）。

10）多级口令保护，可以使用户高度、有效地保护其技术机密，防止未经允许的复制和修改。

11）操作方式选择开关像钥匙一样可以拔出，当钥匙拔出时，就不能改变操作方式。这样就防止非法删除或改写用户程序。

12）方便用户的 STEP7 的用户界面提供了通信组态功能，这使得组态非常容易。

SIMATIC S7-400 是用于中、高档性能范围的可编程序控制器。单机可组态过万点，SIMATIC S7-400 的应用领域包括：汽车制造、过程控制、纺织机械、包装机械等领域。系统可包括：电源模板(PS)、中央处理单元(CPU)、数字量输入和输出(DI/DO)和模拟量输入和输出(AI/AO)的信号模板(SM)、通信处理器(CP)、功能模板(FM)、接口模板(IM)、SIMATIC M7 自动化计算机。M7 可用于解决高速计算机的技术问题；它既可用作 CPU，也可用作功能模板(FM 456-4 应用模板)。SIMATIC S7-400 最多能连接 21 个扩展单元。

本书以三菱 FX_{3U}和 FX_{2N}为目标机型，其他三菱系列(及型号)PLC 也可以作为参考，国产 PLC 有部分品牌与三菱系列有很多相似之处，只要学好一种 PLC，再参照 PLC 产品手册，相信其他品牌的 PLC 也可以运用自如，作者建议尽量使用国产 PLC 品牌。

1.2 三菱 FX 系列 PLC 的基本单元

FX 系列 PLC 由基本单元、扩展单元、扩展模块、扩展功能板及适配器等组成。基本单元也就是通常所说的 PLC 本体，它是可编程序控制器的核心控制部件。

1.2.1 FX_{3U}系列 PLC 的基本单元

FX_{3U}系列 PLC 的基本单元包括十多种型号，其型号表现形式为：

FX_{3U}—○○M□/□

FX_{3U}为系列名称。

○○为输入/输出点数。

M 为基本单元。

□/□为输入/输出方式：R/ES 为 DC24V(源型/漏型)输入，继电器输出；T/ES 为 DC24V(源型/漏型)输入，晶体管漏型输出；T/ESS 为 DC24V(源型/漏型)输入，晶体管源型输出。

FX_{3U}基本单元选型见表 1-1。

表 1-1 FX_{3U}基本单元选型

型　　号	输入/输出点数	输入点数	输出点数	输 出 方 式
FX_{3U}—16MR/ES	16	8	8	继电器
FX_{3U}—16MT/ES	16	8	8	晶体管漏型
FX_{3U}—16MT/ESS	16	8	8	晶体管源型
FX_{3U}—32MR/ES	32	16	16	继电器
FX_{3U}—32MT/ES	32	16	16	晶体管漏型
FX_{3U}—32MT/ESS	32	16	16	晶体管源型
FX_{3U}—48MR/ES	48	24	24	继电器
FX_{3U}—48MT/ES	48	24	24	晶体管漏型
FX_{3U}—48MT/ESS	48	24	24	晶体管源型
FX_{3U}—64MR/ES	64	32	32	继电器
FX_{3U}—64MT/ES	64	32	32	晶体管漏型

（续）

型　号	输入/输出点数	输入点数	输出点数	输 出 方 式
FX_{3U}—64MT/ESS	64	32	32	晶体管源型
FX_{3U}—80MR/ES	80	40	40	继电器
FX_{3U}—80MT/ES	80	40	40	晶体管漏型
FX_{3U}—80MT/ESS	80	40	40	晶体管源型

1.2.2　FX_{2N}系列 PLC 的基本单元

FX_{2N}系列 PLC 的基本单元包括二十多种型号，其型号表现形式为：

FX_{2N}—○○M□—△

FX_{2N}为系列名称。

○○为输入/输出点数。

M 为基本单元。

□为输出形式：R 为继电器输出；T 为晶体管输出；S 为双向晶闸管输出。

△为其他区分。无符号：PLC 电源 AC100/240V，内部供电 DC24V；X：输入专用；YR：输出专用(继电器)；YS：输出专用(双向晶闸管)；YT：输出专用(晶体管)。

FX_{2N}系列 PLC 的基本单元选型见表 1-2。

表 1-2　FX_{2N}系列 PLC 的基本单元选型

AC 电源，DC24V 供电			DC 电源，DC24V 供电		输入点数	输出点数
继电器输出	晶体管输出	晶闸管输出	继电器输出	晶体管输出		
FX_{2N}—16MR—001	FX_{2N}—16MT—001	—	—	—	8	8
FX_{2N}—32MR—001	FX_{2N}—32MT—001	FX_{2N}—32MS—001	FX_{2N}—32MR—D	FX_{2N}—32MT—D	8	8
FX_{2N}—48MR—001	FX_{2N}—48MT—001	FX_{2N}—48MS—001	FX_{2N}—48MR—D	FX_{2N}—48MT—D	8	8
FX_{2N}—64MR—001	FX_{2N}—64MT—001	FX_{2N}—64MS—001	FX_{2N}—64MR—D	FX_{2N}—64MT—D	16	16
FX_{2N}—80MR—001	FX_{2N}—80MT—001	FX_{2N}—80MS—001	FX_{2N}—80MR—D	FX_{2N}—80MT—D	16	16
FX_{2N}—128MR—001	FX_{2N}—128MT—001	—	—	—	16	16

1.2.3　FX 系列 PLC 基本单元组成及结构

FX 系列 PLC 基本单元为整体式结构，其外视图如图 1-12 所示。

FX 系列 PLC 基本单元结构框图如图 1-13 所示。

1. CPU

CPU 是整个 PLC 系统的核心，指挥 PLC 有条不紊地进行各种工作。PLC 中常用的 CPU 有 8080、8086、80286、80386 等，单片机 8031、8096 等，位片式微处理器 AM2900、AM2901、AM2903 等，三菱 FX_{2N}和 FX_{3U}使用的 CPU(双 CPU)是与系列同名的 32 位处理器。

CPU 的主要作用如下：

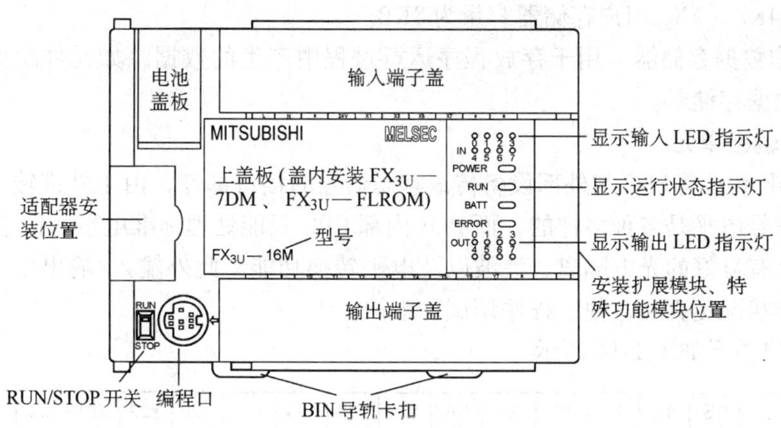

图 1-12　FX 系列 PLC 基本单元外视图

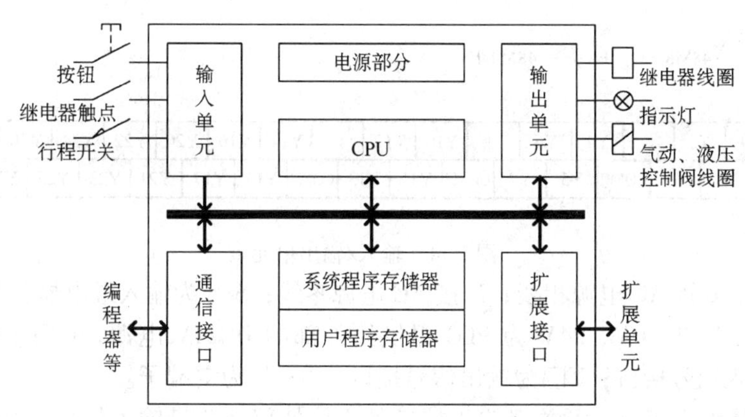

图 1-13　FX 系列 PLC 基本单元结构框图

（1）故障诊断　诊断电源、可编程序控制器内部电路的故障，根据故障或错误的类型，显示出相应的信息，以提示用户及时排除故障或纠正错误。

（2）检查用户程序　对正在输入的用户程序和 PLC 运行过程中的错误进行检查，发现错误立即输出错误代码并进行相关处理。

（3）接收现场的状态或数据信息　将现场输入的信息保存起来，在需要时将其调出并送到需要该数据的地方。

（4）执行用户程序并输出运算结果　当 PLC 处于运行状态时，CPU 按照用户程序存放的先后顺序，逐条读取、解释和执行，完成用户程序中规定的各种操作，并将程序执行的结果送至输出端口，以控制可编程序控制器的外部负载。

2. 存储器

PLC 的存储器可以分为：系统程序存储器、用户程序存储器和工作数据存储器。

（1）系统程序存储器　存放由可编程序控制器生产厂家编写的系统监控程序，并固化在 ROM 内，用户不能直接更改。

（2）用户程序存储器　用户根据控制要求而编制的应用程序称为用户程序。不同性能的 PLC 的用户存储器容量有所不同，小型 PLC 的存储器容量一般在 8KB 以下，FX_{3U}用户存储器容量为 64KB，FX_{2N}用户存储器容量为 8KB。

（3）工作数据存储器　用于存放程序运行过程中产生的数据，如元件映像寄存器、累加器和堆栈数据存储器。

3. 输入/输出单元

输入/输出单元是 PLC 与外部设备传送状态信号的接口部件，由于外部输入设备和输出设备所需的信号电平是多种多样的，而 PLC 内部 CPU 只能处理标准电平的信息，因此输入/输出单元都具有良好的光电隔离、滤波以及电平转换功能。此外输入/输出单元设有状态指示灯，使工作状况更直观，便于程序调试和维护。

输入/输出单元如图 1-14 所示。

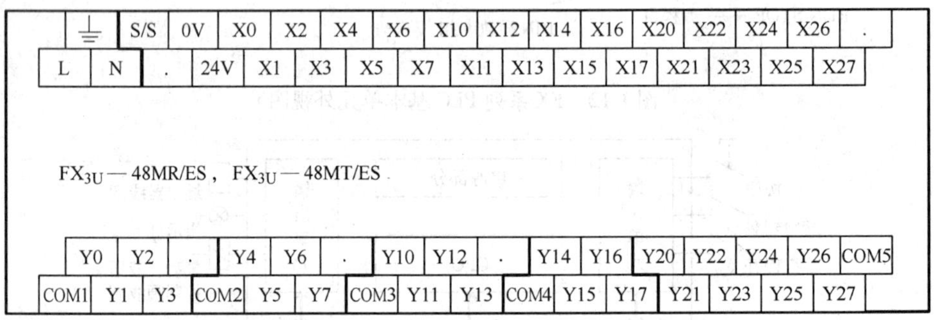

图 1-14　输入/输出单元

图 1-14 中，L 接 AC 电源相线；N 接 AC 电源零线；S/S 为输入继电器公共点；COM1 ~ COM5 为输出公共点；0V、24V 为 PLC 提供给外部的 DC24V 电源（可用于输入继电器电源）；X□为输入信号接口；Y□为输出信号接口；“·”为空端子。

（1）开关量输入接口　开关量输入接口是连接外部开关量输入器件的接口，开关量输入器件包括按钮、选择开关、数字拨码开关、行程开关、接近开关、光电开关、继电器触点和传感器等。输入接口的作用是把现场开关量（高、低电平）信号变成可编程序控制器内部处理的标准信号。

按可接纳的外部信号的类型不同，输入接口可分为直流输入接口和交流输入接口，一般整体式 PLC 中输入接口都采用直流输入，由基本单元提供输入电源，不再需要外接电源。

开关量输入接口的接线方法如图 1-15 和图 1-16 所示。

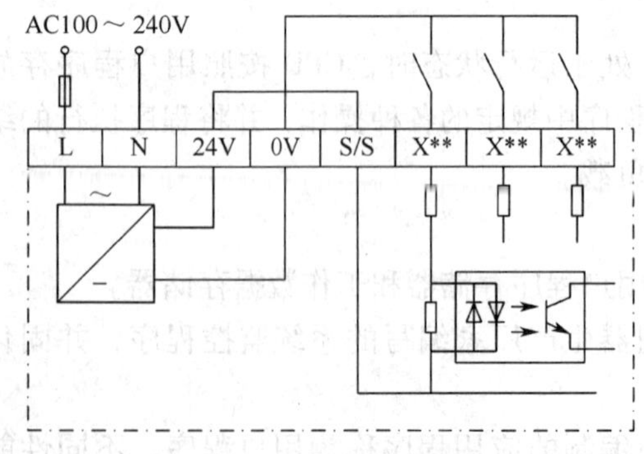

图 1-15　漏型输入接线

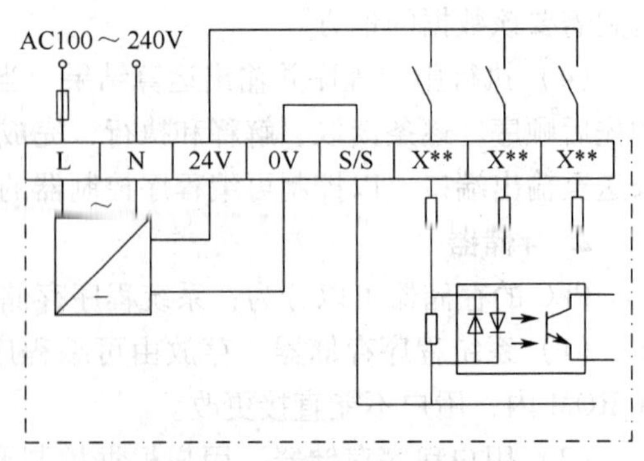

图 1-16　源型输入接线

FX_{3U}系列 PLC 接线需按图 1-15、图 1-16 所示接成源型或漏型，但 FX_{2N}系列 PLC 一般都在内部已经接成源型或漏型，不需要连接 S/S 端子。

（2）开关量输出接口　开关量输出接口是 PLC 控制执行机构动作的接口，开关量输出执行机构包括接触器线圈、气动控制阀、液压阀、电磁阀、电磁铁、指示灯和智能装置等设备。开关量输出接口的作用是将 PLC 内部的标准状态信号转换为现场执行机构所需的开关量信号。

开关量输出接口分为三类：

1）继电器输出。如图 1-17 所示，继电器输出采用电磁隔离，用于交流、直流负载，但接通、断开的频率低。

2）晶体管输出。如图 1-18 所示，晶体管输出采用光电隔离，有较高的接通、断开频率，但只能用于直流负载。

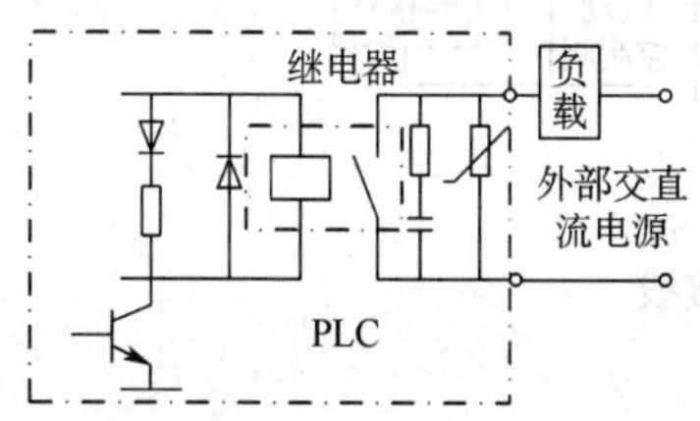

图 1-17　继电器输出

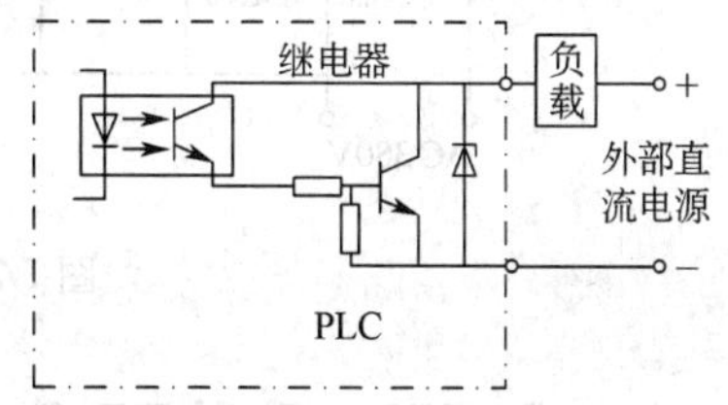

图 1-18　晶体管输出(源型)

3）双向晶闸管(可控硅)输出。如图 1-19 所示，双向晶闸管输出采用光触发型双向晶闸管作为输出控制器件，仅适用于交流负载。

晶体管输出又分漏型输出和源型输出，漏型 COM 端接直流负极，源型 COM 端接直流正极，如图 1-20 和图 1-21 所示。

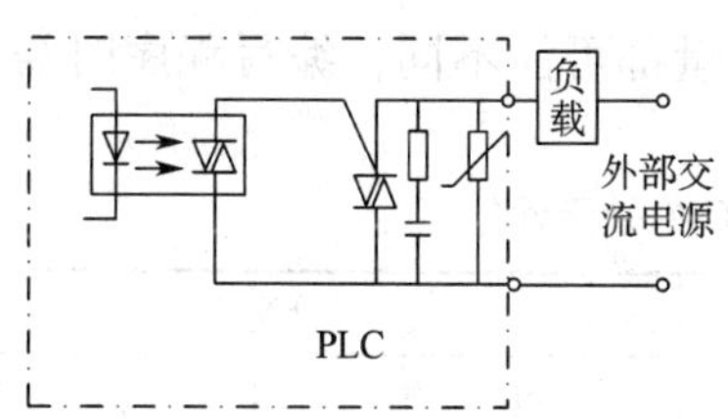

图 1-19　双向晶闸管输出

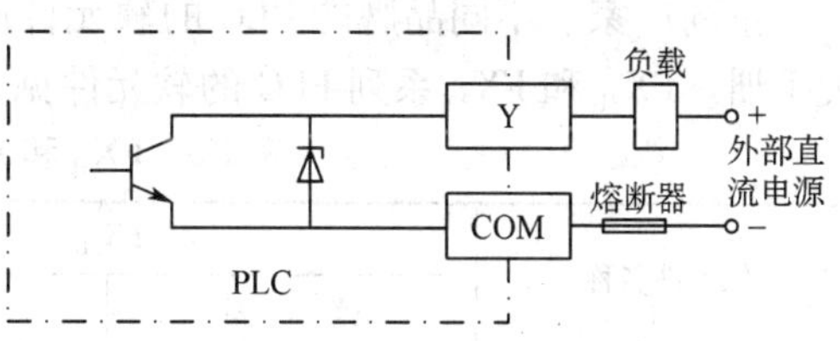

图 1-20　漏型输出

输出电路的负载电源由外部提供，负载电流一般不超过 2A(查看相关手册)。使用中输出电流额定值与负载性质有关系。

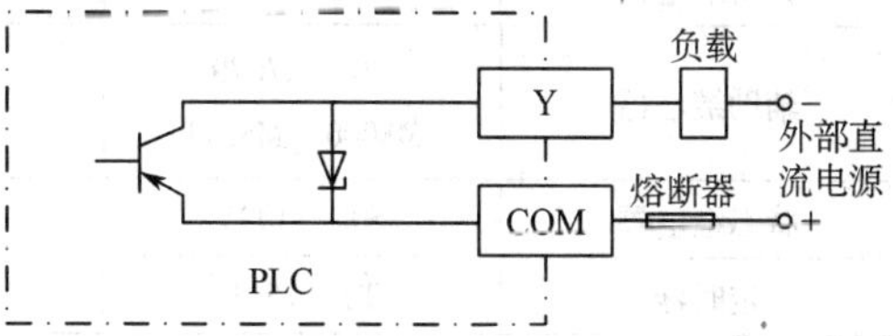

输出端子有两种接线方式，一种是输出各自独立(无公共点)，其接线方法如图 1-22 所示。

另一种是每 4 ~ 8 个输出点构成一组，公用一个公共点(COM 点)，如图 1-23 所示。

图 1-21　源型输出

输出共用一个公共点时，同 COM 点输出必须使用同一电压类型和等级，即电压相同，电流类型(同为直流或交流)和频率相同，不同组之间可以用不同类型和等级的电压。

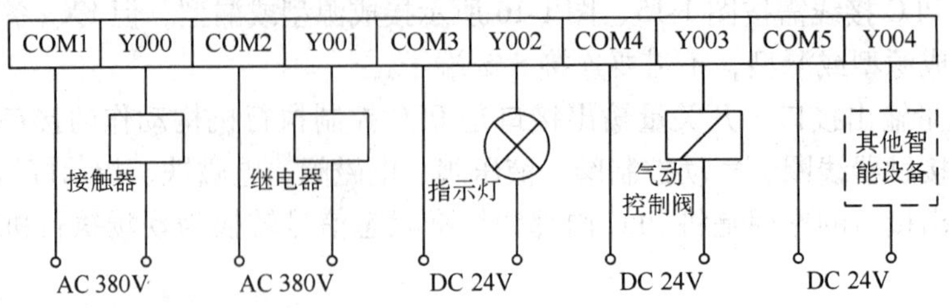

图 1-22　输出无公共点接线

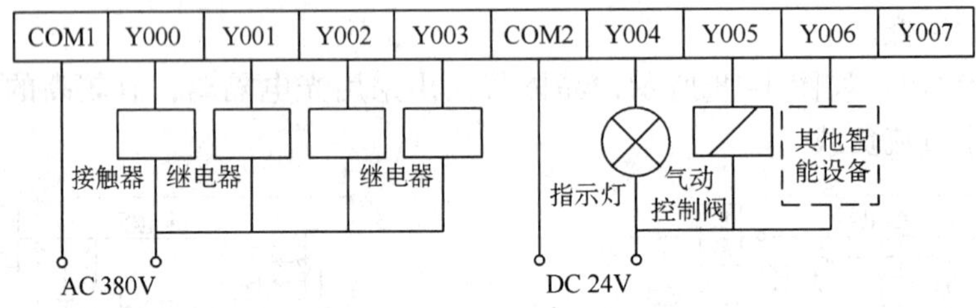

图 1-23　输出有公共点接线

1.3　FX_{3U}和 FX_{2N}系列 PLC 的软元件

在电气控制中，为了实现某一控制功能，会使用到各种电器元件，如接触器、中间继电器和时间继电器等，这些元件看得见，摸得着，我们把这些元器件称为硬元件。在 PLC 内部也有实现各种不同功能的元件，这些元件是虚拟元件，它是由监控程序生成的，是等效硬元件的模拟抽象元件，并非实际物理元件，我们把它称为软元件。

不同厂家、不同品牌的 PLC 的软元件的类型和数量都可能不同，编写程序时需查看相关手册。FX_{3U}和 FX_{2N}系列 PLC 的软元件见表 1-3。

表 1-3　FX_{3U}和 FX_{2N}系列 PLC 的软元件

软元件名称	FX_{3U}		FX_{2N}	
	范　围	点　数	范　围	点　数
输入继电器	X000 ~ X367	248	X0 ~ X267	184
输出继电器	Y000 ~ Y367	248	Y0 ~ Y267	184
辅助继电器	M0 ~ M7679 M8000 ~ M8511	8192	M0 ~ M3071 M8000 ~ M8255	3328
状态继电器	S0 ~ S4095	4096	S0 ~ S999	1000
定时器	T0 ~ T511	512	T0 ~ T255	256
计数器	C0 ~ C255	256	C0 ~ C255	256
数据寄存器	D0 ~ D8511	8512	D0 ~ D8195	8196
变址寄存器	V0 ~ V7	8	V0 ~ V7	8
	Z0 ~ Z7	8	Z0 ~ Z7	8

（续）

软元件名称	FX_{3U}		FX_{2N}	
	范　围	点　数	范　围	点　数
文件寄存器	D1000 ~ D7999 R0 ~ R32767	7000 + 32768	D1000 ~ D7999	7000
扩展文件寄存器	ER0 ~ ER32767	32768	×	×
指针	P0 ~ P4095	4096	P0 ~ P127	128
	I0 ** ~ I5 **	6	I0 ** ~ I5 **	6
	I6 ** ~ I8 **	3	I6 ** ~ I8 **	3
	I010 ~ I060	6	I010 ~ I060	6
嵌套	N0 ~ N7	8	N0 ~ N7	8
常数	十进制 K	—	十进制 K	—
	十六进制 H	—	十六进制 H	—
	实数 E	—	实数 E	—
	字符串 “”	不定	×	×
位字	Kn□	不定	Kn□	不定
字位	D□. b	不定	×	×
缓冲寄存器 BFM 字	U□\G□	不定	×	×

1. 输入继电器(X)

输入继电器与 PLC 的输入端子相连，用于接收外部开关量信号，通过输入端子将外部输入状态读入到输入映像寄存器。FX_{3U} 和 FX_{2N} 系列 PLC 的输入继电器均采用八进制地址编号，如 X000、X001 ~ X007、X010、X011 ~ X017，而没有 X008、X009、X018、X019 等编号。

FX_{3U}PLC 的输入继电器分配区间：X000 ~ X367，共 248 个点。

FX_{2N}PLC 的输入继电器分配区间：X000 ~ X267，共 184 个点。

输入继电器受外部电路驱动(硬驱动)，并不受执行类指令驱动，如“OUT X000”、“SET X010”等指令是错误的。

2. 输出继电器(Y)

输出继电器与 PLC 的输出端子相连，是 PLC 向控制部件发送控制信号的窗口，再由控制部件驱动外部负载，当 PLC 的输出继电器 Y 动作后，程序中的软触点动作，同时输出单元中的硬件继电器(也可是晶体管或晶闸管)动作，注意输出继电器 Y 在程序中可以多次使用，但输出的硬件继电器只有一个常开触点可以使用。FX_{3U} 和 FX_{2N} 系列 PLC 的输出继电器也采用八进制地址编号，如 Y000、Y001 ~ Y007、Y010、Y011 ~ Y017，没有 Y008、Y009、Y018、Y019 等编号。

FX_{3U}PLC 输出继电器分配区间：Y000 ~ Y367，共 248 个点。

FX_{2N}PLC 输出继电器分配区间：Y000 ~ Y267，共 184 个点。

FX_{3U}PLC 输入继电器和输出继电器总点数不超过 384 点，FX_{2N}PLC 输入继电器和输出继电器总点数不超过 256 点。

3. 辅助继电器(M)

(1) 一般辅助继电器　一般辅助继电器相当于电气控制中的中间继电器，只是辅助继电器的触点在程序中是可以无限次的使用，而中间继电器的触点是有限的。辅助继电器触点不能直接驱动外部负载，它只在程序运算过程当中起辅助运算作用，如可以用它来保存逻辑运算中间结果，可以用来作为标志位等。

FX_{3U}和FX_{2N}系列PLC一般辅助继电器分配区间：M0~M499，共500个点。

(2) 保持型辅助继电器　保持型辅助继电器与一般辅助继电器不同的是，它可以保持电源中断时瞬间的状态，重新通电后恢复该状态，保持型辅助继电器是由锂电池保持RAM中映像寄存器的内容，或将之存入EEPROM中。

保持型辅助继电器分配区间：FX_{3U}系列为M500~M7679，共7180个点，其中M500~M1023区间可以通过参数单元设置为一般辅助继电器；FX_{2N}系列为M500~M3071，共2572个点，其中M500~M1023区间也可以通过参数单元设置为一般辅助继电器。

(3) 特殊辅助继电器　特殊辅助继电器是执行特殊功能的辅助继电器，是系统赋予的功能，不能由用户定义其功能。

FX_{3U}系列PLC特殊辅助继电器的分配区间：M8000~M8511。

FX_{2N}系列PLC特殊辅助继电器的分配区间：M8000~M8255。

下面介绍常用的特殊辅助继电器。

M8000：运行监控常开触点(PLC运行时接通)。

M8001：运行监控常闭触点(PLC运行时断开)。

M8002：PLC初始化脉冲(PLC运行时接通一个脉冲)。

M8003：PLC初始化脉冲(PLC运行时断开一个脉冲)。

M8011：10ms周期脉冲输出(接通5ms,断5ms)。

M8012：100ms周期脉冲输出(接通50ms,断50ms)。

M8013：1s周期脉冲输出(接通500ms,断500ms)。

M8014：1min周期脉冲输出(接通30s,断30s)。

M8020：运算结果为0标志。

M8021：减法运算结果超过最大负值标志。

M8022：减法运算结果进位或移位结果发生溢出时接通。

M8034：禁止所有输出。

M8035：强制运行模式。

M8036：强制运行标志。

M8037：强制停止。

M8040：禁止转移(状态转移程序有效)。

M8041：转移开始(状态转移程序有效)。

M8042：启动脉冲(状态转移程序有效)。

M8043：原点回归结束(状态转移程序有效)。

M8044：原点条件(状态转移程序有效)。

M8045：切换模式，不执行所有输出(状态转移程序有效)。

M8046：STL动作状态，当M8047接通时除报警专用状态外，其他状态中若有1个接通，则 M8046 接通(状态转移程序有效)。

M8047：STL 监控有效(状态转移程序有效)。

其他特殊辅助继电器功能查看附录。

4. 状态继电器(S)

状态继电器是步进顺序控制编程所需要的软元件，需要与 STL 指令组合使用，如果不进行步进顺序控制，状态继电器也可以作为辅助继电器使用。

下面介绍 FX_{3U}系列 PLC 的状态继电器分配区间(在顺序控制程序中时)。

S0 ~ S9：初始状态。

S10 ~ S19：回零状态。

S20 ~ S499：一般状态继电器。

S500 ~ S899 及 S1000 ~ S4095：保持用状态继电器。

S900 ~ S999：报警专用状态继电器。

其中 S500 ~ S899 可以通过参数设定为一般状态继电器。

下面介绍 FX_{2N}系列 PLC 状态继电器分配区间(在顺序控制程序中时)。

S0 ~ S9：初始状态。

S10 ~ S19：回零状态。

S20 ~ S499：一般状态继电器。

S500 ~ S899：保持型状态继电器，这一区间可以通过参数设定为一般状态继电器。

S900 ~ S999：报警专用状态继电器。

5. 定时器(T)

定时器类似电气控制电路中的时间继电器，用于程序中时间的设定。定时器由两个寄存器(当前值寄存器和设定值寄存器)和一个无限次使用触点组成(包括常开和常闭)。

下面介绍 FX_{3U}系列 PLC 定时器分配区间。

T0 ~ T199：100ms 定时器。

T200 ~ T245：10ms 定时器。

T246 ~ T249：1ms 保持型(积算)定时器。

T250 ~ T255：100ms 保持型定时器。

T256 ~ T511：1ms 定时器。

下面介绍 FX_{2N}系列 PLC 定时器分配区间。

T0 ~ T199：100ms 定时器。

T200 ~ T245：10ms 定时器。

T246 ~ T249：1ms 保持型定时器。

T250 ~ T255：100ms 保持型定时器。

6. 计数器(C)

计数器是用于程序中记录触点接通次数的软元件，计数器与定时器一样，也是由两个寄存器(当前值寄存器和设定值寄存器)和一个无限次使用触点组成(包括常开和常闭)。

下面介绍 FX_{3U}和 FX_{2N}系列 PLC 计数器分配区间。

C0 ~ C99：16 位一般计数器。

C100 ~ C199：16 位保持型计数器。

C200 ~ C219：32 位双向计数器。

C220 ~ C234：32 位保持型双向计数器。

C235 ~ C255：高速计数器。高速计数器分配区间见表 1-4。

表 1-4　FX_{3U}、FX_{2N}高速计数器（32 位）分配区间

计数方式	计数器编号	硬件/软件计数	输入端子分配							
			X0	X1	X2	X3	X4	X5	X6	X7
单向单计数输入	C235	硬件计数	加减							
	C236	硬件计数		加减						
	C237	硬件计数			加减					
	C238	硬件计数				加减				
	C239	硬件计数					加减			
	C240	硬件计数						加减		
	C241	软件计数	加减	复位						
	C242	软件计数			加减	复位				
	C243	软件计数					加减	复位		
	C244	软件计数	加减	复位					启动	
	C244	硬件计数							加减	
	C245	软件计数			加减	复位				启动
	C245	硬件计数								加减
单向双计数输入	C246	硬件计数	加	减						
	C247	软件计数	加	减	复位					
	C248	软件计数				加	减	复位		
	C248	硬件计数				加	减			
	C249	软件计数	加	减	复位				启动	
	C250	软件计数				加	减	复位		启动
双向双计数输入	C251	硬件计数	A 相	B 相						
	C252	软件计数	A 相	B 相	复位					
	C253	硬件计数				A 相	B 相	复位		
	C253	软件计数				A 相	B 相			
	C254	软件计数	A 相	B 相	复位				启动	
	C255	软件计数				A 相	B 相	复位		启动

注：有底纹的为 FX_{3U} 系列 PLC 特有，通过特殊辅助继电器 M8380 ~ M8392 可设定为硬件计数或软件计数。硬件计数是指用输入点进行计数的方式，软件计数是通过功能指令进行计数的方式。如 HSZ、HSCS、HSCR 等指令。

7. 数据寄存器（D）

数据寄存器是具有保存数值数据和字符数据等用途的软元件，1 个数据寄存器只能存放 16 位数据，将 2 个数据寄存器组合后就可以保存 32 位数值数据。

下面介绍 FX_{3U}系列 PLC 数据寄存器分配区间。

D0 ~ D199：一般数据寄存器。

D200 ~ D511：保持型数据寄存器(可修改)。

D512 ~ D7999：停电保持专用数据寄存器。

D8000 ~ D8511：特殊数据寄存器。

其中 D1000 ~ D7999 可作为文件寄存器使用。

下面介绍 FX_{2N}系列 PLC 数据寄存器分配区间。

D0 ~ D199：一般数据寄存器。

D200 ~ D511：保持型数据寄存器(可修改)。

D512 ~ D7999：停电保持专用数据寄存器。

D8000 ~ D8255：特殊数据寄存器。

其中 D1000 ~ D7999 可作为文件寄存器使用。

下面为常用特殊数据寄存器。

D8013：实时时钟(0 ~59s)。

D8014：实时时钟(0 ~59min)。

D8015：实时时钟(0 ~23h)。

D8016：实时时钟(1 ~31d)。

D8017：实时时钟(1 ~12 月)。

D8018：实时时钟(0 ~99 年)。

D8019：实时时钟(0 ~6 周)。

D8040 ~ D8047：S0 ~S899、S1000 ~ S4095 中 ON 状态的编号从小到大保存到 D8040 ~ D8047 中。其他特殊数据寄存器功能见附录 C。

8. 变址寄存器(V、Z)

FX_{3U}和 FX_{2N}系列 PLC 中有 16 个变址寄存器 V0 ~ V7、Z0 ~ Z7，在 32 位操作时 V、Z 合并使用，V 为高位，Z 为低位。变址寄存器用于改变软元件的地址，如 V7 = 10 时，数据寄存器 D10V7，则指的是数据寄存器 D20，变址寄存器也可以是常数组合(FX_{3U})如 K50Z7 相当于常数 60。

9. 文件寄存器(D、R)和扩展文件寄存器(ER)

文件寄存器是对相同地址数据寄存器设定初始值的软元件(FX_{3U}和 FX_{2N}系列相同)，通过参数设定，可以将 D1000 及以后的数据寄存器定义为文件寄存器，最多可以到 D7999，可以指定 1 ~14 个块(每个块相当于 500 点文件寄存器)，但是每指定一个块将减少 500 步程序内存区域。

文件寄存器 R 和扩展文件寄存器 ER 则是 FX_{3U}特有的，R 是扩展数据寄存器(D)用的软元件，通过电池进行停电保持。使用存储器盒时，文件寄存器(R)的内容也可以保存在扩展文件寄存器(ER)中，而不必用电池保护。

文件寄存器 R 可以作为数据寄存器来使用，处理各种数值数据，可以用通用指令进行操作，如 MOV、BIN 指令等，但如果用作文件寄存器时，则必须使用专用指令(FNC290 ~ 295)进行操作。

FX_{3U}系列 PLC 文件寄存器分配区间：

R0 ~ R32767

扩展文件寄存器分配区间：

ER0 ~ ER32767

分别可分为16个段，即段0 ~ 段15，每个段2048个寄存器。

10. 指针(P、I)

P是分支用指针，是CJ(跳转)和CALL(调用)指令跳转或调用指令的位置标签。

FX_{3U}系列PLC分支用指针的分配区间：

P0 ~ P62、P64 ~ P4095。

P63：跳转到END步，在程序中不可标注位置，即在END步前不标注P63。

FX_{2N}系列PLC分支用指针的分配区间：

P0 ~ P62、P64 ~ P127。

P63：跳转到END步，在程序中不可标注位置。

I是中断指针，中断包括三种中断方式，即输入中断、定时器中断和计数器中断，这些中断需要和应用指令EI(允许中断)、IRET(中断返回)、DI(禁止中断)一起使用。

(1) 输入中断　FX_{3U}和FX_{2N}系列PLC的输入中断分配见表1-5。

表1-5　FX_{3U}和FX_{2N}系列PLC的输入中断分配

中断输入	中断指针		禁止中断标志位
	上升沿中断	下降沿中断	
X000	I001	I000	M8050
X001	I101	I100	M8051
X002	I201	I200	M8052
X003	I301	I300	M8053
X004	I401	I400	M8054
X005	I501	I500	M8055

输入中断要求接通(上升沿)或者断开(下降沿)时间在5μs以上。

(2) 定时器中断　FX_{3U}和FX_{2N}系列PLC的定时器中断分配了3个点，即I6□□、I7□□、I8□□，指针名称后面的□□是设定定时器中断的时间，单位为ms，如I655表示每55ms执行一次中断程序。

(3) 计数器中断　计数器中断是根据DHSCS(高速计数器用比较置位)指令的结果执行的中断，当计数器当前值与比较值相等时执行中断程序，FX_{3U}和FX_{2N}系列PLC计数器中断指针分配区间为I010、I020、I030、I040、I050、I060共6个点。

11. 常数(K、H、E、“”)

(1) 常数K　K表示十进制整数的符号，主要用于指定定时器和计数器的设定值或应用指令的操作数的数值，十进制常数的指定范围如下。

1) 16位数据时：K-32768 ~ K32767。

2) 32位数据时：K-2147483648 ~ K2147483647。

(2) 常数H　H表示十六进制数的符号，主要用于指定应用指令的操作数的数值，也可以用于指定BCD数据，十六进制常数的指定范围如下。

1）16 位数据时：H0 ~ HFFFF。

2）32 位数据时：H0 ~ HFFFFFFFF。

（3）常数 E　E 是表示实数（又称为浮点数）的符号，用于指定应用指令的操作数，实数的指定范围为：

$$-1.0\times2^{128} \sim -1.0\times2^{-126};\ 0;\ 1.0\times2^{-126} \sim 1.0\times2^{128}$$

设定方法是：将实数直接进行指定。如把实数 100.12 送入到 D0，可以用以下指令表示：

DEMOV E100.12 D0

也可以用数值 + 指数形式进行指定，即

DEMOV E1.0012 +2 D0

（4）字符串“”　字符串操作是 FX_{3U}系列 PLC 特有的功能，使用专用的指令进行操作，字符串可分为字符串常数和字符串数据。字符串常数采用程序中直接指定字符串的 ASCII 码的方式表示；字符串数据是从指定软元件开始到 NUL 代码（00H）为止，以字节为单位的一串 ASCII 码数据，成为一个字符串。

12. 位字（Kn□即位组合成字）　位字是 FX_{3U}和 FX_{2N}系列 PLC 通用的字元件。对于位元件 X、Y、M、S，仅处理 ON/OFF 状态信息，但通过多个位元件的组合也可以把位元件组合为字，进行数值处理，即可用 Kn + 起始位软元件的地址来表示，其中 n 表示以 4 为单位的软元件组，如 K2Y000 表示 Y000 ~ Y007 软元件组成的 8 位数据，K4M100 表示 M100 ~ M115 组成的 16 位数据，16 位数据时可以指定 n 为 1 ~ 4，32 位时可以指定 n 为 1 ~ 8。

13. 字位（D□.b 即字元件中的位）　字位是字元件（数据寄存器 D）中的位，可以作为位元件使用，字位是 FX_{3U}特有的功能，其表现形式为 D□.b，其中□是字元件的地址，b 为字元件的指定位数。如置位 D100 的 b15 位，可以用指令“SET D100.F”表示。通常字位与普通的位元件使用方法相同，但其使用过程中不能进行变址操作。

14. 缓冲寄存器 BFM 字（U□\G□）　FX_{2N}系列和 FX_{3U}系列 PLC 读取缓冲寄存器均可采用 FROM 和 TO 指令实现，FX_{3U}系列 PLC 还可通过缓冲寄存器 BFM 字直接存取方式实现，其缓冲寄存器 BFM 字表现形式 U□\G□，其中 U□表示模块号，G□表示 BFM 号，如读取 0#模块 20#缓冲寄存器到 D0，可用指令“MOV U0\G20 D0”完成。

第2章　逻辑指令及其应用

2.1　逻辑指令

FX系列PLC指令分为三大类，即逻辑指令(又称为基本指令)、顺控指令和功能指令(又称为应用指令)。逻辑指令是执行简单逻辑运算操作的指令，主要是对位元件(或位信息)进行操作，也包括部分非位元件操作的指令，如NOP、END指令。以下介绍逻辑指令。

FX_{3U}系列PLC有29条逻辑指令，FX_{2N}系列PLC有27条逻辑指令，见表2-1。

表2-1　逻辑指令

类别	符号	名　称	功　能	操作元件	FX_{3U}	FX_{2N}
触点类指令	LD	取	常开触点逻辑运算开始	X、Y、M、S、D□.b、T、C	√	√
	LDI	取反	常闭触点逻辑运算开始	X、Y、M、S、D□.b、T、C	√	√
	LDP	取上升沿脉冲	检测到上升沿运算开始	X、Y、M、S、D□.b、T、C	√	√
	LDF	取下降沿脉冲	检测到下降沿运算开始	X、Y、M、S、D□.b、T、C	√	√
	AND	与	串联常开触点	X、Y、M、S、D□.b、T、C	√	√
	ANI	与反	串联常闭触点	X、Y、M、S、D□.b、T、C	√	√
	ANDP	与上升沿脉冲	检出上升沿的串联连接	X、Y、M、S、D□.b、T、C	√	√
	ANDF	与下降沿脉冲	检出下降沿的串联连接	X、Y、M、S、D□.b、T、C	√	√
	OR	或	并联常开触点	X、Y、M、S、D□.b、T、C	√	√
	ORI	或反	并联常闭触点	X、Y、M、S、D□.b、T、C	√	√
	ORP	或上升沿脉冲	检出上升沿的并联触点	X、Y、M、S、D□.b、T、C	√	√
	ORF	或下降沿脉冲	检出下降沿的并联触点	X、Y、M、S、D□.b、T、C	√	√
执行类指令	OUT	输出	线圈驱动输出	Y、M、S、D□.b、T、C	√	√
	SET	置位	线圈置位	Y、M、S、D□.b	√	√
	RST	复位	线圈复位	Y、M、S、D□.b、T、C、D、R、V、Z	√	√
	PLS	上升沿脉冲	运算结果为0→1瞬间，输出一个脉冲	Y、M	√	√
	PLF	下降沿脉冲	运算结果为1→0瞬间，输出一个脉冲	Y、M	√	√
结合类指令	ANB	块与	并联块的串联连接	—	√	√
	ORB	块或	串联块的并联连接	—	√	√
	MPS	存储进堆栈	将运算结果压入堆栈	—	√	√
	MRD	读取堆栈	读取堆栈	—	√	√

（续）

类别	符号	名　称	功　能	操作元件	FX_{3U}	FX_{2N}
结合类指令	MPP	读出并出堆栈	读取并清楚堆栈当前层	—	√	√
	INV	反转	运算结果取反	—	√	√
	MEP	M. E. P	运算结果有上升沿导通	—	√	×
	MEF	M. E. F	运算结果有下降沿导通	—	√	×
主控	MC	主控开始	连接到母线公共触点	—	√	√
	MCR	主控结束	解除连接到母线的公共触点	—	√	√
其他	NOP	空操作	不进行处理	—	√	√
	END	结束	程序结束	—	√	√

注：表中 D□. b 只适用于 FX_{3U} 系列 PLC。

逻辑指令通常在程序中占用一个程序步，但以下情况例外：

OUT 指令在步进顺序控制程序中指定跳转方向时占用 2 个程序步，在驱动 D□. b 时占用 3 个程序步，驱动定时器和计数器占用 3 个程序步，驱动高速计数器时占用 5 个程序步；SET 指令在步进顺序控制程序中指定转移方向时占用 2 个程序步，在驱动 D□. b 时占用 3 个程序步；脉冲触点占用 2 个程序步，脉冲触点操作元件为 D□. b 时占用 3 个程序步。此外 MC 指令占用 3 个程序步，MCR 占用 2 个程序步。

2.1.1　触点类指令

1. LD 和 LDI 指令

LD 和 LDI 是指连接母线的触点，LD 表示连接母线的常开触点，LDI 表示连接母线的常闭触点，LD 和 LDI 还可用于块操作（块的开始）以及顺序控制中连接状态元件。LD 和 LDI 连接母线时如图 2-1 所示。

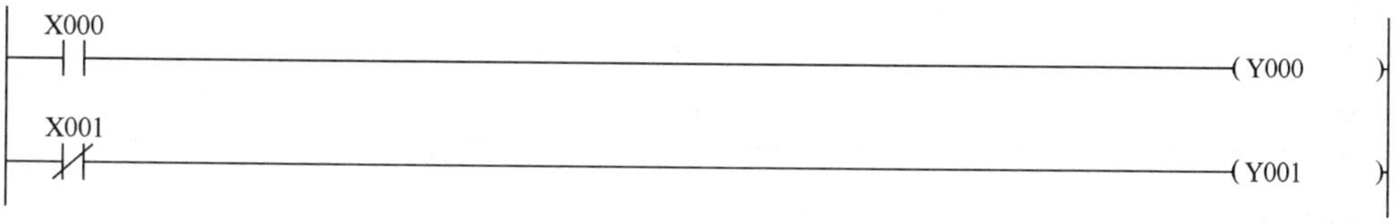

X000 —| |— (Y000)
X001 —|/|— (Y001)

图 2-1　LD 和 LDI 指令

图 2-1 中，第一个回路中连接左母线的是 X000，且为常开，第二个回路中连接左母线的是 X001，且为常闭，因此用指令形式表达为：

0	LD X000	2	LDI X001
1	OUT Y000	3	OUT Y001

对于 FX_{3U} 系列 PLC，LD 和 LDI 还可以执行变址操作，如图 2-2 所示。

图 2-2 中，如 Z0 = 2，V1 = 5，则 X012 为 ON 时，Y002 得电，当 X016 为 ON 时，Y003 断电。**使用变址触点时需注意**，状态继电器 S、字位 D□. b、特殊辅助继电器 M8□□□和 32 位计数器不能执行变址操作。FX_{2N} 系列 PLC 不能执行变址操作。

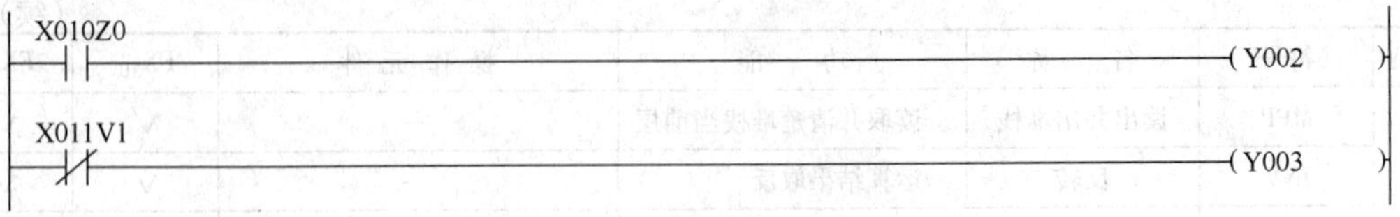

X010Z0 (Y002)
X011V1 (Y003)

图 2-2　LD 和 LDI 变址操作

2. AND 和 ANI 指令

AND 和 ANI 指令是执行“与逻辑”的指令，表示与前一个(左边)触点或电路块的串联关系，AND 指令是串联常开触点，ANI 指令是串联常闭触点。其梯形图表现形式如图 2-3 所示。

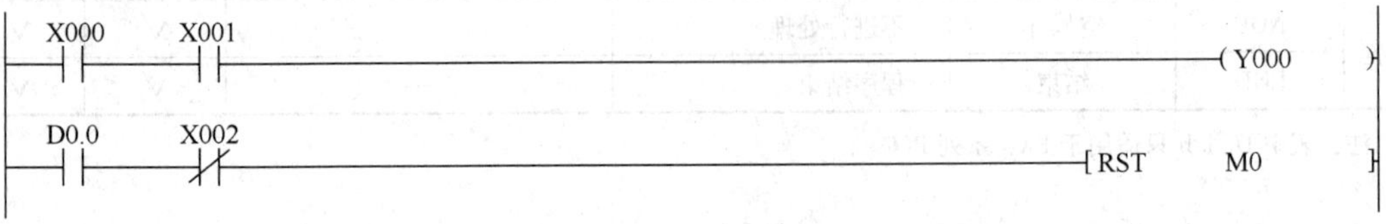

X000 X001 (Y000)
D0.0 X002 [RST M0]

图 2-3　AND 和 ANI 指令

图 2-3 中梯形图用指令形式表达为：

0	LD X000	3	LD D0. 0
1	AND X001	6	ANI X002
2	OUT Y000	7	RST M0

对于 FX_{3U} 系列 PLC，AND 和 ANI 指令也可以进行变址操作，其规则与 LD 和 LDI 指令相同。

3. OR 和 ORI 指令

OR 和 ORI 指令是执行“或逻辑”的指令，表示与上一个触点或电路块的并联关系，OR 指令是并联常开触点，ORI 指令是并联常闭触点，如图 2-4 所示。

X000 X001 (Y000)
Y000
X002 [SET D0.0]
X003

图 2-4　OR 和 ORI 指令

图 2-4 中梯形图用指令形式表达为：

0	LD X000	4	LD X002
1	OR Y000	5	ORI X003
2	AND X001	6	SET D0. 0
3	OUT Y000		

对于 FX_{3U} 系列 PLC，OR 和 ORI 指令也可以进行变址操作，其规则与 LD 和 LDI 相同。

4. LDP、LDF、ANDP、ANDF、ORP、ORF 指令

LDP、LDF、ANDP、ANDF、ORP、ORF 指令是触点脉冲化的指令，其中 LDP、ANDP、ORP 指令是检测上升沿的触点指令，LDF、ANDF、ORF 指令是检测下降沿的触点指令。

LDP 指令：连接左母线，且该指令驱动的位元件由 0→1 瞬间接通一个脉冲。

LDF 指令：连接左母线，且该指令驱动的位元件由 1→0 瞬间接通一个脉冲。

ANDP 指令：与其他触点或电路块串联，且该指令驱动的位元件由 0→1 瞬间接通一个脉冲。

ANDF 指令：与其他触点或电路块串联，且该指令驱动的位元件由 1→0 瞬间接通一个脉冲。

ORP 指令：与其他触点或电路块并联，且该指令驱动的位元件由 0→1 瞬间接通一个脉冲。

ORF 指令：与其他触点或电路块并联，且该指令驱动的位元件由 1→0 瞬间接通一个脉冲。

LDP、LDF、ANDP、ANDF、ORP、ORF 指令的梯形图表现形式如图 2-5 所示。

```
  X000
──┤↑├──────────────────────────────[SET   Y000 ]
  X001
──┤↓├──────────────────────────────[RST   Y000 ]
  X000     X002
──┤ ├──────┤↑├─────────────────────[INC   D0   ]
  X001     X003
──┤ ├──────┤↓├─────────────────────[DEC   D0   ]
  X000
──┤↑├──┬───────────────────────────[SET   M0   ]
  X001 │
──┤↑├──┤
  X004 │
──┤↓├──┘
```

图 2-5 触点脉冲化指令的梯形图表现形式

图 2-5 中梯形图用指令形式表达为：

0	LDP X000	12	LD X001
2	SET Y000	13	ANDF X003
3	LDF X001	15	DEC D0
5	RST Y000	18	LDP X000
6	LD X000	20	ORP X001
7	ANDP X002	22	ORF X004
9	INC D0	24	SET M0

LDP、LDF、ANDP、ANDF、ORP、ORF 指令对于 FX_{3U} 和 FX_{2N} 系列 PLC 均不能进行变址操作。

2.1.2 执行类指令

1. OUT 指令

OUT 指令是对输出继电器、辅助继电器、状态继电器、定时器、计数器的线圈进行驱动的指令，当驱动回路为 ON 时，OUT 指定的位元件得电，触点动作(计时、计数)；当驱动回路为 OFF 时，OUT 指定的位元件失电，触点复位(计数器除外)。OUT 指令的梯形图表现形式如图 2-6 所示。

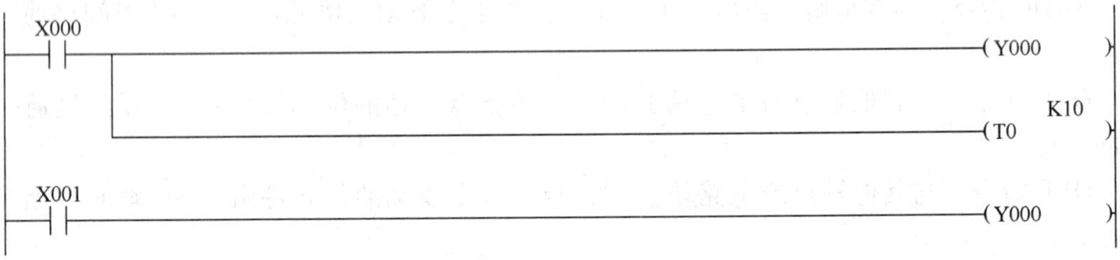

图 2-6 OUT 指令

OUT 指令可以连续使用，但同一编号软元件在程序中只能驱动一次，否则出现双(多)线圈，在图 2-6 中，第一个回路连续输出 OUT Y000，OUT T0 K10，是完全可以的，但第二个回路中又出现 OUT Y000，这样就出现了双线圈，这是编程时所不允许的。

对于 FX_{3U}系列 PLC，OUT 指令也可以进行变址操作，如图 2-7 所示。

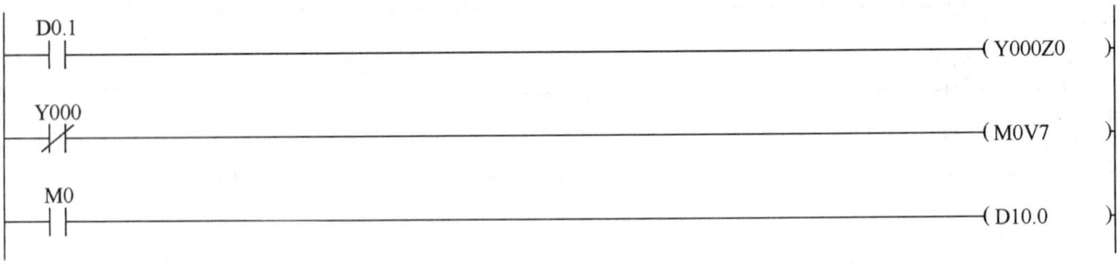

图 2-7 OUT 指令变址操作

状态继电器 S、字位 D□. b、特殊辅助继电器 M8□□□和 32 位计数器不能执行变址操作，例如，图 2-7 中的第三个回路是不能执行变址操作的。FX_{2N}系列 PLC 不能执行变址操作。

2. SET 和 RST 指令

SET 指令是位元件(Y、M、S、D□. b)置位指令，当驱动回路为 ON(1 个脉冲即可)时，SET 指令立刻置位指定的位元件(T、C 不能置位)，置位后即使驱动的回路为 OFF，SET 指令指定的位元件也保持为 ON。

RST 指令执行 SET 指令的逆操作，当 RST 指令被驱动后，立即复位指定的位元件，同时 RST 指令还可以复位字元件，如 D、V、Z、R，使字元件中的数据为 0。

SET、RST 指令梯形图表现形式如图 2-5 所示。

对于 FX_{3U}系列 PLC，SET 指令可以对 Y 和 M(特殊辅助继电器除外)进行变址操作，而不能对 S 元件和字位进行变址操作。RST 指令可以对 Y 和 M(特殊辅助继电器除外)以及定时器 T 和 16 位计数器 C 进行变址操作，不能对字元件进行变址操作。

对于 FX_{2N}系列 PLC，则不能进行变址操作。

3. PLS 和 PLF 指令

PLS 指令是上升沿脉冲输出指令，在驱动 PLS 指令回路接通时的一个扫描周期内，指定的软元件输出一个脉冲。

PLF 指令是下降沿脉冲输出指令，在驱动 PLF 指令回路断开时的一个扫描周期内，指定的软元件输出一个脉冲。PLS、PLF 指令梯形图表现形式和时序图如图 2-8 所示。

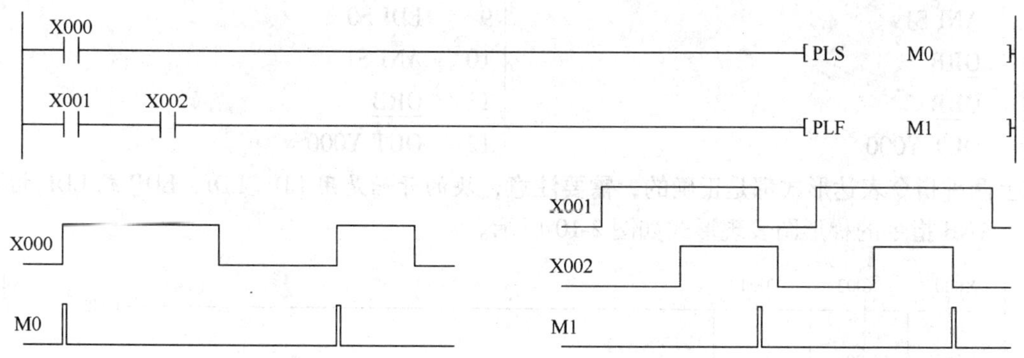

图 2-8　PLS 和 PLF 指令及动作时序图

图 2-8 中梯形图用指令表达为：

0	LD X000	4	AND X002
1	PLS M0	5	PLF M1
3	LD X001		

在 X000 由 0→1 的瞬间，PLS 指令驱动 M0 接通 1 个脉冲。在 X001 和 X002 同时接通，然后断开(运算结果 1→0)瞬间，PLF 指令使 M1 接通 1 个脉冲。

PLS 和 PLF 只对软元件 Y 和 M 有效，且 FX_{3U} 系列 PLC 可以进行变址(特殊 M 除外)操作。

2.1.3　结合类指令

1. ORB 和 ANB 指令

ORB 指令是串联块的并联指令，ANB 指令是并联块的串联指令。串联块是指两个以上触点串联组成的块，并联块是指两个以上触点并联组成的块，对于块操作必须使用块操作指令 ORB 和 ANB 指令。

ORB 指令的梯形图表现形式如图 2-9 所示。

M0　M1　Y000
D0.0　D0.1
S0　S1

图 2-9　ORB 指令

图 2-9 中梯形图用指令形式表达为：

```
0    LD M0
1    AND M1
2    LD D0.0
5    AND D0.1
8    LDI S0
9    ANI S1
10   ORB
11   ORB
12   OUT Y000
```

或者

```
0    LD M0
1    AND M1
2    LD D0.0
5    AND D0.1
8    ORB
9    LDI S0
10   ANI S1
11   ORB
12   OUT Y000
```

以上两种指令表达形式都是正确的，**需要注意**，块的开始是用 LD、LDI、LDP 或 LDF 指令。

ANB 指令的梯形图表现形式如图 2-10 所示。

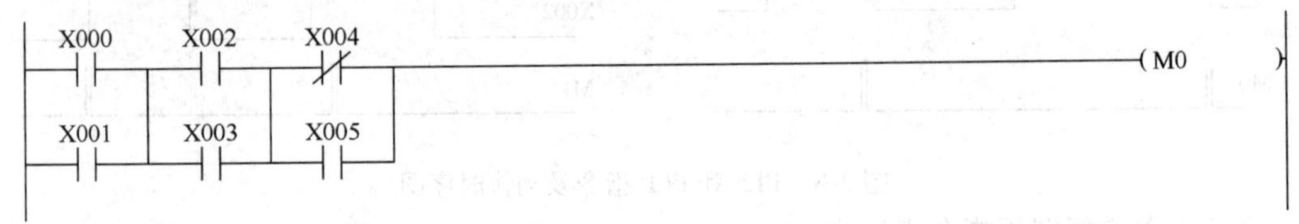

图 2-10　ANB 指令

图 2-10 中梯形图用指令形式表达如下：

```
0    LD X000
1    OR X001
2    LD X002
3    OR X003
4    LDI X004
5    OR X005
6    ANB
7    ANB
8    OUT M0
```

或者

```
0    LD X000
1    OR X001
2    LD X002
3    OR X003
4    ANB
5    LDI X004
6    OR X005
7    ANB
8    OUT M0
```

以上两种指令表达形式都是正确的，同样，块的开始都是用 LD、LDI、LDP 或 LDF 指令。

既有并联块又有串联块的电路如图 2-11 所示。

图 2-11 中梯形图用指令形式表达如下：

```
1    LD M0
2    OR M1
3    LD M2
4    AND M3
5    LD M4
6    AND M5
7    ORB        先合并并联电路块
8    OR M6
9    ANB        合并串联电路块
10   OR M7
11   OUT M10
```

2. MPS、MRD 和 MPP 指令

MPS、MRD 和 MPP 指令分别是压栈、读栈和出栈指令。很多时候，程序中需要一个触

图 2-11　串并联电路块

点或一个串路块驱动多个输出，而各个输出的回路中还有其他的运算条件，这就需要进行堆栈的操作，在 FX_{3U} 和 FX_{2N} 系列 PLC 中有 11 个堆栈存储区域，用于存放运算的中间结果(位逻辑运算的状态)，堆栈的说明如图 2-12 所示。

图 2-12　堆栈的说明

图 2-12 中，常开触点 X000 对于 4 个输出 Y000、M0、Y001、Y002 都同时需要，如果使用前面所讲的指令，则不能清楚地表达出其逻辑关系。如果表达为：

0	LD X000	5	OUT Y001
1	AND X001	6	ANI X003
2	OUT Y000	7	AND X004
3	OUT M0	8	OUT Y002
4	AND X002		

则将逻辑关系变为图 2-13 所示的梯形图。

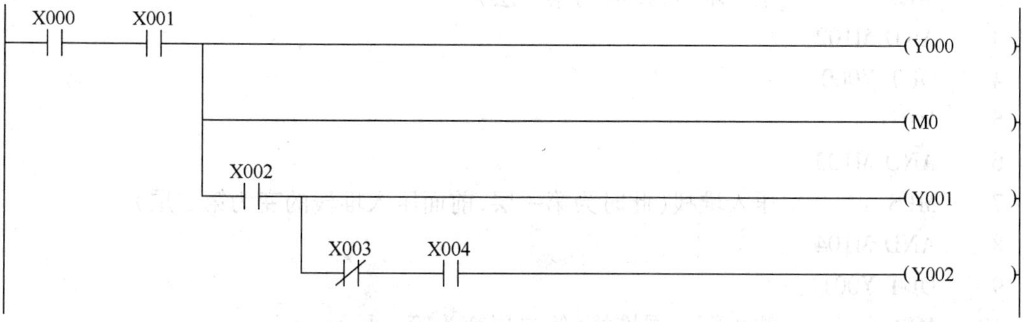

图 2-13　错误的表达方法

显然这种表达方式是错误的。图 2-12 所示梯形图应该表达为：

```
0     LD X000
1     MPS        将前面运算结果压入堆栈
2     AND X001
3     OUT Y000
4     MRD        读最上层堆栈
5     OUT M0
6     MRD        读最上层堆栈
7     AND X002
8     OUT Y001
9     MPP        读最上层堆栈并清除最上层堆栈内容(第二层自动上移到最上层)
10    ANI X003
11    AND X004
12    OUT Y002
```

堆栈也可以嵌套，如图 2-14 所示。

图 2-14　堆栈嵌套

将图 2-14 转化为指令形式如下：

```
0     LD M100
1     ORI M101
2     MPS          压入堆栈(此时为第一层)
3     AND M102
4     OUT Y000
5     MRD
6     AND M103
7     MPS          压入堆栈(此时为第一层,前面压入堆栈的变为第二层)
8     AND M104
9     OUT Y001
10    MPP          弹出第一层堆栈(第二层变为第一层)
11    AND M105
```

12 OUT Y002

13 MRD 读堆栈(此时为第一次压栈的内容)

14 ANI M106

15 OUT Y003

16 MPP 全部堆栈弹出

17 OUT Y004

以上程序是两层嵌套，还可以进行多层嵌套，但嵌套的层数不能超过 11 层，此外堆栈也可以并列使用，还可以既嵌套又并列使用，但 MPS 和 MPP 连续的数量差不能超过 11 次，且 MPS 和 MPP 必须对应使用，即有 MPS 必须对应一个 MPP，否则程序出错，MRD 则根据需要来确定是否使用和使用的次数。

3. INV 指令

INV 指令是将 LD、LDI、LDP、LDF 指令后的运算结果取反的指令，不带任何操作数，如图 2-15 所示。

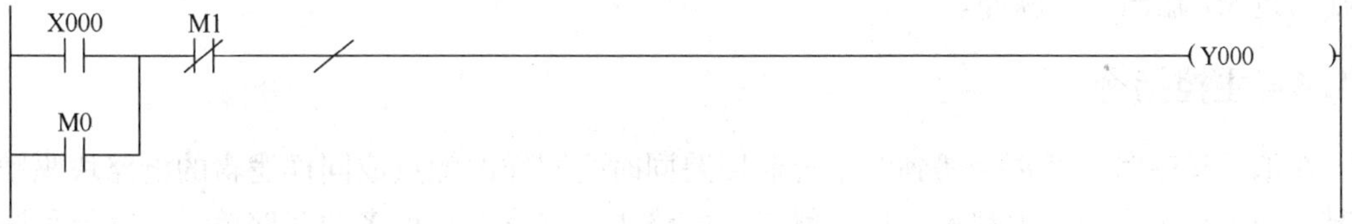

X000 M1 Y000 M0

图 2-15 INV 指令

图 2-15 中的“/”是 INV 指令在梯形图中的表现形式，它的作用是将/前的运算结果取反，然后通过 Y000 输出，用指令表达如下：

0	LD X000	3	INV
1	OR M0	4	OUT Y000
2	ANI M1		

INV 指令不一定只加在输出之前，在 INV 指令后面也可以有其他的条件存在，如图 2-16 所示也是合法的。

X010 M0 SET Y010 X011

图 2-16 INV 指令的使用

对于块操作中出现的 INV 指令，如果 INV 出现在块以内，则将块内 INV 指令前出现的 LD、LDI、LDP、LDF 后的运算取反；如果出现在块以后，则将 INV 指令以前的块(最大的块)运算结果取反。

4. MEP 和 MEF 指令

MEP 和 MEF 是 FX_{3U}系列 PLC 独有的指令，FX_{2N}系列 PLC 不支持此指令，MEP 和 MEF 是将运算结果脉冲化的指令，不需要带任何软元件。MEP 是检测运算结果上升沿输出指令，即检测到 MEP 指令前的运算结果由 0→1 瞬间，输出一个脉冲；MEF 是检测运算结果下降沿输出指令，即检测到 MEF 指令前的运算结果由 1→0 瞬间，输出一个脉冲。其梯形图表现形式如图 2-17 所示。

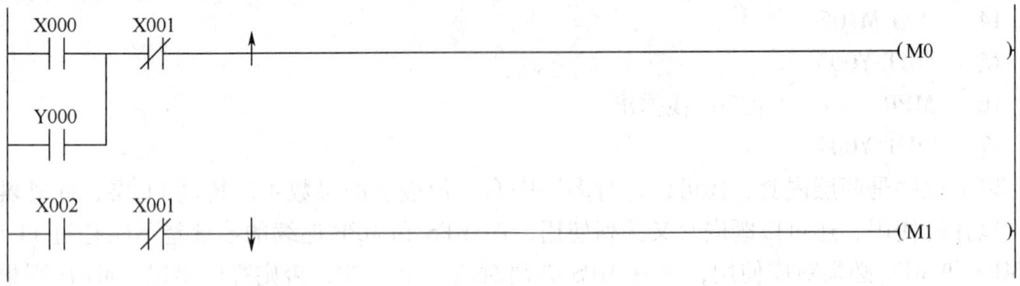

图 2-17 MEP 和 MEF 指令

在图 2-17 中，“↑”是 MEP 指令在梯形图中的表现形式，它的作用是检测“↑”之前的电路运算结果的上升沿，如果检测到上升沿则通过 M0 输出一个脉冲；“↓”是 MEF 在梯形图中的表现形式，它的作用是检测“↓”之前电路运算结果的下降沿，如果检测到下降沿则通过 M1 输出一个脉冲。

2.1.4 主控指令

在编写程序时，经常会遇到多个控制回路同时受同样的触点或同样逻辑的电路块驱动的情况，如果在每个回路中都串入这些触点或电路块，这将占用很多的存储单元，降低程序编写和程序控制效率，MC 和 MCR 指令可以解决这类问题，MC 即主控开始指令，MCR 主控结束指令。其说明如图 2-18 所示。

图 2-18 中五个回路都有 X000 和 X001 并联及 M0 常闭触点的串联电路，用主控指令实现同样的功能如图 2-19 所示。

在图 2-18 和图 2-19 中，两段程序实现同样的功能，但图 2-19 图形更加简单，而且占用的程序步更少，将图 2-19 转化为指令如下：

```
0     LD X000
1     OR X001
2     ANI M100
3     MC N0 M0
6     LDI X002
7     OUT Y000
        …
16    LD D0.0
19    OUT Y0004
20    MCR N0
22    END
```

以上程序中主控开始用“MC N0 M100”，其中 N0 表示嵌套的编号可以是 N0、N1 ~ N7 共 8 层，且编号不能重复，如果没有嵌套，只有并行使用的情况，编号是可以重复使用的，但要注意 MC 和 MCR 是一一对应的关系，否则程序出错，程序中 M100 是主控触点，可以指定为辅助继电器 M(特殊辅助继电器除外)和输出软元件 Y，其他位元件不能指定。

2.1.5 其他指令

1. NOP 指令

NOP 指令为空操作指令，在程序中加入 NOP 指令，可编程序控制器会无视其存在，继

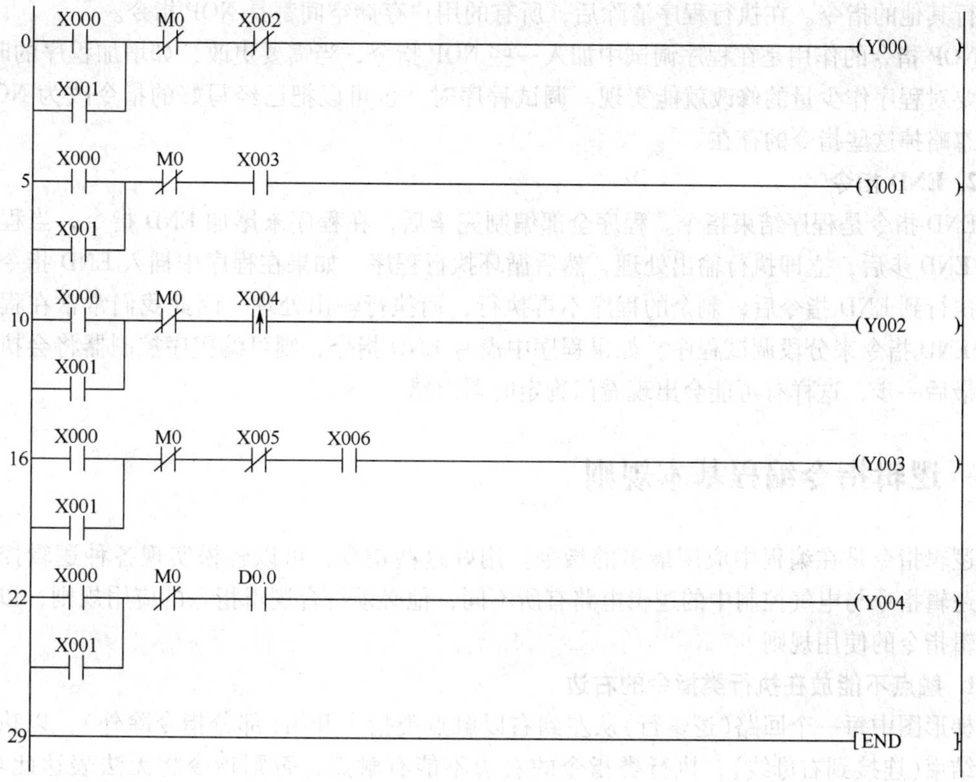

```
0   X000  M0  X002  (Y000)
    X001
5   X000  M0  X003  (Y001)
    X001
10  X000  M0  X004  (Y002)
    X001
16  X000  M0  X005  X006  (Y003)
    X001
22  X000  M0  D0.0  (Y004)
    X001
29  [END]
```

图 2-18　事例程序

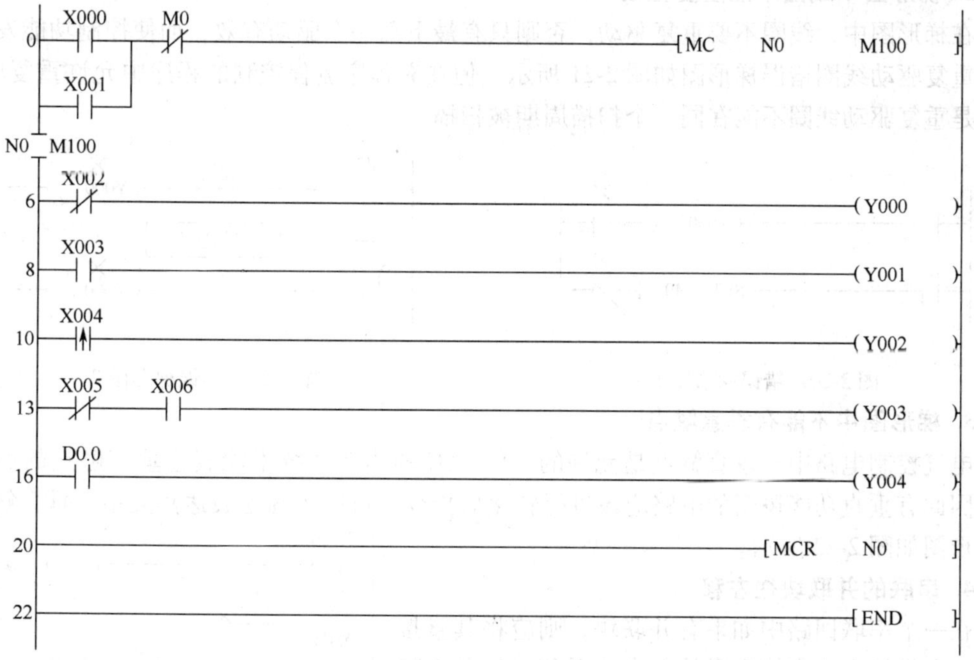

```
0   X000  M0  [MC  N0  M100]
    X001
N0  M100
6   X002  (Y000)
8   X003  (Y001)
10  X004  (Y002)
13  X005  X006  (Y003)
16  D0.0  (Y004)
20  [MCR  N0]
22  [END]
```

图 2-19　MC 和 MCR 指令

续执行其他的指令。在执行程序清除后，所有的用户存储空间都是 NOP 指令。

NOP 指令的作用是在程序调试中加入一些 NOP 指令，当需要更改，如增加程序的时候，只需要对程序作少量的修改就能实现。调试程序时，也可以把已经写好的指令改为 NOP 指令，忽略掉这些指令的存在。

2. END 指令

END 指令是程序结束指令。程序全部编制完毕后，在程序末尾加 END 指令，当程序运行到 END 步后，立即执行输出处理，然后循环执行程序。如果在程序中插入 END 指令，则程序执行到 END 指令后，剩余的程序不再执行，而执行输出处理，因此我们常常在程序中插入 END 指令来分段调试程序。如果程序中没有 END 指令，则可编程序控制器将会执行到程序最后一步，这样有可能会出现看门狗定时器出错。

2.2 逻辑指令编程基本规则

逻辑指令是在编程中应用最多的指令。用好这些指令，可以轻松实现各种逻辑控制功能。逻辑指令与电气控制中的逻辑电路有所不同，他必须符合逻辑指令的应用规则，以下介绍逻辑指令的使用规则。

1. 触点不能放在执行类指令的右边

梯形图中每一个回路(逻辑行)从左到右以触点类指令开始(部分指令除外)，以执行类指令结束(连接到右母线)，执行类指令的右边不能有触点，否则指令将无法表达此功能，而使逻辑关系发生变化。例如，图 2-20 所示梯形图就是错误的。

2. 梯形图中线圈不能重复驱动

在梯形图中，线圈不要重复驱动，否则只有最下面一个驱动有效，而使控制功能发生变化。重复驱动线圈错误梯形图如图 2-21 所示。但在有程序流程控制的程序中允许重复驱动，条件是重复驱动线圈不能在同一个扫描周期被扫描。

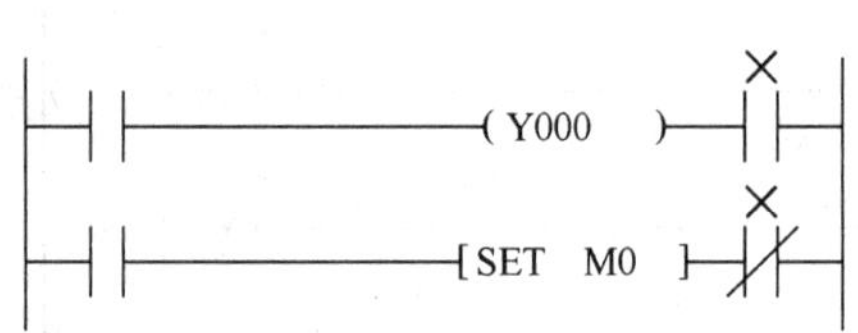

图 2-20　错误梯形图 1

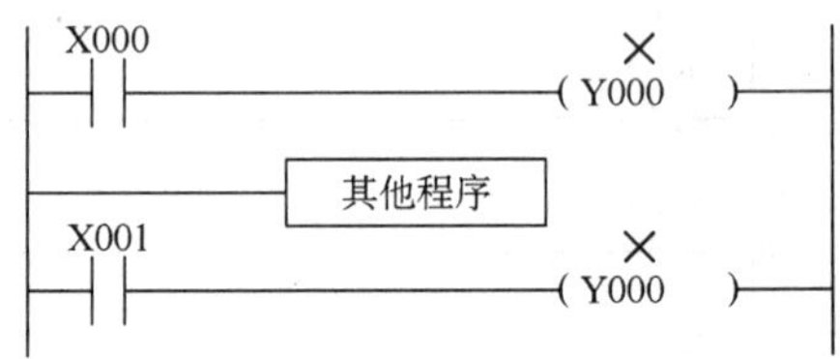

图 2-21　错误梯形图 2

3. 梯形图中不能有垂直触点

电气控制电路中，垂直触点是允许的，但 PLC 的指令系统不能表达垂直触点的逻辑关系，因此有垂直功能逻辑的电路应该进行转化后指令才可以正确地表达其关系。垂直触点错误梯形图如图 2-22 所示。

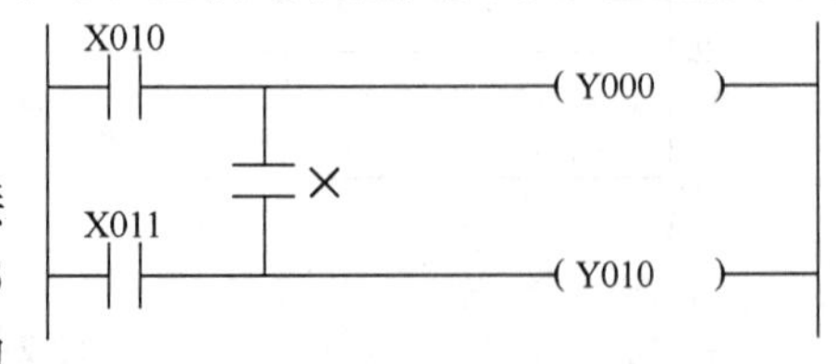

图 2-22　错误梯形图 3

4. 串联的并联块往左移

在一个串联回路中如果有并联块，则应将其直接连接到左母线上，直接串联的触点往后移，如图 2-23 所示。如果回路中均是并联块，则不需移动，摆放的顺序不限制。

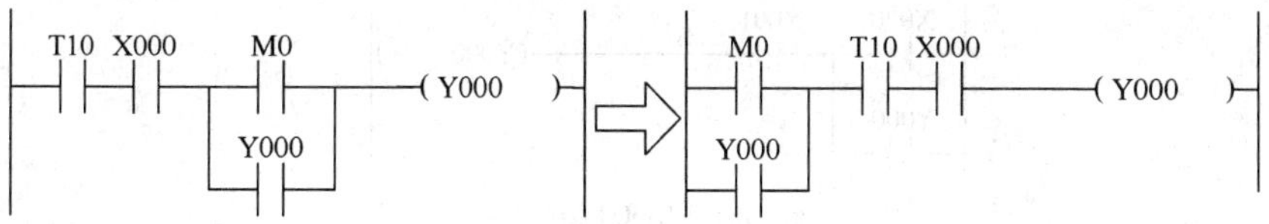

图 2-23　串联的并联块左移

5. 并联的串联块往上移

在一个并联回路中，如果有多个触点串联的块存在，则将串联块向上移动，单一的并联触点往下移动，如图 2-24 所示。如果回路中均是串联块，则不需移动，摆放的顺序不限制。

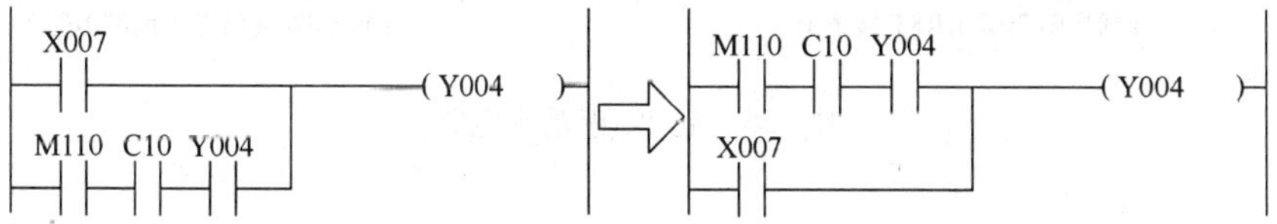

图 2-24　并联的串联块上移

6. 注意回路的顺序

由可编程序控制器的工作原理(参考附录 B)可知，可编程序控制器指令执行的过程是串行执行的过程，因此指令的放置顺序将有可能影响输出的结果，在编写程序的时候需要注意，如图 2-25 所示，两段程序是完全一样的程序，只是摆放的顺序不同，最终的执行结果是不一样的。

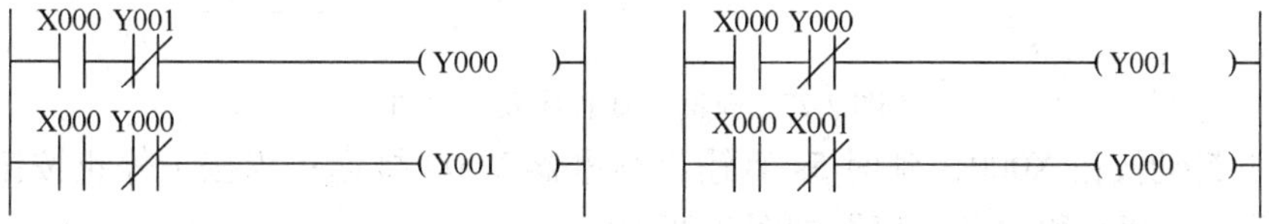

图 2-25　程序编写顺序与执行结果实例

7. 注意指令的使用次数

有些指令在程序中有使用次数的限制，如果超出使用次数限制，程序结果有可能会出现异常情况。逻辑指令的次数限制如下所示：

LD、LDI 连续使用(无执行类指令)最多 8 次；MPS、MPP 的使用数量差 <11 次；MC、MCR 嵌套时最多 8 次；END 1 次。

2.3　常用基本程序

1. 起-保-停程序

根据异步电动机直接起停控制电路，转换为相应的 PLC 梯形图程序，即构成可编程序控制中的起-保-停程序。梯形图程序如图 2-26 所示，X000：起动按钮；X001：停止按钮。

图 2-26 中三个电路均为起-保-停电路，图 2-26a 起动是 X000，保持是 Y000 的常开触点，停止是 X001，构成起-保-停程序。图 2-26b 保持是由 SET 指令来实现。图 2-26c 保持是由辅助继电器来实现，这种方式是程序中最常见的方式，在控制程序中用于设置运行标

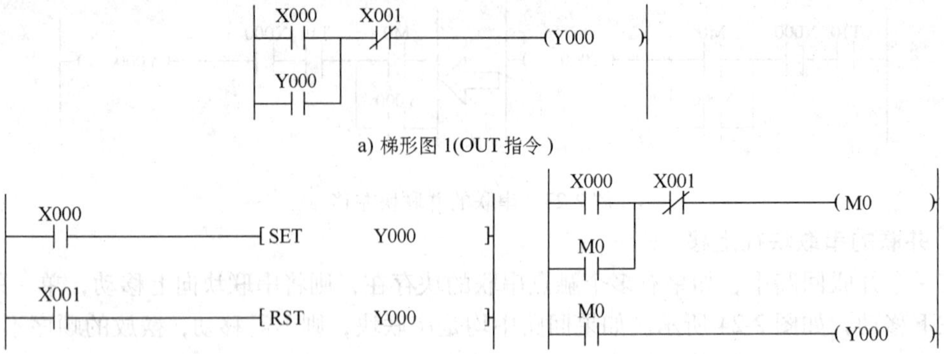

a) 梯形图 1(OUT 指令)

b) 梯形图 2(SET/RST 指令)

c) 梯形图 3(借助辅助继电器)

图 2-26　起-保-停基本电路

志等。

2. 延时接通程序(通电延时)

1）接通开关 X000，延时 5s 后输出继电器 Y000 接通，PLC 程序及时序图如图 2-27 所示。

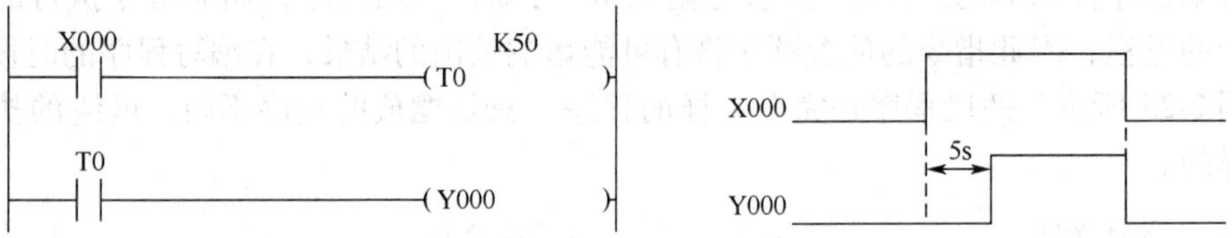

图 2-27　延时接通程序及时序图

2）按下起动按钮 X000，延时 5s 后输出继电器 Y000 接通；当按下停止按钮 X001 后，输出 Y000 断开，PLC 程序及时序图如图 2-28 所示。

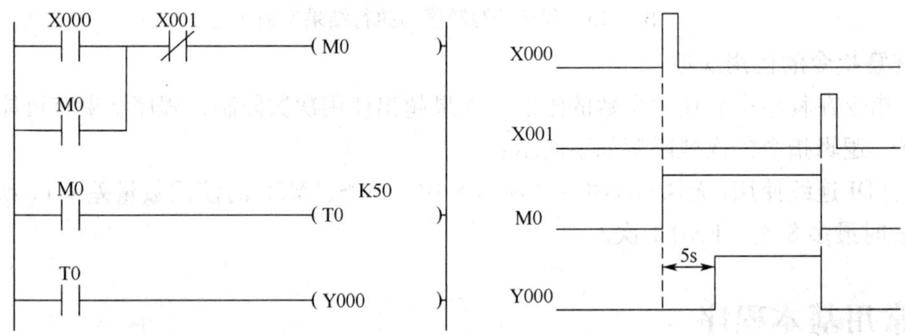

图 2-28　有锁定功能的延时接通程序及时序图

图 2-28 电路中使用按钮起动定时器，因此在程序中使用了辅助继电器起-保-停电路，使定时器线圈能保持通电。

3. 延时断开程序(断电延时)

输入信号 X000 接通后，输出继电器 Y000 马上接通，当 X000 断开后，输出延时 5s 后断开，PLC 程序及时序图如图 2-29 所示。

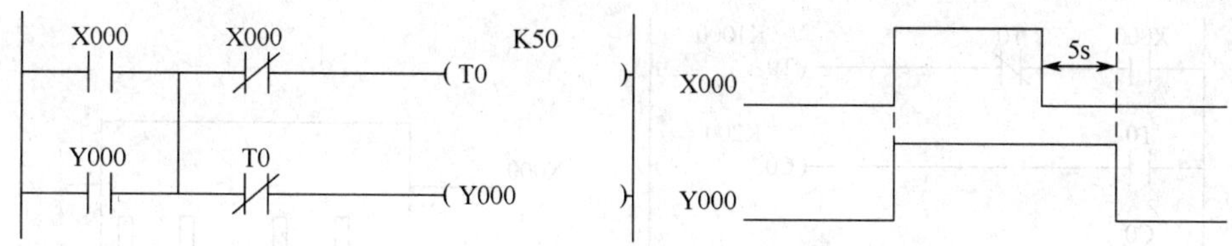

图 2-29　延时断开程序及时序图

4. 延时接通延时断开程序

X000 控制输出继电器 Y000，要求在 X000 连续接通 9s 后，Y000 为 ON，然后 X000 断开 7s 后 Y000 再 OFF，其 PLC 程序及时序图如 2-30 所示。

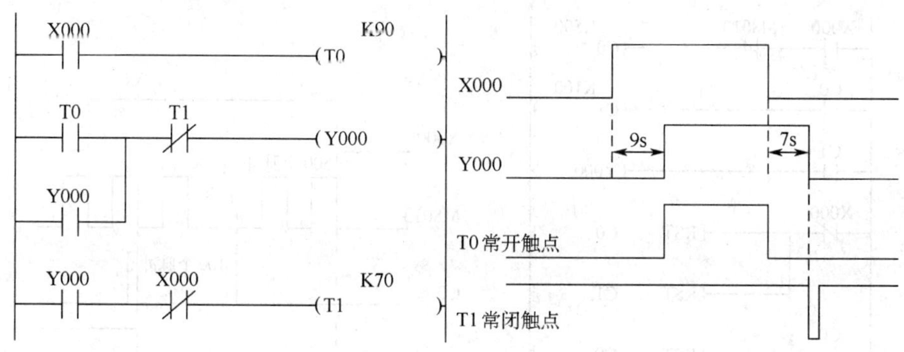

图 2-30　延时接通并延时断开程序及时序图

5. 长延时程序

FX_{3u}、FX_{2N}系列 PLC 的定时器均为 16 位定时器，直接定时时，其定时最长时间为 3276.7s，需要定时更长时间时，则要采用长延时电路，下面介绍长延时程序。

（1）多个定时器组合　用 FX_{3u}、FX_{2N}系列 PLC 实现 5000s 的延时程序如图 2-31 所示。

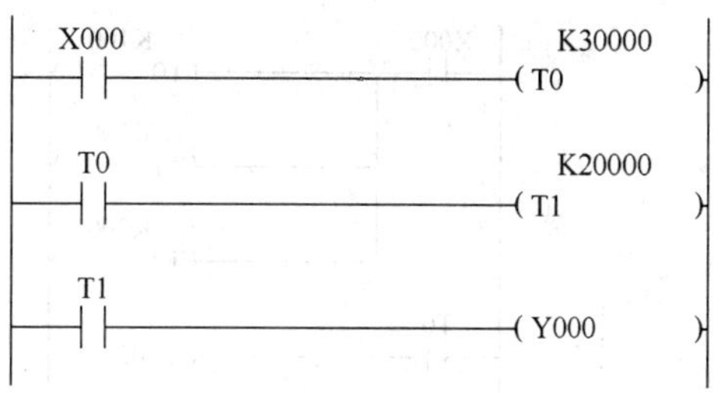

图 2-31　延时 5000s

（2）定时器与计数器的组合　利用定时器的组合，可以实现大于 3276.7s 的定时，但更长时间定时如几万秒甚至更长的定时，则需要较多的定时器，电路也变得复杂，可以采用定时器与计数器的组合来实现。

当 X000 接通后，延时 20000s 输出继电器 Y000 接通；当 X000 断开后，输出继电器 Y000 断开，程序及时序图如图 2-32 所示。

（3）两个计数器组合　PLC 内部的特殊辅助继电器提供了四种时钟脉冲：10ms（M8011）、100ms（M8012）、1s（M8013）、1min（M8014），可利用计数器对这些时钟脉冲计数实现长延时的功能。

如当 X000 接通后，延时 50000s 输出继电器 Y000 接通；当 X000 断开后，输出继电器 Y000 断开，程序及时序图如图 2-33 所示。

6. 顺序延时接通程序

当 X000 接通后，输出端 Y000、Y001、Y002 按顺序每隔 10s 输出接通，用三个定时器

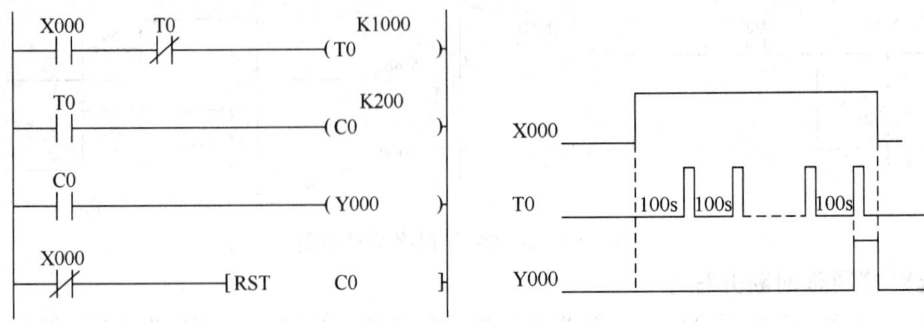

图 2-32 定时器与计数器组合及时序图

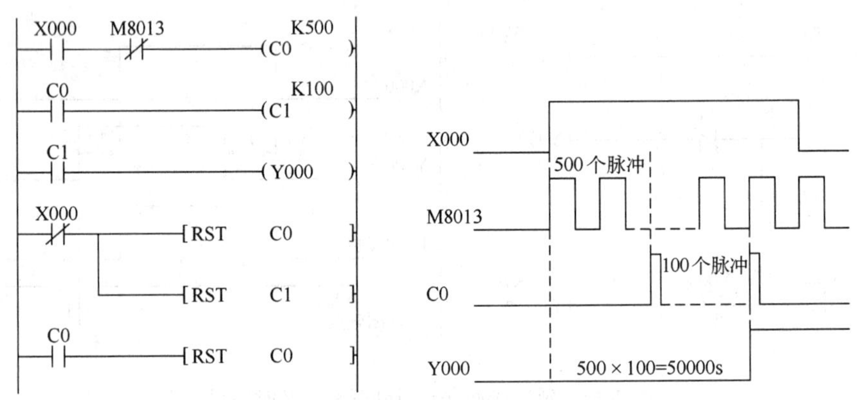

图 2-33 用计数器延时 50000s 程序及时序图

T0、T1、T2 设置不同的定时时间，可实现按顺序先后接通，当 X000 断开后输出同时停止，程序及时序图如图 2-34 所示。

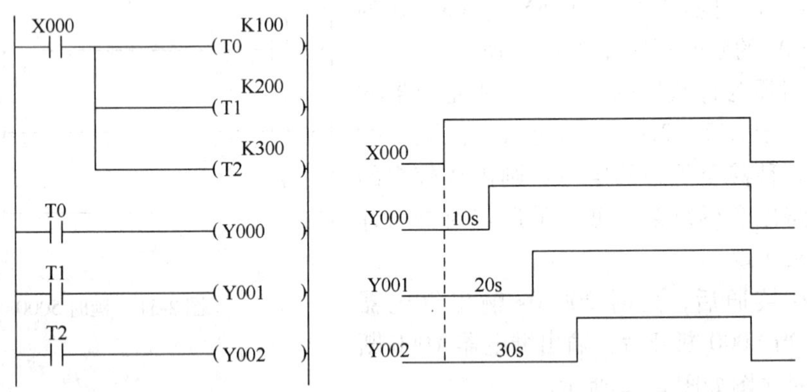

图 2-34 顺序延时接通电路及时序图

7. 顺序循环接通程序

当 X000 接通后，Y000 ~ Y002 三个输出端按顺序各接通 10s，如此循环直至 X000 断开后，三个输出全部断开，程序及时序图如图 2-35 所示。

8. 脉冲发生电路（振荡电路）

设计频率为 1Hz 的脉冲发生器，要求占空比为 1，即输入信号 X000 接通后，输出 Y000

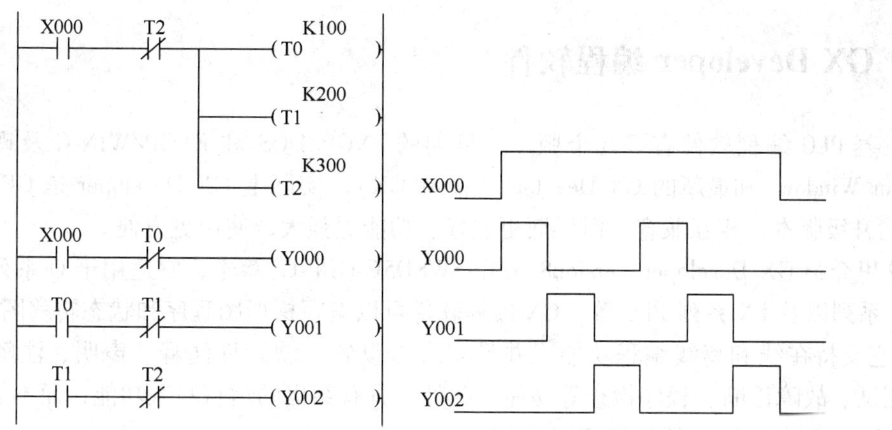

图 2-35　顺序循环接通程序及时序图

产生 0.5s 接通、0.5s 断开的方波，程序和时序图如图 2-36 所示。

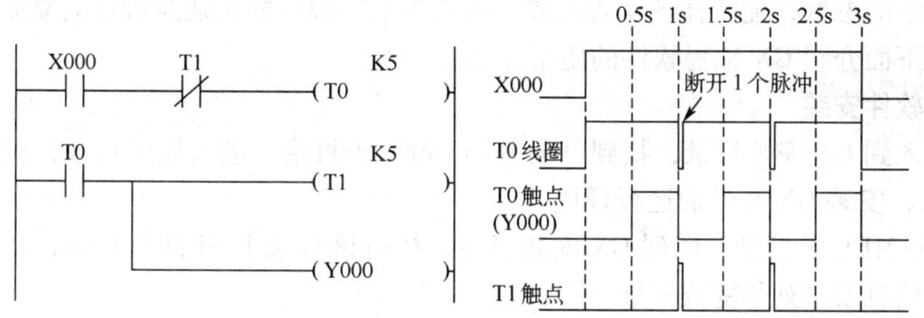

图 2-36　脉冲发生电路及时序图

9. 二分频程序

输入端 X000 输入一个频率为 f 的方波，要求输出端 Y000 输出一个频率为 f/2 的方波，图 2-37 为一个基本指令二分频程序及其时序图。

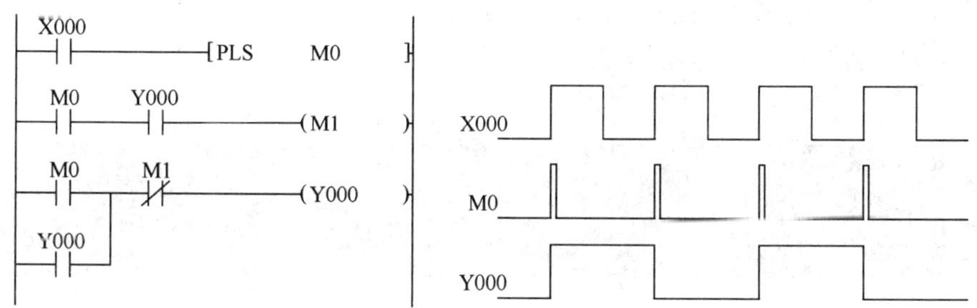

图 2-37　二分频程序及其时序图

由于 PLC 程序是按顺序执行的，图 2-37 中当 X000 的上升沿到来时，M0 接通一个扫描周期，此时 M1 线圈不会接通，Y000 线圈接通并自锁，而当下一个扫描周期时，虽然 Y000 是接通的，但此时 M0 已经断开，所以 M1 也不会接通，直到下一个 X000 的上升沿到来时，M1 才会接通，并把 Y000 断开，从而实现二分频。

2.4 GX Developer 编程软件

三菱 PLC 编程软件有好几个版本，早期的 FXGP/DOS 和 FXGP/WIN-C 及现在常用的 GPP For Windows 和最新的 GX Developer(简称 GX)，实际上 GX Developer 是 GPP For Windows 的升级版本，相互兼容，但界面更友好、功能更强大、使用更方便。

这里介绍 GX Developer Version8.52E(SW8D5C-GPP-C)版本，它适用于 Q 系列、QnA 系列、A 系列以及 FX 系列 PLC 等。GX 编程软件可以编写梯形图程序和状态转移图程序(全系列)，它支持在线和离线编程功能，并具有参数设置、软元件注释、声明、注解及程序监视、测试、故障诊断、程序检查等功能。此外，具有突出的运行写入功能，而不需要频繁操作 STOP/RUN 开关，方便程序调试。

GX 编程软件可在 Windows 98/Windows 2000/Windows XP 以及 Vista 操作系统中运行，该编程软件简单易学，有直观形象的视窗界面。此外，GX 编程软件可直接设定 CC-link 及其他三菱网络的参数，能方便地实现监控、故障诊断、程序的传送及程序的复制、删除和打印等功能，下面介绍 GX 编程软件的使用方法。

1. GX 软件安装

首先进入到 GX 安装目录，找到目录中 EnvMEL 子目录，进入该子目录，执行该目录下 SETUP. EXE，安装 GX 软件的运行环境。

退出 EnvMEL 子目录，回到 GX 安装目录，执行该目录下 SETUP. EXE，在该安装向导下输入相关信息及序列号完成安装。

2. GX 编程软件的使用

在计算机上安装好 GX 编程软件后，运行 GX 软件，其界面如图 2-38 所示。

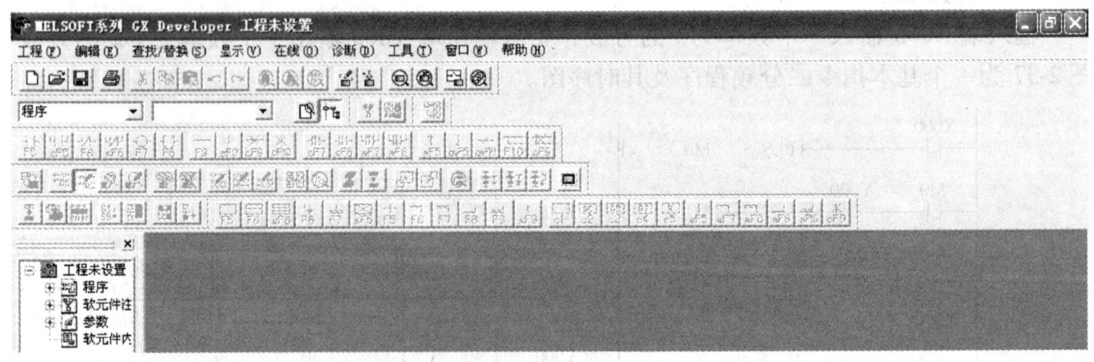

图 2-38 运行 GX 后的界面

我们可以看到该窗口编辑区域是不可用的，工具栏中除了新建和打开按钮可见以外，其余按钮均不可见，单击图 2-38 中的按钮，或执行“工程”菜单中的“创建新工程”命令，可创建一个新工程，出现如图 2-39a 所示对话框。

按图 2-39b、c 所示，选择 PLC 所属系列和类型，此外设置项还包括程序的类型，即梯形图或 SFC，在此选择梯形图，并设置文件的保存路径和工程名称等。**注意**：PLC 系列和 PLC 类型两项是必须设置项，且须与所连接的 PLC 一致，否则程序将可能无法写入 PLC。设

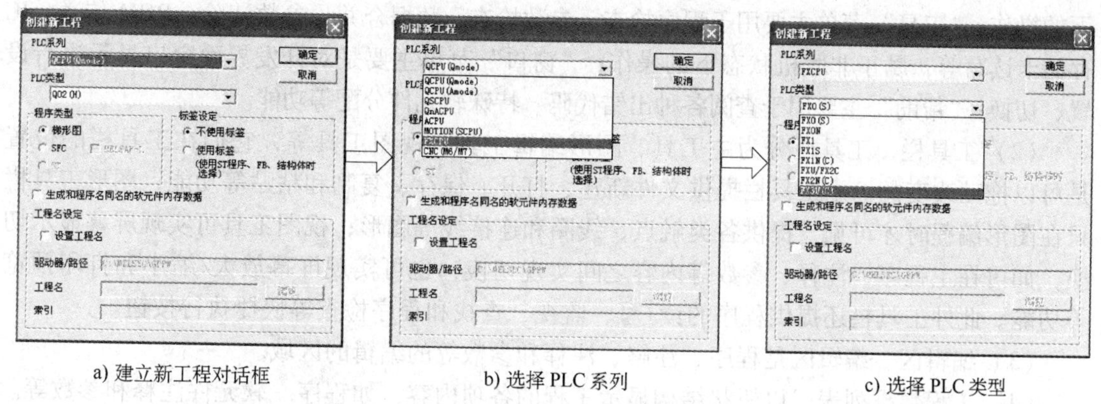

图 2-39　创建新工程

置好上述各项后点击“确定”，出现如图 2-40 所示的窗口，即可进行程序的编制。

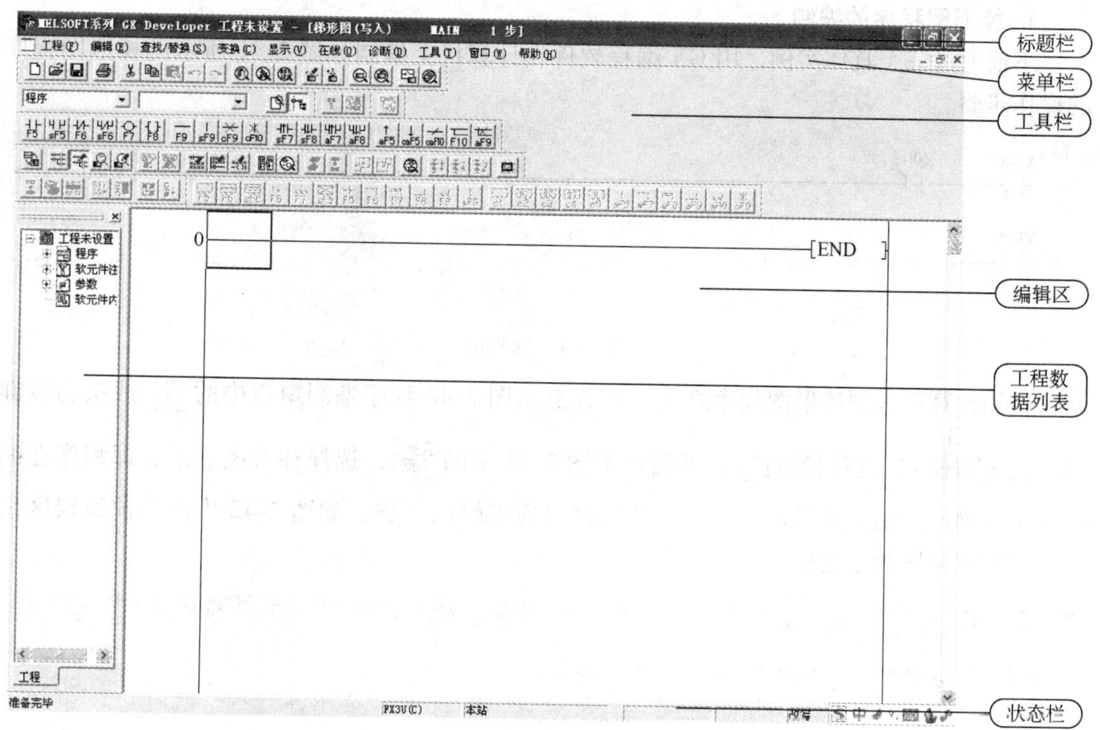

图 2-40　GX Developer 软件开放界面

(1) 菜单栏　GX 编程软件有 10 个菜单项。“工程”菜单可执行工程的创建、打开、关闭、删除和打印等；“编辑”菜单提供图形程序(或指令)编辑的工具，如复制、粘贴、插入行(列)、删除行(列)、画连线和删除连线等，此外还可在“文档生成”子菜单下进行注释、注解、申明的编辑；“查找/替换”主要用于查找/替换设备、指令等；“变换”菜单下的执行命令只在梯形图编程方式可见，程序编好后，需要将图形程序转化为系统可以识别的指令，因此需要进行变换才可存盘、传送等；“显示”菜单用于梯形图与指令之间切换，注释、申明和注解的显示或关闭等；“在线”菜单主要用于实现计算机与 PLC 之间的程序的传送、监视、调试及检测等；“诊断”菜单主要用于 PLC 诊断、网络诊断及 CC-link 诊断，属于 PLC 联机状态下的操作；“工具”菜单主要用于程序检查、参数检查、数据合并、参数清除、ROM 传送、IC 存储卡读写等，属于非联机状态下的操作；“窗口”菜单主要是对开发界面窗口显示进行设置、切换；“帮助”主要用于查阅各种出错代码、特殊软元件分配等功能。

（2）工具栏　工具栏分为主工具、图形编辑工具、视图工具等，它们在工具栏的位置是可以拖动改变的。主工具栏提供文件新建、打开、保存、复制和粘贴等功能；图形工具栏只在图形编程时才可见，提供各类触点、线圈和连接线等图形；视图工具可实现屏幕显示切换，如可在主程序、注释、参数等内容之间实现切换，也可实现屏幕放大/缩小和打印预览等功能。此外工具栏还提供程序的读/写、监视、查找和程序检查等快捷执行按钮。

（3）编辑区　编辑区是程序、注解、注释和参数等的编辑的区域。

（4）工程数据列表　以树状结构显示工程的各项内容，如程序、软元件注释和参数等。

（5）状态栏　显示当前的状态，如鼠标所指按钮功能提示、读写状态、PLC 类型等内容。

3. 梯形图程序的编制

下面通过一个具体实例，用 GX 编程软件在计算机上编制如图 2-41 所示的梯形图程序的操作步骤。

图 2-41　梯形图

在用计算机编制梯形图程序之前，首先点击图 2-42 程序编制窗口中的或按功能键 F2，进入写模式（查看状态栏），然后点击图 2-42 中的，选择梯形图显示，即程序在编辑区中以梯形图的形式显示。下一步是选择当前编辑的区域，如图 2-42 中的当前编辑区位置，当前编辑区为蓝色框。

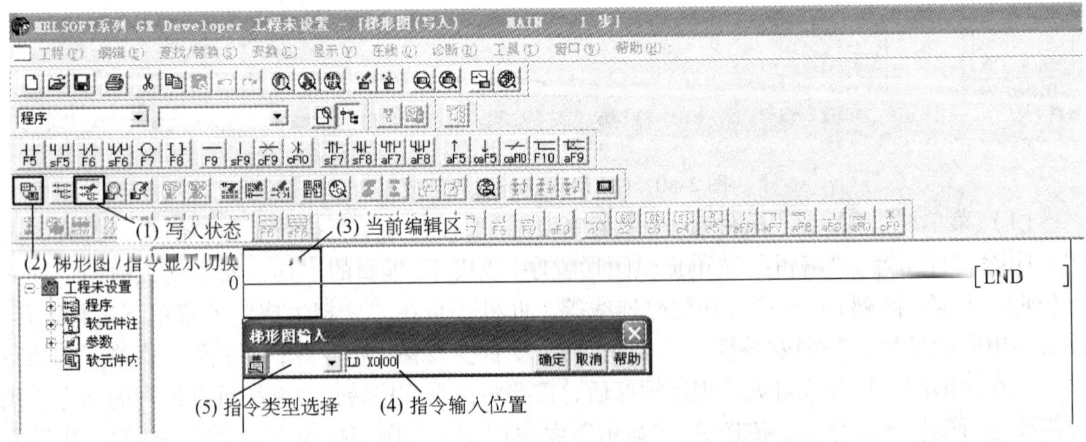

图 2-42　程序编制窗口

梯形图的绘制有两种方法，一种方法是用键盘操作，即通过键盘输入完整的指令，如在图2-42中的指令输入位置输入L→D→空格→X→000→回车(或单击确定)，则X000的常开触点就在编写区域中显示出来，蓝色编辑框自动后移，然后再输入“ANI X001”、“OUT Y000”，再将蓝色编辑框定位在X000触点下方，输入“OR Y000”，即绘制出如图2-41所示图形。梯形图程序编制完后，在写入PLC之前，必须进行变换，单击图2-43中“变换”菜单下的“变换”命令，或直接按F4完成变换，此时编辑区不再是灰色状态，可以存盘或传送。

注意：在输入的时候要注意阿拉伯数字0和英文字母O的区别以及空格的问题。

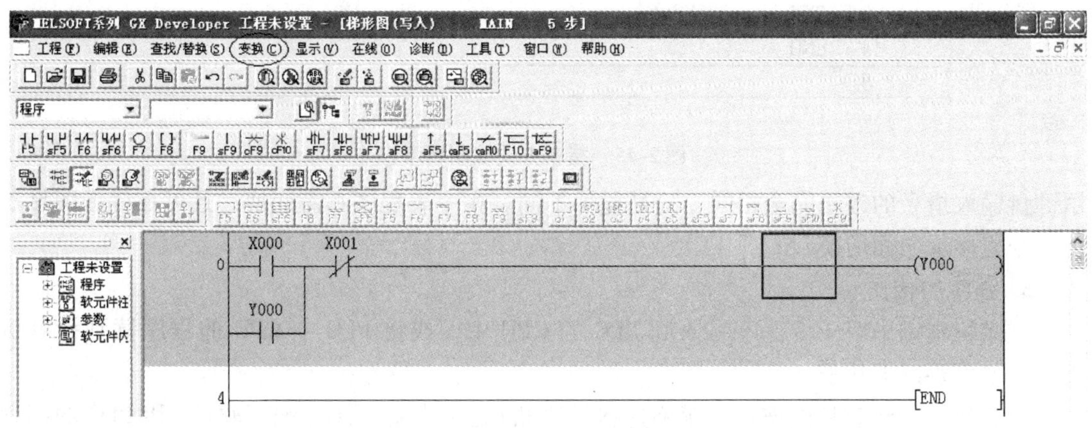

图2-43 程序变换前的画面

另一种方法是用鼠标和键盘操作，即用鼠标选择工具栏中的图形符号，再键入其软元件和软元件号，输入完毕按回车即可。

如图2-44所示的程序，程序中有时间继电器、计数器线圈及功能指令的梯形图。如用键盘操作，则在图2-42中的指令输入位置输入L→D→空格→X→000→回车；输入OUT→空格→T0→空格→K100→回车；用鼠标点击 sF9 按钮，在X000右侧插入一条竖线，在竖线右下方输入OUT→空格→C0→空格→K6→回车；再在X000右侧下方延长|线(插入一条|线)，然后输入MOV→空格→K20→空格→D10→回车。如用鼠标和键盘操作，则选择所对应的图形符号，再键入软元件及其软元件号(以及定时器、计数器参数)，再回车，依次完成所有指令的输入。

```
   X000                                         K100
0 —| |———————————————————————————————————————(T0      )
       |                                        K6
       |————————————————————————————————————(C0      )
       |
       |——————————————————————[MOV    K20     D10    ]
```

图2-44 定时器、计数器、功能指令的输入

4. 指令方式编制程序

指令方式编制程序即直接输入指令的编程方式，并以指令的形式显示。对于图2-41所示的梯形图，其指令表程序在屏幕上的显示如图2-45所示。输入指令的操作与上述介绍的

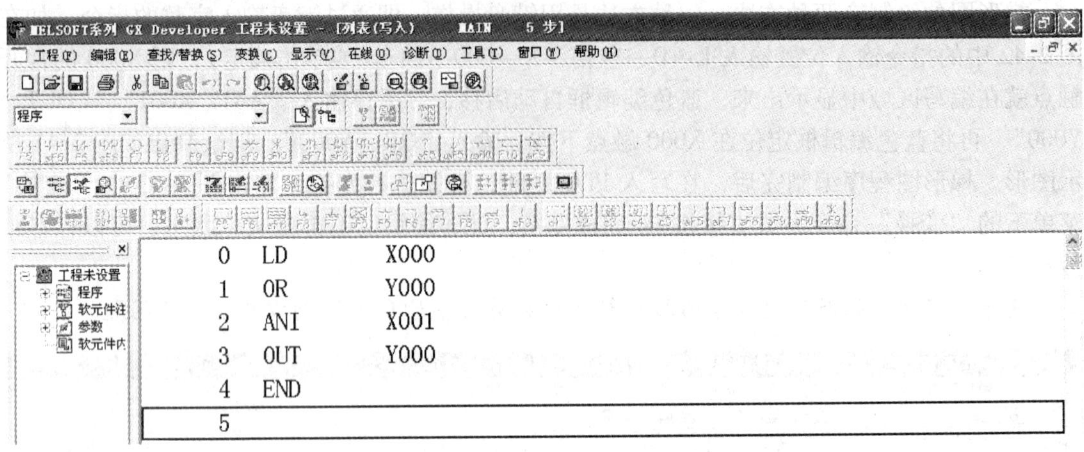

图 2-45 指令方式编制程序

用键盘输入指令的方法完全相同，只是显示不同。指令表程序不需变换，且可在梯形图显示与指令表显示之间切换(ALT + F1)。

5. 程序的传送

程序编制完毕后，将程序写入到 PLC 的 CPU 中，或将 PLC 中 CPU 的程序读到计算机中，一般需要以下几步：

(1) PLC 与计算机的连接　正确连接计算机(已安装好了 GX 编程软件)和 PLC 的编程电缆(专用电缆)，特别是 PLC 端口方向，按照通信口针脚排列方向轻轻插入，不要弄错方向或强行插入，否则容易造成损坏。

(2) 进行通信设置　程序编制完后，单击“在线”菜单中的“传输设置”后，双击“PC I/F”右侧图标，出现如图 2-46 所示的窗口，在“PC I/F”中需要设置连接端口的

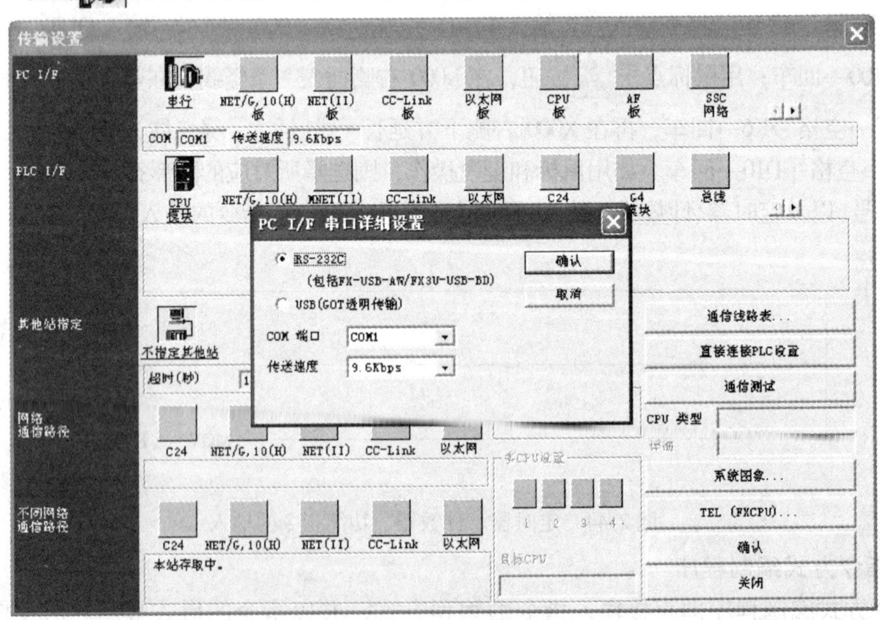

图 2-46 通信设置

类型、端口号、传输速度，点击“确认”。

（3）程序写入/读出　程序写入到 PLC，点击“在线”菜单中的“写入 PLC”，则出现如图 2-47 所示窗口，在出现的窗口中选中主程序（参数、注释），再点击“执行”并按向导完成操作。若要读出 PLC 程序，其操作与程序写入操作相似。

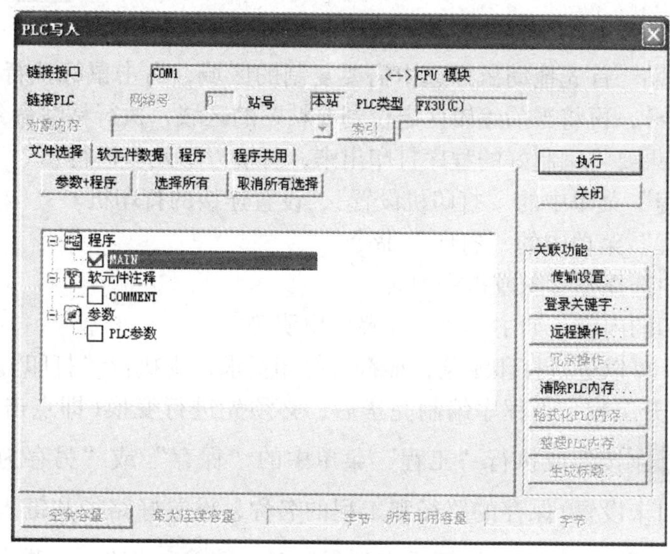

图 2-47　程序写入

6. 编辑操作

（1）删除、插入　删除、插入操作可以是一个图形符号，也可以是一行，还可以是一列（END 指令不能被删除），其操作有如下几种方法：

1）将当前编辑区（蓝色框）定位到要删除、插入的图形处，右击鼠标，再在快捷菜单中选择需要的操作。

2）将当前编辑区（蓝色框）定位到要删除、插入的图形处，在“编辑”菜单中执行相应的命令。

3）将当前编辑区（蓝色框）定位到要删除的图形处，然后按键盘上的“Del”键，即可。

4）若要删除某一段程序时，可拖动鼠标选中该段程序，然后按键盘上的“Del”键，或执行“编辑”菜单中的“删除行”，或“删除列”命令。

5）按键盘上的“Ins”键，使屏幕右下角显示“插入”，然后将光标移到要插入的图形处，输入要插入的指令即可。

（2）修改　若发现梯形图有错误，可进行修改操作，如将图 2-43 中的 X001 常闭改为常开。首先按键盘上的“Insert”键，使屏幕右下角显示“写入”，然后将当前编辑区定位到要修改的图形处，输入正确的指令即可。若再将 X001 常开改为 X002 的常闭，则可在该位置输入“LDI　X002”或“ANI　X002”，即将原来错误的程序覆盖。

（3）删除、绘制连线　若将图 2-43 中 X000 右边的竖线去掉，在 X001 右边加一竖线，其操作如下：

1）将当前编辑区置于要删除的竖线右上侧，即选择删除连线。然后点击 cF10 按钮，再回车即删除竖线。

2）将当前编辑区定位到图 2-43 中 X001 触点右侧，然后点击 [sF9] 按钮，再回车即在 X001 右侧添加一条竖线。

3）将当前编辑区定位到图 2-43 中 Y000 触点的右侧，然后点击 [F9] 按钮，再回车即添加一条横线。

（4）复制、粘贴　首先拖动鼠标选中需要复制的区域，右击鼠标执行复制命令（或“编辑”菜单中复制命令），再将当前编辑区定位到要粘贴的区域，执行粘贴命令即可。

（5）打印　如果要将编制好的程序打印出来，可按以下几步进行：

1）点击“工程”菜单中的“打印机设置”，设置连接的打印机。

2）执行“工程”菜单中的“打印”命令。

3）在选项卡中选择梯形图或指令列表。

4）设置要打印的内容，如主程序、注释、申明等。

5）设置好后，可以进行打印预览，如符合打印要求，则执行“打印”。

（6）保存、打开工程　当程序编制完毕后，必须先进行变换（即点击“变换”菜单中的“变换”），然后按按钮或执行“工程”菜单中的“保存”或“另存为”命令。系统会提示你（如果新建时未设置）保存的路径和工程的名称，设置好路径和键入工程名称再点击“保存”即可。当需要打开保存在计算机中的程序时，按按钮，在弹出的窗口中选择你保存的驱动器和工程名称再点击“打开”即可。

（7）其他功能　如要执行单步执行功能，点击“在线”→“调试”→“单步执行”，可以使 PLC 一步一步按程序步执行，从而判断程序是否正确。执行在线修改功能，点击“工具”→“选项”→“运行时写入”，然后根据对话框进行操作，可在线修改程序。此外还可改变 PLC 的型号、梯形图逻辑测试等。

2.5　逻辑指令应用

项目 1　电动机的正反转控制

1. 控制要求

用 PLC 基本逻辑编程指令，编制电动机正、反转连续运转控制程序。按正转起动按钮，电动机正转，正转指示灯亮；按停止按钮，电动机停止，正转指示灯熄灭。按反转起动按钮，电动机反转，反转指示灯亮；按停止按钮，电动机停止，反转指示灯熄灭。热继电器动作，电动机停止运行，指示灯熄灭。电动机正、反转由两个接触器控制。

2. 完成内容

列出 I/O 分配并画出 I/O 接线图，编写控制程序并进行调试。

3. 提高

调试完毕后，将控制要求改为可以直接正、反转控制的程序。

4. 提供器材

FX_{3U}—48MR（FX_{2N}—48MR）PLC 、AC220V（380V）接触器 2 个、热继电器 1 个、电动机

1台、按钮3个、24V指示灯2个。

5. 事例程序

两台电动机的起停控制。

（1）控制要求　用PLC基本逻辑编程指令，编写两台电动机控制程序。按起动按钮SB1时电动机M1起动；按下停止按钮SB2时电动机M1停止；按起动按钮SB3，电动机M2起动；按停止按钮SB4时电动机M2停止；M1、M2不能同时运行（停止后才可以起动另一台电动机）。

（2）I/O分配和I/O接线图　X001：电动机M1起动按钮；X002：电动机M1停止按钮；X003：电动机M2起动按钮；X004：电动机M2停止按钮；X005：电动机M1热继电器；X006：电动机M2热继电器；Y000：电动机M1接触器KM1；Y001：电动机M2接触器KM2。接线图如图2-48所示。

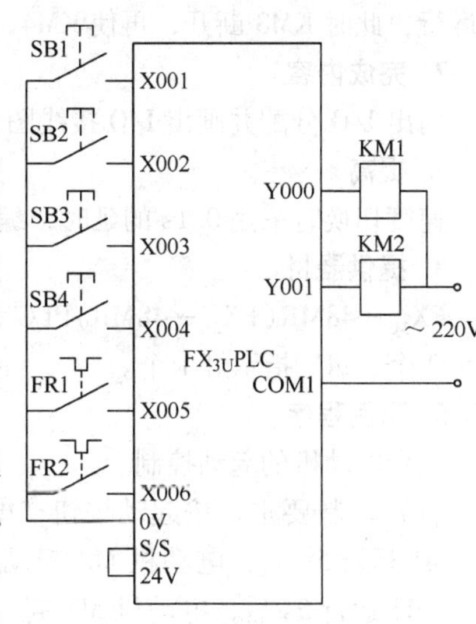

图2-48　两台电动机的起停控制接线图

（3）控制程序　梯形图如图2-49所示。

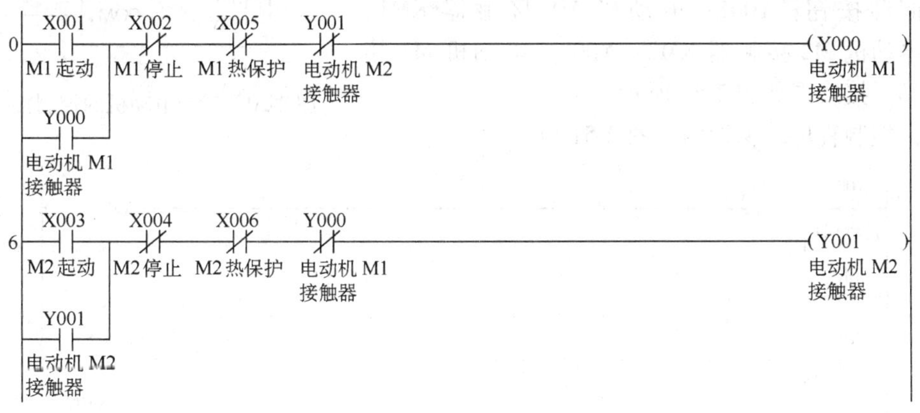

图2-49　两台电动机的起停控制

指令如下所示：

0	LD X001	5	OUT Y000	10	ANI Y000
1	OR Y000	6	LD X003	11	OUT Y001
2	ANI X002	7	OR Y001	12	END
3	ANI X005	8	ANI X004		
4	ANI Y001	9	ANI X006		

项目2　三速电动机的控制（一）

1. 控制要求

按起动按钮，电动机最低速起动，KM1、KM2闭合；低速运行3s，电动机切换为中速运行，此时KM1、KM2先断开，再使KM3闭合；中速运行时间为3s，然后电动机切换为高速运行，此时 KM3 断开，再使 KM4、KM5 闭合；运行和起动期间按停止按钮，立即停机。

2. 完成内容

列出 I/O 分配并画出 I/O 接线图，编写控制程序并进行调试。

3. 提高

速度切换时采用 0.1s 的延时，编写出控制程序。

4. 提供器材

FX_{3U}—48MR（FX_{2N}—48MR）PLC 、AC220V（380V）接触器 5 个（或用 5 个指示灯代替）、按钮 2 个、24V 指示灯 1 个。

5. 事例程序

三台电动机的起动控制。

（1）控制要求　按起动按钮，电动机 M1 立即起动；M1 运行 5s 后，电动机 M2 起动（M1 保持运行状态）；M2 运行 5s 后，电动机 M3 起动（M1、M2 保持运行状态）；起动过程中、起动完毕按停止按钮，电动机 M1、M2、M3 立即停止。

（2）I/O 分配和 I/O 接线图　X000：停止按钮；X001：起动按钮；Y001：电动机 M1 接触器 KM1；Y002：电动机 M2 接触器 KM2；Y003：电动机 M3 接触器 KM3。接线图如图 2-50 所示。

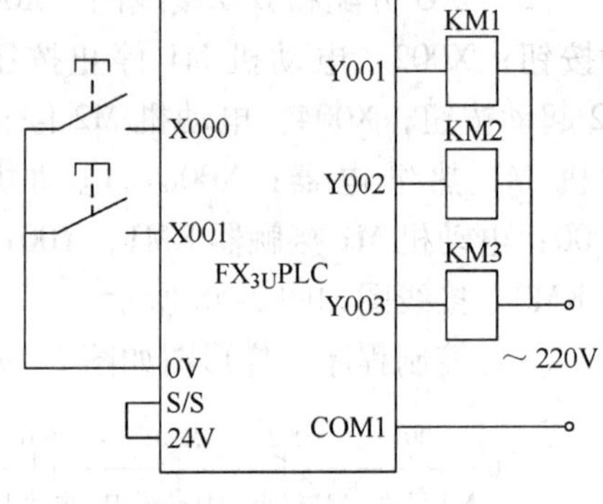

图 2-50　三台电动机的控制接线图

（3）控制程序　梯形图如图 2-51 所示。

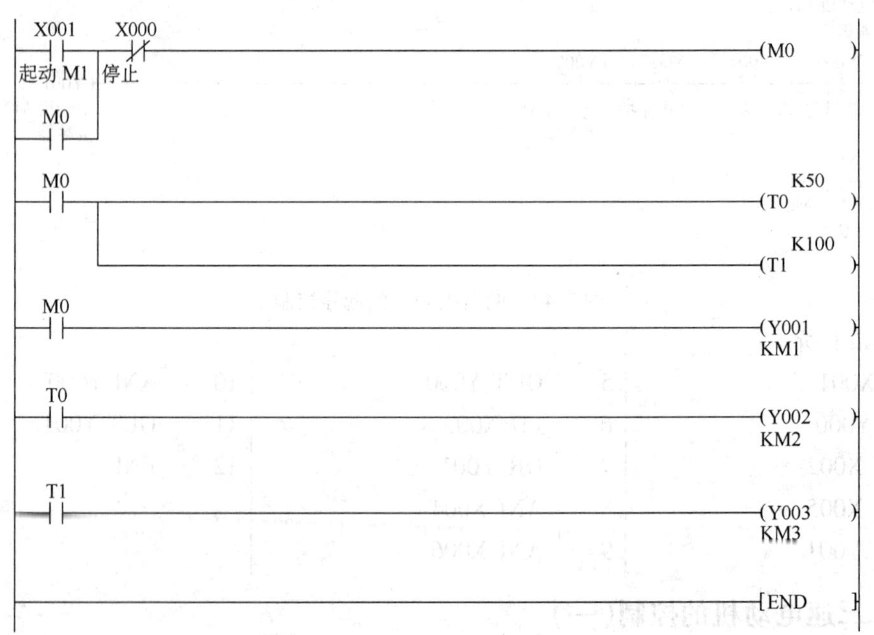

图 2-51　三台电动机的起动控制（一）

指令如下所示：

步	指令	步	指令	步	指令
0	LD X001	5	OUT T0 K50	14	OUT Y002
1	OR M0	8	OUT T1 K100	15	LD T1
2	ANI X000	11	LD M0	16	OUT Y003
3	OUT M0	12	OUT Y001	17	END
4	LD M0	13	LD T0		

项目3　电动机的星三角起动控制

1. 控制要求

按起动按钮，KM_Y先闭合（将电动机连接成星形），0.5s后主接触器KM再闭合（接通电源）；起动5s（KM接通的时间）后断开KM_Y，0.2s后$KM_\triangle$接通（三角形运行）；起动期间或正常运行期间按停止按钮，电动机停止运行；热继电器动作电动机停止运行。

2. 完成内容

列出I/O分配并画出I/O接线图，编写控制程序并进行调试。

3. 提高

设置一个指示灯，要求在星—三角起动期间，指示灯闪烁，闪烁周期为1s，闪烁次数5次。

4. 提供器材

FX_{3U}—48MR（FX_{2N}—48MR）PLC、AC220V（380V）接触器3个、热继电器1个、380V电动机1台、按钮2个、24V指示灯1个。

5. 事例程序

三台电动机的起动控制。

（1）控制要求：按起动按钮，电动机M1、M2起动，5s后M2停止，电动机M3起动，按停止按钮电动机全部停止。

（2）I/O分配和I/O接线图　X000：停止按钮；X001：起动按钮；Y001：电动机M1接触器KM1；Y002：电动机M2接触器KM2；Y003：电动机M3接触器KM3。接线图与图2-50相同。

（3）控制程序：梯形图如图2-52所示。

```
  X001      X000
--| |--+----|/|------------------------------(Y001  )
  起动 |    停止                              KM1
  Y001 |
--| |--+
  KM1
  Y001                                        K50
--| |----------------------------------------(T0    )
  KM1
  Y001      T0
--| |-------|/|------------------------------(Y002  )
  KM1                                         KM2
  T0
--| |----------------------------------------(Y003  )
                                              KM3
---------------------------------------------[END   ]
```

图2-52　三台电动机的起动控制（二）

指令如下所示：

0	LD X001	4	LD Y001	10	OUT Y002
1	OR Y001	5	OUT T0 K50	11	LD T0
2	ANI X000	8	LD Y001	12	OUT Y003
3	OUT Y001	9	ANI T0	13	END

项目4　电动机的自动正反转控制(一)

1. 控制要求

用PLC基本逻辑编程指令编制电动机自动正、反转控制程序。要求电动机正转3s，停2s，然后反转2s，停3s，循环3个周期后自动停止；运行过程中，按停止按钮电动机停止；热继电器动作电动机自动停止，并输出报警指示灯，按解除报警按钮停止报警。

2. 完成内容

列出I/O分配并画出I/O接线图，编写控制程序并进行调试。

3. 提高

起动前设置延时2s起动报警后，再起动自动正反转。

4. 提供器材

FX_{3U}—48MR(FX_{2N}—48MR PLC、AC220V(380V)接触器2个、热继电器1个、电动机1台、按钮3个、24V指示灯1个。

5. 事例程序

两台电动机循环控制。

(1) 控制要求　按起动按钮电动机M1运行3s后停止，电动机M2立即运行，4s后M2停止，依此循环4个周期后停止，在运行过程中按停止按钮，2台电动机停止运行；任意一台电动机热继电器动作，电动机均停止运行。

(2) I/O分配和I/O接线图　X000：起动按钮；X001：停止按钮；X002：M1热继电器；X003：M2热继电器；Y000：电动机M1接触器KM1；Y001：电动机M2接触器KM2。接线图如图2-53所示。

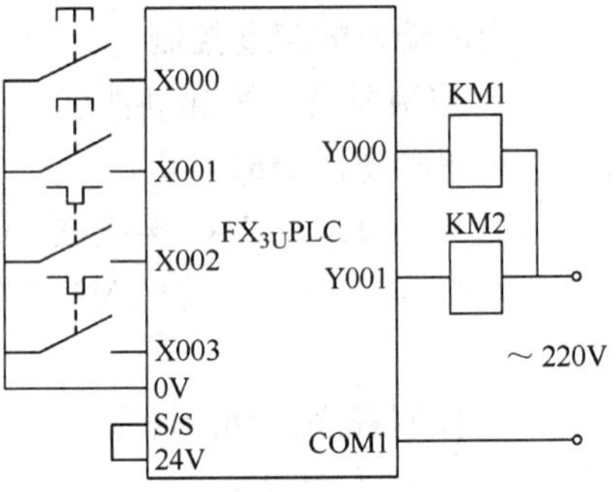

图2-53　两台电动机循环控制接线图

(3) 控制程序　梯形图如图2-54所示。

指令如下所示：

0	LD X000	7	LDI M0	18	OUT C0 K4
1	OR M0	8	RST C0	21	LD M0
2	ANI X001	9	LD M0	22	ANI T0
3	ANI C0	10	ANI T1	23	OUT Y000
4	ANI X002	11	OUT T0 K30	24	LD T0
5	ANI X003	14	OUT T1 K70	25	OUT Y001
6	OUT M0	17	LD T1	26	END

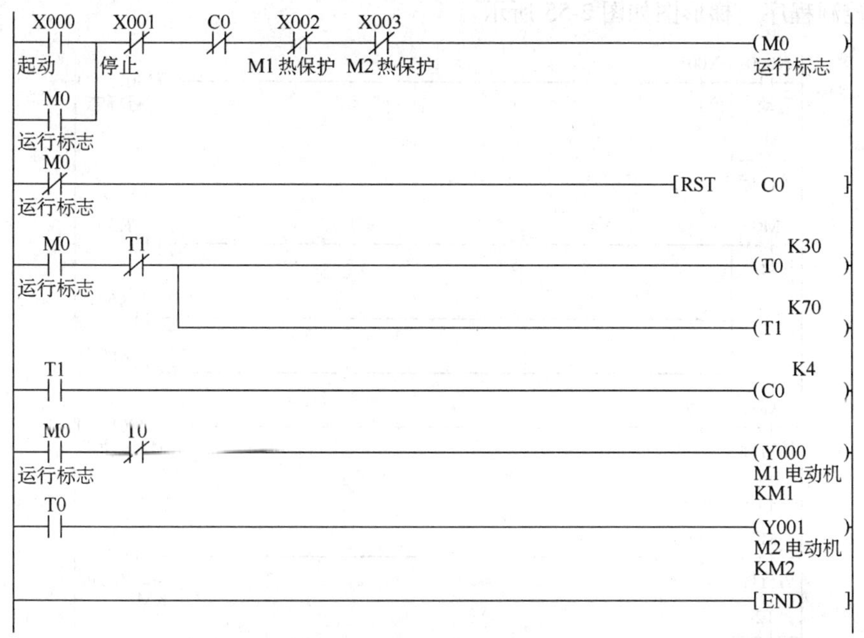

图 2-54　两台电动机循环控制程序

项目 5　电动机的顺序控制(一)

1. 控制要求

按起动按钮，电动机 M1 立即起动，2s 后电动机 M2 起动，再过 2s 后电动机 M3 起动；起动完毕后，按停止按钮，电动机 M3 立即停止，1.5s 后电动机 M2 停止，再过 1.5s 电动机 M1 停止；未起动完毕，停止功能无效。

2. 完成内容

列出 I/O 分配并画出 I/O 接线图，编写控制程序并进行调试。

3. 提高

调试完毕后，将项目中控制要求改为未起动完毕，按停止按钮，电动机 M1、M2、M3 立即停止。

4. 提供器材

FX_{3U}—48MR(FX_{2N}—48MR)PLC、AC220V(380V)接触器 3 个、电动机 3 台(不接主电路时无须电动机)、按钮 2 个。

5. 事例程序

电动机轮流起动控制。

(1) 控制要求　按起动按钮电动机 M1、M2 运行，3s 后切换为电动机 M2、M3 运行，再过 3s 后切换为电动机 M1、M3 运行，再过 3s 后电动机 M1、M2、M3 同时运行，起动过程中和起动完毕后，按停止按钮，电动机立即停止。

(2) I/O 分配和 I/O 接线图　X000：起动按钮；X001：停止按钮；Y001：电动机 M1 接触器 KM1；Y002：电动机 M2 接触器 KM2；Y003：电动机 M3 接触器 KM3。接线图如图 2-50 所示。

（3）控制程序　梯形图如图 2-55 所示。

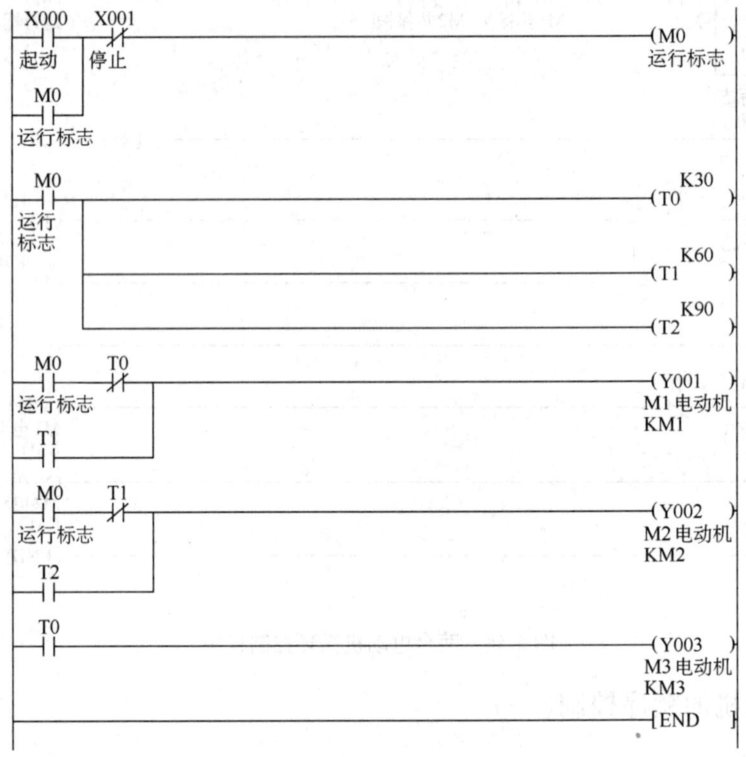

图 2-55　电动机轮流起动控制

指令如下所示：

```
0    LD X000
1    OR M0
2    ANI X001
3    OUT M0
4    LD M0
5    OUT T0 K30
8    OUT T1 K60
11   OUT T2 K90
14   LD M0
15   ANI T0
16   OR T1
17   OUT Y001
18   LD M0
19   ANI T1
20   OR T2
21   OUT Y002
22   LD T0
23   OUT Y003
24   END
```

项目 6　指示灯控制

1. 控制要求

待机状态黄灯亮；按起动按钮黄灯熄灭，绿灯先闪烁 3 次（周期 1s），然后常亮；按停止按钮，绿灯熄灭，红灯亮 5s 熄灭，然后回到待机状态；运行过程中（绿灯亮），按紧急事故按钮，黄绿红灯均闪烁，周期 2s，按停止按钮，回到待机状态。

2. 完成内容

列出 I/O 分配并画出 I/O 接线图，编写控制程序并进行调试。

3. 提高

调试完毕后，将以上控制要求改为：按紧急按钮黄灯常亮，绿灯闪烁，周期 1s，红灯闪烁周期 2s，按停止按钮，回到待机状态。

4. 提供器材

FX_{3U}—48MR（FX_{2N}—48MR）PLC、按钮 3 个、DC24V 黄绿红指示灯各 1 个。

5. 事例程序

指示灯控制。

（1）控制要求　待机状态所有指示灯不亮；按起动按钮，绿灯亮，同时黄灯闪烁，闪烁 3 次（周期 1s），然后黄灯熄灭；按停止按钮，绿灯立即熄灭，红灯亮 5s 后停止；运行过程中按紧急事故按钮，黄灯、红灯闪烁 5 次（周期 1s）后自动熄灭。

（2）I/O 分配和 I/O 接线图　X010：起动按钮；X011：停止按钮；X012：紧急事故按钮；Y010：黄灯；Y011：绿灯；Y012：红灯。接线图如图 2-56 所示。

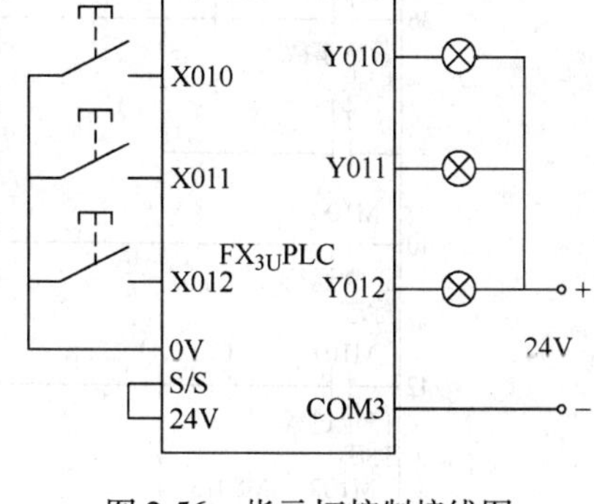

图 2-56　指示灯控制接线图

（3）控制程序　梯形图如图 2-57 所示。

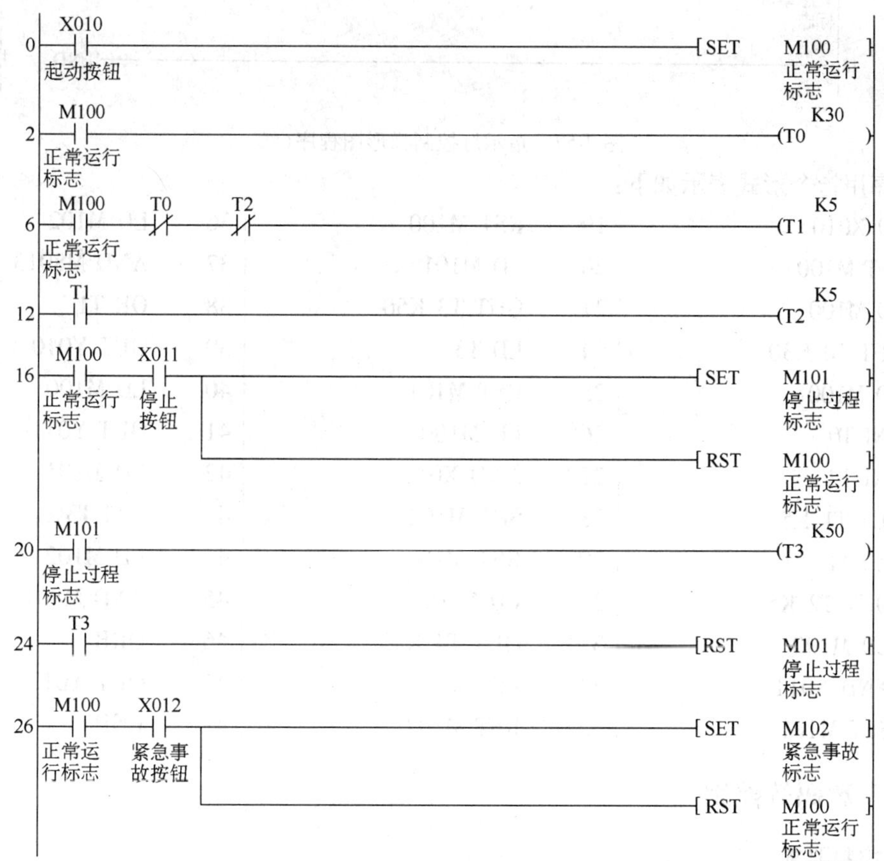

图 2-57　指示灯控制梯形图程序

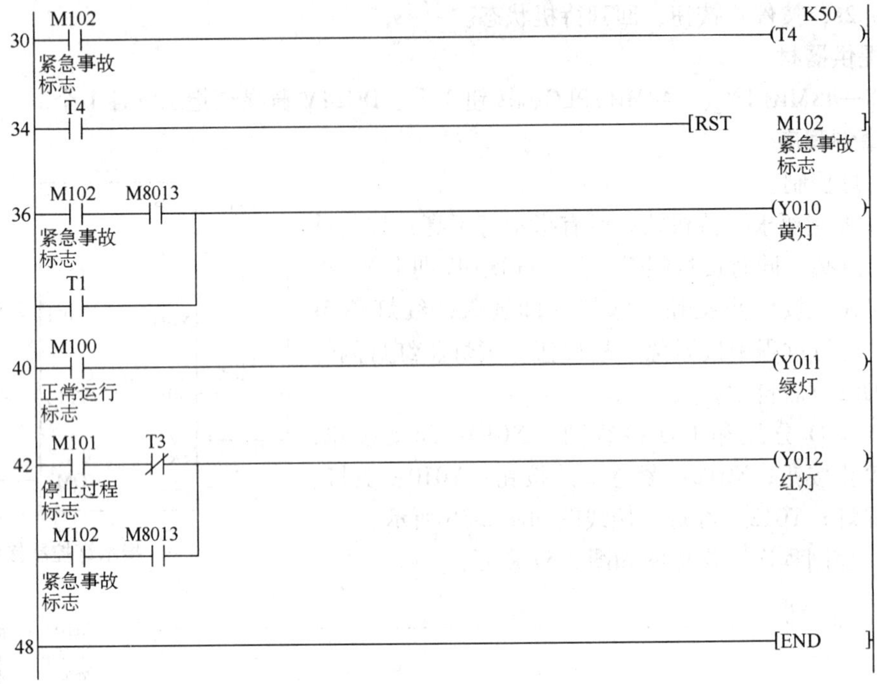

图 2-57　指示灯控制梯形图程序(续)

程序用指令形式表示如下:

0	LD X010	19	RST M100	36	LD M102
1	SET M100	20	LD M101	37	AND M8013
2	LD M100	21	OUT T3 K50	38	OR T1
3	OUT T0 K30	24	LD T3	39	OUT Y010
6	LD M100	25	RST M101	40	LD M100
7	ANI T0	26	LD M100	41	OUT Y011
8	ANI T2	27	AND X012	42	LD M101
9	OUT T1 K5	28	SET M102	43	ANI T3
12	LD T1	29	RST M100	44	LD M102
13	OUT T2 K5	30	LD M102	45	AND M8013
16	LD M100	31	OUT T4 K50	46	ORB
17	AND X011	34	LD T4	47	OUT Y012
18	SET M101	35	RST M102	48	END

项目 7　数码管控制

1. 控制要求

停止状态数码管不显示；按起动按钮，数码管依次显示 A、B、C、D(显示为 A、b、C、d)四个字符，间隔 1s，依此循环；按停止按钮，停止显示。

2. 完成内容

列出 I/O 分配并画出 I/O 接线图，编写控制程序并进行调试。

3. 提高

将 A、B、C、D 四个字符显示改为 A、B、C、D、E、F 六个字符显示，依此循环，间隔 1s。

4. 提供器材

FX_{3U}—48MR(FX_{2N}—48MR)PLC、按钮 2 个、DC24V 电源，共阳(阴)极数码管 1 只(限流电阻 7×1.5kΩ)。

5. 事例程序

数码管控制。

(1) 控制要求　按起动按钮，数码管依次显示 1、2、3 然后停留，间隔 1s；按停止按钮停止显示。

(2) I/O 分配和 I/O 接线图　X020：起动按钮；X021：停止按钮；Y000～Y006：数码管 a～g。接线图如图 2-58 所示。

注意：数码管每一个段码回路中还应该串联 1.5kΩ 的电阻。

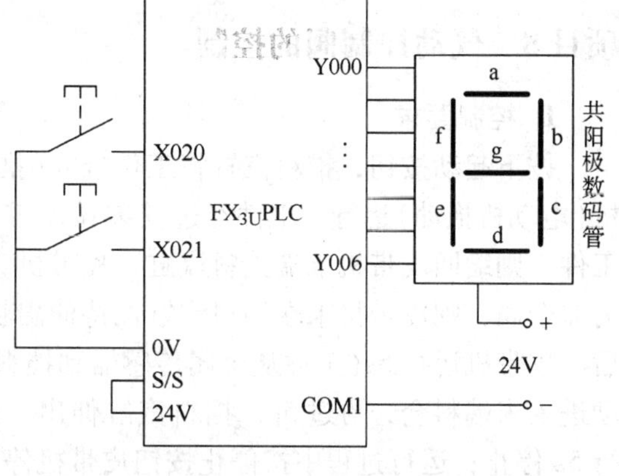

图 2-58　数码管控制接线图

(3) 控制程序　梯形图如图 2-59 所示。

图 2-59　数码管控制梯形图程序

指令如下所示：

0	LD X020	8	OUT T1 K20	16	OUT Y001
1	OR M10	11	LD T0	17	LD M10
2	ANI X021	12	OUT Y000	18	ANI T0
3	OUT M10	13	OUT Y003	19	OR T1
4	LD M10	14	OUT Y006	20	OUT Y002
5	OUT T0 K10	15	LD M10	21	END

项目8　气动控制阀的控制

1. 控制要求

按下起动按钮，推料汽缸将工件推入(推料时间2s)生产线(不考虑没工件情况)，皮带机(电动机拖动)运行，工件经过安装在皮带机中部的金属检测传感器，如果检测到为金属工件，则缩回皮带机末端挡料汽缸，皮带机直接将工件送入皮带机末端出料仓，如果检测到为非金属，则皮带机末端挡料汽缸保持伸出状态，挡住工件，由人工取走工件；检测到金属后，皮带机运行5s(工件从金属传感器到挡料汽缸的时间)后缩回挡料汽缸，使金属工件自动进入末端料仓，再过5s，挡料汽缸伸出，皮带机停止运行；检测到非金属后，皮带机运行5s停止；运行过程中按停止按钮皮带机停止运行；按起动按钮可以再次起动(挡料汽缸初始状态为伸出状态，挡住工件)。

2. 完成内容

列出I/O分配并画出I/O接线图，编写控制程序并进行调试。

3. 提高

将程序改为自动循环工作方式运行。

4. 提供器材

FX_{3U}—48MR(FX_{2N}—48MR)PLC、生产线试验台1套(含双杆推料汽缸、单缸挡料汽缸、三位五通气动控制阀、二位五通气动控制阀、金属检测传感器、接触器、皮带机)、按钮2只。

5. 事例程序

气动控制阀的控制。

(1) 控制要求　按下起动按钮，由光电传感器检测料仓有无工件；如无工件，10s后输出红色灯报警，按停止按钮或加入工件停止报警；如有工件，推料汽缸将工件推入(推料时间2s)生产线，皮带机(电动机拖动)运行，挡料汽缸保持缩回状态，将第一个工件直接放入皮带机末端的进料仓(第一个工件从入料仓到末端出料仓需要25s)；完成后将第二个工件推入生产线，第二个工件在皮带机运行20s(到挡料汽缸位置)，伸出挡料汽缸挡住工件，人工从生产线取走工件，5s后缩回挡料汽缸；皮带机运行时间50s后停止(每个工件处理时间为25s)；运行过程中，按停止按钮，皮带机停止运行(挡料汽缸初始状态为缩回状态，不挡工件)。

(2) I/O分配和I/O接线图　X010：起动按钮；X011：停止按钮；X000：光电检测；Y000：推料汽缸气动控制阀；Y001：挡料汽缸气动控制柜；Y002：红色报警指示灯；Y010：皮带机接触器。接线图如图2-60所示。

(3) 控制程序　梯形图如图2-61所示。

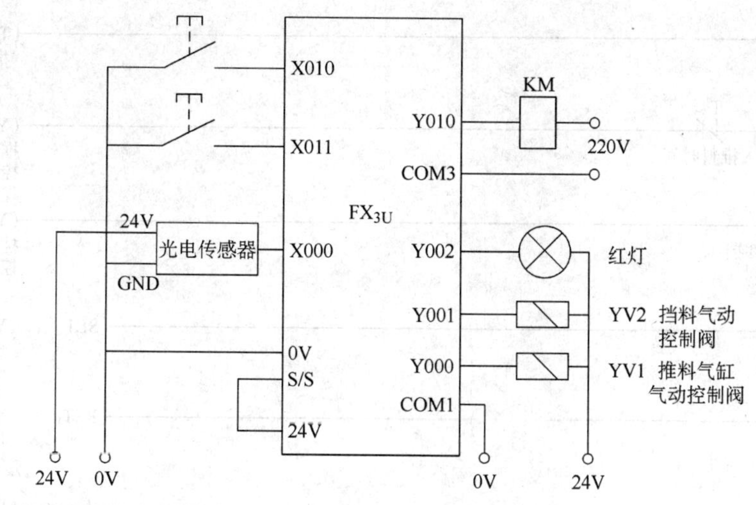

图 2-60 气动控制阀控制接线图

0 X010 起动 —— [SET M100 起动标志]

2 X011 停止 / T0 皮带机运行时间 —— [RST M100 起动标志]

5 Y010 皮带机接触器 KM1 —— (T0 K500 皮带机运行时间)
—— (T1 K250 第一个工件运行时间)
—— (T2 K450 第二个工件挡料开始时间)

15 M100 起动标志 X000 光电输入 —— (T3 K100 报警时间)

20 T3 报警时间 —— (Y002 报警红灯)

22 M100 起动标志 / T1 第一个工件运行时间 X000 光电输入 —— [SET M0 可以推料标志]

28 T4 推料时间 —— [RST M0 可以推料标志]

图 2-61 气动控制阀控制程序

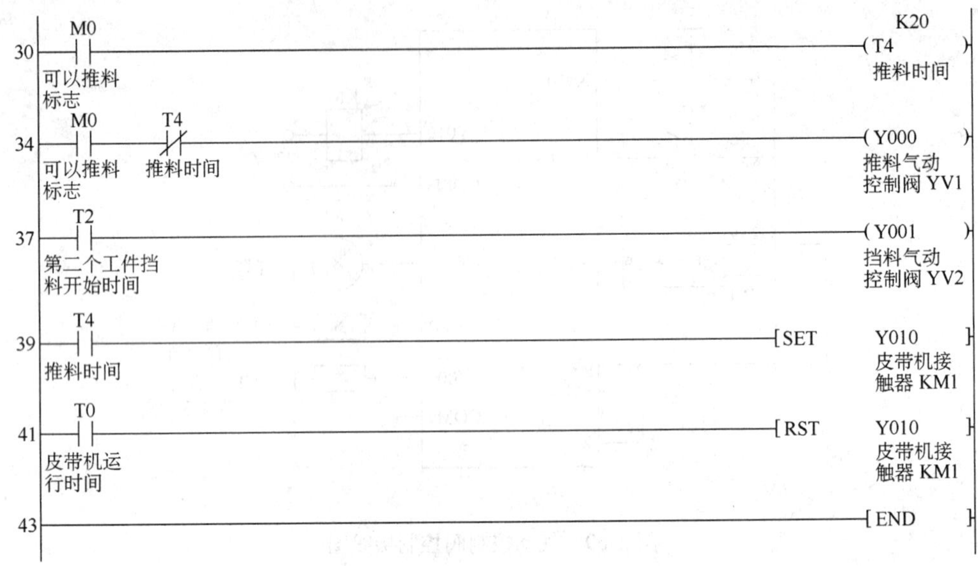

图 2-61　气动控制阀控制程序(续)

指令如下所示：

```
0   LD X010        17  OUT T3 K100    34  LD M0
1   SET M100       20  LD T3          35  ANI T4
2   LD X011        21  OUT Y002       36  OUT Y000
3   OR T0          22  LDP M100       37  LD T2
4   RST M100       24  ORP T1         38  OUT Y001
5   LD Y010        26  AND X000       39  LD T4
6   OUT T0 K500    27  SET M0         40  SET Y010
9   OUT T1 K250    28  LD T4          41  LD T0
12  OUT T2 K450    29  RST M0         42  RST Y010
15  LD M100        30  LD M0          43  END
16  ANI X000       31  OUT T4 K20
```

项目 9　简易三层电梯的控制

1. 控制要求

三个楼层各安装 1 个呼叫按钮及轿厢位置(平层)感应开关；按呼叫按钮，如果轿厢位置低于呼叫楼层时，电梯轿厢上升到呼叫楼层停止，如果轿厢位置高于呼叫位置时，电梯轿厢下降到呼叫楼层停止，如果轿厢在当前呼叫楼层，电梯轿厢不动作；电梯在运行中呼叫无效，不考虑同时呼叫的情况。

2. 完成内容

列出 I/O 分配并画出 I/O 接线图，编写控制程序并进行调试。

3. 提高

当楼层有有效呼叫时，楼层指示灯亮，轿厢到呼叫楼层后，指示灯熄灭，并用数码管显示轿厢所在楼层。

4. 提供器材

FX_{3U}—48MR（FX_{2N}—48MR）PLC、简易电梯模型1套（可用接触器、按钮和开关代替）、指示灯3只、数码管1只（有限流电阻）。

5. 事例程序

简易三层电梯的控制。

（1）控制要求　三个楼层各安装1个呼叫按钮及轿厢位置（平层）感应开关；按呼叫按钮，如轿厢位置低于呼叫楼层时，轿厢上升到呼叫楼层停止，如轿厢位置高于呼叫位置时，下降到呼叫楼层停止，如果轿厢在当前呼叫楼层，电梯轿厢不动作；电梯在一层时，二层三层同时呼叫，电梯上升到二层停2s，再上升到三层停止；电梯在三层时，一层二层同时呼叫，电梯下降到二层停2s，再下降到一层停止。

（2）I/O分配和I/O接线图　X001：一层呼叫；X002：二层呼叫；X003：三层呼叫；X011：一层平层位置；X012：二层平层位置；X013：三层平层位置；Y010：上升KM1；Y011：下降KM2。

接线图如图2-62所示。

图2-62　简易三层电梯的控制接线图

（3）控制程序　梯形图如图2-63所示。

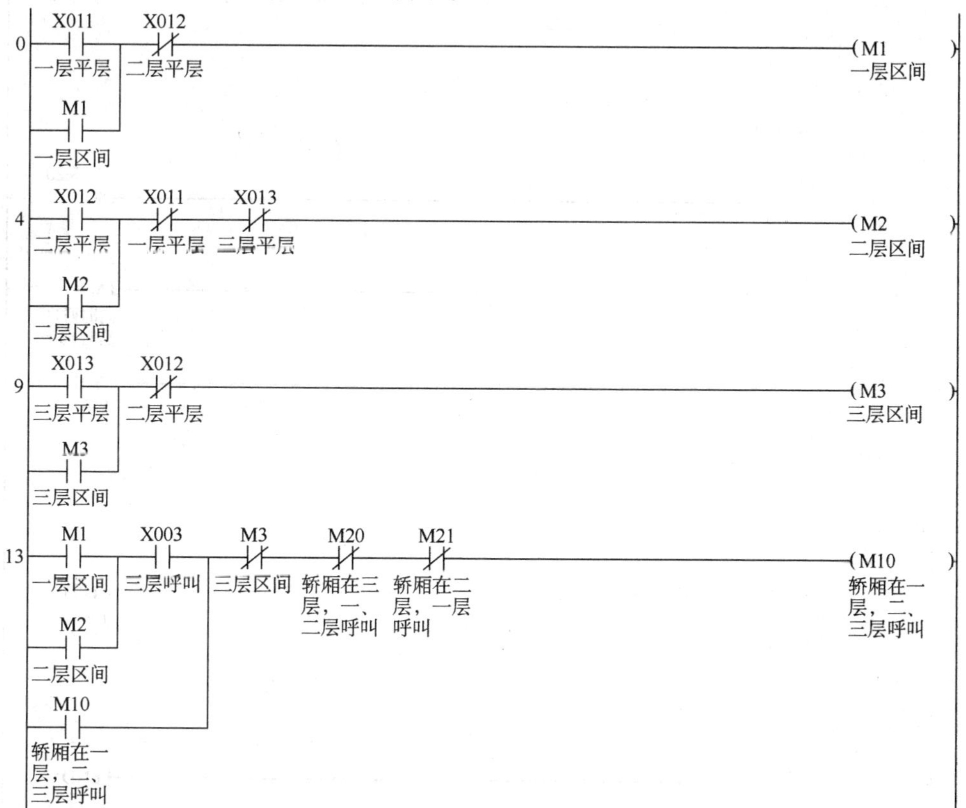

图2-63　简易三层电梯的控制程序

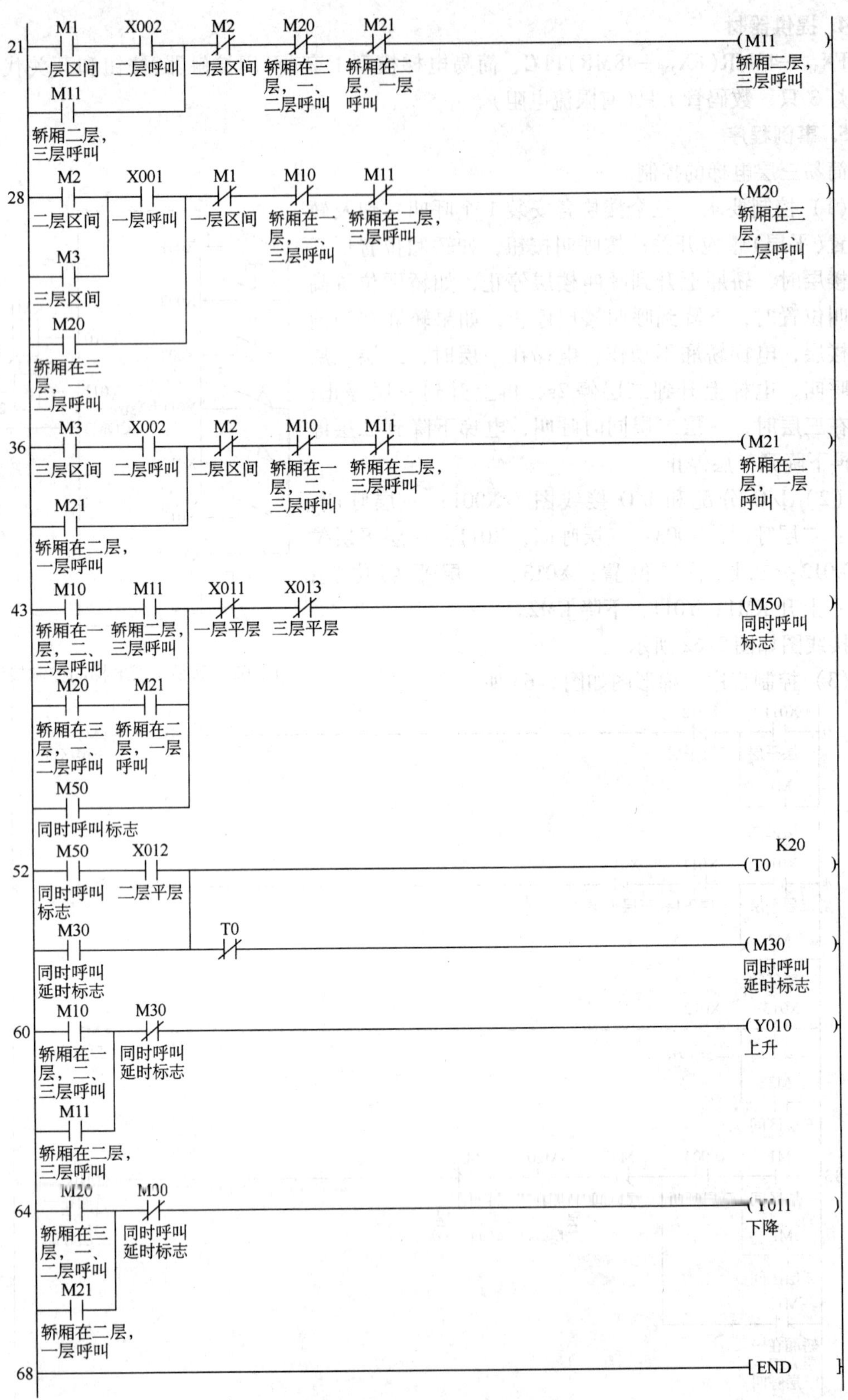

图2-63 简易三层电梯的控制程序(续)

指令如下所示：

```
0   LD X011
1   OR M1
2   ANI X012
3   OUT M1
4   LD X012
5   OR M2
6   ANI X011
7   ANI X013
8   OUT M2
9   LD X013
10  OR M3
11  ANI X012
12  OUT M3
13  LD M1
14  OR M2
15  AND X003
16  OR M10
17  ANI M3
18  ANI M20
19  ANI M21
20  OUT M10
21  LD M1
22  AND X002
23  OR M11
24  ANI M2
25  ANI M20
26  ANI M21
27  OUT M11
28  LD M2
29  OR M3
30  AND X003
31  OR M20
32  ANI M1
33  ANI M10
34  ANI M11
35  OUT M20
36  LD M3
37  AND X002
38  OR M21
39  ANI M2
40  ANI M10
41  ANI M11
42  OUT M21
43  LD M10
44  AND M11
45  LD M20
46  AND M21
47  ORB
48  OR M50
49  ANI X011
50  ANI X013
51  OUT M50
53  LD M50
53  AND X012
54  OR M30
55  OUT T0 K20
58  ANI T0
59  OUT M30
60  LD M10
61  OR M11
62  ANI M30
63  OUT Y010
64  LD M20
65  OR M21
66  ANI M30
67  OUT Y011
68  END
```

习　　题

1. 梯形图与指令表转化。

（1）将图2-64～图2-67转换为指令。

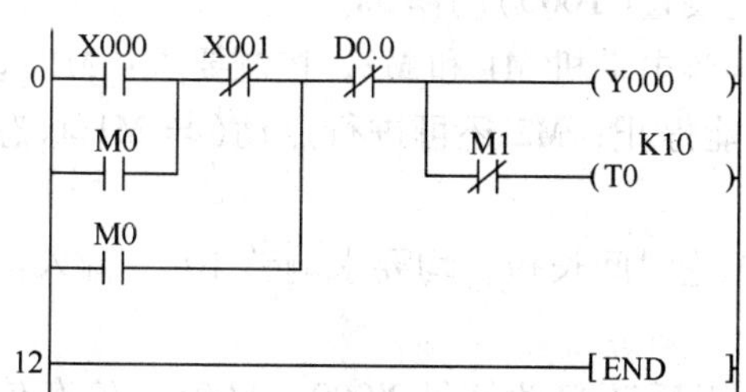

图2-64　梯形图1

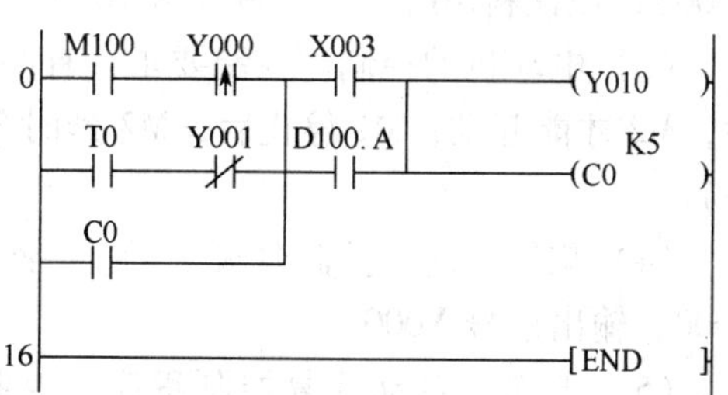

图2-65　梯形图2

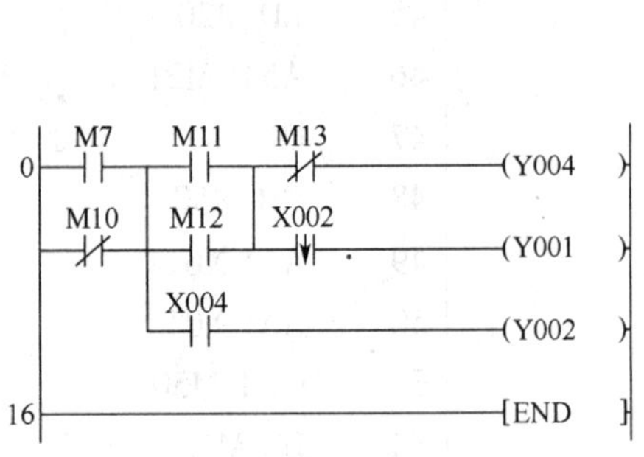

图 2-66　梯形图 3

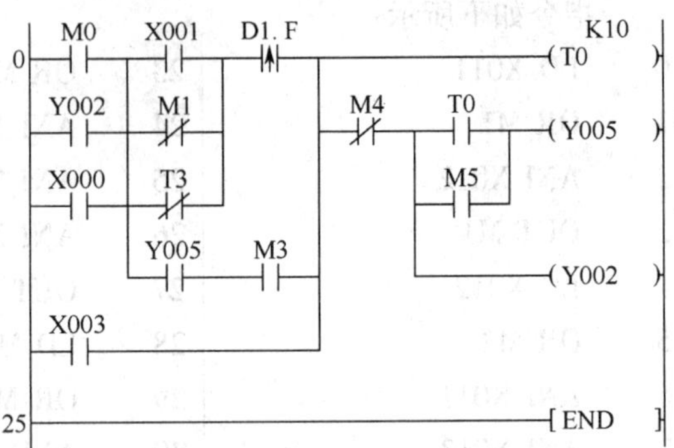

图 2-67　梯形图 4

（2）将下列指令转换为梯形图。

1）

```
0    LD X001        11   OUT Y001
1    ANI Y002       12   LD Y000
2    OR M0          13   OR Y001
3    ANI X000       14   AND M0
4    OUT M0         15   OUT Y000
5    LD M0          16   ANI Y001
6    ANI Y002       17   OUT Y002
7    OUT T0 K50     18   END
10   ANI T0
```

2）

```
0    LD X000        12   ANB
1    MPS            13   OUT Y001
2    LD X001        14   MPP
3    OR X002        15   AND X007
4    ANB            16   MPS
5    OUT Y000       17   LD X010
6    MRD            18   OR X011
7    LD X003        19   ANB
8    OR X004        20   OUT Y002
9    LD X005        21   MPP
10   AND X006       22   OUT Y003
11   ORB
```

2. 程序设计。按以下要求用基本指令编写梯形图程序，写出指令。

（1）长延时程序。控制要求：设计一个 2h 的延时程序，当 X000 接通 2h 后 Y000 得电，当 X000 断开时 Y000 失电。

（2）计数程序。控制要求：用 PLC 程序对饮料生产线上的盒装饮料进行计数（计数输入 X000），该饮料 16 盒/箱，每计数 16 次（1 箱）打包装置（Y000）动作 5s。

（3）电动机的控制。控制要求：有两台三相异步电动机 M1 和 M2，控制要求：M1 起动后，M2 才能起动；M1 停止后，M2 延时 30s 后才能停止；M2 还可进行点动（与 M1 状态无关）。

（4）响铃控制。控制要求：每按一次按钮，无论时间长短，均要求响铃 10s。输入信号 X000，输出信号 Y000。

（5）工作台自动往复控制程序。控制要求：正反转起动信号 X000、X001，停车信号 X002，左右限位开关 X003、X004，输出信号 Y000、Y001。要求程序中有互锁功能。

（6）抢答器控制 1。控制要求：四个抢答台 A、B、C、D，当裁判员按下“开始抢答”按键，开始抢答指示灯亮，即可以进行抢答，优先抢中者其对应指示灯亮；裁判员按下

“复位”按键，所有灯熄灭；抢答时，有2s指示灯报警。

(7) 彩灯顺序控制系统。控制要求：A亮1s，灭1s；B亮1s，灭1s；C亮1s，灭1s；D亮1s，灭1s。A、B、C、D亮1s，灭1s；循环三次。

(8) 按钮计数控制。控制要求：按按钮三次指示灯亮，再按两次指示灯熄灭，依此循环。输入信号X000，输出信号Y000。

(9) 圆盘旋转控制。控制要求：按下起动按钮X000，圆盘开始旋转，输出Y000，转动一周(10个脉冲,脉冲输入信号X001)停3s，再旋转，如此重复，按下停止按钮X002，圆盘立即停止。

(10) 抢答器控制2。控制要求：4路抢答，实现优先抢答。用数码管显示抢中的台号。

(11) 单按钮单路输出控制。控制要求：使用一个按钮控制一盏灯，实现奇数次按下灯亮，偶数次按下灯灭。输入信号X000，输出信号Y000。

(12) 单按钮两输出控制。控制要求：使用一个按钮控制两盏灯，第一次按下时第一盏灯亮，第二盏灯灭；第二次按下时第一盏灯灭，第二盏灯亮；第三次按下时两盏灯都亮；第四次按下时两盏灯都灭。按钮信号X001，第一盏灯信号Y001，第二盏灯信号Y002。

(13) 鼓风机控制。控制要求：鼓风机系统一般由引风机和鼓风机两级构成。当按下起动按钮(X000)之后，引风机先工作，工作5s后，鼓风机工作。按下停止按钮(X001)之后，鼓风机先停止工作，5s之后，引风机才停止工作。控制鼓风机的接触器由Y001控制，引风机的接触器由Y002控制。

(14) 彩灯的控制。控制要求：设计一个由5个灯组成的彩灯组。按下起动按钮之后，从第一个彩灯开始，相邻的两个彩灯同时点亮和熄灭，不断循环。每组点亮的时间为3s。按下停止按钮之后，所有彩灯立刻熄灭。其点亮的顺序是1、2→3、4→5、1→2、3→4、5→循环。

第 3 章　顺序控制指令及其应用

3.1　顺序控制指令

顺序控制是指以预定的受控执行机构动作顺序及相应的转步(状态步)条件，按流程执行的自动控制。其受控设备通常是动作顺序不变或相对固定的生产机械。这种控制系统的状态步转移(状态转移)的主令信号大多数是行程开关、光电开关、干簧管开关和霍尔元件开关等，有时也采用定时器或计数器之类的信号等作为状态转移的条件。

为了使顺序控制系统工作可靠，通常采用步进式顺序控制电路结构。控制系统的任一状态步(以下简称步)的激活(得电)必须以前一步的得电并且状态转移主令信号已发出为条件。对该系统而言，若前一步的动作未完成，则后一步的动作无法执行。这种控制系统的互锁严密，即便状态转移主令信号元件失灵或出现误操作，亦不会导致动作顺序错乱。

1. 状态元件

在步进顺序控制程序当中，S 元件用于定义动作的状态，每一个 S 元件，被视为一个控制工序，通过若干个 S 元件将整个控制过程划分成多个工序，便可以将复杂的控制过程转化为便于理解的控制流程。S 元件区间定义请见第 1 章第 3 节。

2. STL 和 RET 指令

STL 指令是步进开始指令，是具有特殊功能的触点，其作用如下。

(1) 驱动输出　由 STL 触点 + 其他执行条件(可无条件输出)驱动执行类指令。

(2) 指定转移(跳转)的条件　步进顺序控制程序通过连接在 STL 触点的逻辑电路设置转移(跳转)到其他状态的条件。

(3) 指定转移(跳转)的方向　由 STL + 转移条件驱动 SET(或 OUT)指令 + S□指定转移(跳转)的方向。

(4) 复位上一状态功能　转移(跳转)走的 STL 触点将会被新激活的 STL 触点复位(产生一个复位脉冲)。

(5) 未激活的状态不扫描　系统只扫描被激活的状态，而当 STL 触点断开时，系统不扫描。

RET 指令是步进返回指令，当步进程序执行完毕，程序指针需要重新回到母线扫描其他的程序，RET 指令可以使程序指针返回到母线，否则程序将扫描不到 END 步而出错。

STL 和 RET 指令在程序中占用 1 个程序步。

3. 步进梯形图与步进原理图

步进梯形图是以梯形图形式来编写顺序控制程序的方式，下面以电动机的自动正反转为例来介绍步进梯形图程序的编写，其控制要求是：

按起动按钮→电动机正转 2s→停止 2s→电动机反转 3s→停止 2s→循环；按停止按钮，停止运行。

输入/输出分配：X000：起动按钮；X001：停止按钮；Y000：正转接触器；Y001：反转接触器。其步进梯形图如图 3-1 所示。

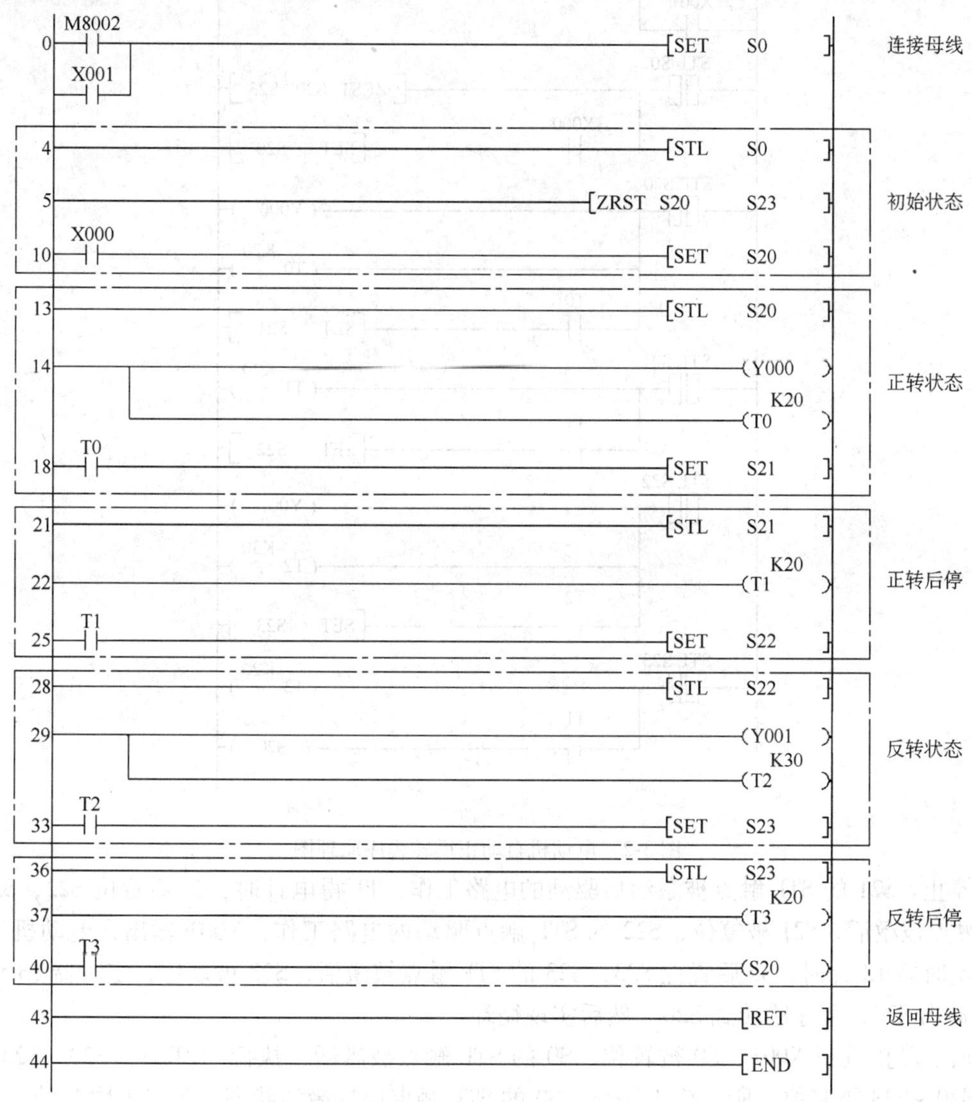

图 3-1　电动机自动正反转步进梯形图

步进梯形图是用梯形图形式表现步进顺序控制的方式，这种表现方式初学者难以看懂，很容易跟逻辑指令梯形图混淆，将图 3-1 步进梯形图转化为步进原理图，如图 3-2 所示。

步进原理图对于初学者理解步进顺序控制程序执行过程有很大帮助，如图 3-2 所示，程序执行过程如下：

当 PLC 由 STOP→RUN，初始脉冲 M8002 使初始状态 S0 置位，此时 S0 的 STL 触点被激活，其驱动的指令“ZRST　S20　S23”生效，当按下起动按钮 X000，转移条件满足，S20 被置位，S20 的 STL 触点被激活，此时 S0 的 STL 触点被复位，STLS20 触点被激活后 Y000 输出，电动机正转，同时定时器 T0 计时，当 T0 计时 3s 后，T0 触点接通，转移条件满足，置位 S21，S21 的 STL 触点被激活，S20 的 STL 触点被复位，S20 驱动的电路将无效，Y000

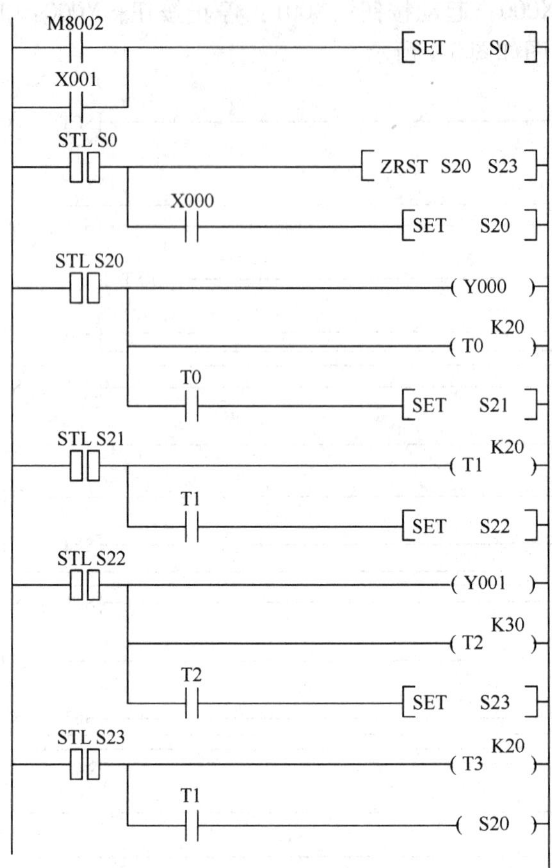

图 3-2　电动机自动正反转程序原理图

输出停止。S21 的 STL 触点被激活后驱动的电路工作，T1 得电计时，2s 后置位 S22，S22 的 STL 触点被激活，S21 被复位，S22 的 STL 触点驱动的电路工作，Y001 输出，电动机反转，同时定时器 T2 计时，3s 后置位 S23，S23 的 STL 触点被激活，S22 被复位，定时器 T3 计时，2s 后输出 S20，程序跳转到 S20，然后实现循环。

按下停止按钮 X001，S0 被置位，S0 的 STL 触点被激活，执行“ZRST　S20　S23”指令，S20～S23 被复位，所有输出停止，S0 的 STL 触点保持激活状态，等待下次起动。图3-1 用指令表现形式如下：

0	LD M8002	15	OUT T0 K20	30	OUT T2 K30
1	OR X001	18	LD T0	33	LD T2
2	SET S0	19	SET S21	34	SET S23
4	STL S0	21	STL S21	36	STL S23
5	ZRST S20 S23	22	OUT T1 K20	37	OUT T3 K20
10	LD X000	25	LD T1	40	LD T3
11	SET S20	26	SET S22	42	OUT S20
13	STL S20	28	STL S22	44	RET
14	OUT Y000	29	OUT Y001	45	END

4. SFC 程序

SFC 即顺序功能图(Sequential Function Chart)，也叫状态转移图，是描述控制系统的控制过程、功能和特性的一种图形语言，专门用于编制顺序控制程序。SFC 程序从本质上讲与步进梯形图没什么区别，只是图形表现形式不一样而已，但 SFC 程序更易读，更容易理解，结构清晰明了，因此编写步进程序时建议用顺序功能图来编写。

将图 3-1 电动机自动正反转步进梯形图转化为顺序功能图，如图 3-3 所示。

以上程序是没有分支的简单程序，除此之外，还有分支程序，包括选择分支程序和并行分支程序，以及选择分支和并行分支程序组成的复杂分支程序，选择分支和并行分支将在 3.4 节顺序控制指令应用中进行介绍。

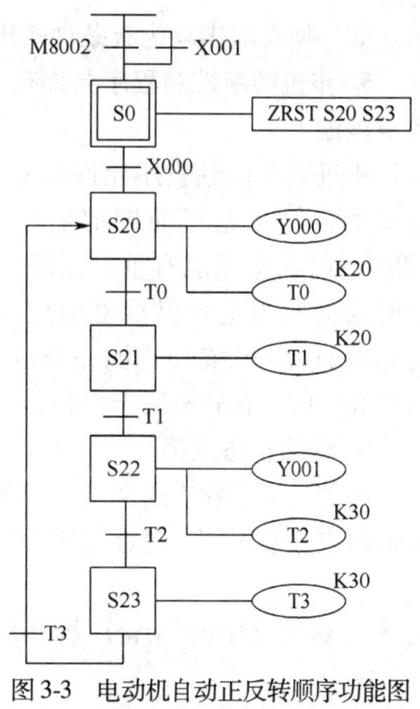

图 3-3　电动机自动正反转顺序功能图

3.2　顺序控制指令的基本规则

顺序控制指令与基本指令编程思路上有所不同，其编程规则也不一样，在编写程序时需要遵循以下基本规则。

1. 步进顺序控制程序回路/分支数规则

程序中可以有多个独立的步进顺序控制程序，每一个独立的步进顺序控制程序末尾必须加 RET 返回，但总数不能超过 10 路；每个步进顺控程序中可以有并行分支和选择性分支，也可以二者同时存在，但一个独立的顺控程序中分支的回路不能超过 8 个，整个程序总的回路不能超过 16 路。

2. 步进顺序控制程序转移条件规则

步进顺序控制程序转移条件不能有 ANB 和 ORB 指令，否则将出错，如果转移条件比较复杂需要块操作运算时，可以将转移条件放到该状态元件负载端进行处理，将复杂的转移条件转化为辅助继电器触点，如图 3-4 所示。

串联块的操作方法与以上方法类似。

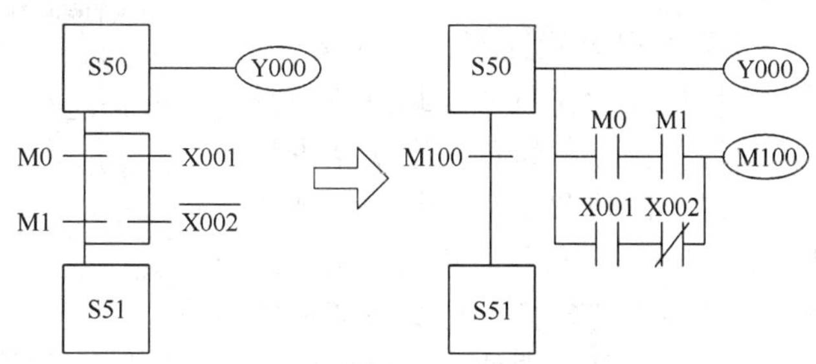

图 3-4　转移条件为块的处理

3. 步进顺序控制程序中不能使用的指令

步进顺序控制程序中不应有 MC、MCR SRET IRET 等指令。MPS、MPP、MRD 不能直接连接到 STL 触点。

4. 步进顺序控制程序中输出的处理

步进顺序控制程序中直接输出的执行类指令需上移，有条件输出需下移，如图 3-5 所示。如果所有输出均为有条件输出，则摆放的顺序无限制。

5. 步进顺序控制程序允许有重复线圈

步进顺序控制程序允许有重复线圈，但注意可能同时有效(激活)的状态不能有重复线圈，定时器的线圈也可以重复使用，但相邻的两个状态使用同一个定时器线圈时，在转移时定时器当前值无法清零。

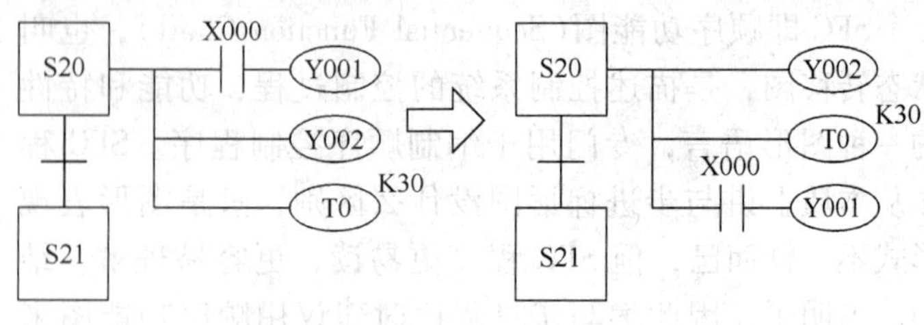

图 3-5　直接输出和条件输出处理

6. 相邻状态互锁

相邻的两个状态所驱动的线圈，在状态转移时会有 1 个扫描周期同时被驱动，如果这两个输出有互锁限制，请在程序中加互锁。

3.3　GX Developer 编写 SFC 程序

用 GX Developer 调试软件编写顺序控制程序有两种方式，一种是在梯形图程序类型(新建项目时选择程序类型)中直接输入指令的方式进行编写，如果熟悉规则，也可以直接编写步进梯形图，如图 3-1 所示；第二种是用 SFC(顺序功能图)方式来编写步进顺序控制程序，这两种方式只是在软件界面上看到的形式不一样，程序本身没有任何区别，而且相互之间可以转换。以下介绍用 SFC 方式编写程序。

1. 新建项目

打开 GX Developer 软件界面，点新建按钮，或执行“工程”菜单中的“创建新工程”命令，选择 PLC 所属系列和类型，设置程序的类型为“SFC”，并设置文件的保存路径和工程名称等，如图 3-6 所示。

点“确定”，新建工程设置完成。

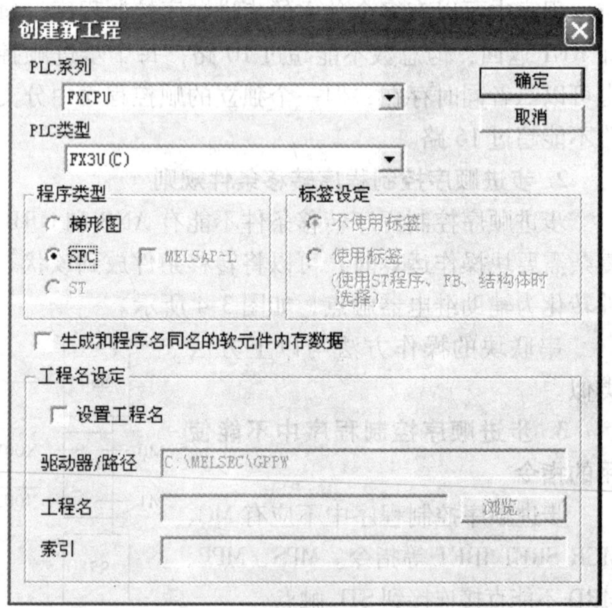

图 3-6　新建 SFC 程序

2. 建立程序块

新建工程设置完毕，进入图 3-7 所示程序块设置窗口，在此窗口中设置项目程序块。在 SFC 程序中至少包含 1 个梯形图块和 1 个 SFC 块。新建块时必须从 No. 0 开始，块之间必须连续，否则将不能转换，且要注意相邻块不能同时为梯形图块，如果同时为梯形图块，可将连续的梯形图块合并为一个梯形图块。下面以图 3-3 为例介绍编写 SCF 程序的操作方法。

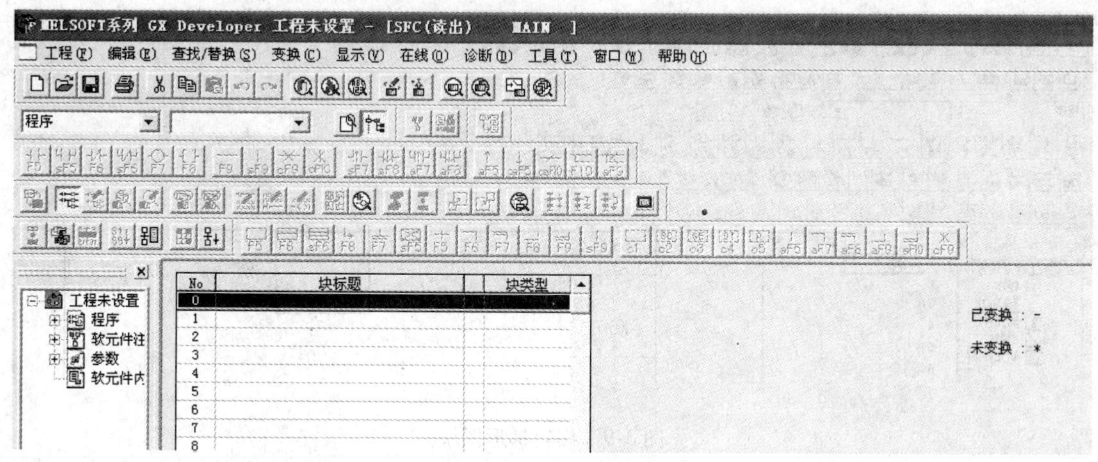

图 3-7　程序块设置窗口

图 3-3 顺序功能图共可分为两个程序块，1 个梯形图块和 1 个 SFC 块，首先建一个梯形图块，在图 3-7 中 No. 0 栏双击，弹出图 3-8 所示窗口，在窗口中键入块标题“程序 A”，并选择梯形图块。点“执行”进入梯形图块编辑窗口。

图 3-8　新建梯形图块

3. 梯形图块编辑

梯形图块建好后，进入图 3-9 所示梯形图程序编辑窗口，按图 3-3 输入梯形图部分程序（本例中只有连接初始状态部分），输入时可以使用指令输入方式和梯形图输入方式，建议使用指令输入方式。如采用梯形图输入方式，程序编辑结束后需要对所编写程序进行变换。

4. 建立 SFC 块

梯形图块编辑完毕，退出当前编辑窗口，点关闭当前窗口按钮(图 3-9 中，菜单栏右端关闭按钮)退出到图 3-7 程序块设置窗口。

在图 3-7 中 No. 1 栏双击，在弹出的块设置窗口中，输入块标题“程序 B”，并在块类型选项中选择“SFC”，单击“执行”建立 1 个 SFC 块。

5. 构建状态转移框架

新建 SFC 块完成，进入 SFC 程序编辑窗口，如图 3-10 所示。

首先添加状态，注意添加状态时，需选择正确的位置，如图 3-11 所示，S20 正确的位置

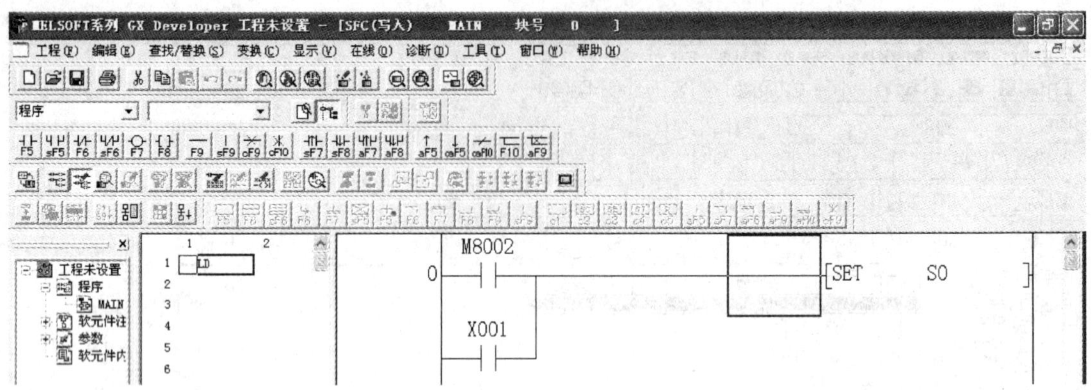

图 3-9 编辑梯形图块

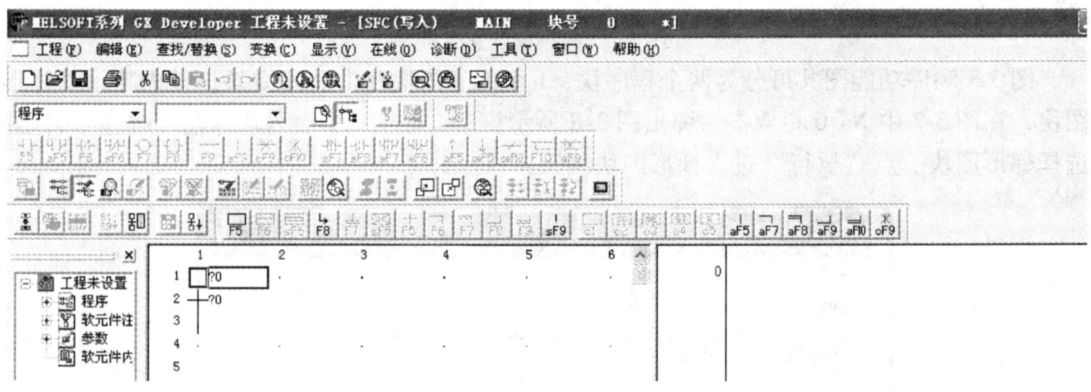

图 3-10 编辑 SFC 程序

是在图中蓝色框的位置，双击此区域，在弹出的对话框选择“SETP”（SETP 表示添加状态，JUMP 表示添加跳转,|表示添加连线），编号输入 20，然后点“确定”即添加 S20 状态。

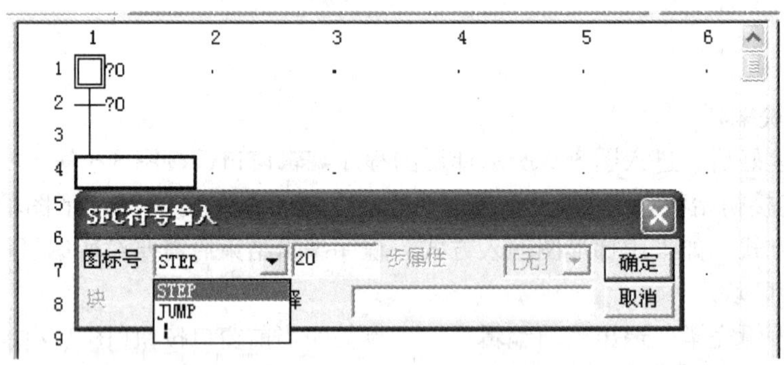

图 3-11 添加状态

添加完一个状态，再添加转移条件，在图 3-12 蓝色框区域双击，在弹出的对话框中选“TR”项(TR 表示添加转移条件,--D 表示选择分支,==D 表示并行分支,--C 表示选择合并,==C 表示并行合并,|表示添加竖线)，后面的编号自动生成，也可以自行修改，但注意不要重复。

依次建立好状态 S21 ~ S23 和转移条件 TR1 ~ TR4，最后在 TR4 下建立一个跳转，如图

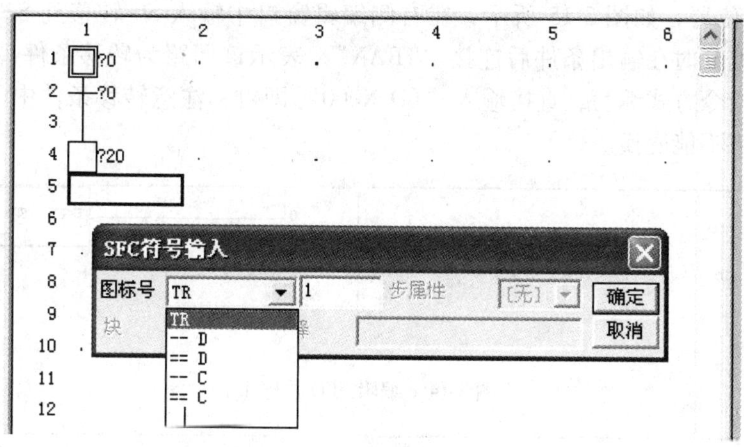

图 3-12　添加转移条件

3-13 所示，在图中蓝色框区域双击，在弹出的窗口中选择“JUMP”，编号输入 20，点“确定”完成。

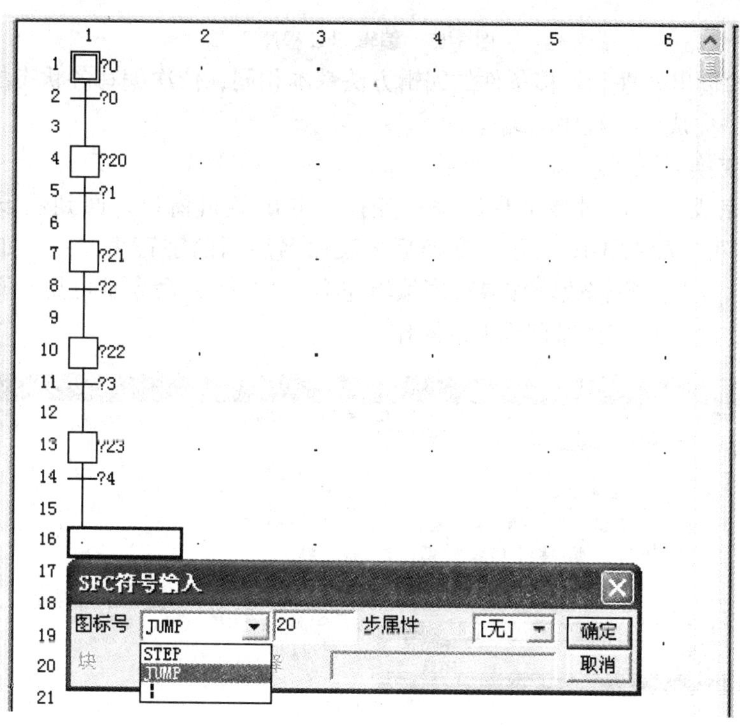

图 3-13　新建跳转

6. 编辑 SFC 程序

首先将左侧编辑窗口(顺序功能图窗口)的蓝色编辑框定位在状态 0 右侧“？0”位置，如图 3-14 所示，然后在右侧编辑窗口(程序编辑窗口)中输入 S0 所驱动的电路“ZRST S20 S23”，可以采用梯形图方式输入和指令方式输入，采用梯形图方式输入，在输入完成后需要进行变换，此时“？0”变为“0”表示 S0 状态的输出处理已经完成，如果该状态没有输出电路，则有“?”存在，不会影响程序的执行。再把左侧编辑窗口蓝色编辑框定位在状态

0 下方“？0”位置，如图 3-15 所示，在右侧编辑窗口中输入 S0 转移到 S20 的转移条件，用梯形图方式编写时在输出条件后连接“TRAN”，表示该回路为转移条件，最后还要进行变换。如果用指令方式编写，直接输入“LD X000”即可，注意转移条件中不能有“?”存在，否则程序将不能变换。

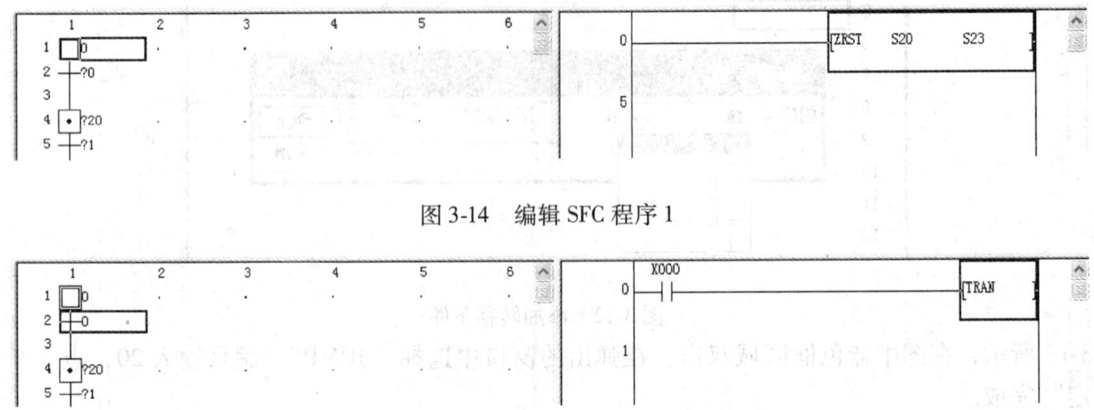

图 3-14 编辑 SFC 程序 1

图 3-15 编辑 SFC 程序 2

其他状态的输出处理和转移条件的编辑方法基本相同，依次编写各状态的输出电路和转移(跳转)条件，完成整个程序的编写。

7. 程序的变换

程序编辑完成后，需对整个程序进行变换，退出编辑窗口，回到块设置窗口，执行“变换”命令即可。如图 3-16 所示，变换后的程序名后面的字符为“-”，如果为“＊”表示程序有错误，需要进行修改。如果程序编辑完毕，“变换”命令不可见，则程序已经变换(或不需变换)，此时可直接保存或下载操作。

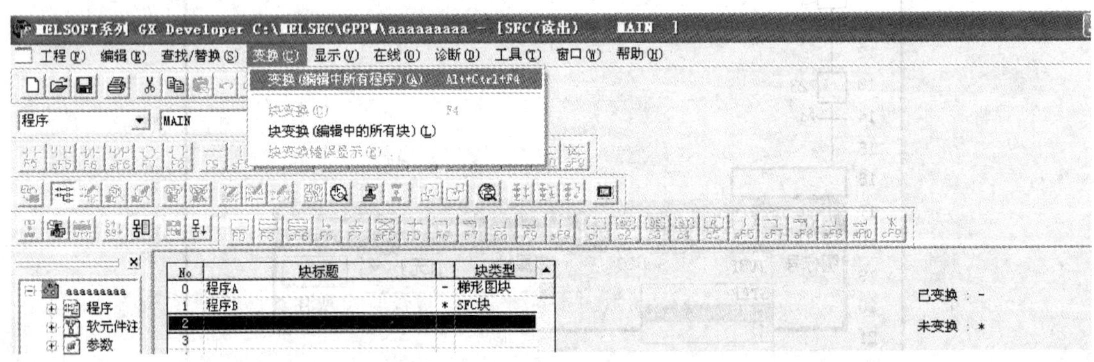

图 3-16 程序的变换

8. 改变程序类型

SFC 程序和步进梯形图可以相互转换，如图 3-17 所示。

步进梯形图和指令表之间也可以相互转换，转换时直接点按钮就可以进行转换，SFC 程序要转换为指令表则需要先转换为步进梯形图，再转换为指令表。

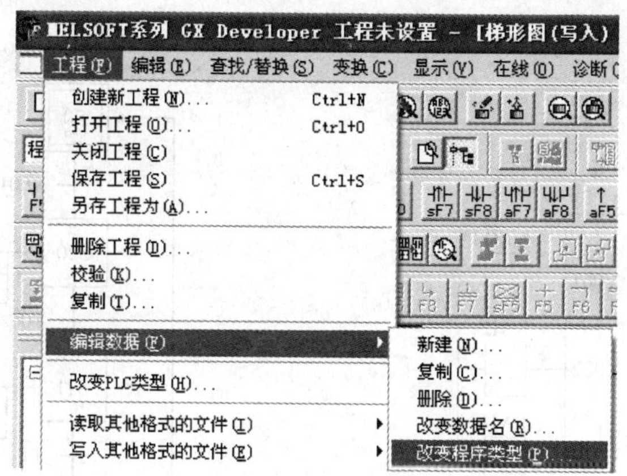

图 3-17　SFC 程序与步进梯形图的转换

3.4　顺序控制指令的应用

项目 10　三速电动机的控制(二)

1. 控制要求

用 PLC 的步进顺序控制指令编写程序。按起动按钮，电动机以最低速起动，KM1、KM2 闭合；低速运行 3s，电动机切换到中速运行，此时先断开 KM1、KM2，再使 KM3 闭合；中速运行时间为 3s，然后电动机切换到高速运行，此时断开 KM3、再使 KM4、KM5 闭合；运行和起动期间按停止按钮，立即停机。

2. 完成内容

列出 I/O 分配并画出 I/O 接线图，编写控制程序并进行调试。

3. 提高

在低速起动时设置报警指示灯亮，中速运行阶段设置报警指示灯闪烁(周期 1s)。

4. 提供器材

FX_{3U}—48MR(FX_{2N}—48MR)PLC、AC220V(380V)接触器 5 个(或用 5 个指示灯代替)、按钮 2 个、24V 指示灯 1 个。

5. 事例程序

三台电动机的起动控制。

(1) 控制要求　按起动按钮，电动机 M1 立即起动；M1 运行 5s 后，电动机 M2 起动(M1 停止)；M2 运行 5s 后，电动机 M3 起动(M2 停止)；起动完毕按停止按钮，电动机 M3 立即停止，起动过程中按停止按钮停止无效。

(2) I/O 分配和 I/O 接线图　X000：停止按钮；X001：起动按钮；Y001：电动机 M1 接触器 KM1；Y002：电动机 M2 接触器 KM2；Y003：电动机 M3 接触器 KM3。接线图如图 3-18 所示。

(3) 控制程序　顺序功能图如图 3-19 所示。

指令如下所示：

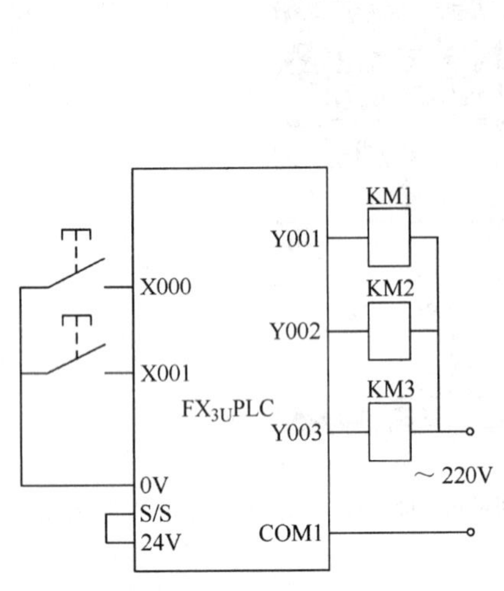

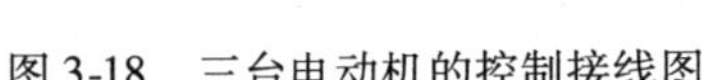
图 3-18　三台电动机的控制接线图

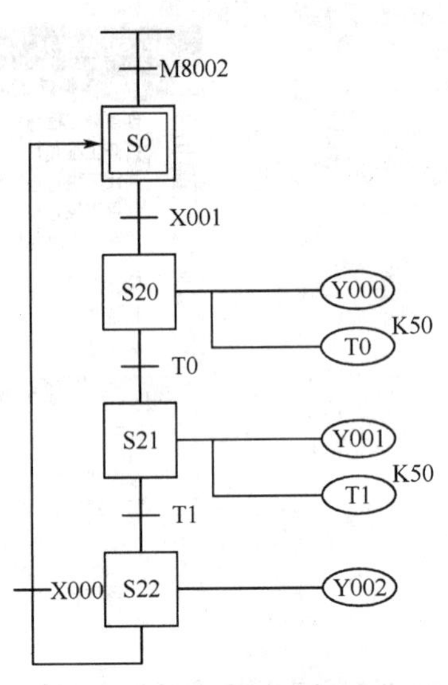

图 3-19　三台电动机的控制

```
0   LD M8002
1   SET S0
3   STL S0
4   LD X001
5   SET S20
7   STL S20
8   OUT Y000
9   OUT T0 K50
12  LD T0
13  SET S21
15  STL S21
16  OUT Y001
17  OUT T1 K50
20  LD T1
21  SET S22
23  STL S22
24  OUT Y002
25  LD X000
26  OUT S0
28  RET
29  END
```

项目 11　电动机的自动正反转控制(二)

1. 控制要求

用 PLC 步进顺序控制指令编制电动机自动正、反转控制程序。要求电动机正转 3s，停 2s，然后反转 2s，停 3s，循环 3 个周期后自动停止；运行过程中，按停止按钮电动机停止；热保护动作电动机自动停止，并输出报警指示灯，按解除报警按钮停止报警。

2. 完成内容

列出 I/O 分配并画出 I/O 接线图，编写控制程序并进行调试。

3. 提高

起动前设置延时 2s 起动报警后，再起动自动正反转。

4. 提供器材

FX_{3U}—48MR(FX_{2N}—48MR)PLC、AC220V(380V)接触器 2 只、按钮 2 个、24V 指示灯1 个。

5. 事例程序

两台电动机循环控制。

(1) 控制要求　用 PLC 步进顺序控制指令编制程序，按起动按钮电动机 M1 运行，4s 后停止，电动机 M2 立即运行，3s 后 M2 停止，依此循环 4 个周期后停止，在运行过程中按停止按钮 2 台电动机停止运行。

（2）I/O 分配和 I/O 接线图　X000：起动按钮 SB；X001：停止按钮；Y000：电动机 M1 接触器 KM1；Y001：电动机 M2 接触器 KM2。接线图如图 3-20 所示。

（3）控制程序　顺序功能图如图 3-21 所示。

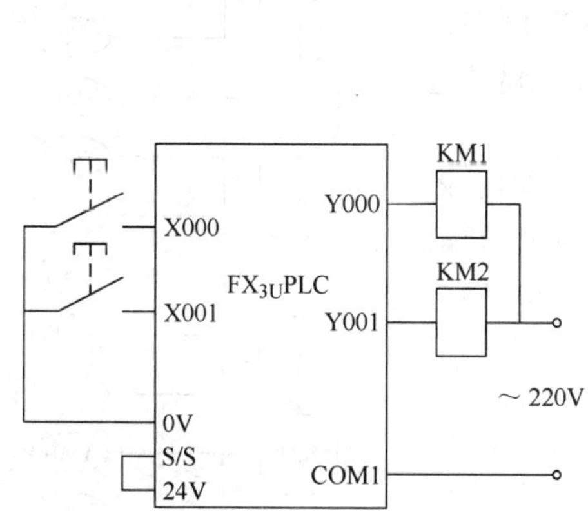

图 3-20　两台电动机循环控制接线图

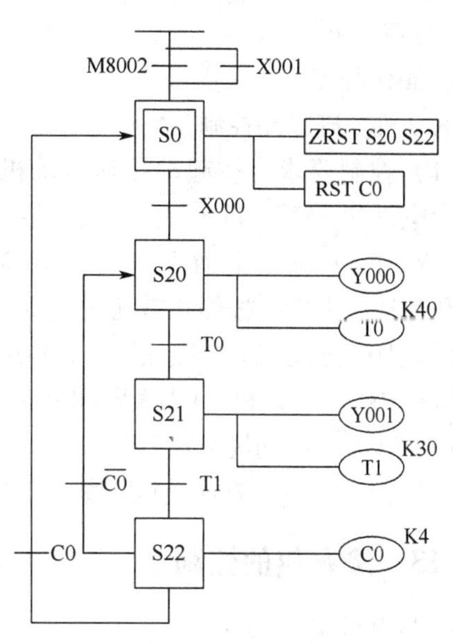

图 3-21　两台电动机循环控制程序

指令如下所示：

0	LD M8002	15	OUT Y000	30	STL S22
1	OR X001	16	OUT T0 K40	31	OUT C0 K4
2	SET S0	19	LD T0	34	LDI C0
4	STL S0	20	SET S21	35	OUT S20
5	ZRST S20 S22	22	STL S21	37	LD C0
10	RST C0	23	OUT Y001	38	OUT S0
11	LD X000	24	OUT T1 K30	40	RET
12	SET S20	27	LD T1	41	END
14	STL S20	28	SET S22		

项目 12　电动机的顺序控制（一）

1. 控制要求

用 PLC 的步进顺序控制指令编写程序。按起动按钮，电动机 M1 立即起动，2s 后电动机 M2 起动，再过 2s 后电动机 M3 起动；起动完毕后，按停止按钮，电动机 M3 立即停止，1.5s 后电动机 M2 停止，再过 1.5s 电动机 M1 停止；未起动完毕，按停止按钮，电动机 M1、M2、M3 立即停止。

2. 完成内容

列出 I/O 分配并画出 I/O 接线图，编写控制程序并进行调试。

3. 提高

调试完毕后，将控制要求中起动完毕电动机 M1、M2、M3 立即停止，改为停止功能无效，编写出控制程序，并进行调试。

4. 提供器材

FX_{3U}—48MR（FX_{2N}—48MR）PLC、AC220V（380V）接触器3个、按钮2个。

5. 事例程序

电动机轮流起动控制。

（1）控制要求　按起动按钮电动机M1、M2运行，3s后切换为电动机M2、M3运行，再过3s后切换为电动机M1、M3运行，再过3s后电动机M1、M2、M3同时运行，起动过程中和起动完毕后，按停止按钮，电动机立即停止。

（2）I/O分配和I/O接线图　X000：起动按钮；X001：停止按钮；Y001：电动机M1接触器KM1；Y002：电动机M2接触器KM2；Y003：电动机M3接触器KM3。接线图如图2-50所示。

（3）控制程序　顺序功能图如图3-22所示。

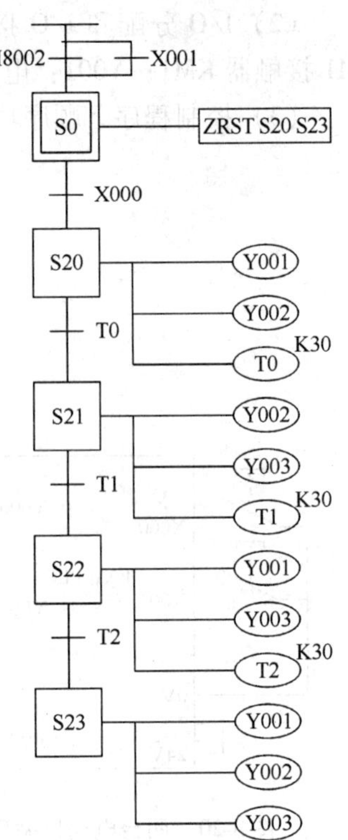

图3-22　电动机轮流起动控制

项目13　洗衣机的控制

1. 控制要求

用PLC的步进顺序控制指令编写程序。起动时，首先进水，到达要求的水位时停止进水，开始洗涤；正转洗涤2s，暂停3s，循环3次后再反转洗涤2s，暂停3s，循环3次后，再正转洗涤，如此正/反转循环2个周期后开始排水，当水位下降到低水位时，进行脱水（同时排水），脱水时间为5s；这样完成一次从进水到脱水的大循环过程；经过3次上述大循环后（第2、3次为漂洗），进行洗衣完成报警，报警5s后结束全过程，自动停机。

2. 完成内容

列出I/O分配并画出I/O接线图，编写控制程序并进行调试。

3. 提高

将洗涤过程改为：正转2s停3s，反转2s停3s，循环3次。其他控制环节相同。

4. 提供器材

FX_{3U}—48MR（FX_{2N}—48MR）PLC、AC220V（380V）接触器3个、按钮2个、开关2个（高水位和低水位开关）、指示灯3个（进水电磁阀、排水电磁阀及报警用）。

5. 事例程序

参考项目11中事例程序。

项目14　十字路口交通灯的控制（一）

1. 控制要求

用PLC的步进顺序控制指令编写程序。自动起动后，东西向和南北向交通信号灯按图3-23所示时序图动作。依此循环；按停止按钮所有信号灯熄灭。

2. 完成内容

列出I/O分配并画出I/O接线图，编写控制程序并进行调试。

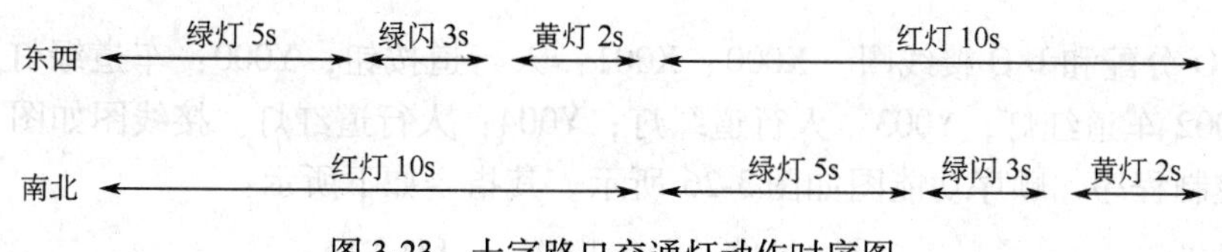

图 3-23 十字路口交通灯动作时序图

3. 提高

添加手动控制程序，将选择开关拨到手动位置，东西向和南北向所有灯闪烁，闪烁周期 1s。

4. 提供器材

FX_{3U}—48MR(FX_{2N}—48MR) PLC、交通灯模板(或用三色指示灯各 4 只、按钮 2 只、两位钮子开关 1 只代替)。

5. 事例程序

按钮人行道程序设计。

(1) 控制要求　当没有行人穿越车道时，车道为绿灯，人行道为红灯；当行人需要通过时，需按安装在道路两边的人行道按钮，此时车道和人行道信号灯动作如图 3-24 所示。

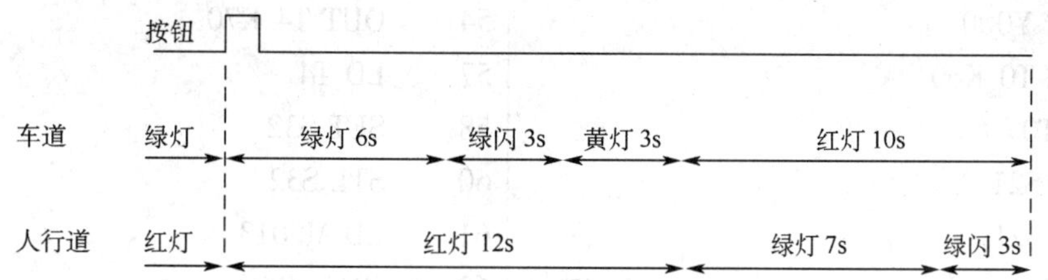

图 3-24 按钮人行道动作时序图

经过 22s 后，重新回到车道绿灯，人行道红灯。

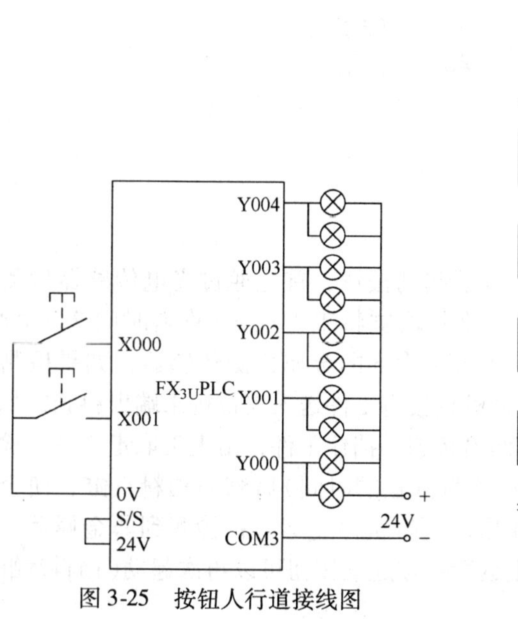

图 3-25 按钮人行道接线图

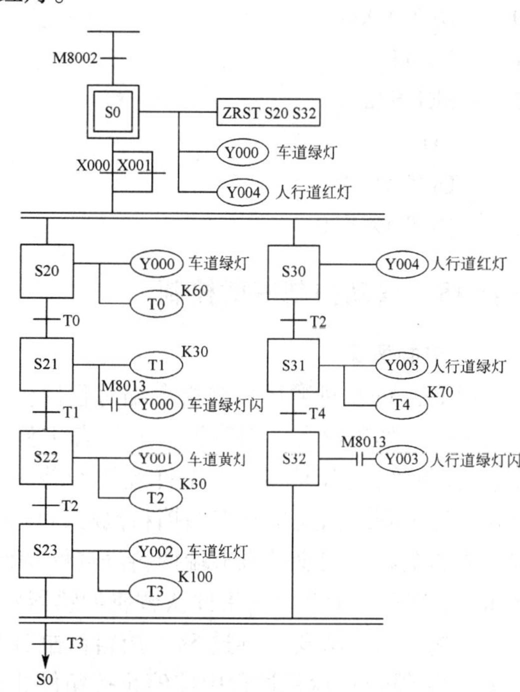

图 3-26 按钮人行道程序

（2）I/O 分配和 I/O 接线图　X000、X001：人行道按钮；Y000：车道绿灯；Y001：车道黄灯；Y002 车道红灯；Y003：人行道绿灯；Y004：人行道红灯。接线图如图 3-25 所示。

（3）控制程序　顺序功能图如图 3-26 所示。其指令如下所示：

```
0    LD M8002
1    SET S0
3    STL S0
4    ZRST S20 S32
9    OUT Y000
10   OUT Y004
11   LD X000        并行分支开始
12   OR X001
13   SET S20
15   SET S30
17   STL S20
18   OUT Y000
19   OUT T0 K60
22   LD T0
23   SET S21
25   STL S21
26   OUT T1 K30
29   LD M8013
30   OUT Y000
31   LD T1
32   SET S22
34   STL S22
35   OUT Y001
36   OUT T2 K30
39   LD T2
40   SET S23
42   STL S23
43   OUT Y002
44   OUT T3 K100
47   STL S30
48   OUT Y004
49   LD T2
50   SET S31
52   STL S31
53   OUT Y003
54   OUT T4 K70
57   LD T4
58   SET S32
60   STL S32
61   LD M8013
62   OUT Y003
63   STL S23        并行分支合并
64   STL S32
65   LD T3
66   OUT S0
68   RET
69   END
```

项目 15　气动控制阀的控制

1. 控制要求

用 PLC 的步进顺序控制指令编写程序。按下起动按钮，首先通过光电传感器检测料仓有无工件，如果没有，则等待；如果有工件，推料汽缸将工件推入（推料时间 2s）生产线，皮带机（电动机拖动）运行，工件经过安装在皮带机中部的金属检测传感器，如果检测到为金属工件，则缩回皮带机末端挡料汽缸，皮带机直接将工件送入皮带机末端出料仓，如果检测到为非金属，则皮带机末端挡料汽缸保持伸出状态，挡住工件，由人工取走工件；检测到金属后，皮带机运行 5s（工件从金属传感器到挡料汽缸的时间）后缩回挡料汽缸，使金属工件自动进入末端料仓，再过 5s，挡料汽缸伸出，皮带机停止运行；检测到非金属后，皮带机运行 5s 停止；运行过程中按停止按钮停止运行；按起动按钮可以再次起动（挡料汽缸初始状态为伸出状态，挡住工件）。

2. 完成内容

列出 I/O 分配并画出 I/O 接线图，编写控制程序并进行调试。

3. 提高

设计金属和非金属的计数程序，设定的金属(非金属)个数到后才停机。

4. 提供器材

FX_{3U}—48MR(FX_{2N}—48MR)PLC、生产线试验台1套(含双杆推料汽缸、单缸挡料汽缸、三位五通气动控制阀、二位五通气动控制阀、光电传感器、金属检测传感器、接触器、皮带机)、按钮2只。

5. 事例程序

气动控制阀的控制。

(1) 控制要求　按下起动按钮，由光电传感器检测出料仓有无工件；如果无工件，10s后输出红色灯报警，按停止按钮或加入工件停止报警；如有工件，推料汽缸将工件推入(推料时间2s)生产线，皮带机(电动机拖动)运行，运行5s后挡料汽缸缩回，将第一个(奇数)工件直接放入皮带机末端的进料仓，5s后再伸出汽缸；皮带机再运行5s后再将下一个工件推入生产线，第二个(偶数个)工件在皮带机运行15s(到挡料汽缸位置)，人工从生产线取走工件；依次连续动作；运行过程中，按停止按钮，皮带机停止运行。挡料汽缸初始状态为伸出状态，挡住工件。

(2) I/O 分配和 I/O 接线图　X010：起动按钮；X011：停止按钮；X000：光电检测；Y000：推料汽缸气动控制阀；Y001：挡料汽缸气动控制阀；Y002：红色指示灯；Y010：皮带机接触器。接线图如图3-27所示。

(3) 控制程序　顺序功能图如图3-28所示，其指令程序如下：

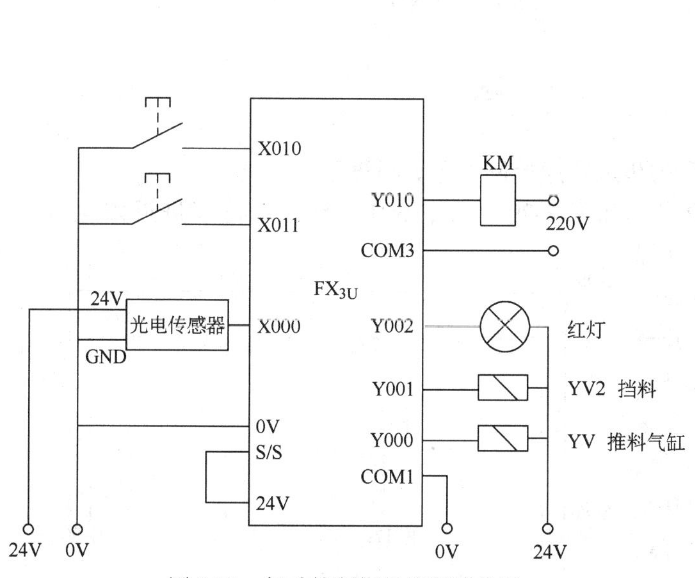

图3-27　气动控制阀的控制接线图

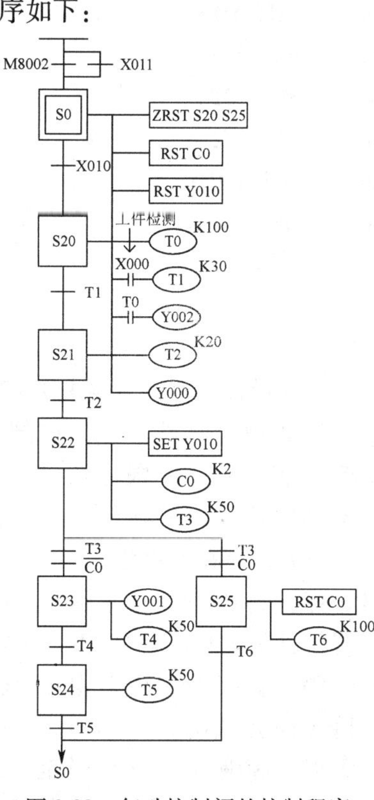

图3-28　气动控制阀的控制程序

```
0    LD M8002             43   OUT T3 K50
1    OR X011              46   LD T3        选择分支开始
2    SET S0               47   ANI C0
4    STL S0               48   SET S23
5    ZRST S20 S25         50   LD T3
10    RST C0              51   AND C0
11    RST Y010            52   SET S25
12    LD X010             54   STL S23
13    SET S20             55   OUT Y001
15    STL S20             56   OUT T4 K50
16    OUT T0 K100         59   LD T4
19    LD X000             60   SET S24
20    OUT T1 K30          62   STL S24
23    LD T0               63   OUT T5 K50
24    OUT Y002            66   STL S25
27    LD T1               67   RST C0
28    SET S21             68   OUT T6 K100
30    STL S21             71   STL S24      选择分支合并
31    OUT T2 K20          72   LD T5
34    OUT Y000            73   OUT S0
35    LD T2               75   STL S25
36    SET S22             76   LD T6
38    STL S22             77   OUT S0
39    SET Y010            79   RET
40    OUT C0 K2           80   END
```

习　题

程序设计。按以下要求用 PLC 的步进顺序控制指令编写程序。

1. 电镀生产线控制。控制要求：如图 3-29 所示，SQ1 ~ SQ4 为行车进退限位开关，SQ5、SQ6 为上、下限位开关；工件提升至 SQ5 停，行车至 SQ1 停，下降工件至 SQ6，停在电镀槽 30s；工件升至 SQ5 停，滴液 5s；行车退至 SQ2 停，下降工件至 SQ6，定时 12s，工件升至 SQ5 停，滴液 5s，行车退至 SQ3 停，下降工件至 SQ6，定时 12s，工件升至 SQ5 停，滴液 5s，行车退至 SQ4 停，下降工件至 SQ6，完成一次循环。

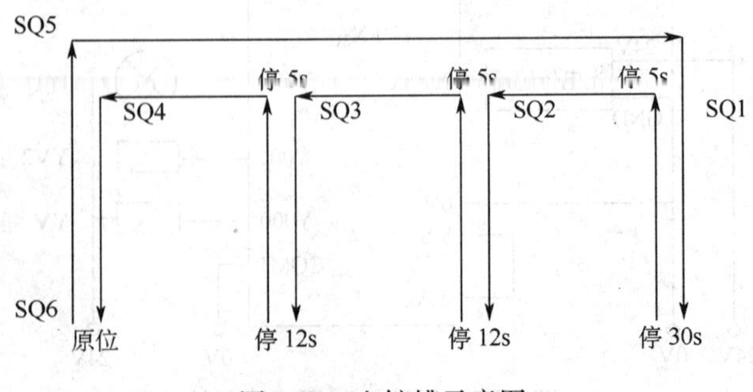

图 3-29　电镀槽示意图

2. 皮带机控制。控制要求：皮带运输机传输系统分别用电动机 M1、M2、M3 驱动，按下起动按钮，先起动最末一台皮带机 M3，经 5s 后再依次起动其他皮带机。正常运行时，M3、M2、M1 均工作。按下停止按钮时，先停止最前一台皮带机 M1，待料送完毕后再依次停止其他皮带机。

3. 三自由度机械手控制系统的设计。控制要求：在初始位置(上、左、夹紧放松限位开关确定)处，按下起动按钮，系统开始工作；机械手首先向下运动，运动到最低位置停止；机械手开始夹紧工件，一直到把工件夹紧为止(由定时器控制)；机械手开始向上运动，一直运动到最上端(由上限位开关确定)；上限位开关闭合后，机械手开始向右运动；运行到右端后，机械手开始向下运动；向下到位后，机械手把工件松开，一直到松限位开关有效(由松限位开关控制)；工件松开后，机械手开始向上运动，直至触动上限位开关(上限位开关控制)；到达最上端后，机械手开始向左运动，直到触动左限位开关，此时机械手已回到初始位置；要求实现连续循环工作；正常停车时，要求机械手回到初始位置时才能停车；按下急停按钮时，系统立即停止。

4. 汽车库自动门控制系统。具体控制要求是：当汽车到达车库门前，超声波开关接收到车辆的信号，开门上升，当升到顶点碰到上限开关，门停止上升，当汽车驶入车库后，光电开关发出信号，门电动机反转，门下降，碰到下限开关后门电动机停止。试画出输入/输出设备与 PLC 的接线图，设计出梯形图程序并加以调试。

5. 六盏灯控制。控制要求：按下起动信号 X000，六盏灯(Y000 ~ Y005)依次都亮，间隔时间为 1s；按下停止信号 X001，灯反方向(Y005 ~ Y000)依次熄灭，间隔时间为 1s；按下急停信号 X002，六盏灯立即全灭。

6. 两种液体混合装置控制。控制要求：如图 3-30 所示，有两种液体 A、B 需要在容器中混合成液体 C 待用，初始时容器是空的，所有输出均失效。按下起动信号，阀门 1(Y000)打开，注入液体 A；到达 M 位置时，阀门关闭，阀门 2(Y001)打开，注入液体 B；到达 H 位置时，阀门 2 关闭，打开加热器 R(Y002)；当温度传感器达到 60℃时，关闭 R，打开阀门 3(Y003)，释放液体 C；当到最低位液位 L 时，关闭阀门 3 进入下一个循环。按下停止按钮，要求停在初始状态。

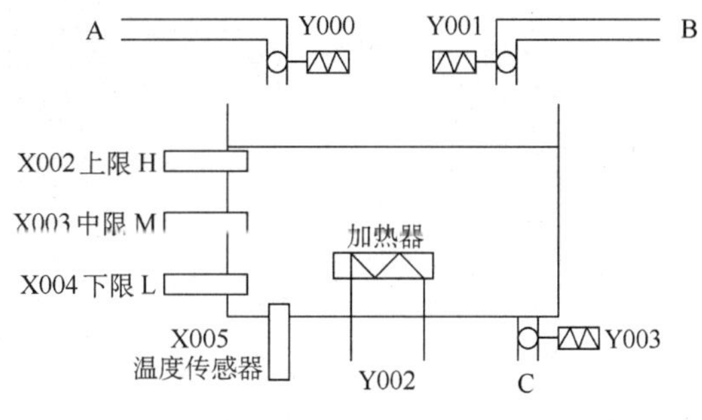

图 3-30 液体混合控制示意图

起动信号 X000；停车信号 X001；H(X002)；M(X003)；L(X004)；温度传感器 X005；阀门 1(Y000)；阀门 2(Y001)；加热器 R(Y002)；阀门 3(Y003)。

7. 喷泉控制。控制要求：喷泉有 A、B、C 三组喷头。起动后，A 组先喷 5s，后 B、C 同时喷，过 5s 后 B 停，再过 5s C 停，而 A、B 又喷，再过 2s，C 也喷，持续 5s 后全部停，再过 3s 重复上述过程。

8. 机床主轴多次进给控制。控制要求：机床进给由液压驱动。电磁阀 YV1 得电主轴前进，失电后退。同时，还用电磁阀 YV2 控制前进及后退速度，得电快速，失电慢速。其工作过程示意图如图 3-31 所示。

9. 工件检测系统。控制要求：图 3-32 是一个工件检测系统示意图，图中三个光电传感器为 BL1、BL2、BL3。BL1 检测工件是否为合格品，是合格品则为“ON”。BL2 检测工件是否为次品，如果是次品则为“ON”BL3 检测有无次品落下。当次品移到第 2#位时，电磁阀 YV 得电，推料汽缸将工件推入次品库。若无次品则正品移到合格品库。于是完成了合格品和次品分开的任务。

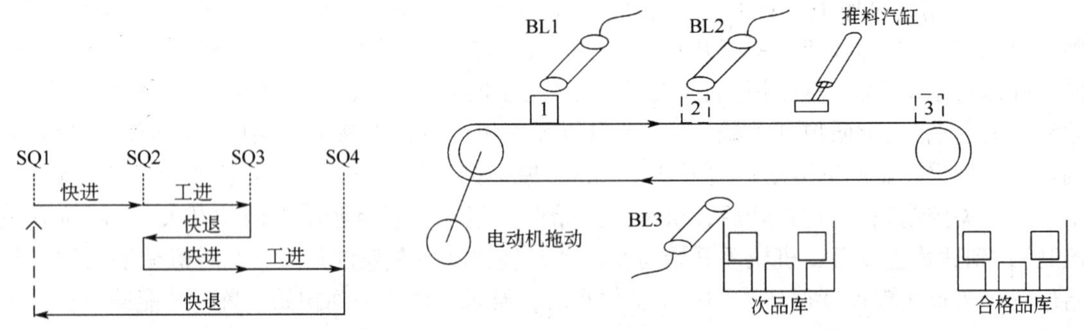

图 3-31　机床控制示意图

图 3-32　工件检测系统示意图

用状态转移图编写出控制程序，记录正品和次品的数量。

第 4 章　功能指令及其应用

功能指令是实现某一功能或完成某一操作的指令，FX_{3U}系列 PLC 有 25 类功能指令，FX_{2N}系列 PLC 有 15 类功能指令，如表 4-1 所示。

表 4-1　功能指令分类

功能指令类别及功能号区	指令支持系列		功能指令类别及功能号区	指令支持系列	
	FX_{3U}	FX_{2N}		FX_{3U}	FX_{2N}
FNC00 ~ FNC09[程序流程]	√	√	FNC160 ~ FNC169[时钟运算]	√	√
FNC10 ~ FNC19[数据比较指令与数据传送指令(一)]	√	√	FNC170 ~ FNC179[外部设备]	√	√
FNC20 ~ FNC29[算术与逻辑运算]	√	√	FNC180 ~ FNC189[其他指令]	√	×
FNC30 ~ FNC39[循环与移位]	√	√	FNC190 ~ FNC199[数据块处理]	√	×
FNC40 ~ FNC49[数据处理]	√	√	FNC200 ~ FNC209[字符串处理]	√	×
FNC50 ~ FNC59[高速处理]	√	√	FNC210 ~ FNC219[数据表处理]	√	×
FNC60 ~ FNC69[方便指令]	√	√	FNC220 ~ FNC249[比较触点指令]	√	√
FNC70 ~ FNC79[外部设备 I/O]	√	√	FNC250 ~ FNC269[数据处理]	√	×
FNC80 ~ FNC89[外部设备 SER]	√	√	FNC270 ~ FNC274[变频器通信]	√	×
FNC100 ~ FNC109[数据传送]	√	×	FNC275 ~ FNC279[数据传送]	√	×
FNC110 ~ FNC139[浮点运算]	√	√	FNC280 ~ FNC289[高速处理]	√	×
FNC140 ~ FNC149[数据处理]	√	√	FNC290 ~ FNC299[扩展文件寄存器控制]	√	×
FNC150 ~ FNC159[定位]	√	√			

1. 功能指令的表现形式

FX 系列 PLC 所有功能指令表示形式是一致的，每一条功能指令都有功能编号(FNC00 ~ FNC□□□)，且都有一个助记符，一般助记符后面还有操作数(一个或多个操作数)，只有少数功能指令不带操作数。

助记符一般由 2 ~ 5 个英文字符组成，如 CJ、RIGHT 等，但也有一些助记符是以英文字符 + 数字组成，如 RS2、LOG10 等，或是以英文字符 + 数学运算符号组成，如 LD =、BKCMP > 等，还有特殊字符的助记符，如$ + 、$ MOV，助记符最多为 7 个符数。

操作数可以分为源操作数、目标操作数和其他操作数。源操作数是指参与运算且其内容不随该指令执行而变化的操作数(既是源操作数,又是目标操作数除外)；目标操作数是指其内容随该指令执行而变化的操作数，是该指令的输出部分；其他操作数是指既不是源操作数，又不是目标操作数的操作数，通常是对源操作数或目标操作数的范围和数量进行补充说明。

源操作数在程序说明中用[S]表示，对于可以进行变址操作的用[S.]表示，有多个源操作数时，用[S1]、[S2]或[S1.]、[S2.]等表示。

目标操作数在程序说明中用[D]表示，对于可以进行变址操作的用[D.]表示，有多个目标操作数时，用[D1]、[D2]或[D1.]、[D2.]等表示。

其他操作数在程序说明中用n表示，对于可以进行变址目标操作的用n.表示，有多个目标操作数时用n1、n2或n1.、n2.等表示，此外其他操作数还可以用m来表示。

功能指令中助记符占用1个程序步，操作数占用2个程序步(16位)或4个程序步(32位)，只有TBL(FNC152)指令例外。

2. 指令类型

(1) 16位连续型　16位连续型指令的所有操作数为一个字(16位)，操作数数据指定范围为-32768~32767，指令在每个扫描周期均被执行，16位连续型指令由助记符+操作数组成，如“ZRST　Y000　Y007”、“INC　D0”等。

(2) 16位脉冲型　16位脉冲型指令的所有操作数同样为一个字(16位)，操作数数据指定范围为-32768~32767，但指令只在驱动回路条件满足(ON)时执行一次，要再次执行必须断开驱动回路，重新接通驱动回路。16位脉冲型指令由“助记符后+P”+操作数组成，如“MOVP　D0　D10”、“ADDP　D100　D101　D110”等。

(3) 32位连续型　32位连续型指令的操作数为双字(32位)，操作数指定的范围为-2147483648~2147483647，指令在每个扫描周期均被执行。32位连续型指令由“D+助记符+操作数”组成(FNC220~FNC249除外,相关章节介绍)，如“DCMP　D0　K100000　M0”、“DMEAN　D20　D40　K10”等，均是32位连续型指令。

(4) 32位脉冲型　32位脉冲型指令的操作数同样为双字(32位)，操作数数据指定范围为-2147483648~2147483647，但指令只在驱动回路条件满足(ON)时执行一次。32位脉冲型指令由“D+助记符+P+操作数”组成，如“DWANDP　D10　D12　D14”、“DFORMP　K1　K20　K4M0　K1”等，均是32位脉冲型指令。

在32位指令中，如果指定的操作数为数据寄存器或文件寄存器，则将自动占用2个数据寄存器或文件寄存器单元，如指定D0，则占用D0、D1，指定R100则占用R100、R101，其中D0、R100为低16位，D1、R101为高16位。

4.1 程序流程类指令

程序流程指令是控制程序流程相关的指令，程序流程指令见表4-2。

表4-2　程序流程指令

FNC No.	助记符	指令名称	FX_{3U}	FX_{2N}	FNC No.	助记符	指令名称	FX_{3U}	FX_{2N}
00	CJ	条件跳转	√	√	05	DI	中断禁止	√	√
01	CALL	子程序调用	√	√	06	FEND	主程序结束	√	√
02	SRET	子程序返回	√	√	07	WDT	警戒时钟	√	√
03	IRET	中断返回	√	√	08	FOR	循环开始	√	√
04	EI	中断允许	√	√	09	NEXT	循环结束	√	√

1. 条件跳转指令CJ(CONDITIONAL JUMP)

FNC00 CJ(P)16 位 3 步　FX_{3U}　FX_{2N}

操作数类别	适合操作数		
	字 元 件	位 元 件	其　他
[Pn.]	—	—	P

CJ 指令是条件跳转指令，当执行 CJ 指令条件满足时，程序指针跳转到指定标签的指令。跳转指令 CJ 和 CJP 表现形式如图 4-1 所示。

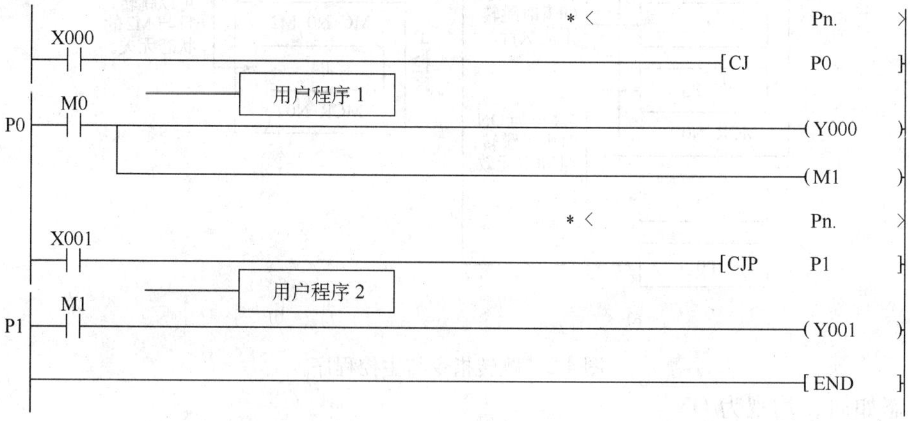

图 4-1　CJ(CJP)指令

[Pn.]：指针编号。

图 4-1 中，当 X000 接通，“CJ P0”指令被执行，程序将跳过用户程序 1 到标签 P0 处，执行 P0 后的程序，当 X000 断开，程序连续执行；当 X001 接通，程序仅 1 个扫描周期跳过用户程序 2 到标签 P1。跳转指针编号为 P0 ~ P4095(FX_{2N} P0 ~ P127)。跳转指令的作用及基本规则如下：

1）减少扫描时间。跳转指令执行后，跳过的程序将不执行(不扫描)，因此可以缩短程序扫描周期。

2）使双线圈或多线圈成为可能。跳转指令解决了基本指令编程时不能使用双线圈的问题，使双线圈或多线圈成为可能，但双线圈只存在于不同指针的程序段(不会同时执行)。在主程序内(包括未标指针的程序段内)、同一指针程序段内(包括子程序内)、可能同时执行的两个指针程序段内不应该有双(多)线圈的存在。

3）两条或多条跳转指令可以使用同一编号的指针。两条跳转指令可以使用同一编号的指针，但必须**注意**：标号不能重复使用，如果用了重复标号，则程序出错。

4）跳转指令可以往前面跳转。跳转指令除了往后跳转外，也可以往跳转指令前面的指针跳转，但必须**注意**：跳转指令后的 END 指令将有可能无法扫描，因此会引起警戒时钟出错。

5）条件跳转指令 CJ 和子程序调用指令 CALL 不能同时使用同一指针标签。

6）跳转指令在主控程序中动作规则如图 4-2 所示。

① 跳过整个主控区：对于跳过整个主控区的跳转不受限制。

② 从主控区外跳到主控区内：跳转独立于主控操作，如图 4-2a 中 CJP1 执行时，不论

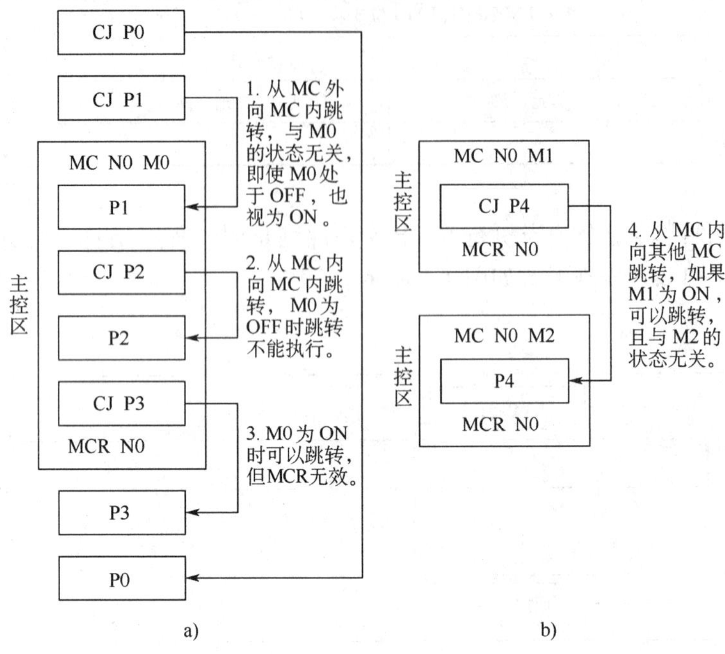

图 4-2 跳转指令与主控程序

M0 的状态如何，均视为 ON。

③ 在主控区内跳转：当主控开关为 OFF 时，跳转不能执行；当主控开关为 ON 时，跳转可以执行。

④ 从主控区内往主控区外跳转：主控开关为 OFF 时，跳转不能执行；当主控开关为 ON 时，可以执行跳转，这时 MCR 被忽略，但不会出错。

⑤ 从一个主控区跳转到另一个主控区：如图 4-2b 所示，当 M1 为 ON 时，跳转可以执行，跳转时不论 M2 的状态如何，均看作 ON，MCR N0 被忽略；当 M1 为 OFF 时，跳转不能执行。

7）跳转时，其他指令的执行情况如下：

① 如果 Y、M、S 被 OUT、SET、RST 指令驱动，则跳转期间即使 Y、M、S 的驱动条件改变了，它们仍保持跳转发生前的状态，因为跳转期间根本不执行这些程序。

② 如果通用定时器或计数器被驱动后发生跳转，则暂停计时和计数，并保留当前值，跳转指令不执行时定时或计数继续进行。

③ 积算定时器 T246 ~ T255 和高速计数器 C235 ~ C255 如被驱动后再发生跳转，则即使该段程序被跳过，计时和计数仍然继续，其延时触点也能动作。

8）指针 P63 为跳转到 END 步指针，程序中不用标记。

2. 子程序调用指令 CALL 和子程序返回指令 SRET(SUBROUTINE CALL, SUBROUTINE RETURN)

FNC01 CALL(P)16 位 3 步 FX_{3U} FX_{2N}			
操作数类别	适合操作数		
	字 元 件	位 元 件	其 他
[Pn.]	—	—	P

FNC02 SRET 1 步 FX_{3U} FX_{2N}			
操作数类别	适合操作数		
	字 元 件	位 元 件	其 他
无	—	—	—

CALL 指令是子程序调用指令。SRET 是子程序返回指令，不需要驱动触点的单独指令，无操作数。CALL 指令和 SRET 指令的表现形式如图 4-3 所示。

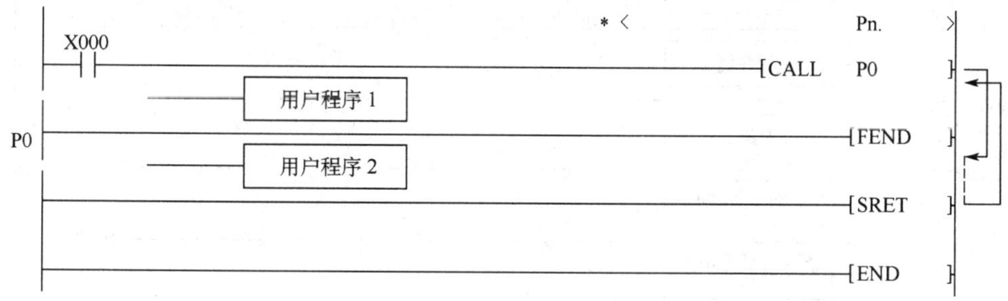

图 4-3 CALL 和 SRET 指令

图 4-3 中，当 X000 为 ON 时，CALL P0 指令被执行，用户程序 1(主程序)被跳过，程序指针跳转到 P0 执行用户程序 2(子程序)，执行完用户程序 2 后，由 SRET 指令将程序指针返回到 CALLP0 下一步即用户程序 1，执行到程序 FEND，然后重复扫描过程，但如果使用 CALLP 则只调用一个扫描周期。

CALL 指令基本规则如下：

1）调用指令可以调用同一指针的子程序，但指针的标记不能重复标记。

2）调用指令可以嵌套，但最大不能超过 4 层。

3）用 CALL 指令，必须对应 SRET 指令。

4）不能同 CJ 指令使用同一指针标签。

3. 中断返回指令 IRET、中断允许指令 EI 和中断禁止指令 DI(INTERRUPTION RETURN, INTERRUPTION ENABLE, INTERRUPTION DISENABLE)

FNC03 IRET，FNC04 EI，FNC05 DI 16 位 1 步 FX_{3U} FX_{2N}			
操作数类别	适合操作数		
	字 元 件	位 元 件	其 他
无	—	—	—

IRET 指令写在中断子程序末尾，当执行完中断子程序后，IRET 指令使程序指针返回到主程序(中断前指针下一步)；EI 为中断允许，只有中断被允许才可以执行中断；DI 是中断禁止，如果在程序中设置了中断允许，在某一区域设置中断禁止，则用 EI 和 DI 指令进行设置，如图 4-4 所示。

图 4-4 中，主程序区 1 是中断允许的区域，主程序区 2 是中断禁止的区域。

4. 主程序结束指令 FEND(FIRST END)

FNC06 FEND　16 位 1 步　FX_{3U}　FX_{2N}			
操作数类别	适合操作数		
	字 元 件	位 元 件	其　他
无	—	—	—

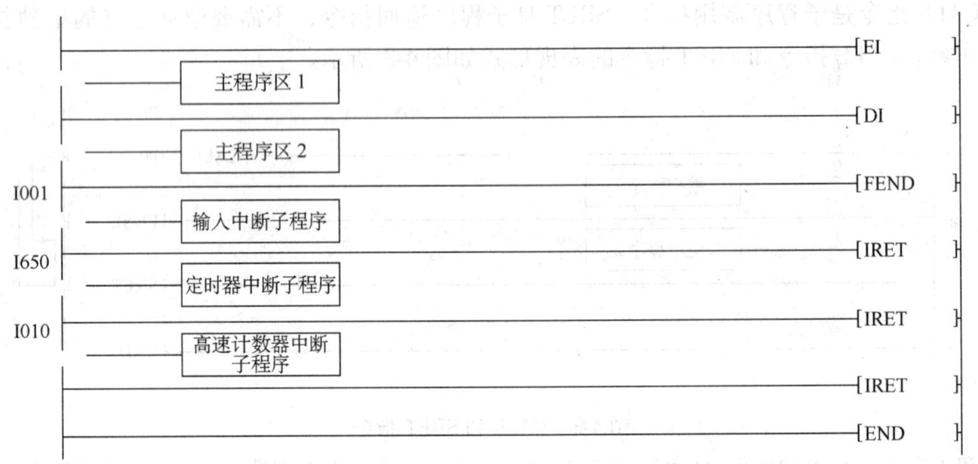

图 4-4　IRET、DI、DI 指令

FEND 指令表示主程序结束，为单独指令，不需要触点驱动。执行此指令时与 END 的作用相同，即执行输入处理、输出处理、警戒时钟刷新、向第 0 步程序返回，FEND 指令执行的过程如图 4-5 和图 4-6 所示。

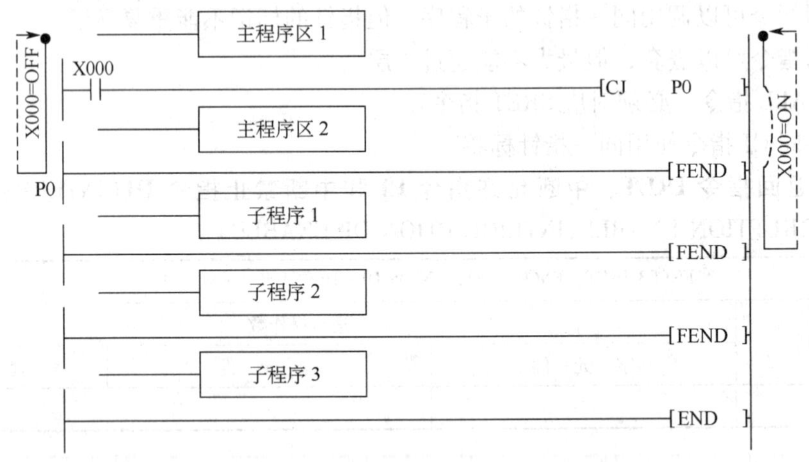

图 4-5　FEND 指令在跳转程序中的执行过程

调用子程序和中断子程序必须在 FEND 指令之后，且必须有 SRET 或 IRET 指令返回。FEND 指令可以重复使用，但必须**注意**：在最后一个 FEND 指令和 END 指令之间必须写入子程序（CJ 或 CALL 指令调用）或中断子程序。

FEND 与 END 指令的不同在于，FEND 指令可以被 CJ 指令和 CALL 指令跳过，而 END 指令则不能。

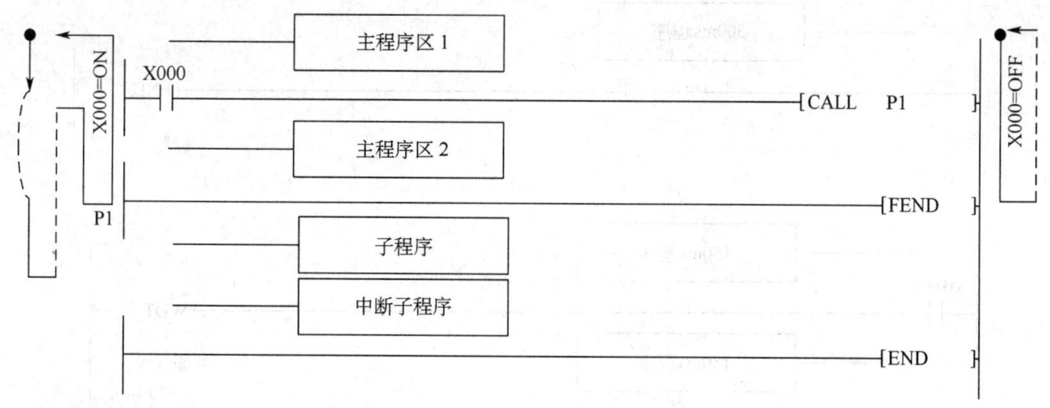

图 4-6 FEND 指令在调用程序中的执行过程

5. 警戒时钟指令 WDT(WATCHDOG TIMER)

FNC07 WDT 16 位 1 步 FX_{3U} FX_{2N}			
操作数类别	适合操作数		
	字 元 件	位 元 件	其 他
无	—	—	—

WDT 指令是对看门狗定时器进行操作的指令。当系统中连接较多特殊扩展设备(模拟量模块、通信模块、定位模块等)，缓冲存储区的初始化时间将会变长，且同时执行多个 FROM/TO 指令也会造成运算时间延长，此外执行高速计数时，运算时间也会延长，运算时间延长可能会出现看门狗定时器出错，因此在这些情况下需要对看门狗定时器进行刷新。

(1) 更改看门狗定时器 通过改写 D8000(看门狗定时器)的值，可以更改看门狗定时器的检测时间，程序如图 4-7 所示。

M8002
[MOV K300 D8000]
[WDT]

图 4-7 看门狗定时器值改写程序

看门狗定时器 D8000 出厂值为 200(单位为 ms)通过如图 4-7 所示的程序将 D8000 值改为 300。

(2) 运算周期长处理 图 4-8a 是一个 300ms 的程序，如果不进行看门狗定时器处理，程序将会出错，处理的方法如图 4-8b 所示程序。

6. 循环开始指令 FOR 和循环结束指令 NEXT

FNC08 FOR 16 位 3 步 FX_{3U} FX_{2N}			
操作数类别	适合操作数(括号内只支持 FX_{3U} 系列 PLC)		
	字 元 件	位 元 件	其 他
[S.]	Kn□、T、C、D、(R、U□\G□、)V、Z	—	K、H

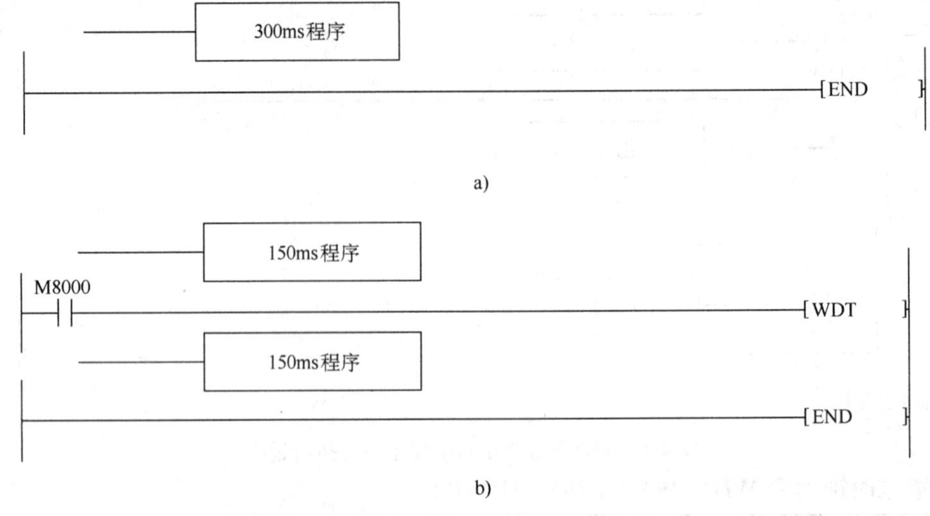

图 4-8　看门狗定时器刷新处理程序

FNC09 NEXT 16 位 1 步　FX_{3U}　FX_{2N}			
操作数类别	适合操作数		
	字　元　件	位　元　件	其　　他
无	—	—	—

FOR 和 NEXT 是设置循环的指令。FOR 指令指定循环开始以及设置循环次数；NEXT 指令指定循环范围，应与 FOR 指令进行对应。如图 4-9 所示。

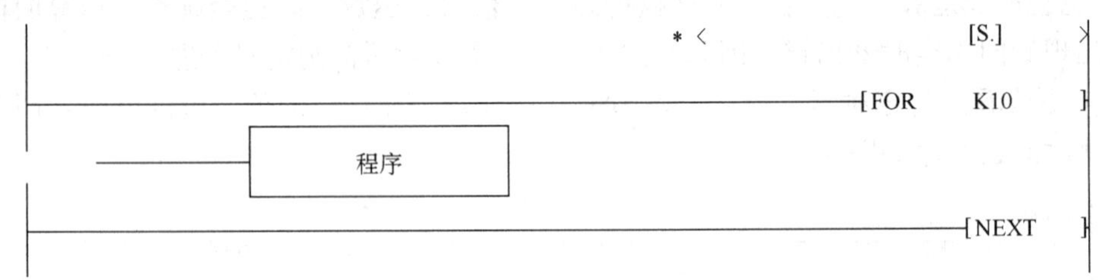

图 4-9　FOR、NEXT 指令

图 4-9 中，FOR、NEXT 指令为单独使用，此外 FOR、NEXT 可以并行使用，可以嵌套使用，也可以既嵌套又并行，但要注意 FOR 和 NEXT 指令的对应关系，图 4-10 为嵌套循环，

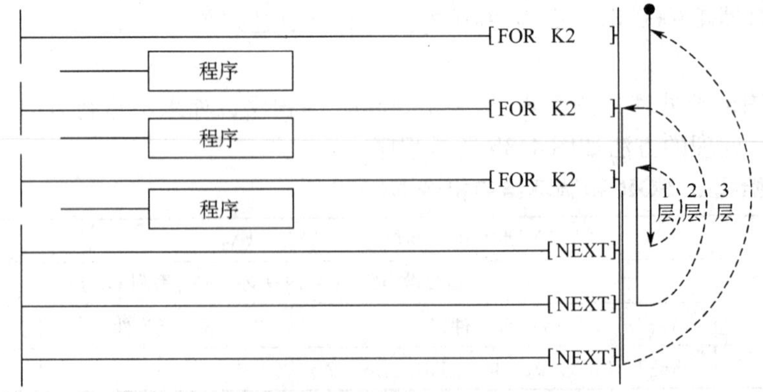

图 4-10　FOR、NEXT 嵌套循环

图 4-11 为嵌套并行循环。

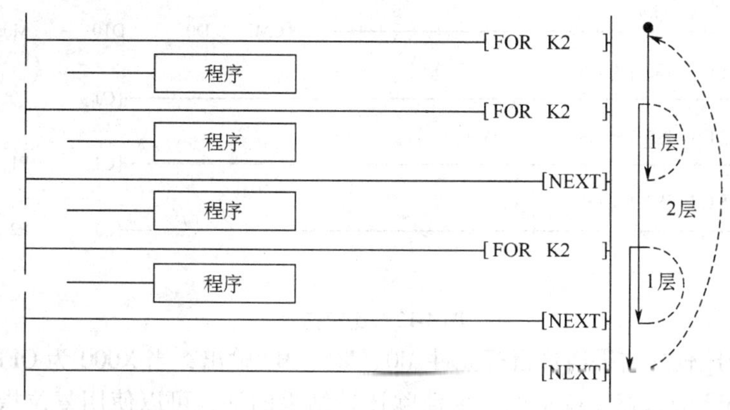

图 4-11 FOR、NEXT 嵌套并行循环

注意：FOR 和 NEXT 指令最多可以嵌套 5 层，程序中对应的 FOR 指令应该在 NEXT 指令之前，不能颠倒，对应的 FOR 和 NEXT 指令之间应该有程序，不能空循环。

4.2 数据比较指令与数据传送指令(一)

数据比较指令与数据传送指令(一)是最基本的数据操作指令，指令见表 4-3。

表 4-3 数据比较指令与数据传送指令(一)

FNC No.	助记符	指令名称	FX_{3U}	FX_{2N}	FNC No.	助记符	指令名称	FX_{3U}	FX_{2N}
10	CMP	比较指令	√	√	15	BMOV	成批传送	√	√
11	ZCP	区间比较	√	√	16	FMOV	多点传送	√	√
12	MOV	传送	√	√	17	XCH	数据交换	√	√
13	SMOV	位移动	√	√	18	BCD	BCD 转换	√	√
14	CML	取反传送	√	√	19	BIN	BIN 转换	√	√

1. 比较指令 CMP(COMPARE)

FNC10 (D) CMP (P) 16 位 7 步，32 位 13 步 FX_{3U} FX_{2N}			
操作数类别	适合操作数(括号内只支持 FX_{3U} 系列 PLC)		
	字元件	位元件	其他
[S1.][S2.]	KnX KnY KnM KnS T C D (R U□\G□) V Z	—	K H E
[D.]	—	Y M S(D□. b)	—

CMP 指令是将两个操作数进行大小比较，然后将比较的结果通过指定的位元件进行输出的指令。指令的使用说明如图 4-12 所示。

[S1.]和[S2.]：参与比较的两个数。

[D.]：比较结果输出的软元件，占用[D.]、[D.]+1、[D.]+2 三个连续单元。

图 4-12 中，CMP 指令的目标操作数[D.]指定为 M0，则 M0、M1、M2 将被占用。当

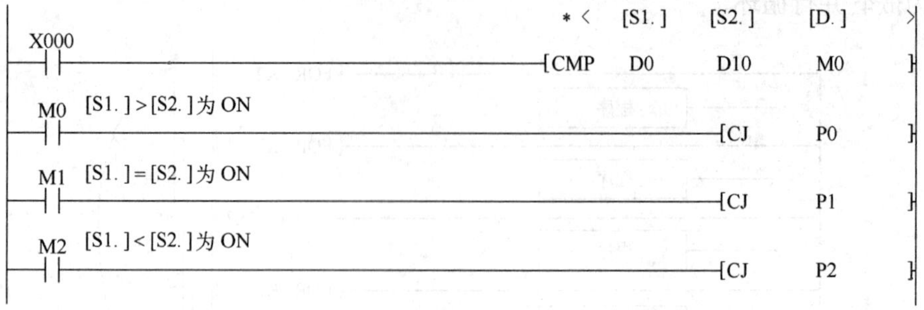

X000 ——[CMP D0 D10 M0] (*< [S1.] [S2.] [D.] >)
M0 [S1.]>[S2.]为 ON ——[CJ P0]
M1 [S1.]=[S2.]为 ON ——[CJ P1]
M2 [S1.]<[S2.]为 ON ——[CJ P2]

图 4-12　比较指令

X000 为 ON，则比较的结果通过目标元件 M0、M1、M2 输出；当 X000 为 OFF，则指令不执行，M0、M1、M2 的状态保持不变，要清除比较结果的话，可以使用复位指令或区间复位指令。

[D.]、[D.]+1、[D.]+2 动作条件是：

当[S1.]>[S2.]时，[D.]为 ON；

当[S1.]=[S2.]时，[D.]+1 为 ON；

当[S1.]<[S2.]时，[D.]+2 为 ON。

2. 区间比较指令 ZCP(ZONE COMPARE)

FNC11 (D)ZCP (P)16 位 9 步，32 位 17 步　FX_{3U}　FX_{2N}			
操作数类别	适合操作数(括号内只支持 FX_{3U} 系列 PLC)		
	字 元 件	位 元 件	其 他
[S1.][S2.][S.]	KnX KnY KnM KnS T C D(R U□\G□) V Z	—	K H
[D.]	—	Y M S(D□.b)	—

ZCP 指令是将一个数据与两个源数据(设定的区间)进行比较的指令。指令的使用说明如图 4-13 所示。

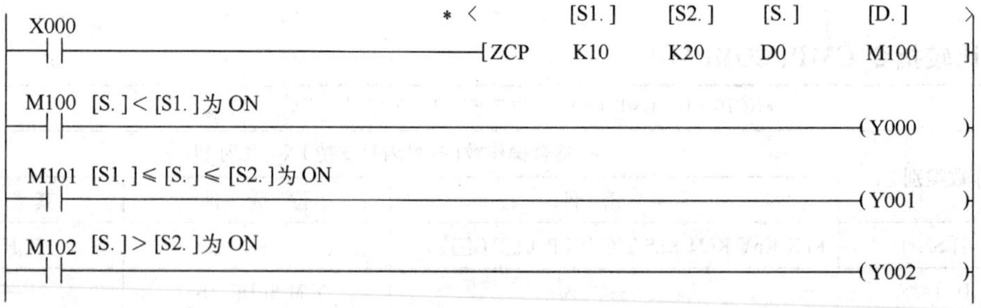

X000 ——[ZCP K10 K20 D0 M100] (*< [S1.] [S2.] [S.] [D.] >)
M100 [S.]<[S1.]为 ON ——(Y000)
M101 [S1.]≤[S.]≤[S2.]为 ON ——(Y001)
M102 [S.]>[S2.]为 ON ——(Y002)

图 4-13　区间比较指令

[S1.][S2.]：用于设定数据区间的两个数或保存设定区间的两个数的软元件地址。

[S.]：与设定区间进行比较的数或保存与设定区间进行比较的数的软元件地址。

[D.]：比较结果输出的软元件，占用[D.]、[D.]+1、[D.]+2 三个连续单元。

源数据[S1.]的值不能大于[S2.]的值，若[S1.]大于[S2.]的值，则执行 ZCP 指令时，将[S2.]看作等于[S1.]。

图4-13中，当X000为ON，执行区间比较，若D0 < K10时，则M100为ON；若K10≤D0≤K20时，则M101为ON；若D0 > K20时，则M102为ON。当X000 = OFF时，不执行ZCP指令，M100、M101、M102的状态保持不变。

[D.]、[D.] +1、[D.] +2动作条件是：

当[S1.] > [S.]时，[D.]为ON；

当[S1.]≤[S.]≤[S2.]时，[D.] +1为ON；

当[S.] > [S2.]时，[D.] +2为ON。

3. 传送指令MOV(MOVE)

FNC12 (D)MOV (P)16位5步，32位9步 FX_{3U} FX_{2N}			
操作数类别	适合操作数(括号内只支持FX_{3U}系列PLC)		
	字元件	位元件	其他
[S.]	KnX KnY KnM KnS T C D(R U□\G□) V Z	—	K H
[D.]	KnY KnM KnS T C D(R U□\G□) V Z	—	—

MOV指令是执行数据传送的指令，其使用说明如图4-14所示。

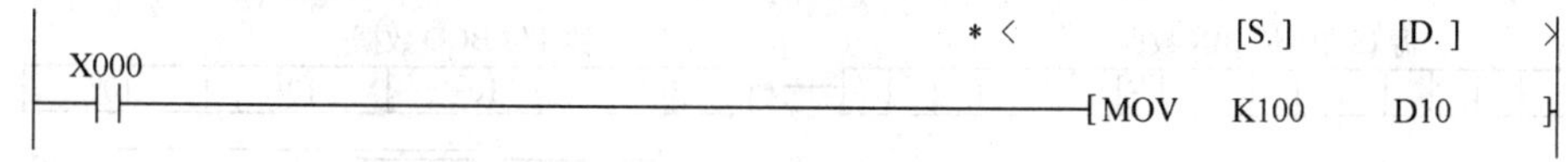

图4-14 MOV指令

[S.]：传送的数据或保存传送数据的软元件地址。

[D.]：传送的目标软元件地址。

图4-14中当X000为ON时，将常数K100送入D10；当X000为OFF时，该指令不执行，D10内的数据不变。

传送指令可以将常数传送到数据寄存器，数据寄存器传送到数据寄存器，此外定时器或计数器的当前值也可以被传送到寄存器，如图4-15所示。

X001 [MOV T0 D20]

图4-15 定时器当前值传送

图4-15中，当X001为ON时，T0的当前值被传送到D20中。

MOV指令除了进行16位数据传送外，还可以进行32位数据传送，但必须在MOV指令前加D，如图4-16所示。

指定源地址D1、D0 指定目标地址D11、D10

X000 [DMOV D0 D10]

指定目标地址D21、D20

X001 [DMOV C235 D20]

图4-16 32位数据传送

数据传送的指令形式还有 MOVP 和 DMOVP。

4. 位移动传送指令 SMOV(SHIFT MOVE)

FNC13 SMOV (P) 16 位 11 步　FX_{3U}　FX_{2N}			
操作数类别	适合操作数(括号内只支持 FX_{3U} 系列 PLC)		
	字 元 件	位 元 件	其　他
[S.]	KnX KnY KnM KnS T C D(R U□\G□) V Z	—	—
m1m2	—	—	K H
[D.]	KnY KnM KnS T C D(R U□\G□) V Z	—	—
n	—	—	K H

SMOV 位移动传送指令是将源操作数和目标操作数变换成 4 位 BCD 数据，然后将源操作数 m1 位(BCD 位 1 ~4)起的 m2 位数传送到目标的 n 位数起始处，与目标数据进行合并，然后转换为 BIN 数据，保存到目标软元件中。如图 4-17 所示。

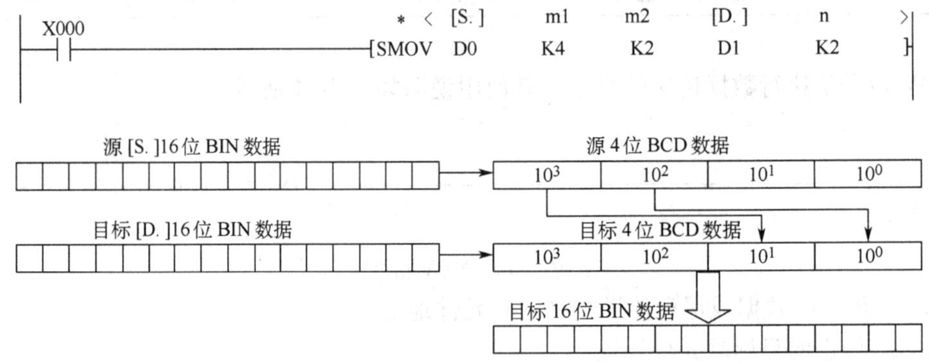

图 4-17　SMOV 指令

[S.]：保存位移动传送的数据的软元件地址。

m1：移动的起始位置(1 ~4)。

m2：移动的 BCD 位的个数(1 ~4)。

[D.]：保存移动的目标数据的软元件地址。

n：移动到目标的起始位置(1 ~4)。

5. 取反传送指令 CML(COMPLEMENT)

FNC14 (D)CML (P) 16 位 5 步，32 位 9 步　FX_{3U}　FX_{2N}			
操作数类别	适合操作数(括号内只支持 FX_{3U} 系列 PLC)		
	字 元 件	位 元 件	其　他
[S.]	KnX KnY KnM KnS T C D(R U□\G□) V Z	—	K H
[D.]	KnY KnM KnS T C D(R U□\G□) V Z	—	—

CML 指令是以数据中的位为单位，取反后传送到目标数据单元的指令，如图 4-18 所示。

[S.]：取反传送的源操作数或保存源操作数的软元件地址。

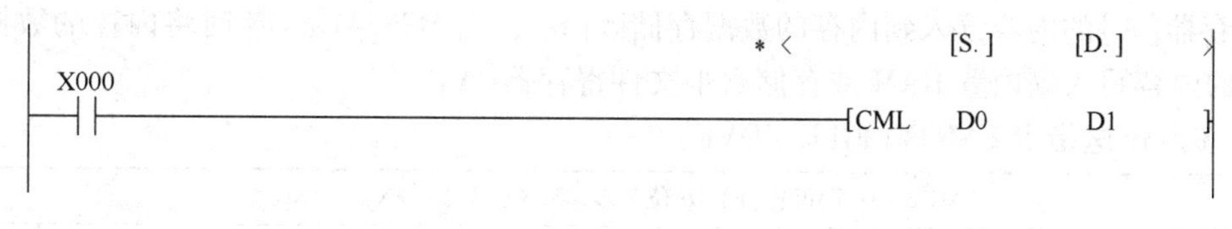

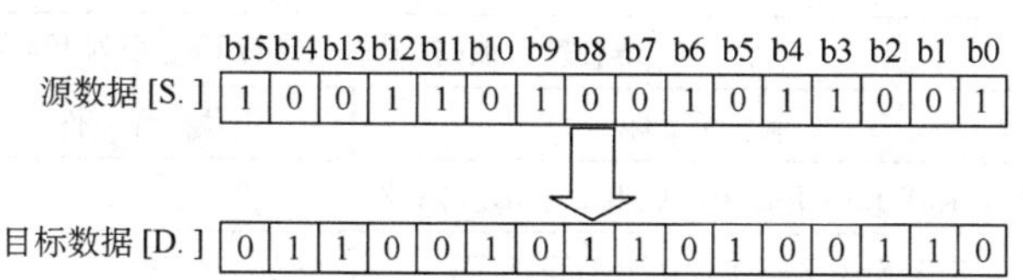

图 4-18 CML 指令

[D.]：取反传送的目标操作数软元件地址。

图 4-18 中为 16 位连续执行指令，取反传送的其他指令形式包括：CMLP DCML DCMLP。

6. 成批传送指令 BMOV(BLOCK MOVE)

FNC15 BMOV（P）16 位 7 步 FX_{3U} FX_{2N}			
操作数类别	适合操作数(括号内只支持 FX_{3U} 系列 PLC)		
	字 元 件	位 元 件	其 他
[S.]	KnX KnY KnM KnS T C D(R U□\G□)	—	—
[D.]	KnY KnM KnS T C D(R U□\G□)	—	—
n	D	—	K H

BMOV 成批传送指令是将指定点数的多个数据进行传送的指令，如图 4-19 所示。

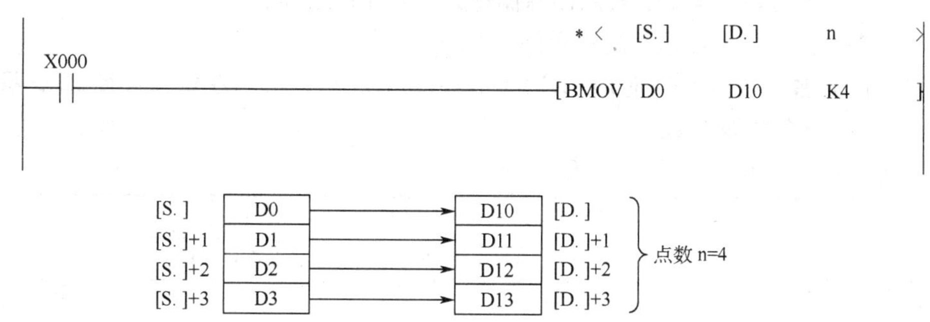

图 4-19 BMOV 指令

[S.]：保存传送源数据的软元件起始地址。

[D.]：保存传送目标数据的的软元件起始地址。

n：传送的点数，传送点数应≤K512(H1FF)。

成批传送还可以实现数据的双向传送，当 M8024 为 OFF 时，数据由[S.]→[D.]，当 M8024 为 ON 时数据由[D.]→[S.]，只需要控制 M8024 的 ON/OFF 的状态，即可以控制数据的传送方向。

传送的数据都是位数 Kn□时，要注意 Kn 的值要相等，如“BMOV K2M0 K2Y000 K2”(M0～M15→Y000～Y015)和“BMOV K1X000 K1M0 K2”（X000～X007→M0～M7）。

BMOV 指令还可以对文件寄存器进行操作，当 M8024 为 OFF 时将内置 RAM 或存储盒中文件寄存器[A]的内容读入到内存的数据存储区[B]，当 M8024 为 ON 时将内存的数据存储区[B]的内容写入到内置 RAM 或存储盒中文件寄存器[A]。

7. 多点传送指令 FMOV(FILL MOVE)

FNC16 (D)FMOV (P) 16 位 7 步，32 位 13 步 FX_{3U} FX_{2N}			
操作数类别	适合操作数(括号内只支持 FX_{3U} 系列 PLC)		
	字 元 件	位 元 件	其 他
[S.]	KnX KnY KnM KnS T C D(R U□\G□) V Z	—	K H
[D.]	KnY KnM KnS T C D(R U□\G□)	—	—
n	—	—	K H

FMOV 指令是将同一数据传送到指定点数的软元件中的多点传送指令，如图 4-20 所示。

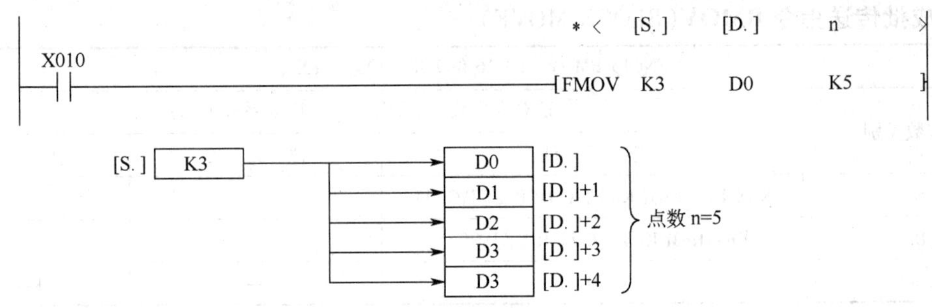

图 4-20　FMOV 指令

[S.]：多点传送的源操作数或保存源操作数的软元件地址。

[D.]：多点传送目标操作数的软元件起始地址。

n：传送的点数，传送点数应 K1(H1)≤n≤512(H1FF)，应当**注意**：执行 32 位操作时，传送的 1 个点是两个数据单元。

8. 数据交换指令 XCH(EXCHANGE)

FNC17 (D)XCH (P) 16 位 5 步，32 位 9 步 FX_{3U} FX_{2N}			
操作数类别	适合操作数(括号内只支持 FX_{3U} 系列 PLC)		
	字 元 件	位 元 件	其 他
[S.]	KnY KnM KnS T C D(R U□\G□) V Z	—	—
[D.]	KnY KnM KnS T C D(R U□\G□) V Z	—	—

XCH 指令是将两个数据单元中的数值进行交换的指令，如图 4-21 所示。

[D1.]、[D2.]：保存进行交换数据的软元件地址。

图 4-21 中，当 X002 为 ON 时，执行 D10 和 D100 数据交换，D10 交换前的数值为 5，D100 交换前数值为 8，交换后 D10 数值为 8，D100 数值为 5。

但要注意，上例中采用连续执行指令，数据交换后，到下一个扫描周期还将进行交换，只要 X002 为 ON，交换就一直进行，因此应采用脉冲执行 XCHP 指令。

9. 转换指令 BCD 和 BIN(BINARY CODE TO DECIMAL,BINARY)

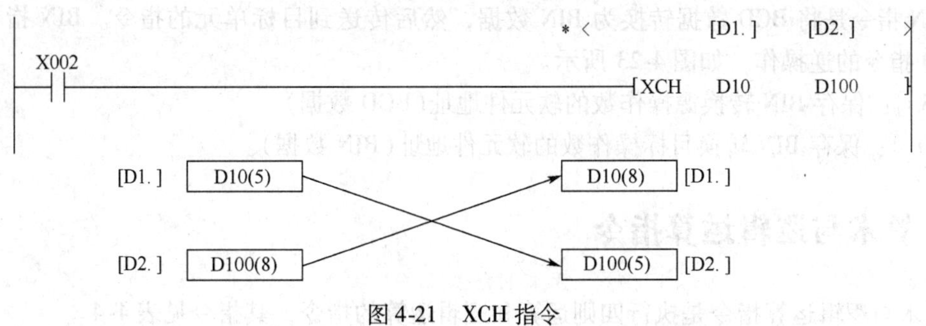

图 4-21 XCH 指令

FNC18（D）BCD（P），FNC19(D)BIN(P) 16 位 5 步，32 位 9 步 FX_{3U} FX_{2N}			
操作数类别	适合操作数(括号内只支持 FX_{3U} 系列 PLC)		
	字 元 件	位 元 件	具 他
[S.]	KnX KnY KnM KnS T C D(R U□\G□) V Z	—	—
[D.]	KnY KnM KnS T C D(R U□\G□) V Z	—	—

BCD 指令是将 BIN 数据转换为 BCD 数据，然后传送到目标单元的指令。如图 4-22 所示。

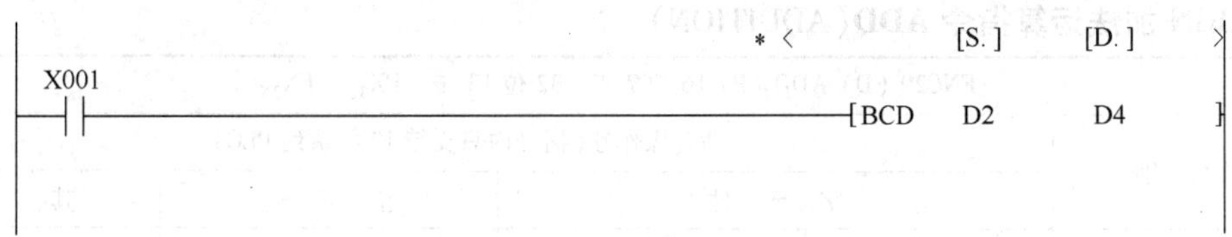

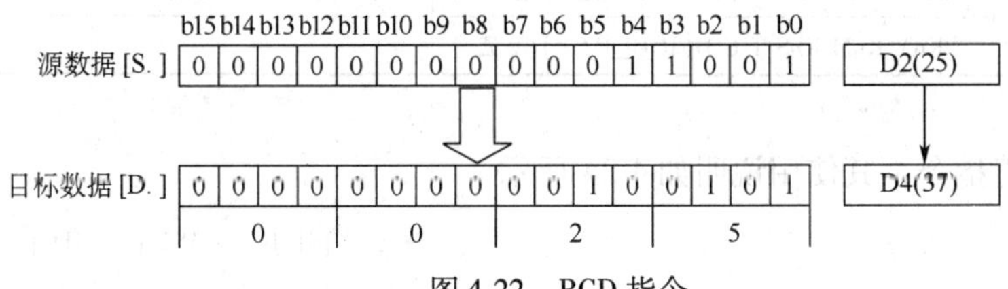

图 4-22 BCD 指令

[S.]：保存 BCD 转换源操作数的软元件地址(BIN 数据)。

[D.]：保存 BCD 转换目标操作数的软元件地址(BCD 数据)。

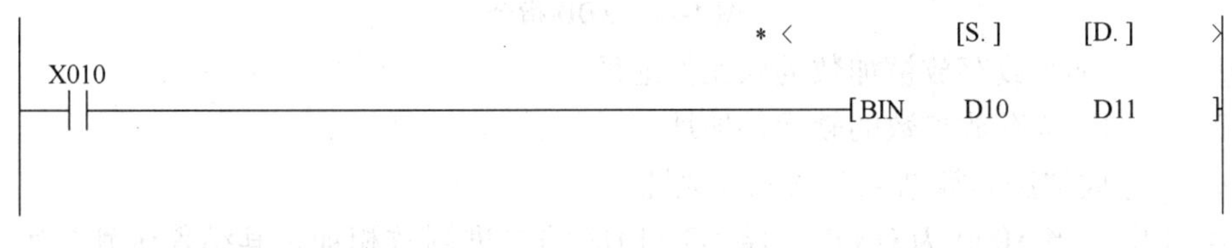

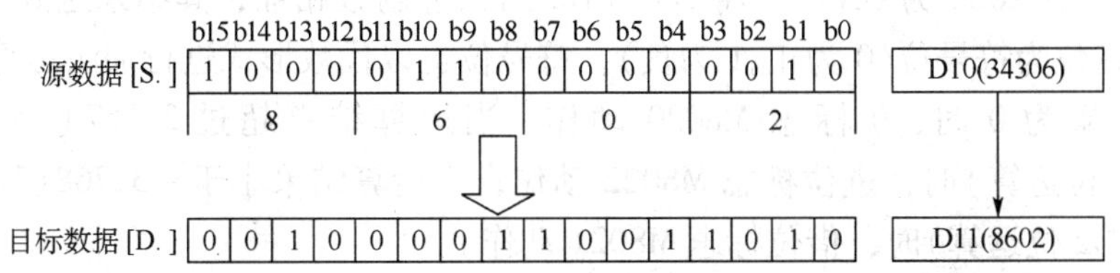

图 4-23 BIN 指令

BIN 指令是将 BCD 数据转换为 BIN 数据，然后传送到目标单元的指令。BIN 指令正好是 BCD 指令的逆操作。如图 4-23 所示。

[S.]：保存 BIN 转换源操作数的软元件地址(BCD 数据)。

[D.]：保存 BIN 转换目标操作数的软元件地址(BIN 数据)。

4.3 算术与逻辑运算指令

算术与逻辑运算指令是执行四则运算和逻辑运算的指令，其指令见表 4-4。

表 4-4 算术与逻辑运算指令

FNC No.	助记符	指令名称	FX_{3U}	FX_{2N}	FNC No.	助记符	指令名称	FX_{3U}	FX_{2N}
20	ADD	BIN 加法	√	√	25	DEC	BIN 减 1	√	√
21	SUB	BIN 减法	√	√	26	WAND	逻辑与	√	√
22	MUL	BIN 乘法	√	√	27	WOR	逻辑或	√	√
23	DIV	BIN 除法	√	√	28	WXOR	逻辑异或	√	√
24	INC	BIN 加 1	√	√	29	NEG	求补码	√	√

1. BIN 加法运算指令 ADD(ADDITION)

FNC20 (D) ADD (P) 16 位 7 步，32 位 13 步 FX_{3U} FX_{2N}			
操作数类别	适合操作数(括号内只支持 FX_{3U} 系列 PLC)		
	字元件	位元件	其他
[S1.][S2.]	KnX KnY KnM KnS T C D(R U□\G□) V Z	—	K H
[D.]	KnY KnM KnS T C D(R U□\G□) V Z	—	—

ADD 加法运算指令，其使用说明如 4-24 所示。

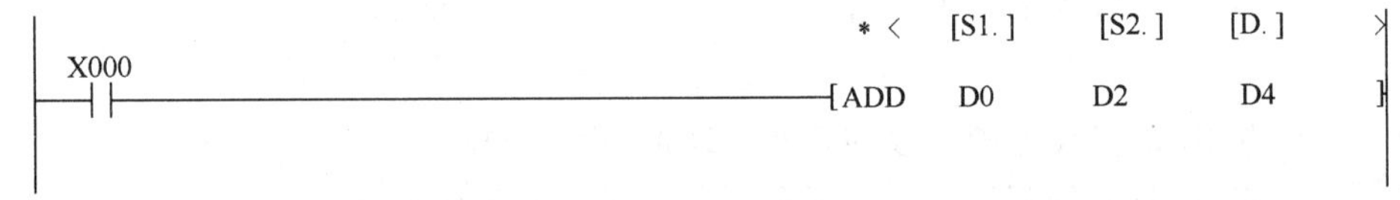

图 4-24 ADD 指令

[S1.]：被加数或存放被加数的软元件地址。

[S2.]：加数或存放加数的软元件地址。

[D.]：存放加法运算结果的软元件地址。

图 4-24 中，当 X000 为 ON 时，将 D0 与 D2 的二进制数相加，其结果送到指定目标 D4 中。数据的最高位为符号位(0 为正,1 为负)，符号位也以代数形式进行加法运算。

当运算结果为 0 时，0 标志 M8020 动作；当运算结果超过 32767(16 位运算)或 2147483647(32 位运算)时，进位标志 M8022 动作；当运算结果小于 -32768(16 位运算)或 -2147483648(32 位运算)时，借位标志 M8021 动作。

进行 32 位运算时，字元件的低 16 位被指定，紧接着该元件编号后的软元件将作为高

16 位。

源操作数和目标操作数可以指定为同一元件，在这种情况下必须**注意**，如果使用连续执行的指令(ADD、DADD)，则每个扫描周期运算结果都会变化，因此，可以根据需要使用脉冲执行的形式加以解决。

2. BIN 减法运算指令 SUB(SUBTRACTION)

FNC21 (D)SUB (P) 16 位 7 步，32 位 13 步 FX_{3U} FX_{2N}			
操作数类别	适合操作数(括号内只支持 FX_{3U} 系列 PLC)		
	字 元 件	位 元 件	其 他
[S1.][S2.]	KnX KnY KnM KnS T C D(R U□\G□) V Z	—	K H
[D.]	KnY KnM KnS T C D(R U□\G□) V Z	—	—

SUB 减法运算指令，其使用说明如图 4-25 所示。

```
                                   * <   [S1.]   [S2.]   [D.]   >
 X000
--| |------------------------------[SUB   D0      D2      D4     ]
```

图 4-25 SUB 指令

[S1.]：被减数或存放被减数的软元件地址。

[S2.]：减数或存放减数的软元件地址。

[D.]：存放减法运算结果的软元件地址。

图 4-25 中当 X000 为 ON 时，将 D0 与 D2 的二进制数相减，其结果送到指定目标 D4 中。

标志位的动作情况、32 位运算时的软元件的指定方法、连续与脉冲执行的区别等与 ADD 指令相同。

3. BIN 乘法运算指令 MUL(MULTIPLICATION)

FNC22 (D) MUL (P) 16 位 7 步，32 位 13 步 FX_{3U} FX_{2N}			
操作数类别	适合操作数(括号内只支持 FX_{3U} 系列 PLC)		
	字 元 件	位 元 件	其 他
[S1.][S2.]	KnX KnY KnM KnS T C D(R U□\G□) V Z	—	K H
[D.]	KnY KnM KnS T C D(R U□\G□) V Z	—	—

MUL 乘法运算指令，其 16 位运算的使用说明如图 4-26 所示。

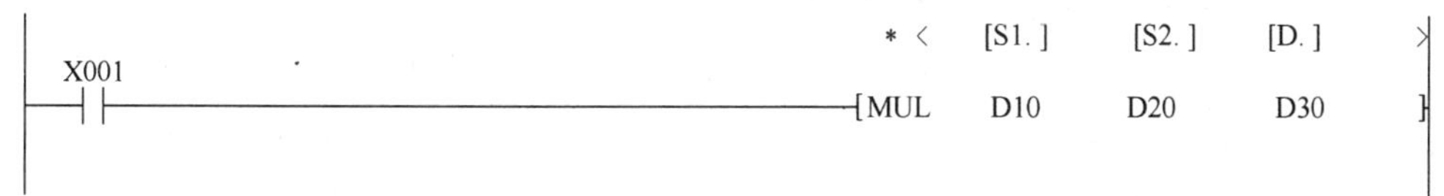

图 4-26 MUL 指令

[S1.]：被乘数或存放被乘数的软元件地址。

[S2.]：乘数或存放乘数的软元件地址。

[D.]：存放乘法运算结果的软元件地址。

16 位运算时，运算结果以 32 位数据的形式存入指定的目标元件，其中低 16 位存放在指定的目标元件中，高 16 位存放在指定目标的下一个元件中，结果的最高位为符号位。

MUL 乘法指令 32 位运算的使用说明如图 4-27 所示。

```
                                             *<   [S1.]    [S2.]    [D.]
X001
─┤├──────────────────────────────────────[DMUL   D10      D20      D30   ]
```

图 4-27　32 位 MUL 运算

图 4-27 中，即完成[S1.](D11 D10)×[S2.](D21 D20)→[D.](D33 D32 D31 D30)。

32 位运算时，两个源操作数的乘积，以 64 位数据的形式存入目标指定的元件(低位)和紧接其后的 3 个元件中，结果的最高位为符号位。**但必须注意**，目标元件为位字时，只能得到低 32 位的结果，不能得到高 32 位的结果，解决的办法是先把运算目标指定为字元件，再将字元件的内容通过传送指令送到位字中。

4. BIN 除法运算指令 DIV(DIVISION)

FNC23 (D) DIV (P) 16 位 7 步，32 位 13 步　FX_{3U}　FX_{2N}			
操作数类别	适合操作数(括号内只支持 FX_{3U} 系列 PLC)		
	字 元 件	位 元 件	其　他
[S1.][S2.]	KnX KnY KnM KnS T C D(R U□\G□) V Z	—	K H
[D.]	KnY KnM KnS T C D(R U□\G□) V Z	—	—

DIV 除法运算指令，其 16 位运算的使用说明如图 4-28 所示。

```
                                             *<   [S1.]    [S2.]    [D.]
X002
─┤├──────────────────────────────────────[DIV    D5       D10      D15   ]
```

图 4-28　DIV 指令

[S1.]：被除数或存放被除数的软元件地址。

[S2.]：除数或存放除数的地址。

[D.]：存放除法运算结果的软元件地址，[D.]的后一元件存放余数。

DIV 除法 32 位运算的使用说明如图 4-29 所示。

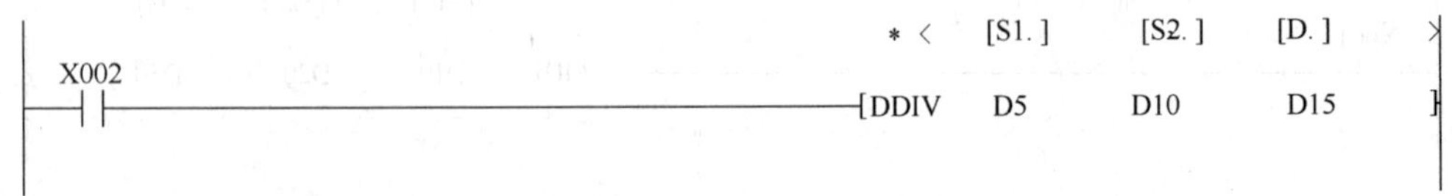

图 4-29　32 位 DIV 运算

图 4-29 中，即完成[S1.](D6 D5)÷[S2.](D11 D10)→[D.](商 D16 D15，余数 D18

D17)。

被除数是由[S1.]指定的软元件和其相邻的下一软元件组成，除数是由[S2.]指定的软元件和其相邻的下一软元件组成，其商和余数存入[D.]指定元件开始的连续 4 个元件中，运算结果最高位为符号位。

DIV 指令的[S2.]不能为 0，否则运算会出错。目标[D.]指定为位字时，对于 32 位运算，将无法得到余数。

5. BIN 加 1 运算指令 INC 和 BIN 减 1 运算指令 DEC(INCREMENT, DECREMENT)

FNC24 (D) INC (P), FNC25 (D) DEC (P) 16 位 3 步, 32 位 5 步 FX_{3U} FX_{2N}			
操作数类别	适合操作数(括号内只支持 FX_{3U} 系列 PLC)		
	字 元 件	位 元 件	其 他
[D.]	KnY KnM KnS T C D(R U□\G□)Z	—	—

INC 指令是执行操作数加 1 的指令，其使用说明如图 4-30 所示。

X000
[D.]
INCP D0

图 4-30 INC 指令

[D.]：存放加 1 指令目标操作数的软元件地址。

图 4-30 中，X000 每 ON 一次，[D.]所指定元件的内容就加 1，如果是连续执行的指令，则每个扫描周期都将执行加 1 运算。

16 位运算时，如果目标元件的内容为 +32767，则执行加 1 指令后将变为 -32768，但标志不动作；32 位运算时，目标元件的内容为 +2147483647 时，执行加 1 指令变为 -2147483648，标志也不动作。

DEC 指令是执行操作数减 1 的指令，其使用说明如图 4-31 所示。

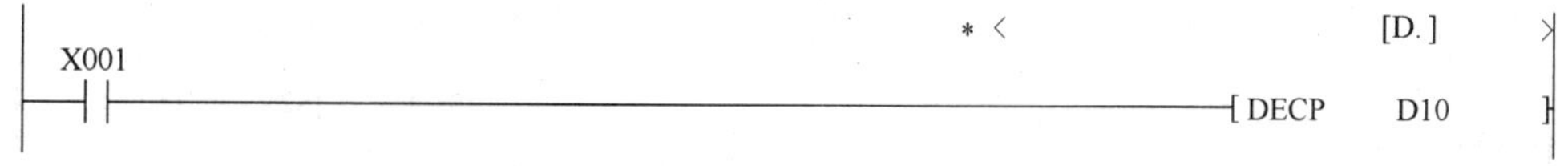

图 4-31 DEC 指令

[D.]：存放减 1 指令目标操作数的软元件地址。

图 4-31 中，当 X001 每 ON 一次，[D.]所指定元件的内容就减 1，如果是连续执行的指令，则每个扫描周期都将执行减 1 运算。

16 位运算时，如果目标元件的内容为 -32768，执行减 1 指令变为 +32767，但标志位不动作；32 位运算，目标文件的内容为 -2147483648 时，执行减 1 指令变为 +2147483647，标志位也不动作。

6. 逻辑与指令 WAND、逻辑或指令 WOR、逻辑异或指令 WXOR(WORD AND, WORD OR, EXCLUSIVE OR)

FNC26（D）WAND（P），FNC27（D）WOR（P），FNC28（D）WXOR（P）16 位 7 步，32 位 13 步　FX_{3U}　FX_{2N}			
操作数类别	适合操作数（括号内只支持 FX_{3U} 系列 PLC）		
	字　元　件	位　元　件	其　　他
[S1.][S2.]	KnX KnY KnM KnS T C D(R U□\G□) V Z	—	K H
[D.]	KnY KnM KnS T C D(R U□\G□) V Z	—	—

WAND 逻辑与指令是将 2 个数按位进行逻辑与运算的指令，其使用说明如图 4-32 所示。

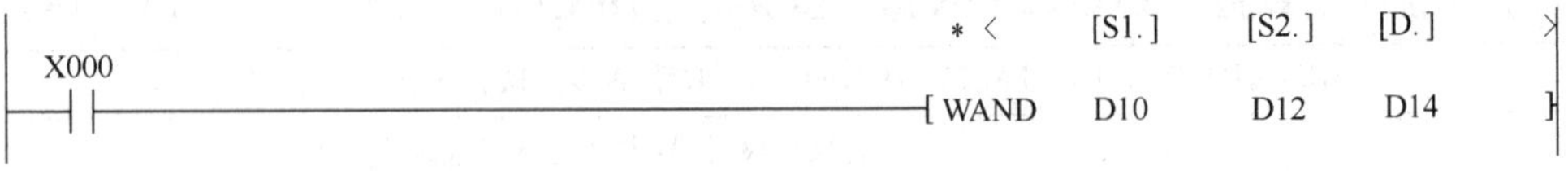

```
                                              *<    [S1.]   [S2.]   [D.]   >
 X000
─┤├──────────────────────────────────────────[WAND   D10     D12     D14    ]
```

图 4-32　WAND 指令

[S1.]、[S2.]：逻辑与运算源操作数或存放源操作数的软元件地址。

[D.]：存放逻辑与运算结果的软元件地址。

图 4-32 中，当 X000 为 ON 时，对[S1.]和[S2.]两个源操作数所对应的位进行与运算，其结果送到[D.]。运算法则是 $1 \wedge 1 = 1$，$1 \wedge 0 = 0$，$0 \wedge 1 = 0$，$0 \wedge 0 = 0$。

WOR 逻辑或指令是将 2 个数按位进行或运算的指令，其使用说明如图 4-33 所示。

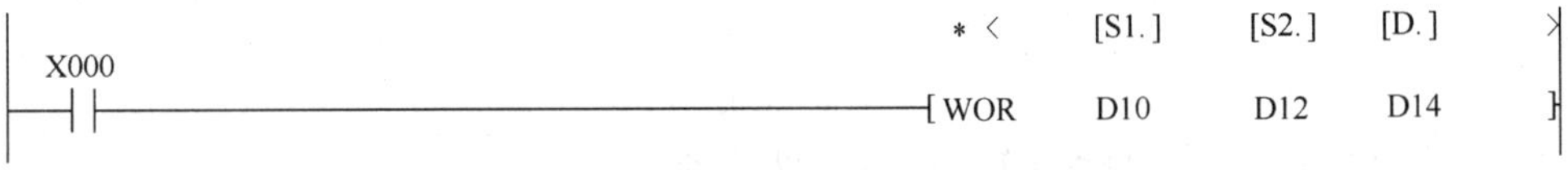

```
                                              *<    [S1.]   [S2.]   [D.]   >
 X000
─┤├──────────────────────────────────────────[WOR    D10     D12     D14    ]
```

图 4-33　WOR 指令

[S1.]、[S2.]：逻辑或运算源操作数或存放源操作数的软元件地址。

[D.]：存放逻辑或运算结果的软元件地址。

图 4-33 中，当 X000 为 ON 时，对[S1.]和[S2.]两个源操作数所对应的位进行或运算，其结果送到[D.]。运算法则是 $1 \vee 1 = 1$，$1 \vee 0 = 1$，$0 \vee 1 = 1$，$0 \vee 0 = 0$。

WXOR 逻辑异或指令是将 2 个数按位进行逻辑异或运算的指令，其使用说明如图 4-34 所示。

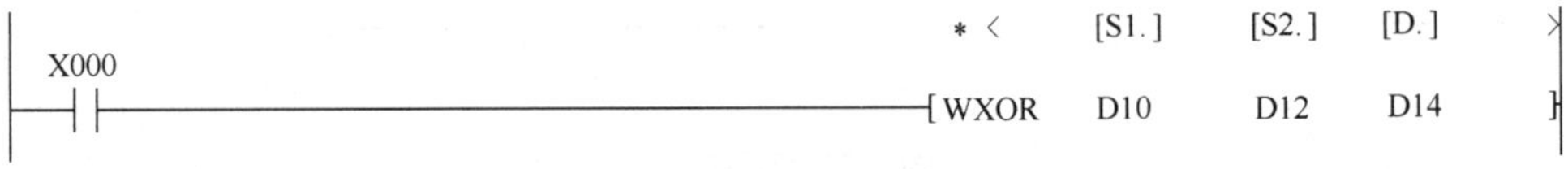

```
                                              *<    [S1.]   [S2.]   [D.]   >
 X000
─┤├──────────────────────────────────────────[WXOR   D10     D12     D14    ]
```

图 4-34　WXOR 指令

[S1.]、[S2.]：逻辑异或运算源操作数或存放源操作数的软元件地址。

[D.]：存放逻辑异或运算结果的软元件地址。

图 4-34 中，当 X000 为 ON 时，对[S1.]和[S2.]两个源操作数所对应的位进行异或运算，其结果送到[D.]。运算法则是 $1 \oplus 1 = 0$，$1 \oplus 0 = 1$，$0 \oplus 1 = 1$，$0 \oplus 0 = 0$。

7. 求补码指令 NEG（NEGATION）

FNC29（D）NEG（P）16 位 3 步，32 位 5 步　FX_{3U}　FX_{2N}			
操作数类别	适合操作数（括号内只支持 FX_{3U} 系列 PLC）		
	字　元　件	位　元　件	其　　他
[D.]	KnY KnM KnS T C D(R U□\G□) V Z	—	—

NEG 指令是将目标数据转换为补码(取反加 1)的指令，其说明如图 4-35 所示。

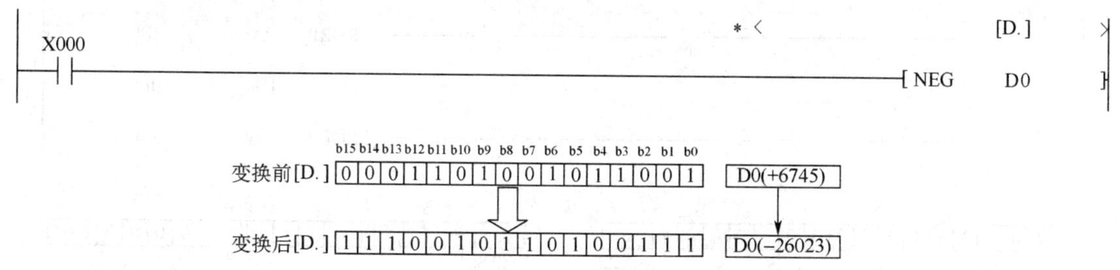

图 4-35　NEG 指令

[D.]：求补码的目标操作数(源操作数)的软元件地址。

4.4　循环与移位指令

循环与移位指令是将数据按位或字向指定方向循环、移位的指令，循环与移位指令见表 4-5。

表 4-5　循环与移位指令

FNC No.	助记符	指令名称	FX_{3U}	FX_{2N}	FNC No.	助记符	指令名称	FX_{3U}	FX_{2N}
30	ROR	右循环移位	√	√	35	SFTL	位左移	√	√
31	ROL	左循环移位	√	√	36	WSFR	字右移	√	√
32	RCR	带进位右循环移位	√	√	37	WSFL	字左移	√	√
33	RCL	带进位左循环移位	√	√	38	SFWR	移位写入	√	√
34	SFTR	位右移	√	√	39	SFRD	移位读出	√	√

1. 右循环移位指令 ROR 和左循环移位指令 ROL(ROTATION RIGHT,ROTATION LEFT)

FNC30(D) ROR(P)，FNC31(D) ROL(P) 16 位 5 步，32 位 9 步　FX_{3U}　FX_{2N}			
操作数类别	适合操作数(括号内只支持 FX_{3U} 系列 PLC)		
	字元件	位元件	其他
[D.]	KnY KnM KnS T C D(R U□\G□) V Z	—	—
n	D(R)	—	K H

ROR、ROL 指令是使 16 位或 32 位数据的各位向右/向左循环移位的指令，指令的执行过程如图 4-36 所示。

[D.]：保存循环移位数据的软元件地址。

n：循环移位的位数(16 位运算 n≤16,32 位运算 n≤32)。

在图 4-36 中，每当 X000 由 OFF→ON(脉冲)时，D0 的各位向右移动 4 位；每当 X001 由 OFF→ON(脉冲)时，D1 的各位向左移动 4 位，将移动的最后一位送入进位标志位 M8022。执行完该指令后，D0、D1 的各位发生相应的移位，但奇/偶校验位并不发生变化。

对于连续执行的指令，在每个扫描周期都会进行循环移位动作。对于位字，Kn 的 K 值

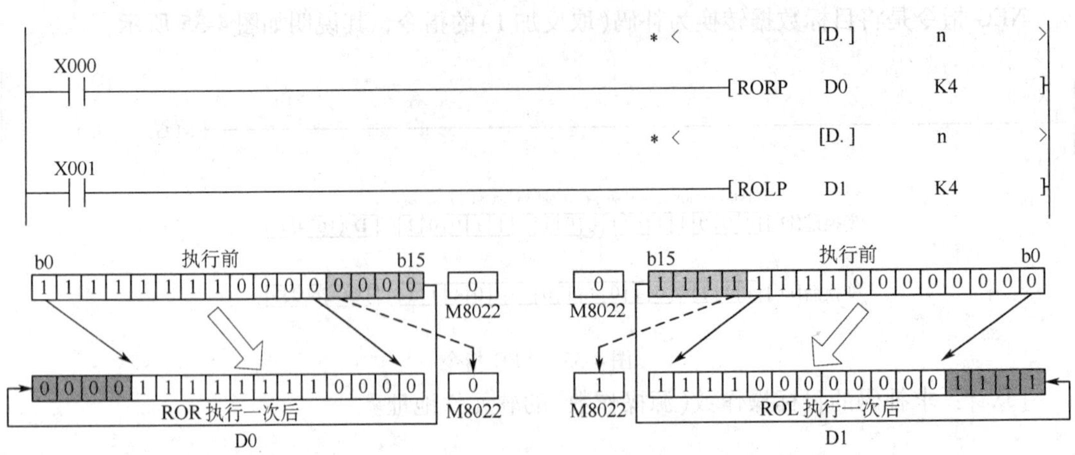

图 4-36 ROR 和 ROL 循环移位指令

应为 K4(16 位)或 K8(32 位)，如 K4M0，K8M0。

2. 带进位的右循环移位指令 RCR 和带进位的左循环移位指令 RCL(ROTATION RIGHT-WITH CARRY,ROTATION LEFT WITH CARRY)

FNC32(D) RCR(P)，FN33(D) RCL(P)16 位 5 步，32 位 9 步 FX_{3U} FX_{2N}

操作数类别	适合操作数(括号内只支持 FX_{3U}系列 PLC)		
	字 元 件	位 元 件	其 他
[D.]	KnY KnM KnS T C D(R U□\G□) V Z	—	—
n	D(R)	—	K H

RCR、RCL 指令是使 16 位或 32 位数据连同进位一起向右/向左循环移位的指令，指令的执行过程如图 4-37 所示。

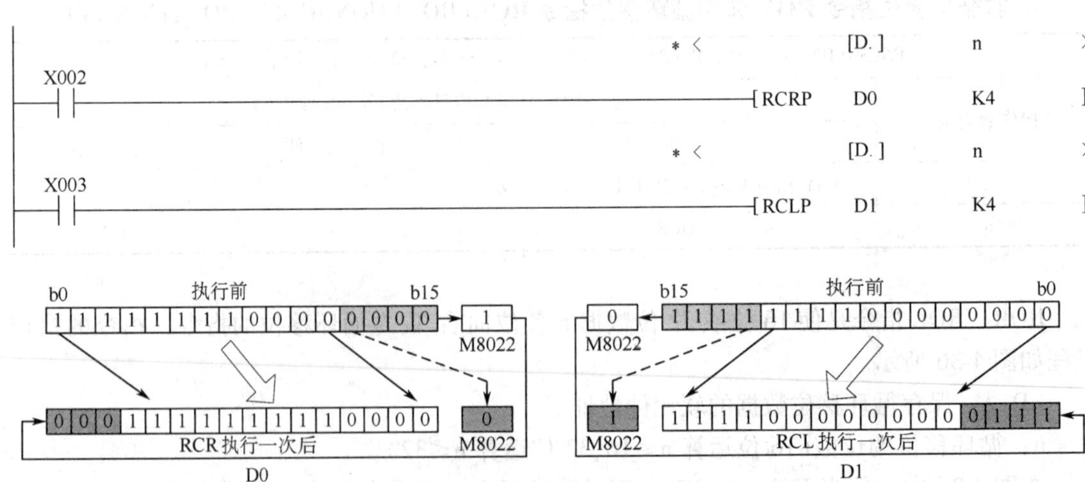

图 4-37 RCR 和 RCL 循环移位指令

[D.]：保存循环移位(带进位位)数据的软元件地址。

n：循环移位的位数(16 位运算 n≤16,32 位运算 n≤32)。

在图4-37中，每当X002由OFF→ON(脉冲)时，D0的各位连同进位位向右移动4位。每当X003由OFF→ON(脉冲)时，D1的各位连同进位位向左移动4位。执行完以上指令后D0和D1的各位和进位位发生相应的移位，奇/偶校验位也会发生变化。

对于连续执行的指令，在每个扫描周期都会进行循环移位动作。

3. 位右移指令SFTR和位左移指令SFTL(SHIFT RIGHT, SHIFT LEFT)

FNC34 SFTR(P)，FN35 SFTL(P) 16位9步 FX_{3U} FX_{2N}			
操作数类别	适合操作数(括号内只支持FX_{3U}系列PLC)		
	字 元 件	位 元 件	其 他
[S.]	—	X Y M S(D□. b)	—
[D.]	—	Y M S	—
n1		—	K H
n2	D(R)	—	K H

SFTR位右移指令和SFTL位左移指令，是将源操作数指定的位元件(组)插入到目标操作数队列左(右)，并使原来的位执行右(左)移操作的指令，其余的位将溢出。如图4-38所示。

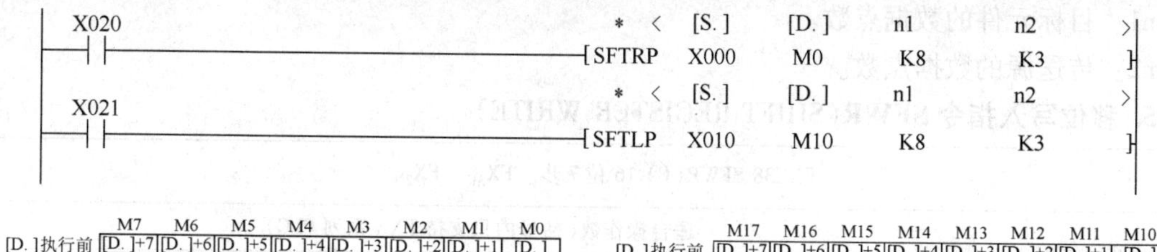

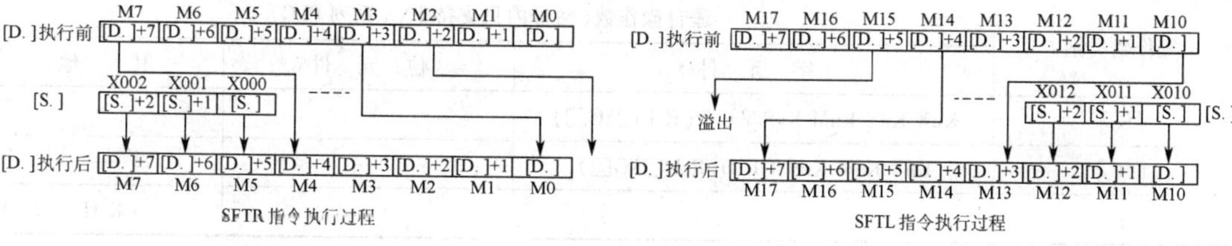

图4-38　SFTR和SFTL指令

[S.]：传送源起始位元件。

[D.]：传送目标起始位元件。

n1：目标元件的位数。

n2：传送源的位数。

4. 字右移指令WSFR和字左移指令WSFL(WORD SHIFT RIGHT, WORD SHIFT LEFT)

FNC36 WSFR(P)，FN37 WSFL(P) 16位9步 FX_{3U} FX_{2N}			
操作数类别	适合操作数(括号内只支持FX_{3U}系列PLC)		
	字 元 件	位 元 件	其 他
[S.]	KnX KnY KnM KnS T C D(R U□\G□)	—	—
[D.]	KnY KnM KnS T C D(R U□\G□)	—	—
n1	—	—	K H
n2	D(R)	—	K H

WSFR 字右移指令和 WSFL 字左移指令是将源操作数指定的字元件(组)插入到目标操作数队列左(右)边，并使原来的字组执行右(左)移操作的指令，其余的数据将溢出。如图 4-39 所示。

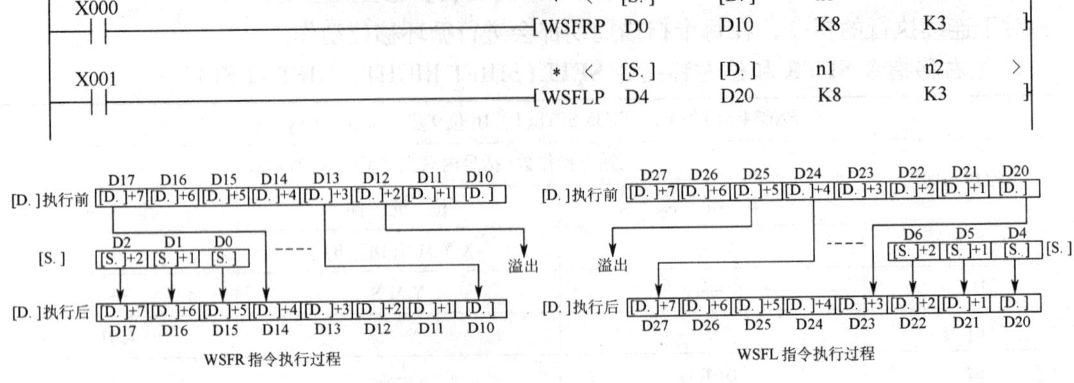

图 4-39 WSFR 和 WSFL 指令

[S.]：传送源起始字元件。

[D.]：传送目标起始字元件。

n1：目标元件的数据点数。

n2：传送源的数据点数。

5. 移位写入指令 SFWR(SHIFT REGISTER WRITE)

FNC38 SFWR(P) 16 位 7 步 FX_{3U} FX_{2N}

操作数类别	适合操作数(括号内只支持 FX_{3U} 系列 PLC)		
	字 元 件	位 元 件	其 他
[S.]	KnX KnY KnM KnS T C D(R U□\G□)	—	—
[D.]	KnY KnM KnS T C D(R U□\G□)	—	—
n	—	—	K H

SFWR 指令是将指定数据单元的数移位写入到目标软元件组的指令。其执行过程如图 4-40所示。

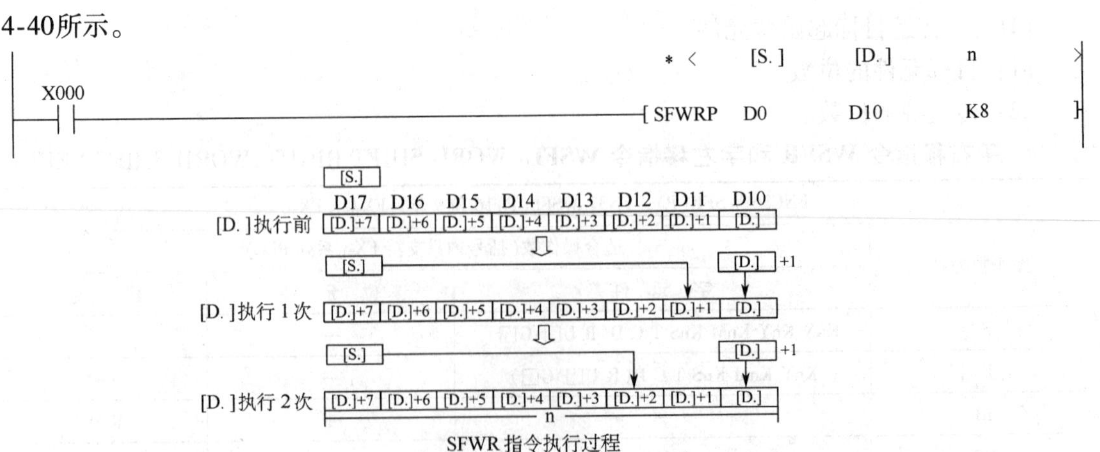

图 4-40 SFWR 指令

[S.]：保存移位写入的源数据软元件地址。

[D.]：移位写入的目标软元件起始地址。

n：目标数据的点数。

图4-40程序中，当X000由OFF变为ON时，将[S.]的数据内容写入到[D. +1]中，[S.]的内容有变化后，再执行X000由OFF变ON，新数据[S.]数据内容写入到[D. +2]中，[D.]保存已经存放数据的点数。当[D.]的内容超过n-1时，数据将不能写入，进位标志M8022置ON。

6. 移位读出指令SFRD(SHIFT REGISTER READ)

FNC39 SFRD(P) 16位7步 FX_{3U} FX_{2N}			
操作数类别	适合操作数(括号内只支持FX_{3U}系列PLC)		
	字 元 件	位 元 件	其 他
[S.]	KnY KnM KnS T C D(R U□\G□)	—	—
[D.]	KnY KnM KnS T C D(R U□\G□) V Z	—	—
n	—	—	K H

SFRD指令是将指定数组中的数移位读出到指定目标字元件的指令，其说明如图4-41所示。

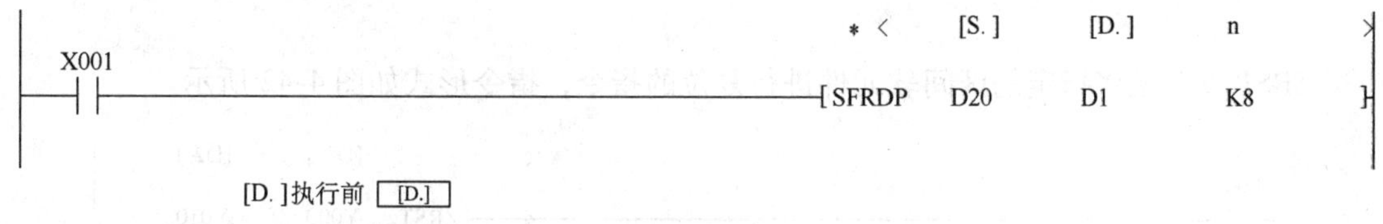

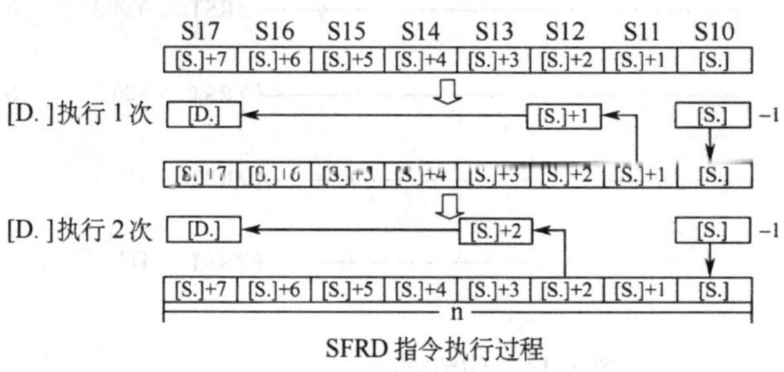

SFRD指令执行过程

图4-41 SFRD指令

[S.]：移位读出源数据软元件地址。

[D.]：读出保存目标软元件地址。

n：源数据点数。

图4-41程序中，当X001由OFF变为ON时，将[S.]+1的数据内容读取到[D.]中，再次执行输入由OFF变ON，新数据[S.]+2数据内容写入到[D.]中。[S.]初始值为n-1，当[S.]的内容为0时，数据将不能读出，零标志M8020置ON。

图4-41中使用脉冲执行指令，如果使用连续执行指令，则每个扫描周期都会执行。

4.5 数据处理指令(一)

数据处理指令(一)见表4-6。

表 4-6 数据处理指令(一)

FNC No.	助记符	指令名称	FX_{3U}	FX_{2N}	FNC No.	助记符	指令名称	FX_{3U}	FX_{2N}
40	ZRST	区间复位	√	√	45	MEAN	平均值	√	√
41	DECO	译码	√	√	46	ANS	信号报警器置位	√	√
42	ENCO	编码	√	√	47	ANR	信号报警器复位	√	√
43	SUM	ON 位数计算	√	√	48	SOR	BIN 数据开方运算	√	√
44	BON	ON 位判断	√	√	49	FLT	BIN 整数转换为二进制浮点数	√	√

1. 区间复位指令 ZRST(ZONE RESET)

FNC40 ZRST(P) 16 位 5 步 FX_{3U} FX_{2N}

操作数类别	适合操作数(括号内只支持 FX_{3U} 系列 PLC)		
	字元件	位元件	其他
[D1.][D2.]	T C D(R U□\G□)	Y M S	—

ZRST 指令是将指定的区间软元件进行复位的指令，指令形式如图 4-42 所示。

```
            * <                  [D1.]     [D2.]    >
 X000
--| |--+------------------[ZRST  Y000      Y010     ]
       |
       +------------------[ZRST  S20       S30      ]
       |
       +------------------[ZRST  T0        T10      ]
       |
       +------------------[ZRST  D0        D10      ]
```

图 4-42 ZRST 指令

[D1.]：区间复位的开始软元件地址。

[D2.]：区间复位的末尾软元件地址。

图 4-42 中，当 X000 由 OFF 变为 ON 时，将复位 Y000 ~ Y010，S20 ~ S30，T0 ~ T10，D0 ~ D10。

在 ZRST 指令中，[D1.]和[D2.]应该是同一种类的元件，而且[D1.]的编号要比[D2.]小，如果[D1.]的编号比[D2.]大，则只有[D1.]指定的元件复位。

另外[D1.]和[D2.]在复位计数器时，不能跨越 16 位和 32 位定时器区间，应当将 16 位和 32 位定时器分别复位。

2. 译码指令 DECO(DECODE)

FNC41 DECO(P) 16位7步 FX_{3U} FX_{2N}			
操作数类别	适合操作数(括号内只支持 FX_{3U} 系列 PLC)		
	字元件	位元件	其他
[S.]	T C D(R U□\G□) V Z	X Y M S	K H
[D.]	T C D(R U□\G□)	Y M S	—
n	—	—	K H

DECO 指令是将二进制数据译码为1个ON位的位置编号数据的指令，其执行过程如图4-43所示。

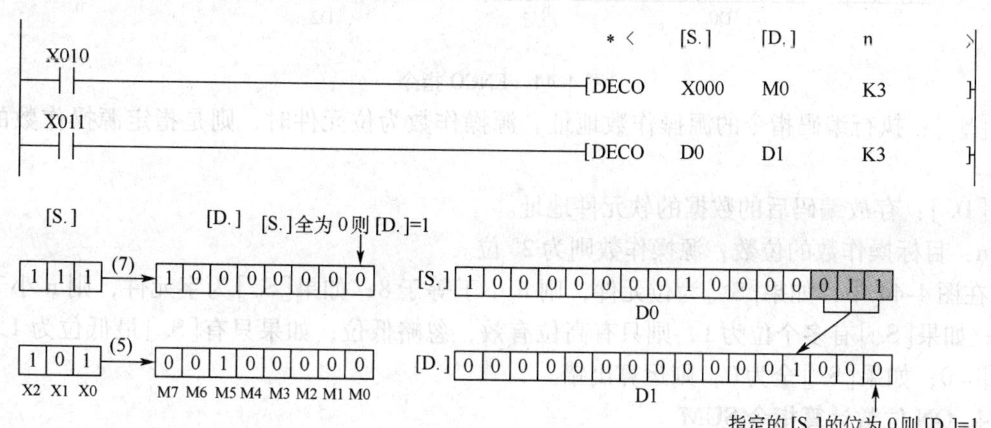

图4-43 DECO 指令

[S.]：执行译码指令的源操作数。源操作数为位元件时，则是指定源操作数的起始位。

[D.]：存放译码后的数据的软元件。

n：源操作数的位数，目标操作数则为 2^n 位。

在图4-43中，如果目标元件[D.]为位元件时，则n的值应该小于等于8；如果目标元件为字元件，则n的值应当小于等于4；如果[S.]中的数为0，则执行的结果在目标中为1。

在使用目标元件为位元件时**注意**，该指令会占用大量的位元件(n=8时占用256点)，所以在使用时注意不要重复使用这些元件。

3. 编码指令指令 ENCO(ENCODE)

FNC42 ENCO(P) 16位7步 FX_{3U} FX_{2N}			
操作数类别	适合操作数(括号内只支持 FX_{3U} 系列 PLC)		
	字元件	位元件	其他
[S.]	T C D(R U□\G□) V Z	X Y M S	K H
[D.]	T C D(R U□\G□) V Z	—	—
n	—	—	K H

ENCO 指令是将1个ON位的位置编码数据转换为二进制数据的指令，正好是DECO指

令的逆操作，其执行过程如图 4-44 所示。

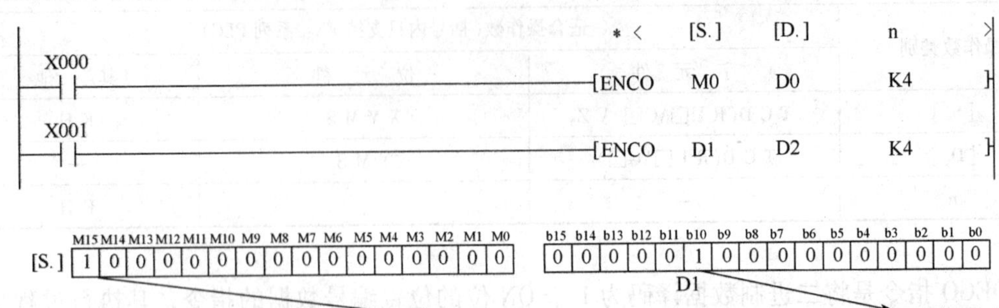

图 4-44　ENCO 指令

[S.]：执行编码指令的源操作数地址。源操作数为位元件时，则是指定源操作数的起始位。

[D.]：存放编码后的数据的软元件地址。

n：目标操作数的位数，源操作数则为 2^n 位。

在图 4-44 中，如果[S.]为位元件，则 n 小于等于 8；如果[S.]为字元件，则 n 小于等于 4；如果[S.]有多个位为 1，则只有高位有效，忽略低位；如果只有[S.]最低位为 1，则[D.]=0，如果[S.]全为 0，则运算出错。

4. ON 位数计算指令 SUM

FNC43(D) SUM(P) 16 位 5 步，32 位 9 步　FX_{3U}　FX_{2N}			
操作数类别	适合操作数(括号内只支持 FX_{3U} 系列 PLC)		
	字 元 件	位 元 件	其　他
[S.]	KnX KnY KnM KnS T C D(R U□\G□) V Z	—	K H
[D.]	KnY KnM KnS T C D(R U□\G□) V Z	—	—

SUM 指令是对字数据单元中“1”的个数进行统计的指令，指令形式如图 4-45 所示。

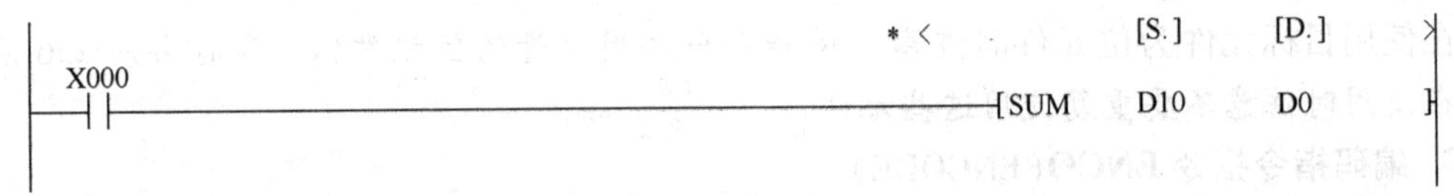

图 4-45　SUM 指令

[S.]：指定源操作数。

[D.]：存放计算 ON 的位数结果的软元件地址。

图 4-45 中，当 X000 为 ON 时，将 D10 中 1 的个数存入 D0，若 D10 中没有为 1 的位时，则零标志 M8020 动作，其执行过程如图 4-46 所示。

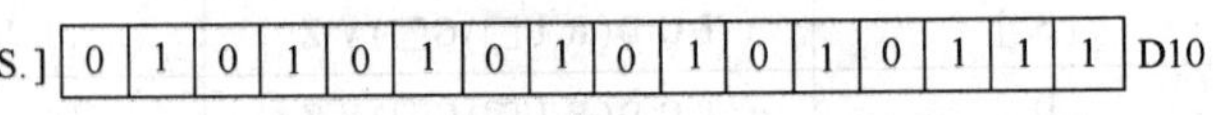

图 4-46　ON 位数计数

对于32位操作，将[S.]指定元件的32位数据中1的个数存入[D.]所指定的元件中，[D.]+1各位均为0。

5. ON位判断指令BON(BIT ON CHECK)

FNC44(D) BON(P) 16位7步，32位13步 FX$_{3U}$ FX$_{2N}$			
操作数类别	适合操作数(括号内只支持FX$_{3U}$系列PLC)		
	字 元 件	位 元 件	其 他
[S.]	KnX KnY KnM KnS T C D(R U□\G□) V Z	—	K H
[D.]	V Z	Y M(D□.b)	—
n	D(R)	—	K H

BON指令是用于判断指定数据单元中指定位的ON/OFF状态的指令，其使用说明如图4-47所示。

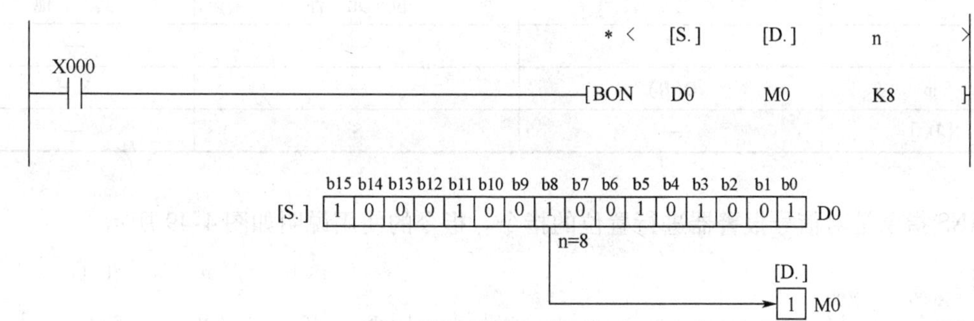

图4-47 BON指令

[S.]：指定源字软元件地址。

[D.]：判断结果通过[D.]位软元件输出。

n：指定要判断字元件中的位。

6. 平均值指令MEAN

FNC45(D) MEAN(P) 16位7步，32位13步 FX$_{3U}$ FX$_{2N}$			
操作数类别	适合操作数(括号内只支持FX$_{3U}$系列PLC)		
	字 元 件	位 元 件	其 他
[S.]	KnX KnY KnM KnS T C D(R U□\G□)	—	—
[D.]	KnY KnM KnS T C D(R U□\G□) V Z	—	—
n	D(R)	—	K H

MEAN指令是求平均值的指令，程序说明如图4-48所示。

[S.]：求平均数的源数据单元起始软元件。

[D.]：存放平均值的软元件地址。

n：源数据的点数，n的值应该是1～64之间的数值，否则运算出错。

7. 信号报警器置位指令ANS(ANNUNCIATOR SET)

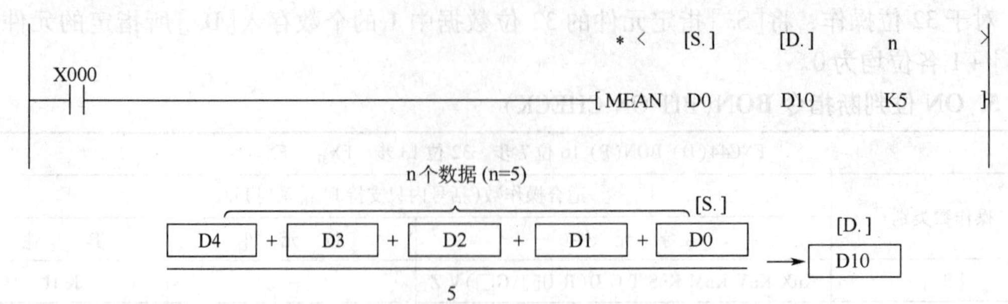

图 4-48　MEAN 指令

FNC46 ANS(P) 16 位 7 步　FX_{3U}　FX_{2N}			
操作数类别	适合操作数(括号内只支持 FX_{3U} 系列 PLC)		
	字 元 件	位 元 件	其　他
[S.]	T	—	—
m	D(R)	—	K H
[D.]	—	S	—

ANS 指令是对信号报警器进行置位的指令。指令的使用说明如图 4-49 所示。

```
    X000      X001                           ＊<  [S.]    m      [D.]  >
|---| |-------|/|--------------------------[ANS   T0     K100   S900   ]
```

图 4-49　ANS 指令

[S.]：报警指定的定时器，指定范围为 T0～T199。

m：定时的时间值(时间单位 100ms)。

[D.]：输出报警器地址。

M8049：信号报警器有效特殊辅助继电器，M8049＝1 后，M8048 和 D8049 工作。

M8048：M8049＝1 时，状态继电器 S900～S999 中其中一个动作，M8048＝1。

D8049：保存 S900～S999 中动作的报警继电器的最小编号。

8. 信号报警器复位指令 ANR(ANNUNCIATOR RESET)

FNC47 ANR(P) 16 位 1 步　FX_{3U}　FX_{2N}			
操作数类别	适合操作数		
	字 元 件	位 元 件	其　他
—	—	—	—

ANR 指令是对信号报警器中已经置位的最小编号进行复位的指令，指令说明如图 4-50 所示。

图 4-50 中，当 X002 由 OFF→ON 时，复位被置位的最小编号报警状态继电器，当 X002

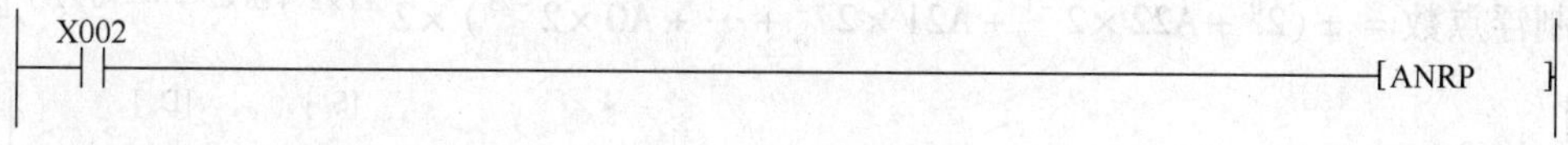

图 4-50　ANR 指令

再次由 OFF→ON 时依次由小到大复位。

当使用连续执行的指令时，每一个扫描周期依次复位一个状态。

9. BIN 数据开方运算指令 SQR(SQUARE ROOT)

FNC48(D) SQR(P) 16 位 5 步，32 位 9 步　FX_{3U}　FX_{2N}

操作数类别	适合操作数(括号内只支持 FX_{3U} 系列 PLC)		
	字 元 件	位 元 件	其 他
[S.]	D(R U□/G□)	—	K H
[D.]	D(R U□/G□)	—	—

SQR 指令是求方均根的指令，其指令说明如图 4-51 所示。

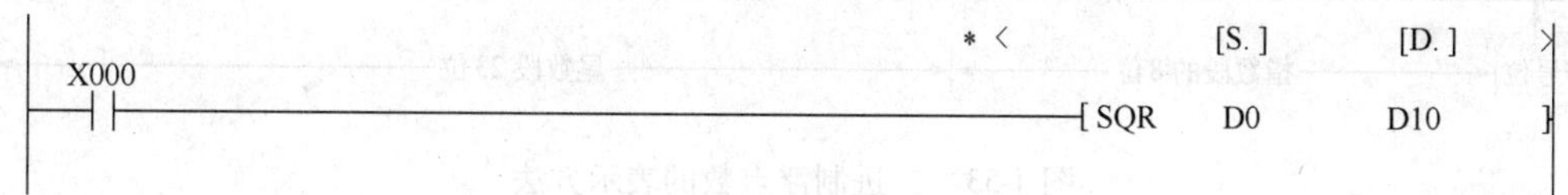

图 4-51　SQR 指令

[S.]：求方均根的源数据或保存求方均根数据的软元件地址。

[D.]：存放所求方均根值的软元件地址(舍去小数,取整数)。

M8020：结果为 0 时(真 0)，M8020 置 ON(有舍去结果为 0 时,不置 ON)。

M8021：有舍去小数时，M8021 置 ON。

10. BIN 整数→二进制浮点数指令 FLT(FLOAT)

FNC49(D) FLT(P) 16 位 5 步，32 位 9 步　FX_{3U}　FX_{2N}

操作数类别	适合操作数(括号内只支持 FX_{3U} 系列 PLC)		
	字 元 件	位 元 件	其 他
[S.]	D(R U□/G□)	—	—
[D.]	D(R U□/G□)	—	

FLT 指令是将 BIN 数据转换为二进制浮点数的指令。指令说明如图 4-52 所示。

[S.]：BIN 源数据地址。

[D.]：转换后二进制浮点数存放地址。

M8020：真 0 时，置 ON。

M8021：有舍去时，置 ON。

常数 K 和 H 不需要进行浮点数的转换，在二进制浮点数运算中，K 和 H 自动转换为浮点数。

二进制浮点数的表示方法如图 4-53 所示。

$$\text{二进制浮点数} = \pm(2^0 + A22 \times 2^{-1} + A21 \times 2^{-2} + \cdots + A0 \times 2^{-23}) \times 2^{(E7 \times 2^7 + E6 \times 2^6 + \cdots + E0 \times 2^0)} \div 2^{127}$$

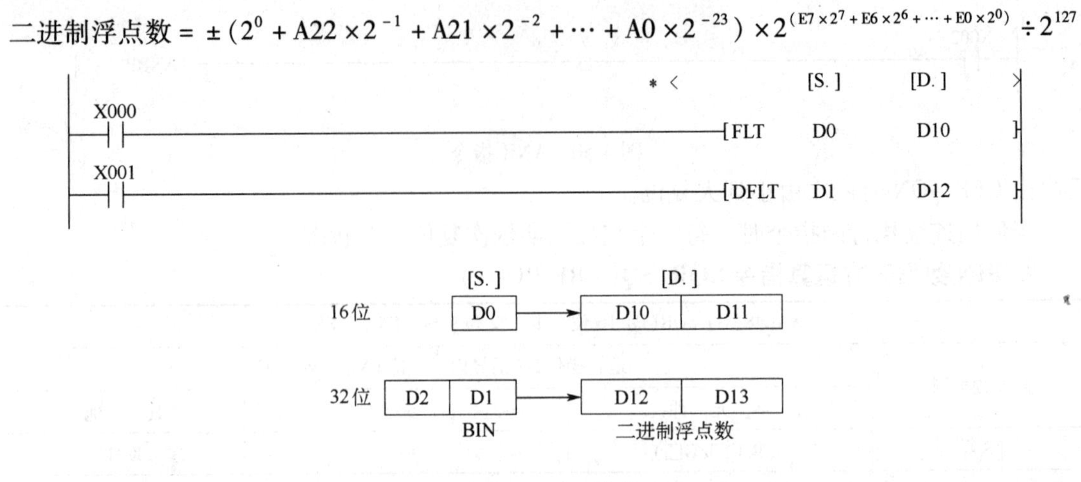

图 4-52　FLT 指令

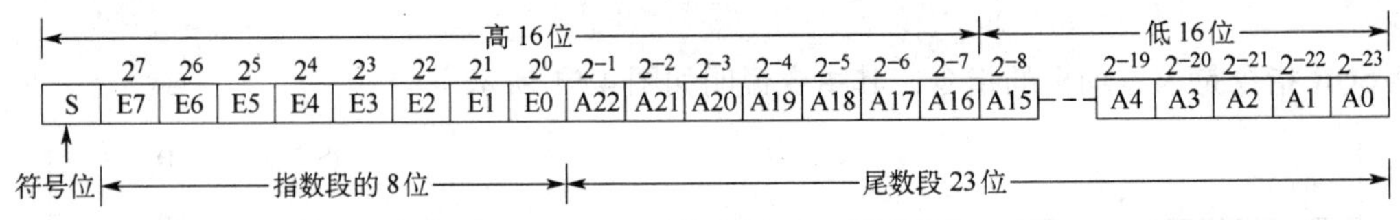

图 4-53　二进制浮点数的表示方法

4.6　高速处理指令(一)

高速处理指令(一)可以使用可编程序控制器最新的输入/输出信息，进行中断高速处理的指令，高速处理指令(一)见表 4-7。

表 4-7　高速处理指令(一)

FNC No.	助记符	指令名称	FX_{3U}	FX_{2N}	FNC No.	助记符	指令名称	FX_{3U}	FX_{2N}
50	REF	输入/输出刷新	√	√	55	HSZ	区间比较(高速计数器)	√	√
51	REFF	滤波调整	√	√	56	SPD	脉冲密度	√	√
52	MTR	矩阵输入	√	√	57	PLSY	脉冲输出	√	√
53	HSCS	比较置位(高速计数器)	√	√	58	PWM	脉宽调制	√	√
54	HSCR	比较复位(高速计数器)	√	√	59	PLSR	可调速脉冲输出	√	√

1. 输入/输出刷新指令 REF(REFRESH)

FNC50 REF(P) 16 位 5 步　FX_{3U}　FX_{2N}

操作数类别	适合操作数		
	字 元 件	位 元 件	其 他
[D.]	—	X Y	—
n	—	—	K H

在程序执行过程中，可由 REF 指令读取最新的输入(X)信息和将关于输出(Y)的执行结果立即输出，从而改善因扫描时间引起的偏差，指令说明如图 4-54 所示。

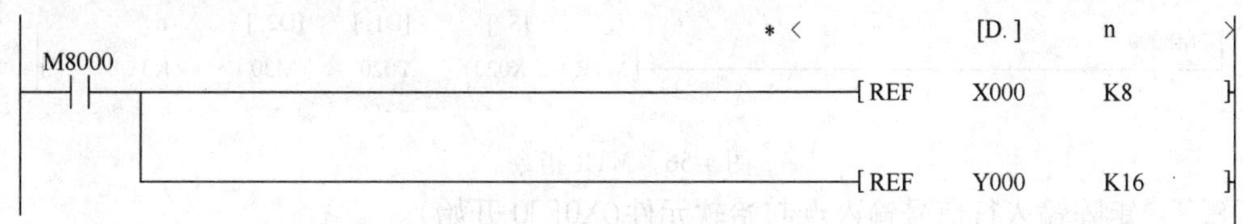

图 4-54　REF 指令

[D.]：刷新输入/输出软元件的起始地址。

n：刷新输入/输出的点数(需指定为 8 或 8 的倍数)。

在程序中插入图 4-54 程序，当扫描到该程序时，立即刷新输入点 X000 ~ X007 和输出点 Y000 ~ Y017，而不需等到扫描到 END 才刷新输入/输出。

2. 输入刷新和滤波调整(带滤波器设定)**指令 REFF**(REFRESH AND FILTER ADJUST)

FNC51 REFF(P) 16 位 3 步　FX_{3U}　FX_{2N}			
操作数类别	适合操作数(括号内只支持 FX_{3U} 系列 PLC)		
	字 元 件	位 元 件	其 他
n	D(R)	—	K H

输入点 X000 ~ X017 的输入滤波器为数字滤波器(默认滤波时间为 10ms,其他输入点为 RC 固定,10ms)，使用 REFF 指令和 D8020 可以改变滤波器的时间。指令说明如图 4-55 所示。

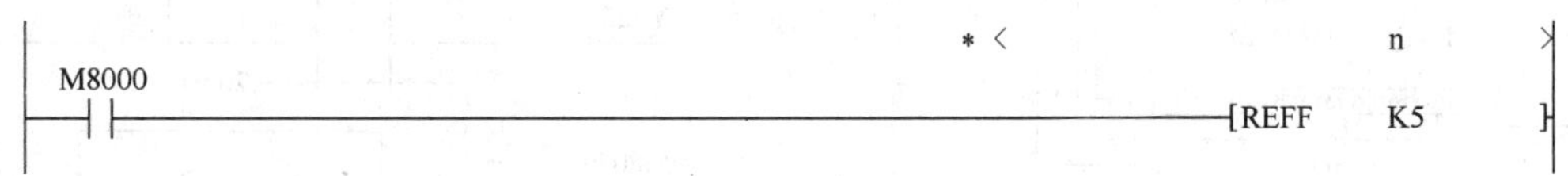

图 4-55　REFF 指令

n：数字滤波器时间值(单位为 ms)。

执行该指令将输入点 X000 ~ X017 的输入滤波器的时间改为 5ms。当驱动回路不接通(非 M8000)，该指令不执行，则 X000 ~ X017 的输入滤波器的时间为 D8020 的设定值。

FX_{2N}—16M 和 FX_{3U}—16M 的输入滤波器的输入点为：X000 ~ X007。

3. 矩阵输入指令 MTR(MATRIX)

FNC52 MTR(P) 16 位 9 步　FX_{3U}　FX_{2N}			
操作数类别	适合操作数		
	字 元 件	位 元 件	其 他
[S.]	—	X	—
[D1.]	—	Y	—
[D2.]	—	Y M S	—
n	—	—	K H

矩阵输入是扩充输入点的一种方式，是采用时间分割的方式读取输入信号。MTR 指令是用于矩阵输入的指令，适用于晶体管输出 PLC。其指令说明如图 4-56 所示。

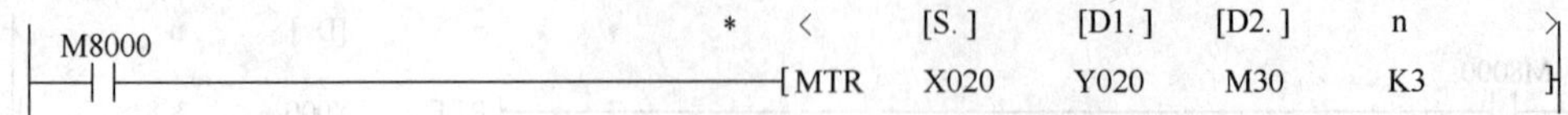

图 4-56　MTR 指令

[S.]：矩阵输入行信号输入点起始软元件(X0□0 开始)。

[D1.]：矩阵输入列输出的起始软元件(Y0□0 开始)。

[D2.]：矩阵 ON 输出对应目标软元件起始软元件(M0□0 Y0□0 S0□0 开始)。

n：设置矩阵输入的列数(K2～K8 或 H2～H8)。

矩阵输入的接线方法如图 4-57 所示。

图 4-57 中，第 1 列的开关信号与辅助继电器 M30～M37([D2.]～[D2.]+7)对应，第 2 列与 M40～M47([D2.]+10～[D2.]+17)对应，第 3 列与 M50～M57([D2.]+20～[D2.]+27)对应。列输出时序图如图 4-58 所示。

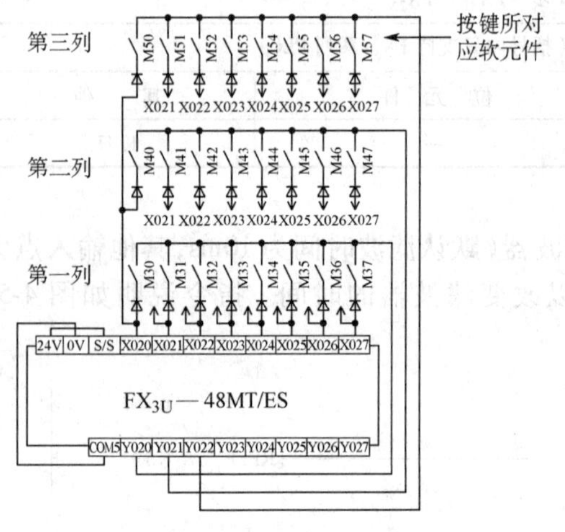

图 4-57　矩阵输入的接线

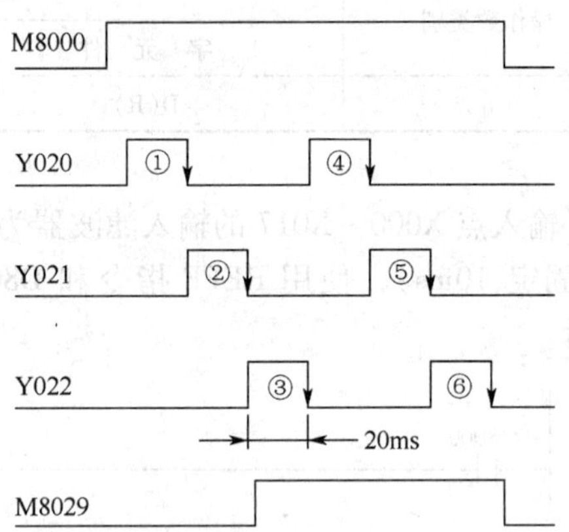

图 4-58　列输出时序图

在使用 MTR 指令进行矩阵输入时，为预防误动作，可以将设定列输出的输出点连接上拉电阻(3.3kΩ/0.5W)至 PLC 的 24V 电源。

4. 比较置位(高速计数器)指令 HSCS(SET BY HIGH SPEED COUNTER)

FNC53(D) HSCS 32 位 13 步　FX_{3U}　FX_{2N}

操作数类别	适合操作数(括号内只支持 FX_{3U} 系列 PLC)		
	字 元 件	位 元 件	其　他
[S1.]	KnX KnY KnM KnS T C D(R U□\G□) V Z	—	K H
[S2.]	C	—	—
[D.]	Y M S(D□.b)	—	P I

HSCS 指令是对高速计数器当前值进行比较，并通过中断方式进行处理的指令，其使用说明如图 4-59 所示。

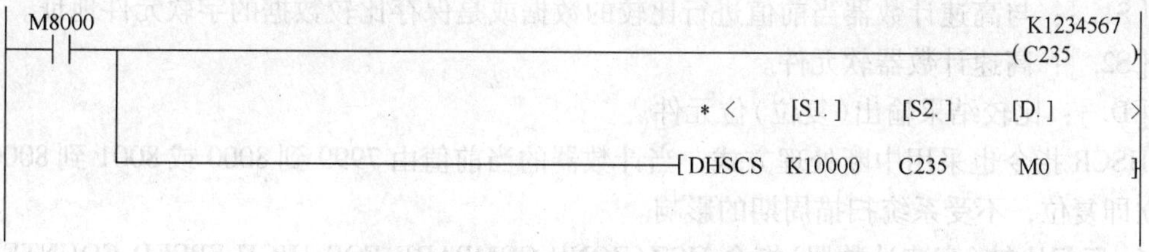

```
 M8000                                                          K1234567
──┤├──┬─────────────────────────────────────────────────────( C235   )
      │                           * <   [S1.]    [S2.]    [D.]
      └─────────────────────────[ DHSCS  K10000   C235     M0      ]
```

图 4-59　HSCS 指令

[S1.]：与高速计数器当前值进行比较的数据或是保存比较数据的字软元件地址。

[S2.]：高速计数器软元件。

[D.]：比较结果输出(置位)位元件。

图 4-59 中是以中断方式对相应高速计数输入端进行计数处理，当计数器的当前值由 9999 到 10000(加计数)或由 10001 到 10000(减计数)时，输出立即执行，不受扫描周期的影响。如果使用图 4-60 所示程序，则输出要受扫描周期的影响。如果等到扫描完后再进行输出刷新，计数值可能已经偏离了设定值。

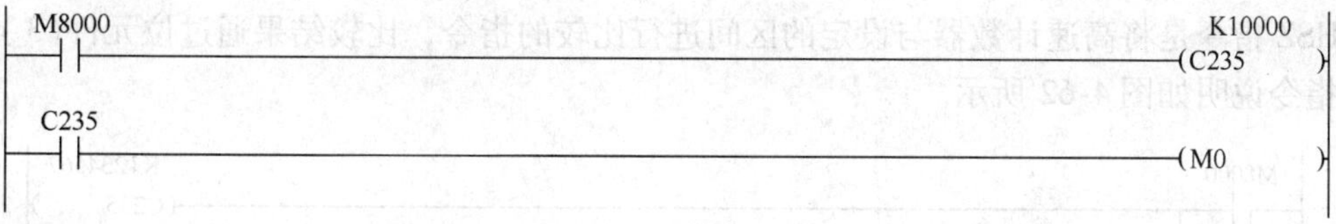

```
 M8000                                                          K10000
──┤├────────────────────────────────────────────────────────( C235   )
 C235
──┤├────────────────────────────────────────────────────────( M0     )
```

图 4-60　普通计数程序

注意：*HSCS 和后面讲的 HSCR、ZSZ 指令都是 32 位指令，即 DHSCS、DHSCR 和 DZSZ 形式。*

5. 比较复位(高速计数器)**指令 HSCR**(RESET BY HIGH SPEED COUNTER)

FNC54(D) HSCR 32 位 13 步　FX_{3U}　FX_{2N}			
操作数类别	适合操作数(括号内只支持 FX_{3U} 系列 PLC)		
	字 元 件	位 元 件	其　他
[S1.]	KnX KnY KnM KnS T C D(R U□\G□)Z	—	K H
[S2.]	C	—	—
[D.]	Y M S(D□.b)	—	—

HSCR 指令是执行高速复位的指令，其使用说明如图 4-61 所示。

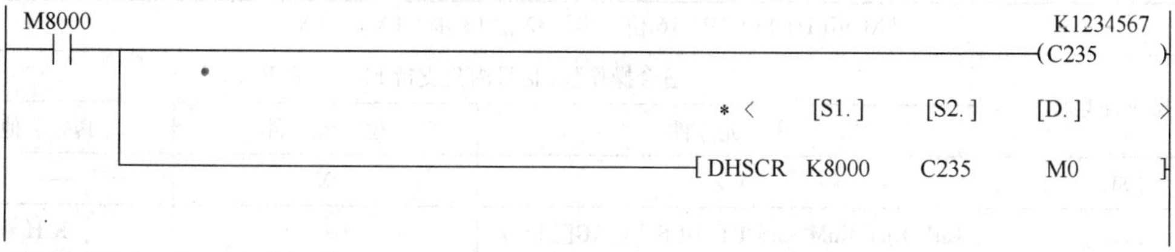

```
 M8000                                                          K1234567
──┤├──┬─────────────────────────────────────────────────────( C235   )
      │                           * <   [S1.]    [S2.]    [D.]
      └─────────────────────────[ DHSCR  K8000    C235     M0      ]
```

图 4-61　HSCR 指令

[S1.]：与高速计数器当前值进行比较的数据或是保存比较数据的字软元件地址。

[S2.]：高速计数器软元件。

[D.]：比较结果输出(复位)位元件。

HSCR 指令也采用中断处理方式，当计数器的当前值由 7999 到 8000 或 8001 到 8000 时，M0 立即复位，不受系统扫描周期的影响。

6. 区间比较(高速计数器)指令 HSZ(ZONE COMPARE FOR HIGH SPEED COUNTER)

FNC55(D) HSZ 32 位 13 步 FX_{3U} FX_{2N}			
操作数类别	适合操作数(括号内只支持 FX_{3U} 系列 PLC)		
	字 元 件	位 元 件	其 他
[S1.]	KnX KnY KnM KnS T C D(R U□\G□)Z	—	K H
[S2.]	KnX KnY KnM KnS T C D(R U□\G□)Z	—	K H
[S.]	C	—	—
[D.]	Y M S(D□. b)	—	—

HSZ 指令是将高速计数器与设定的区间进行比较的指令，比较结果通过位元件(3 点)输出，指令说明如图 4-62 所示。

```
 M8000                                                    K1234567
--| |--+-------------------------------------------------(C235      )
       |
       |                       *  <  [S1. ]  [S2. ]  [S. ]  [D. ]   >
       +-----------------------[DHSZ  K8000   K10000  C235   M0     ]
```

图 4-62 HSZ 指令

[S1.][S2.]：设定比较区间的两个数(下限和上限)或保存比较区间数据的字元件的地址，且应当[S1.] < [S2.]。

[S.]：高速计数器软元件地址(C235 ~ C255)。

[D.]：结果输出位元件起始地址。

图 4-62 中，当 C235 < K8000 时，M0 = 1([S.] < [S1.]时，[D.] = 1)；当 K8000 ≤ C235 ≤ K1000 时，M1 = 1([S1.] ≤ [S.] ≤ [S2.]时，[D.] + 1 = 1)；当 C235 > K10000 时 M2 = 1([S.] > [S2.]时，[D.] + 2 = 1)。

7. 脉冲密度指令 SPD(SPEED DETECT)

FNC56(D) SPD(P) 16 位 7 步，32 位 13 步 FX_{3U} FX_{2N}			
操作数类别	适合操作数(括号内只支持 FX_{3U} 系列 PLC)		
	字 元 件	位 元 件	其 他
[S1.]	V Z	X	—
[S2.]	KnX KnY KnM KnS T C D(R U□\G□) V Z	—	K H
[D.]	T C D R V Z	—	—

SPD 指令是采用中断输入方式对指定时间内的输入脉冲进行计数的指令，指令说明如图 4-63 所示。

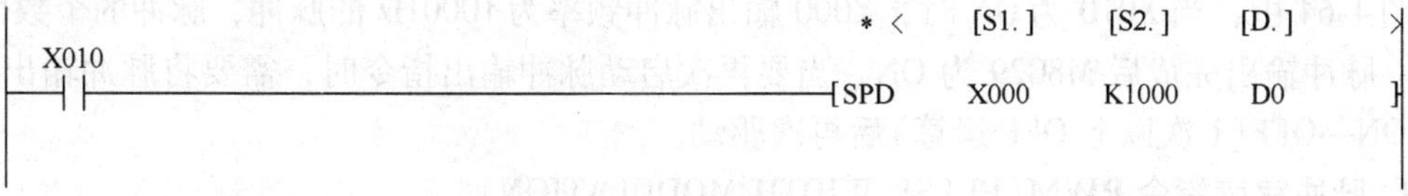

```
         X010                                    * <   [S1.]    [S2.]    [D.]   >
  |——| |——————————————————————————————————————[SPD    X000     K1000    D0     ]
```

图 4-63　SPD 指令

［S1.］：脉冲输入的软元件地址（X000～X007）。

［S2.］：脉冲密度统计的时间数据或保存时间数据的软元件地址（单位为 ms）。

［D.］：保存脉冲密度的软元件地址，［D.］+1 保存计数的当前值，［D.］+2 保存剩余时间，32 位操作时分别占有 2 个单元。

图 4-63 中，当 X010 为 ON 时，将 X000 输入脉冲的密度（r/min）保存到 D0 中（统计时间是 1000ms）。

8. 脉冲输出指令 PLSY（PULSE Y）

FNC57（D）PLSY（P）16 位 7 步，32 位 13 步　FX_{3U}　FX_{2N}			
操作数类别	适合操作数（括号内只支持 FX_{3U} 系列 PLC）		
	字　元　件	位　元　件	其　他
［S1.］	KnX KnY KnM KnS T C D（R U□\G□）V Z	—	K H
［S2.］	KnX KnY KnM KnS T C D（R U□\G□）V Z	—	K H
［D.］	—	Y	—

PLSY 指令是对外输出脉冲信号的指令，晶体管输出型的 PLC 支持此指令，其使用说明如图 4-64 所示。

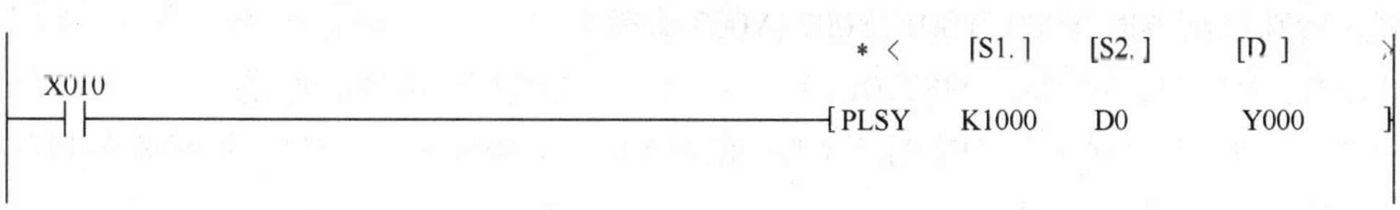

```
         X010                                    * <   [S1.]    [S2.]    [D.]   >
  |——| |——————————————————————————————————————[PLSY   K1000    D0       Y000   ]
```

图 4-64　PLSY 指令

［S1.］：输出脉冲的频率（Hz）或保存脉冲频率的软元件地址。

［S2.］：脉冲量数据或保存脉冲量数据的软元件地址。

［D.］：输出脉冲的位元件（FX_{2N}只有 Y000、Y001 有效，FX_{3U} Y000、Y001、Y002 有效，配有高速特殊适配器时 Y000、Y001、Y002、Y003 有效）。

M8029：指令执行结束标志。

M8147：Y000 脉冲输出监控。

M8148：Y001 脉冲输出监控。

M8145（FX_{2N}、FX_{3U}）、M8349（FX_{3U}）：停止 Y000 脉冲输出。

M8146（FX_{2N}、FX_{3U}）、M8359（FX_{3U}）：停止 Y001 脉冲输出。

D8141、D8140：Y000 输出脉冲数累计。

D8143、D8142：Y001 输出脉冲数累计。

D8137、D8136：Y000、Y001 输出脉冲累计。

图 4-64 中，当 X010 为 ON 时，Y000 输出脉冲频率为 1000Hz 的脉冲，脉冲的个数由 D0 设定。脉冲输出完成后 M8029 为 ON，当要再次启动脉冲输出指令时，需要将脉冲输出指令执行 ON→OFF(1 次以上 OFF 运算)后再次驱动。

9. 脉冲宽度指令 PWM(PULSE WIDTH MODULATION)

FNC58 PWM(P) 16 位 7 步 FX_{3U} FX_{2N}

操作数类别	适合操作数(括号内只支持 FX_{3U} 系列 PLC)		
	字 元 件	位 元 件	其 他
[S1.]	KnX KnY KnM KnS T C D(R U□\G□) V Z	—	K H
[S2.]	KnX KnY KnM KnS T C D(R U□\G□) V Z	—	K H
[D.]	—	Y	—

PWM 指令是脉冲的周期和脉冲宽度可调的指令，晶体管输出型的 PLC 支持此指令，其使用说明如图 4-65 所示。

```
                                  * <   [S1.]   [S2.]   [D.]  >
  X001
──┤ ├──────────────────────────[PWM    K6      K10     Y000  ]
```

图 4-65 PWM 指令

[S1.]：脉冲宽度数据或保存脉冲宽度数据的字软元件地址(单位为 ms)。

[S2.]：脉冲周期数据或保存脉冲周期数据的字软元件地址(单位为 ms)。

[D.]：脉冲输出的软元件地址(FX_{2N}只有 Y000、Y001 有效，FX_{3U} Y000、Y001、Y002 有效，配有高速特殊适配器时 Y000、Y001、Y002、Y003 有效)。

M8340、M8350、M8360、M8370(FX_{3U})：Y000 ~ Y003 脉冲输出监控。

图 4-65 中，当 X001 为 ON 时，Y000 输出频率为 100Hz、占空比为 60% 的脉冲。当 X001 为 OFF，脉冲输出停止。

10. 带加减速的脉冲输出指令 PLSR(PULSE R)

FNC59(D) PLSR(P)16 位 9 步，32 位 17 步 FX_{3U} FX_{2N}

操作数类别	适合操作数(括号内只支持 FX_{3U} 系列 PLC)		
	字 元 件	位 元 件	其 他
[S1.]	KnX KnY KnM KnS T C D(R U□\G□) V Z	—	K H
[S2.]	KnX KnY KnM KnS T C D(R U□\G□) V Z	—	K H
[S3.]	KnX KnY KnM KnS T C D(R U□\G□) V Z	—	K H
[D.]	—	Y	—

PLSR 指令是带加减速的脉冲输出指令，指令使用说明如图 4-66 所示。

[S1.]：设置最高频率(Hz)数据或保存最高频率数据的软元件地址。

```
         X020                  * < [S1.]  [S2.]   [S3.]  [D.]  >
  ──┤├──────────────────────[PLSR  K2000  K20000  K1000  Y000  ]
```

图 4-66　PLSR 指令

[S2.]：设置脉冲数或保存脉冲数的软元件地址。

[S3.]：设置加减速时间数据或保存加减速时间数据的软元件地址(单位为 ms)。

[D.]：脉冲输出软元件(FX_{2N}只有 Y000、Y001 有效，FX_{3U} Y000、Y001、Y002 有效，配有高速特殊适配器时 Y000、Y001、Y002、Y003 有效)。

M8029：指令执行结束标志。

M8147：Y000 脉冲输出监控。

M8148：Y001 脉冲输出监控。

M8145(FX_{2N}、FX_{3U})、M8349(FX_{3U})：停止 Y000 脉冲输出。

M8146(FX_{2N}、FX_{3U})、M8359(FX_{3U})：停止 Y001 脉冲输出。

D8141、D8140：Y000 输出脉冲数累计。

D8143、D8142：Y001 输出脉冲数累计。

D8137、D8136：Y000、Y001 输出脉冲累计。

图 4-66 中，当 X020 为 ON 时，Y000 输出 20000 个频率为 2000Hz 的脉冲，加减速时间是 1s，如图 4-67 所示。

脉冲输出完成后 M8029 为 ON，当要再次启动脉冲输出指令时，需要将脉冲输出指令执行 ON→OFF(1 次以上 OFF 运算)后再次驱动。

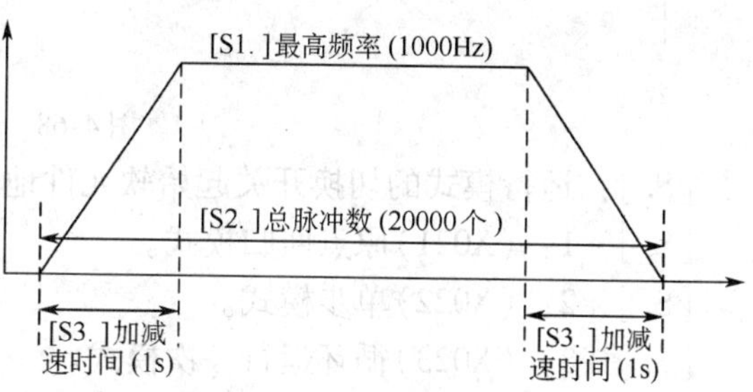

图 4-67　PLSR 指令输出曲线

4.7　方便指令

方便指令是为了使程序简单化，在编制较为复杂的控制程序时使用的指令，方便指令见表 4-8。

表 4-8　方便指令

FNC No.	助记符	指令名称	FX_{3U}	FX_{2N}	FNC No.	助记符	指令名称	FX_{3U}	FX_{2N}
60	IST	置初始状态	√	√	65	STMR	特殊定时器	√	√
61	SER	数据检索	√	√	66	ALT	交替输出	√	√
62	ABSD	凸轮控制(绝对方式)	√	√	67	RAMP	斜坡信号	√	√
63	INCD	凸轮控制(增量方式)	√	√	68	ROTC	旋转工作台控制	√	√
64	TTMR	示教定时器	√	√	69	SORT	数据排序	√	√

1. 状态初始化指令 IST(INITIAL STATE)

FNC60 IST 16 位 7 步　FX_{3U}　FX_{2N}			
操作数类别	适合操作数(括号内只支持 FX_{3U} 系列 PLC)		
	字 元 件	位 元 件	其　他
[S.]	—	X Y M(D□. b)	K H
[D1.]	—	S	K H
[D2.]	—	S	—

IST 指令是用于步进顺序控制程序中，对状态初始化以及特殊辅助继电器自动进行处理的指令，指令使用说明如图 4-68 所示。

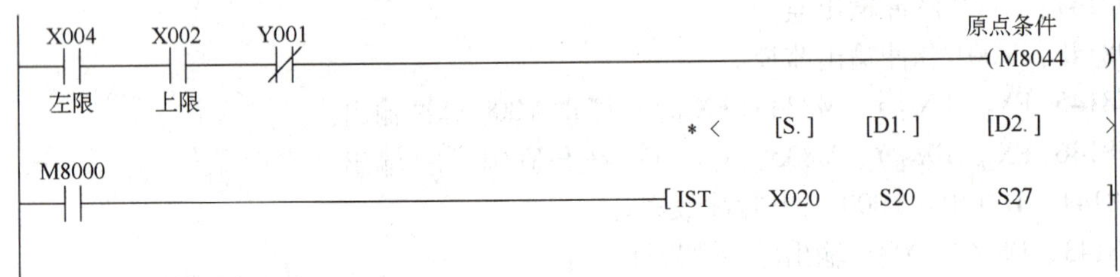

图 4-68　IST 指令

[S.]：运行模式的切换开关起始软元件地址，(X020)起始位手动模式。

[S.]+1：(X021)原点回归模式。

[S.]+2：(X022)单步模式。

[S.]+3：(X023)循环运行一次模式。

[S.]+4：(X024)连续运行模式。

[S.]+5：(X025)原点回归开始。

[S.]+6：(X026)自动运行开始。

[S.]+7：(X027)停止。

[D1.]：(S20)自动模式中，指定状态元件最小地址。

[D2.]：(S27)自动模式中，指定状态元件最大地址。

M8040：禁止转移(输出保持)，在手动模式 M8040 一直为 ON。

M8041：开始转移，初始状态 S2 开始转移到下一状态的转移条件辅助继电器，在手动模式，回原点模式不动作，在步进、循环一次模式按开始按钮动作。

M8042：起始脉冲，按下开始按钮时瞬间动作。

M8044：原点条件。

M8047：STL 监控有效，M8047 置 ON，使 STL 监控有效，动作的状态地址编号(S0 ~ S899)由小到大被保存在 D8040 ~ D8047 中。

使用了 IST 指令，[S.]、[S.]+1、[S.]+2、[S.]+3、[S.]+4 五个点应外接模式切换开关。且使用 IST 指令后，初始状态 S0 ~ S2 被指令所占用，且不需要置位初始状态的操作。

S0：手动模式程序区，可在 S0 状态直接输出手动程序，无需 RET 指令返回。

S1：回原点程序区，可使用 S10 ~ S19 状态编写回零程序，无需 RET 指令返回。

S2：自动运行程序区，需要 RET 指令返回。

2. 数据检索指令 SER(DATA SEARCH)

FNC61(D) SER(P)16 位 7 步，32 位 17 步　FX3U　FX2N			
操作数类别	适合操作数(括号内只支持 FX3U 系列 PLC)		
	字 元 件	位 元 件	其　他
[S1.]	KnX KnY KnM KnS T C D(R U□\G□)	—	—
[S2.]	KnX KnY KnM KnS T C D(R U□\G□) V Z	—	K H
[D.]	KnY KnM KnS T C D(R U□\G□)	—	—
n	D(R)	—	K H

SER 指令是从数据表中检索系统数据及最大值、最小值的指令。指令使用说明如图4-69所示。

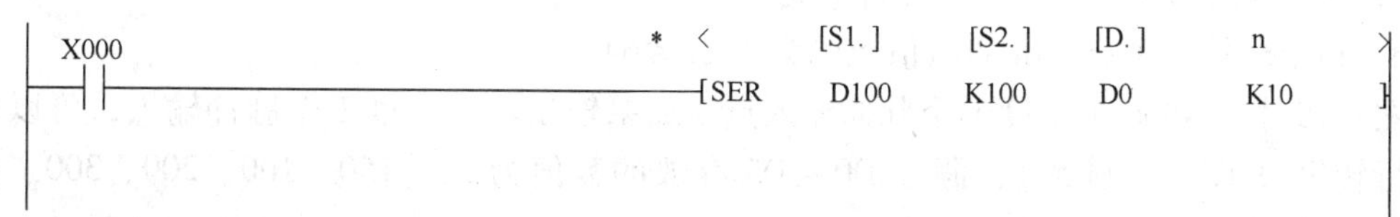

图 4-69　SER 指令

[S1.]：检索数据区的起始软元件地址。

[S2.]：检索数据值或存放检索数据值的软元件地址。

[D.]：存放检索结果起始软元件地址，其中[D.]保存与[S2.]相同数据的个数，[D.]+1 保存与[S2.]相等的第一个数的位置，[D.]+2 保存与[S2.]相等的最后一个数的位置，[D.]+3 保存最小值的最终位置，[D.]+4 保存最大值的最终位置。

n：检索源数据的个数，16 位操作时可以指定 n 为 1～256，32 位时指定 1～128。

图 4-69 中，当 X000 为 ON 时开始检索，假如 D100～D109([S1.]～[S1.]+9)存放的数据分别为 88、210、95、100、66、123、98、100、111、100，则检索结果：D0 = 3；D1 = 3；D2 = 9；D3 = 4；D4 = 1。

3. 凸轮控制绝对方式指令 ABSD(ABSOLUTE DRUM)

FNC62(D) ABSD16 位 7 步，32 位 17 步　FX3U　FX2N			
操作数类别	适合操作数(括号内只支持 FX3U 系列 PLC)		
	字 元 件	位 元 件	其　他
[S1.]	KnX KnY KnM KnS T C D(R U□\G□)	—	—
[S2.]	C	—	—
[D.]	—	X Y S(D□. b)	—
n	—	—	K H

ABSD 指令是根据计数器的当前值，产生出多个输出的指令，指令使用说明如图 4-70 所示。

[S1.]：凸轮开关的接通、断开数据地址(0～360)，从[S1]开始相邻的两个数据单元

```
X000                                                          K360
─┤├──────────────────────────────────────────────────────────(C0    )

C0      X000
─┤├─────┤/├──────────────────────────────────────────[RST     C0    ]

M8000                          * <    [S1.]    [S2.]    [D.]     n   >
─┤├───────────────────────────[ABSD    D0       C0      M100     K3  ]
```

图 4-70 ABSD 指令

为 1 组。

[S2.]：指定计数器。

[D.]：输出凸轮开关信号软元件起始地址。

n：输出凸轮开关点数 n 的数值范围为 1≤n≤64。

图 4-70 中，X000 为 1 度 1 个脉冲输入点，如果输出不是 1 度 1 个脉冲输入，可以用程序进行转化(1 度 n 个脉冲)，假如 D0 ~ D5 存放的数值为 50、150、100、200、300、100，则 M100 ~ M102 的输入如图 4-71 所示。

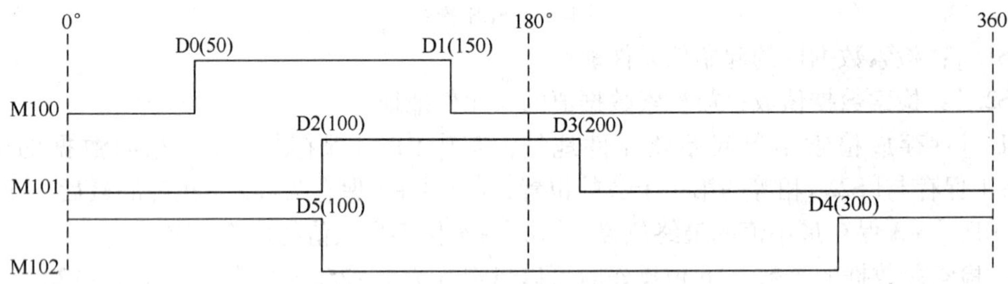

图 4-71 凸轮绝对方式控制时序图

ABSD 指令除了可以用通用计数器外，还可以指定高速计数器，[S1.]指定软元件地址为 16 的倍数，如 D0、D16 等。

4. 凸轮控制相对方式指令 INCD(INCREMENT DRUN)

FNC63 INCD 16 位 17 步 FX_{3U} FX_{2N}			
操作数类别	适合操作数(括号内只支持 FX_{3U} 系列 PLC)		
	字 元 件	位 元 件	其 他
[S1.]	KnX KnY KnM KnS T C D(R U□\G□)	—	—
[S2.]	C	—	—
[D.]	—	X Y S(D□.b)	—
n	—	—	K H

INCD 指令是根据一对计数器当前值，产生出多个输出的指令，指令使用说明如图 4-72 所示。

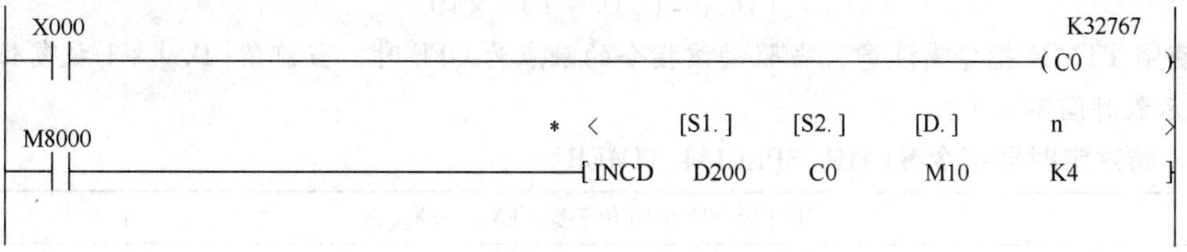

X000 K32767 (C0)

M8000 * < [S1.] [S2.] [D.] n >

[INCD D200 C0 M10 K4]

图 4-72　INCD 指令

[S1.]：凸轮开关的设定值起始软元件地址(指定为 16 的倍数)。

[S2.]：指定计数器起始软元件。

[D.]：输出凸轮开关信号软元件起始地址。

n：输出凸轮开关点数 n 的数值范围为 1≤n≤64。

图 4-72 中，X000 为计数输入，假如 D200 ~ D203 中的数值分别为 20、30、10、25，则 M10 ~ M13 的输出如图 4-73 所示。

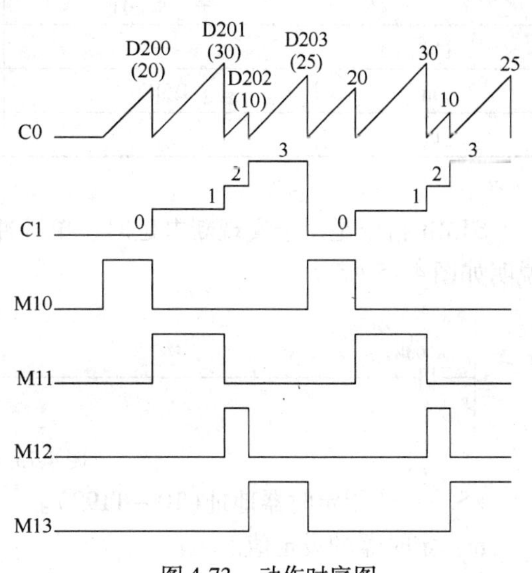

图 4-73　动作时序图

计数器 C0([S2.])用于统计输入脉冲数，C1([S2.]+1)统计凸轮一周期内输出凸轮开关动作的序号，C1 运行一周自动清零然后重新计数。驱动 INCD 指令的回路断开，C1 也自动清零。M8029 在最后一个凸轮开关动作完成后输出一个脉冲。

5. 示教定时器指令 TTMR(TEACHING TIMER)

FNC64 TTMR 16 位 5 步　FX_{3U}　FX_{2N}			
操作数类别	适合操作数(括号内只支持 FX_{3U} 系列 PLC)		
	字 元 件	位 元 件	其　他
[D.]	D(R)	—	—
n	D(R)	—	K H

TTMR 指令是用于测量触点 ON 时间(s)的指令，其使用说明如图 4-74 所示。

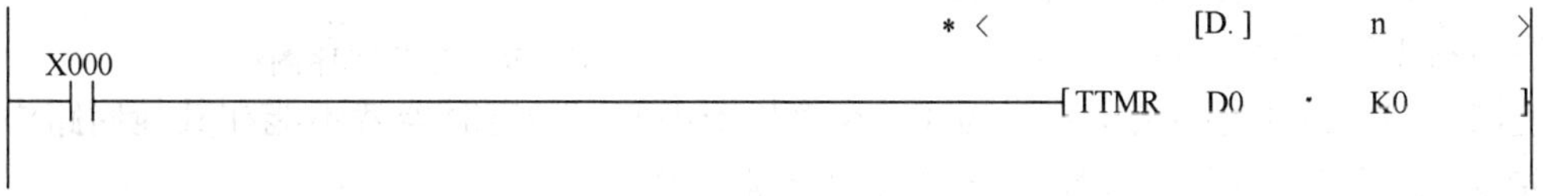

X000 * < [D.] n >

[TTMR D0 K0]

图 4-74　TTMR 指令

[D.]：保存示教数据的软元件起始地址，[D.]存放示教时间，[D.]+1 存放触点接通时间当前值，单位为 s；

n：得到示教数据所需的倍率(K0 ~ K2 或 H0 ~ H2，表示 10^0 ~ 10^2)。

其关系式为：

$$[D.]=([D.]+1)\times 10^{n}$$

使用 TTMR 指令需注意，当驱动该指令的触点为 OFF 时，当前值[D.]+1 被复位，但[D.]示教时间不改变。

6. 特殊定时器指令 STMR(SPECIAL TIMER)

FNC65 STMR 16 位 7 步 FX_{3U} FX_{2N}			
操作数类别	适合操作数(括号内只支持 FX_{3U} 系列 PLC)		
	字 元 件	位 元 件	其 他
[S.]	—	T	—
m	D(R)	—	K H
[D.]	—	Y M S(D□. b)	—

STMR 指令是用于实现断电延时、单脉冲定时、闪烁定时器(振荡)等功能的指令，指令说明如图 4-75 所示。

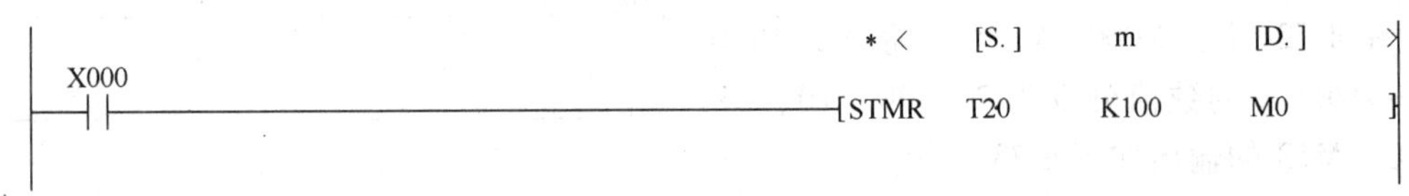

图 4-75 STMR 指令

[S.]：使用定时器地址(T0 ~ T199)。

m：定时器的设定值。

[D.]：定时器输出起始地址。[D.]是驱动 STMR 指令的触点接通[D.]便接通，驱动指令触点 OFF 后，经过定时器设定时间后，再延时断的触点；[D.]+1 是驱动 STMR 指令的触点由 ON→OFF 接通，经过定时器设定时间后再断开的单脉冲触点；[D.]+2 是 STMR 指令驱动后为 ON，经过设定时间后断开的触点；[D.]+3 是驱动 STMR 指令的触点为 ON 后，延时设定时间后接通的触点，断开驱动 STMR 指令的触点后，延时设定时间后断开的触点(即接通和断开都延时设定时间动作)，其时序如图 4-76 所示。

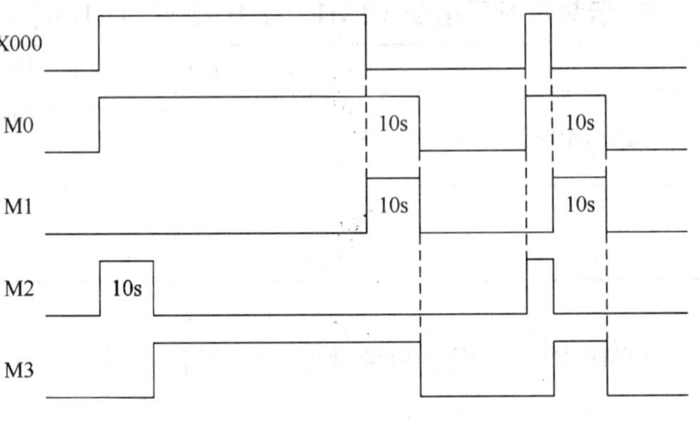

图 4-76 动作时序图

使用 STMR 指令需要指定定时器 T，在该指令中使用的定时器就不能在其他回路中使用 OUT 指令进行重复使用，否则定时器将不能正常工作。

7. 交替输出指令 ALT(ALTERNATE)

FNC66 ALT(P)16 位 3 步 FX_{3U} FX_{2N}			
操作数类别	适合操作数(括号内只支持 FX_{3U} 系列 PLC)		
	字 元 件	位 元 件	其 他
[D.]	—	Y M S(D□. b)	—

ALT 指令是将其驱动的位软元件进行反转输出的指令。即执行 ALT 指令，输出初始为 ON 则变为 OFF，输出初始为 OFF 则变为 ON。指令使用说明如图 4-77 所示。

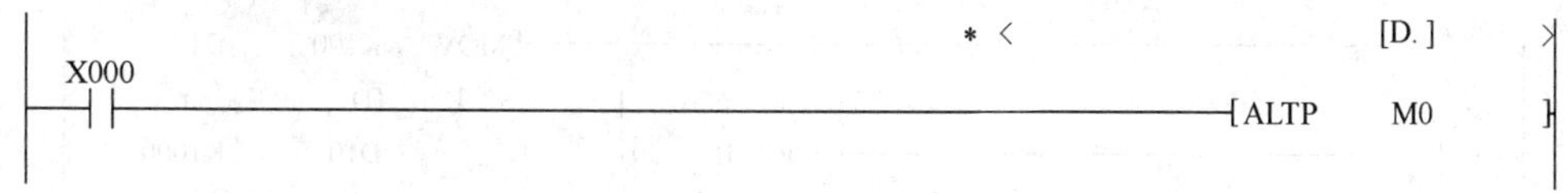

图 4-77　ALT 指令

[D.]：交替输出位软元件。

图 4-77 中 X000 和 M0 的动作时序如图 4-78 所示。

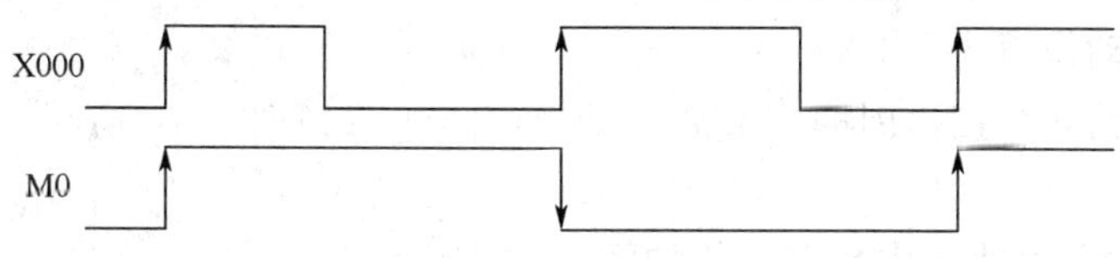

图 4-78　时序图

图 4-77 是采用脉冲执行指令，如果使用连续执行指令需要注意，其指令在每个扫描周期都会执行反转动作。

采用辅助继电器实现的交替输出如图 4-79 所示。

图 4-79　辅助继电器实现交替输出

8. 斜坡信号指令 RAMP

FNC67 RAMP 16 位 9 步　FX_{3U}　FX_{2N}			
操作数类别	适合操作数（括号内只支持 FX_{3U} 系列 PLC）		
	字 元 件	位 元 件	其　他
[S1.]	D(R)	—	—
[S2.]	D(R)	—	—
[D.]	D(R)	—	—
n	D(R)	—	K H

RAMP 指令是在开始和结束两个数之间，按照指定的次数得到一个变化的数据指令，指令使用说明如图 4-80 所示。

[S1.]：斜坡信号开始数据存放地址。

[S2.]：斜坡信号结束数据存放地址。

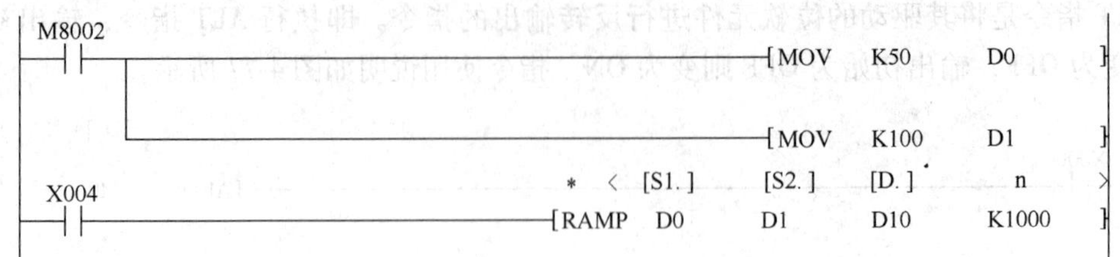

图 4-80 RAMP 指令

[D.]：斜坡信号当前数据存放地址，[D.]+1 存放当前扫描次数。

n：斜坡数据变化的时间(扫描次数)。

M8026：斜坡动作模式。

M8029：设定的 n 个扫描周期完成后，即[D.]=[S2.]时，置 ON。

图 4-80 所示的程序执行中数据变化如图 4-81 所示。

在程序执行过程中断开 X004，则变为执行中断状态，此时 D10([D.])数据保持，D11([D.]+1)当前扫描次数被清除，再次将 X004 置 ON 后，D10([D.])从 50([S1.])开始动作。

M8026 为 OFF 时，当前数据[D.]由[S1.]向[S2.]变化，当[D.]=[S2.]后，当前数据[D.]再由[S1.]向[S2.]连续变化，直到驱动 RAMP 指令的触点断开。

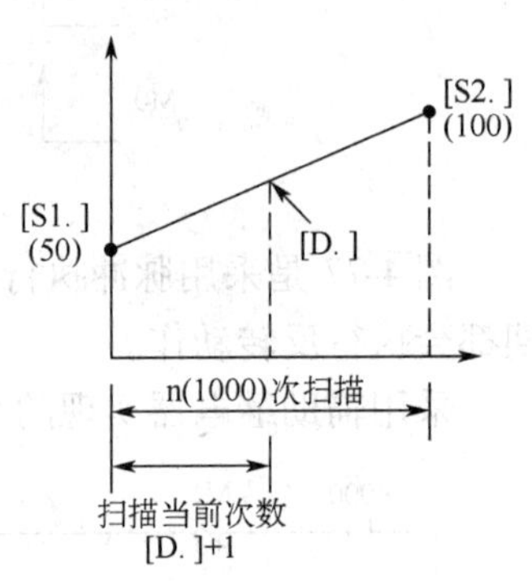

图 4-81 斜坡数据输出

M8026 为 ON 时，当前数据[D.]由[S1.]向[S2.]变化，当[D.]=[S2.]后，当前数据[D.]保持，直到 RAMP 指令被重新驱动。

9. 旋转工作台控制指令 ROTC(ROTERY TABLE CONTROL)

FNC68 ROTC 16 位 9 步 FX_{3U} FX_{2N}			
操作数类别	适合操作数(括号内只支持 FX_{3U} 系列 PLC)		
	字 元 件	位 元 件	其 他
[S.]	D(R)	—	—
m1	—	—	K H
m2	—	—	K H
[D.]	—	Y M S(D□.b)	K H

ROTC 指令是为了使指定旋转工作台的工件以最短路径转到需要的位置的指令，旋转工作台如图 4-82 所示(旋转工作台有 10 个位置)。

ROTC 指令使用说明如图 4-83 所示。

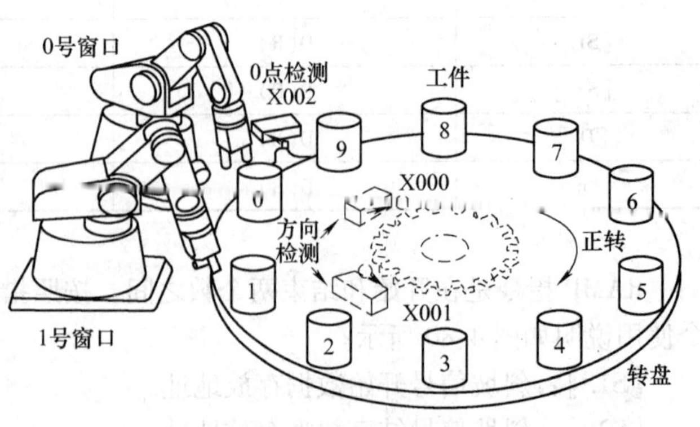

图 4-82 旋转工作台

[S.]：连续占用 3 个数据单元，其中[S.]是计数数据存放地址，对到来的工件号(对于 0 号窗口)进行计数的计数器，[S.]+1 存放呼叫窗口编

```
 X020                                  [S.]    m1    m2    [D.]
─┤├──────────────────────────[ROTC    D100    K10   K2    M0   ]
```

图 4-83　ROTC 指令

号，［S.］+2 存放调用工件编号。

m1：工件的工位数。

m2：设置减速区间隔。

［D.］：驱动的软元件起始地址。［D.］(M0)：A 相信号输入；［D.］+1(M1)：B 相信号输入；［D.］+2(M2)：原点信号输入；［D.］+3(M3)：高速正转输出；［D.］+4(M4)：低速正转输出；［D.］+5(M5)：停止；［D.］+6(M6)：高速反转输出；［D.］+7(M7)：低速反转输出。

(1) 旋转位置检测信号处理　旋转工作台需装一个用于检测工作台正转/反转的两相开关以检测工作台的旋转方向，如图 4-84 所示。X000 是 A 相脉冲输入点，X001 是 B 相脉冲输入点，X002 是原点开关，当 0 号工件转到 0 号窗口位置时，X002 接通。

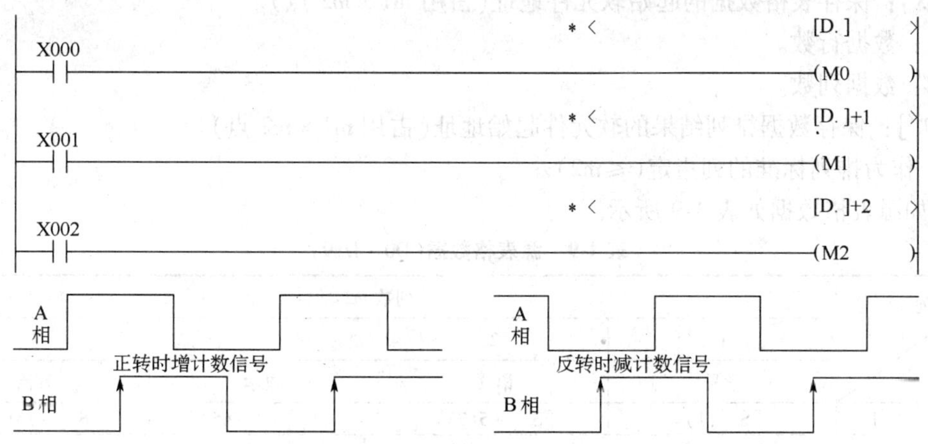

图 4-84　旋转位置方向检测

(2) 指定寄存器[S.]　例如指定 D100 为旋转工作台位置检测计数器。就自动指定了［S.］+1 调用窗口编号的寄存器和[S.]+2 调用工件编号的寄存器，[S.]+1 和[S.]+2 需预先用传送指令设置。

(3) 分度数(m1)和低速区(m2)　需要指定旋转台的工件位置数 m1 以及减速区间隔 m2。

当以上条件都设定后，则 ROTC 指令就自动地指定输出信号：正/反转，高/低速和停止信号。

ROTC 指令被驱动时，若检测到原点信号为 ON，则计数寄存器 D100 清 0，所以在任务开始前须先执行清 0 操作。

ROTC 指令只可使用 1 次。

10. 数据排列指令 SORT

FNC69 SORT 16 位 11 步　FX_{3U}　FX_{2N}			
操作数类别	适合操作数（括号内只支持 FX_{3U} 系列 PLC）		
	字　元　件	位　元　件	其　　他
[S.]	D(R)	—	—
m1	—	—	K H
m2	—	—	K H
[D.]	D(R)	—	—
n	D(R)	—	K H

SORT 指令用于将数据行和数据列构成的表格，按照指定的数据列标准，以行为单位将数据表格重新升序排列。指令使用说明如图 4-85 所示。

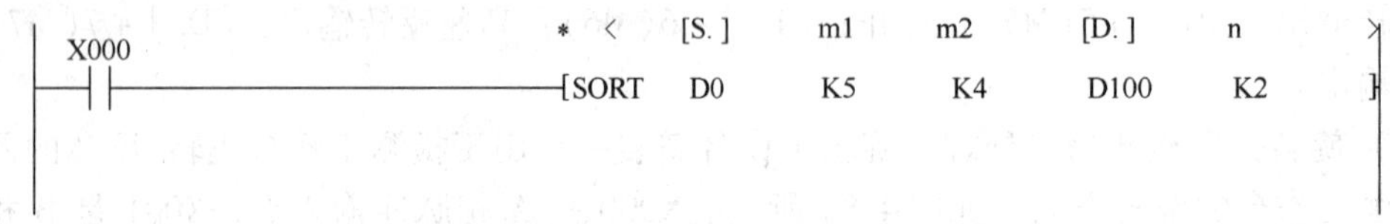

图 4-85　SORT 指令

[S.]：保存表格数据的起始软元件地址（占用 m1 × m2 点）。

m1：数据行数。

m2：数据列数。

[D.]：保存数据排列结果的软元件起始地址（占用 m1 × m2 点）。

n：作为排列标准的列指定（≤m2）。

假如源表格数据如表 4-9 所示。

表 4-9　源表格数据（D0 ~ D19）

列号 / 行号		列数 m2			
		1	2	3	4
		学号	语文	数学	政治
行数 m2	1	[S.](1)	[S.] +5(75)	[S.] +10(65)	[S.] +15(70)
	2	[S.] +1(2)	[S.] +6(90)	[S.] +11(70)	[S.] +16(90)
	3	[S.] +2(3)	[S.] +7(80)	[S.] +12(90)	[S.] +17(80)
	4	[S.] +3(4)	[S.] +8(50)	[S.] +13(40)	[S.] +18(58)
	5	[S.] +4(5)	[S.] +9(75)	[S.] +14(70)	[S.] +19(95)

执行图 4-85 程序，在目标表格中数据排列如表 4-10 所示。

表 4-10　n = 2 目标表格数据（D100 ~ D119）

列号 / 行号		列数 m2			
		1	2	3	4
		学号	语文	数学	政治
行数 m2	1	[D.](4)	[D.] +5(50)	[D.] +10(40)	[D.] +15(58)
	2	[D.] +1(1)	[D.] +6(75)	[D.] +11(65)	[D.] +16(70)
	3	[D.] +2(5)	[D.] +7(75)	[D.] +12(70)	[D.] +17(95)
	4	[D.] +3(3)	[D.] +8(80)	[D.] +13(90)	[D.] +18(80)
	5	[D.] +4(2)	[D.] +9(90)	[D.] +14(70)	[D.] +19(90)

数据将按照第 2 列的升序进行排列，其他的列序也作相应的调整。如果图 4-85 程序中 n 的值为 K4，则目标表格数据排列如表 4-11 所示。

表 4-11　n = 4 目标表格数据(D100 ~ D119)

列号 / 行号		列数 m2			
		1	2	3	4
		学号	语文	数学	政治
行数 m2	1	[D.](4)	[D.]+5(50)	[D.]+10(40)	[D.]+15(58)
	2	[D.]+1(1)	[D.]+6(75)	[D.]+11(65)	[D.]+16(70)
	3	[D.]+2(3)	[D.]+7(80)	[D.]+12(90)	[D.]+17(80)
	4	[D.]+3(2)	[D.]+8(90)	[D.]+13(70)	[D.]+18(90)
	5	[D.]+4(5)	[D.]+9(75)	[D.]+14(70)	[D.]+19(95)

4.8　外部设备 I/O 指令

外部设备 I/O 指令是用于可编程序控制器输入/输出与外部设备进行数据交换的指令，其指令见表 4-12。

表 4-12　外部设备 I/O 指令

FNC No.	助记符	指令名称	FX_{3U}	FX_{2N}	FNC No.	助记符	指令名称	FX_{3U}	FX_{2N}
70	TKY	数字键输入	√	√	75	ARWS	方向开关	√	√
71	HKY	十六键输入	√	√	76	ASC	ASCII 码转换	√	√
72	DSW	数字开关	√	√	77	PR	ASCII 码打印	√	√
73	SEGD	七段译码	√	√	78	FROM	BFM 读出	√	√
74	SEGL	七段码分时显示	√	√	79	TO	BFM 写入	√	√

1. 数字键输入指令 TKY(TENKEY)

FNC70(D) TKY 16 位 7 步，32 位 13 步　FX_{3U}　FX_{2N}			
操作数类别	适合操作数(括号内只支持 FX_{3U} 系列 PLC)		
	字元件	位元件	其他
[S.]	—	X Y M S(D□.b)	—
[D1.]	KnX KnY KnS T C D(R U□/G□) V Z	—	—
[D2.]	—	Y M S(D□.b)	—

TKY 指令可以通过设定的键盘，进行数字输入操作的指令。指令使用说明如图 4-86 所示。

图 4-86　TKY 指令

[S.]：数字输入键的起始软元件地址(占用连续 10 个点)。

[D1.]：输入的数值存放地址。

[D2.]：按键信息起始位软元件地址。

运行图 4-86 程序，按键顺序如下：

X002→X001→X003→X004，在 D0 中保存的数据为 2134，其动作时序如图 4-87 所示。

使用 TKY 指令时注意，同时按下多个键时，最先按下的键有效。驱动 TKY 指令的触点断开时，[D1.]内容不改变，但[D2.]~[D2.]+10 都断开。TKY 指令只能使用一次，若要多次使用，则需要用变址方式实现。

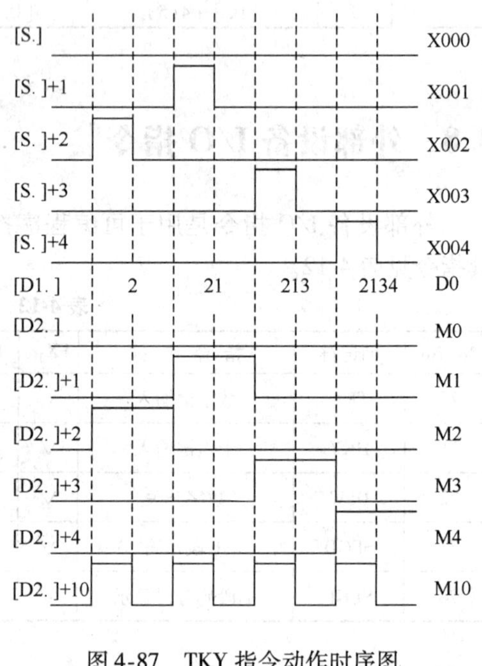

图 4-87　TKY 指令动作时序图

2. 十六进制输入指令 HKY(HEXADECIMAL KEY)

FNC71(D) HKY 16 位 9 步，32 位 17 步　FX_{3U}　FX_{2N}

操作数类别	适合操作数(括号内只支持 FX_{3U} 系列 PLC)		
	字　元　件	位元件	其他
[S.]	—	X	—
[D1.]	—	Y	—
[D2.]	T C D (R U□/G□) Z	—	—
[D3.]	—	Y M S(D□. b)	—

HKY 指令是通过 0 ~ F 键实现十六进制数据输入的指令，适用晶体管输出型，指令使用说明如图 4-88 所示。

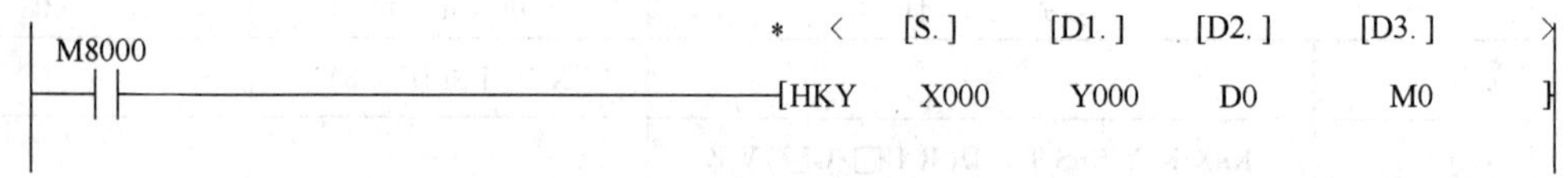

图 4-88　HKY 指令

[S.]：十六键输入列软元件地址(占用输入继电器 4 个点)。

[D1.]：十六键输入行软元件地址(占用输出继电器 4 个点)。

[D2.]：保存十六键输入数据的软元件地址。

[D3.]：按键信息起始位软元件(占用 8 个点)。

M8160：OFF 时为数字键 + 功能键，ON 时为十六进制键。

M8029：OFF 时[D1.]~[D1.]+3 扫描中，指令未执行，ON 时[D1.]~[D1.]+3 动

作一次后输出一个 ON 脉冲。

十六进制输入接线如图 4-89 所示。

HKY 指令输入的数值以 BIN 形式保存在[D2.]中，0~9 数字键任意一键按下时[D3.]+7 为 ON，A~F 键按下时，[D3.]~[D3.]+5 置 ON（参考 TKY 指令），A~F 任意键按下时[D3.]+6 置 ON。

使用 HKY 指令时注意，同时按下多个键时，最先按下的键有效。驱动 HKY 指令的触点断开时，[D2.]内容不改变，但[D3.]~[D3.]+7 都断开。HKY 指令只能使用一次，若要多次使用，则需要用变址方式实现。

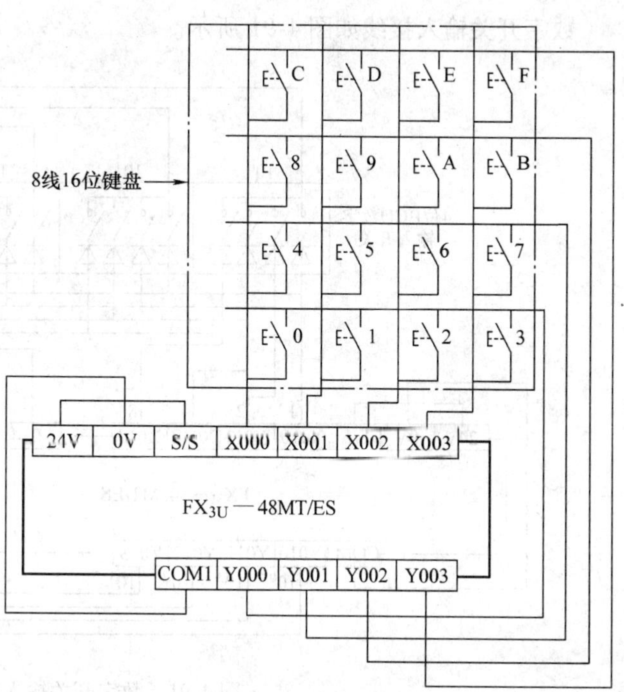

图 4-89　十六键输入接线(漏型 FX_{3U})

3. 数字开关指令 DSW(DIGITAL SWITCH)

FNC72 DSW 16 位 9 步　FX_{3U}　FX_{2N}			
操作数类别	•适合操作数(括号内只支持 FX_{3U} 系列 PLC)		
	字 元 件	位 元 件	其　他
[S.]	—	X	—
[D1.]	—	Y	—
[D2.]	T C D(R U□/G□) V Z	—	—
n	—		K H

DSW 指令是读取外部数字(BCD)设定开关的指令，适用晶体管输出型，指令说明如图 4-90 所示。

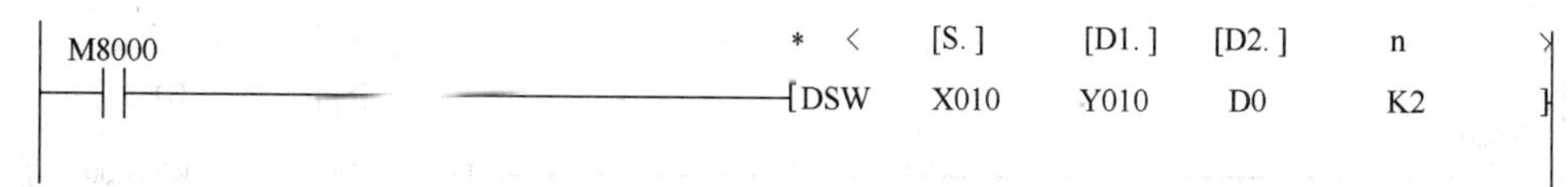

图 4-90　DSW 指令

[S.]：数字开关外部输入起始软元件地址(占用 4 个输入点)。

[D1.]：数字开关选通信号起始软元件(占用 4 个输出点)。

[D2.]：保存数字开关输入数值的软元件地址。

n：数字开关组数(4 位 1 组，最多 2 组)。

M8029：OFF 时[D1.]~[D1.]+3 扫描中，指令未执行，ON 时[D1.]~[D1.]+3 动作一次输出一个 ON 脉冲。

数字开关输入接线如图4-91所示。

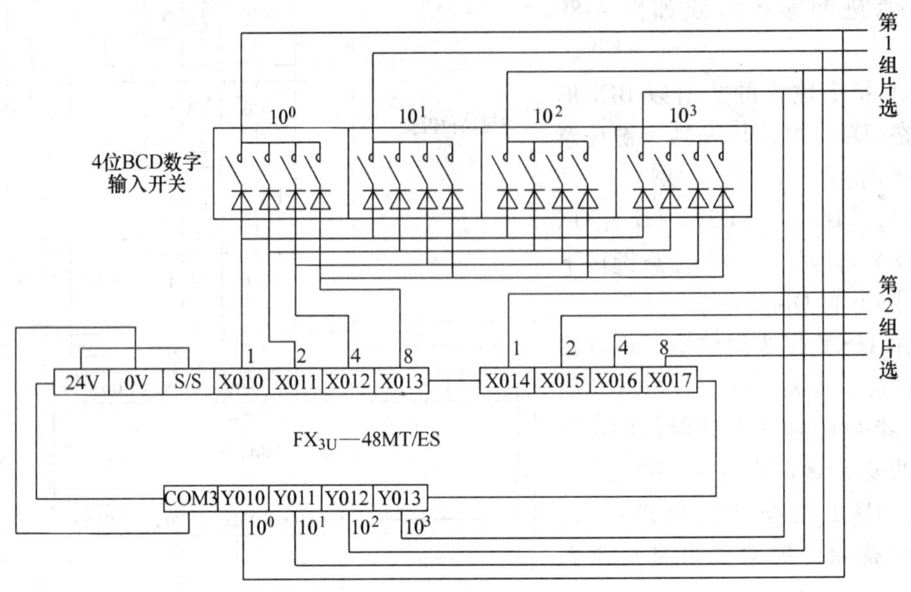

图4-91 数字开关输入接线图

使用DSW指令时注意，驱动DSW的触点断开时，[D2.]的内容不改变，但[D1.]~[D1.]+3都为OFF，当n=2时，将占用[D2.]开始的2个单元用于保存数字开关输入数值。

4. 七段译码指令SEGD(SEVEN SEGMENT DECODER)

FNC73 SEGD(P) 16位5步 FX_{3U} FX_{2N}			
操作数类别	适合操作数(括号内只支持FX_{3U}系列PLC)		
	字 元 件	位 元 件	其 他
[S.]	KnX KnY KnM KnS T C D(R U□/G□) V Z	—	K H
[D.]	KnY KnM KnS T C D(R U□/G□) V Z	—	—

SEGD指令是将BIN码译码后，驱动七段数码管显示的指令，指令使用说明如图4-92所示。

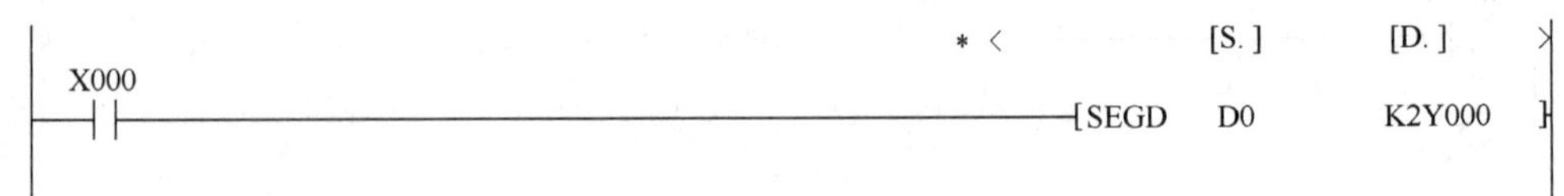

图4-92 SEGD指令

[S.]：译码的源BIN数据或保存源数据的软元件地址。

[D.]：保存七段码数据的字软元件地址。

图4-92中，当X000为ON时，将D0的低4位指定的0~F(十六进制)的数据译成七段码，译码显示的数据输出到K2Y000；当X000为OFF后，K2Y000输出不变。七段码译码表见表4-13。

表 4-13　七段码译码表

译码前数据		数码管段码	译码输出							
十六进制数	源 BIN 数		h 点	g 段	f 段	e 段	d 段	c 段	b 段	a 段
0	0000		0	0	1	1	1	1	1	1
1	0001		0	0	0	0	0	1	1	0
2	0010		0	1	0	1	1	0	1	1
3	0011		0	1	0	0	1	1	1	1
4	0100	a	0	1	1	0	0	1	1	0
5	0101		0	1	1	0	1	1	0	1
6	0110	f　b	0	1	1	1	1	1	0	1
7	0111	g	0	0	1	0	0	1	1	1
8	1000		0	1	1	1	1	1	1	1
9	1001	e　c	0	1	1	0	1	1	1	1
A	1010		0	1	1	1	0	1	1	1
B	1011	h	0	1	1	1	1	1	0	0
C	1100	d	0	0	1	1	1	0	0	1
D	1101		0	1	0	1	1	1	1	0
E	1110		0	1	1	1	1	0	0	1
F	1111		0	1	1	1	0	0	0	1

5. 七段码分时显示指令 SEGL(SEVEN SEGMENT WITH LATCH)

FNC74 SEGL 16 位 7 步　FX_{3U}　FX_{2N}			
操作数类别	适合操作数(括号内只支持 FX_{3U} 系列 PLC)		
	字　元　件	位　元　件	其　　他
[S.]	KnX KnY KnM KnS T C D(R U□/G□) V Z	—	K H
[D.]	—	Y	—
n	—	—	K H

SEGL 指令是将源 BIN 数据转换为 4 位 BCD 数据后输出控制 1 组或 2 组 4 位带锁存的七段数码管显示的指令，适用晶体管输出型，指令使用说明如图 4-93 所示。

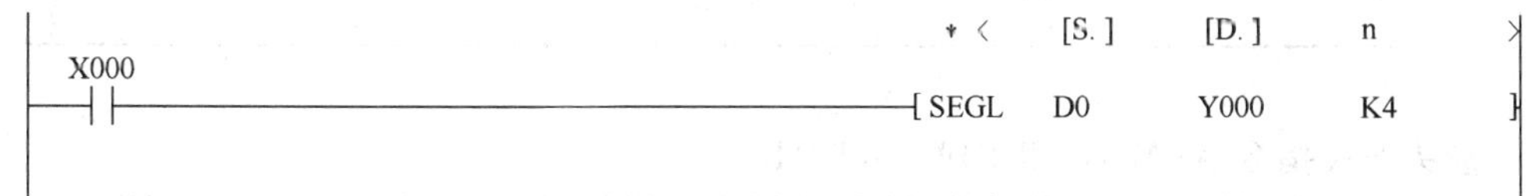

图 4-93　SEGL 指令

[S.]：分时显示的源 BIN 数据(占用 1 个或 2 个点)。

[D.]：七段显示的起始软元件地址(占用 8 点或 12 点)。

n：参数编号(4 位 1 组设定 0 ~ 3,4 位 2 组设定 4 ~ 7)。

M8029：4 位数的输出结束后输出一个 ON 脉冲。

图 4-93 中，当 X000 为 ON 时，执行 SEGL 指令，将 D0 和 D1(1 组 4 位显示,占用 1 个

数据单元)转化为2个4位BCD码，通过Y000～Y013进行七段码分时显示，其中Y000～Y003为第1组4位段码数据，Y004～Y007是选通信号输出，Y010～Y013为第2组4位段码数据。使用SEGL指令执行七段码分时显示接线如图4-94所示。

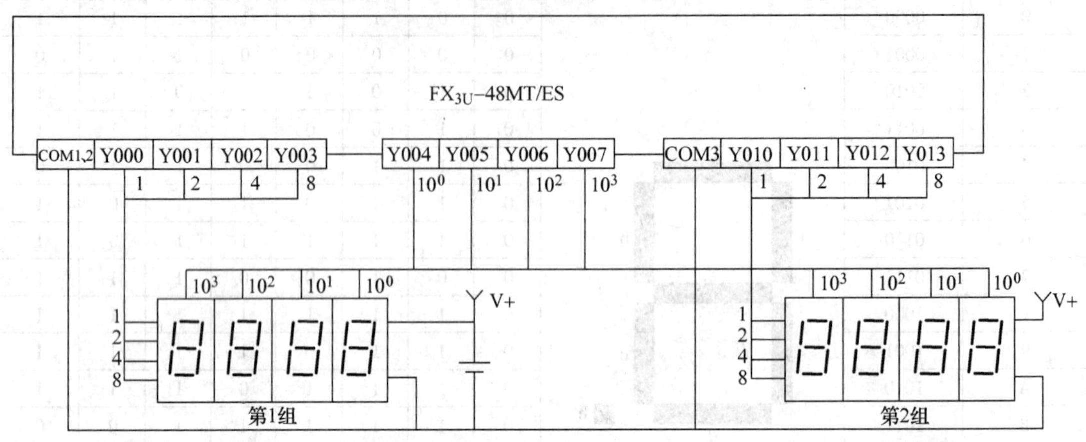

图4-94　七段码分时显示接线图

使用SEGL指令时应当注意，数码管应该选用带锁存的4位数码管，数码管具有BCD译码电路。

在图4-93中，如果在运行过程中X000断开，则输出立即中断，不保持输出状态。指令中n值需要根据可编程序控制器的输出类型，数码管的数据输入正负逻辑以及选通信号的正负逻辑来选择，还要根据显示组数(1组或2组)来选择，见表4-14。

表4-14　n值的选择

可编程序控制器输出类型	数码管数据输入类型	选通信号	参数 n	
			4位1组	4位2组
漏型(负逻辑)	负逻辑	负逻辑	0	4
		正逻辑	1	5
	正逻辑	负逻辑	2	6
		正逻辑	3	7
源型(正逻辑)	正逻辑	正逻辑	0	4
		负逻辑	1	5
	负逻辑	正逻辑	2	6
		负逻辑	3	7

6. 箭头开关指令ARWS(ARROW SWITCH)

FNC75 ARWS 16位9步　FX_{3U}　FX_{2N}

操作数类别	适合操作数(括号内只支持FX_{3U}系列PLC)		
	字元件	位元件	其他
[S.]	—	X Y M S D□.b	—
[D1.]	T C D(R U□/G□) V Z	—	—
[D2.]	—	Y	—
n	—	—	K H

ARWS 指令是激活某数据位并使该数据位进行增减的指令，用于通过输入点设置数据的指令，指令使用说明如图 4-95 所示。

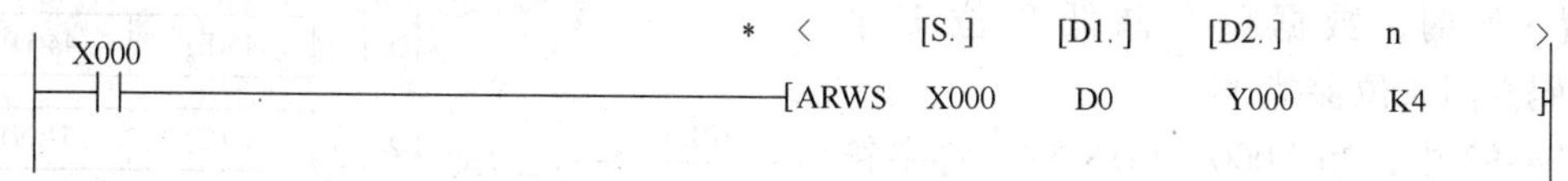

图 4-95　ARWS 指令

[S.]：箭头开关输入的位起始软元件。

[D1.]：保存 BCD 数据的字软元件。

[D2.]：输出七段码的位软元件起始地址。

n：参数编号。

箭头开关 ARWS 指令的外部接线如图 4-96 所示。

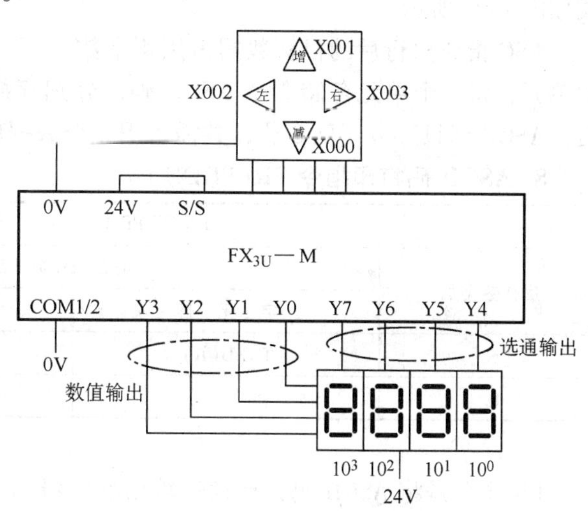

图 4-96　ARWS 指令外部接线图

ARWS 指令占用的输入点为 4 个点，分别为[S.](X000)数值减，[S.]+1(X001)数值加，[S.]+2(X002)数位左移，[S.]+3(X003)数位右移。占用的输出点为 8 个点（4 位数），[D2.]~[D2.]+3(Y000~Y003)为 BCD 数据输出，[D2.]+4~[D2.]+7(Y004~Y007)为选通信号输出。

参数编号 n 的设定参考 SEGL(FNC74)指令，其设定范围为 0~3。在程序中，ARWS 指令只能使用一次，若要多次使用，则需进行变址操作。

7. ASCII 码转换指令 ASC(ASCII CODE)

FNC76 ASC 16 位 11 步　FX_{3U}　FX_{2N}			
操作数类别	适合操作数(括号内只支持 FX_{3U} 系列 PLC)		
	字　元　件	位　元　件	其　他
[S.]	—	—	“□”
[D.]	T C D(R U□/G□)	—	—

ASC 指令是将英文、数字(半角)、字符串转换为 ASCII 码的指令，指令使用说明如图 4-97 所示。

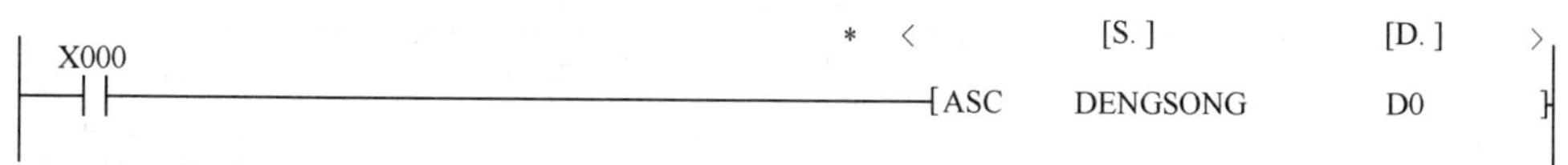

图 4-97　ASC 指令

[S.]：字符串或数字。

[D.]：保存 ASCII 码的数据单元起始地址。

M8161：扩展功能标志，OFF 时，目标数据存储方式为低 8 位和高 8 位存储 2 个 ASCII 码；置 ON 时，数据只存储低 8 位 1 个 ASCII 码，高 8 位保持 00。

图 4-97 中，当 X000 为 ON 时，将字符串“DENGSONG”转化为 ASCII 码存放于 D0 开始的 4 个单元中。其转化结果存储方式如图 4-98 所示。

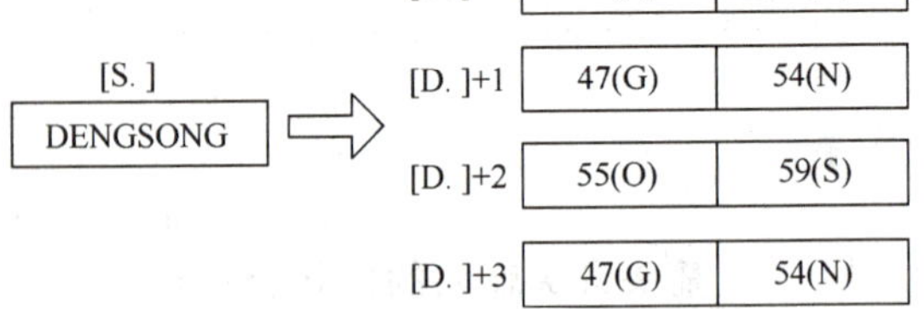

图 4-98　ASC 转换存储方式

ASC 指令执行后的目标数据占用 4 个数据单元，每一个单元存储 2 个 ASCII 码，分别存放于低 8 位和高 8 位。当 M8161 被置 ON 后，ASCII 码只存放于低 8 位，共需占用 8 个数据单元。

8. ASCII 码打印指令 PR(PRINT)

FNC77 PR 16 位 5 步　FX_{3U}　FX_{2N}			
操作数类别	适合操作数(括号内只支持 FX_{3U} 系列 PLC)		
	字　元　件	位　元　件	其　　他
[S.]	T C D(R)	—	—
[D.]	—	Y	—

PR 指令是将 ASCII 码并行通过输出继电器(Y)输出的指令，指令说明如图 4-99 所示。

图 4-99　PR 指令

[S.]：需要进行 ASCII 码打印的数据起始软元件(ASCII 码)。

[D.]：打印输出的输出继电器起始地址。

M8027：OFF 时固定为 8 个字符串行输出，ON 时为 0 ~ 16 个字符串行输出。

M8029：打印完毕输出一个 ON 脉冲。

图 4-99 中，当 X000 为 ON 时执行 PR 打印输出，将 D0 ~ D7([S.] ~ [S.] +7)存放的 ASCII 码通过 Y000 ~ Y007([D.] ~ [D.] +7)直接输出([D.]为低位侧,[D.] +7 为高位侧)，Y010([D.] +8)为选通信号，Y011([D.] +9)打印执行中标志，数据打印完毕复位。

9. BFM 读出指令 FROM

FNC78(D) FROM(P) 16 位 9 步，32 位 17 步　FX_{3U}　FX_{2N}			
操作数类别	适合操作数(括号内只支持 FX_{3U} 系列 PLC)		
	字　元　件	位　元　件	其　　他
m1	D(R)	—	K H
m2	D(R)		K H
[D.]	KnY KnM KnS T C D(R) V Z	—	—
n	D(R)	—	K H

FROM 指令是将特殊功能模块中缓冲寄存器(BFM)的内容读到可编程序控制器的指令。对于 FX_{2N}系列 PLC 只能使用 FROM(TO)指令对缓冲寄存器进行读写操作；对于 FX_{3U}系列 PLC，除可以用 FROM(TO)指令外，还可以使用传送类指令进行操作。FROM 指令使用说明如图 4-100 所示。

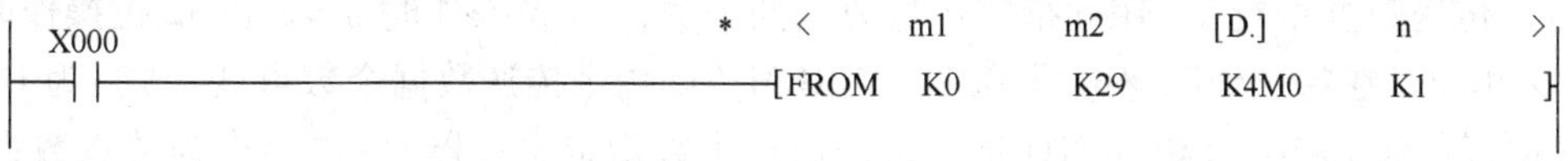

```
     X000                              * <   m1    m2    [D.]   n    >
 ----| |-------------------------------[FROM K0    K29   K4M0   K1   ]
```

图 4-100　FROM 指令

m1：读特殊功能单元/模块的单元号(K0 ~ K7)。

m2：特殊功能单元模块缓冲存储器号(BFM#)。

[D.]：读回数据存放地址。

n：读出点数。

图 4-100 中，当 X000 为 ON 时，将模块号为 0 的缓冲寄存器(BFM)#29 读出并保存到可编程序控制器位字 K4M0 中。

10. BFM 写入指令 TO

FNC79(D) TO(P) 16 位 9 步，32 位 17 步　FX_{3U}　FX_{2N}			
操作数类别	适合操作数(括号内只支持 FX_{3U}系列 PLC)		
	字　元　件	位　元　件	其　　他
m1	D(R)	—	K H
m2	D(R)		K H
[S.]	KnX KnY KnM KnS T C D(R) V Z	—	—
n	D(R)	—	K H

TO 指令是将可编程序控制器的数据写入特殊功能模块的缓冲寄存器(BFM)的指令，指令使用说明如图 4-101 所示。

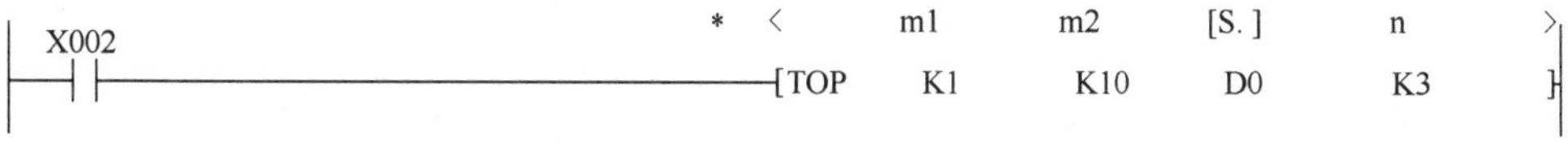

```
     X002                              * <   m1    m2    [S.]   n    >
 ----| |-------------------------------[TOP  K1    K10   D0     K3   ]
```

图 4-101　TO 指令

m1：写特殊功能单元/模块的单元号(K0 ~ K7)。

m2：特殊功能单元模块缓冲存储器号(BFM#)。

[S.]：源数据存放地址。

n：写入点数。

图 4-101 中，当 X002 为 ON 时，将 No. 1 号模块的 BFM#10、#11、#12 缓冲寄存器的数据写入 D2、D1、D0 三个数据寄存器中。

对 FROM、TO 指令中的 m1、m2、n 的理解如下：

（1）特殊模块编号 m1　它是连接在可编程序控制器上的特殊模块的号码，编号是从最靠近基本单元右边的模块开始，编号从 No. 0 到 No. 7 最多 8 个单元，使用 FROM、TO 指令需正确指定模块号。

（2）缓冲寄存器(BFM)号 m2　在特殊功能模块内设有 16 位 RAM 存储器，这些 RAM 存储器称为缓冲寄存器(BFM)，缓冲寄存器号为#0～#32767，其内容根据控制模块的不同而决定。对于32 位操作，指定的BFM 为低 16 位，其下一个编号的 BFM 为高 16 位。

（3）传送数据个数 n　用 n 指定传送数据的个数，16 位操作时 n=2 和 32 位操作时 n=1 的含义相同。在特殊辅助继电器 M8164(FROM/TO 指令传送数据个数可变模式)为 ON 时，特殊数据寄存器 D8164(FROM/TO 指令传送数据个数指定寄存器)的内容作为传送数据个数 n 进行处理。

4.9　外部设备 SER 指令

外部设备 SER 指令是对串行通信口(适配器或通信板)进行控制的指令，此外还包括对模拟电位器进行读取的指令以及 PID 指令，外部设备 SER 指令，见表 4-15。

表 4-15　外部设备 SER 指令

FNC No.	助　记　符	指　令　名　称	FX_{3U}	FX_{2N}
80	RS	串行数据传送	√	√
81	PRUN	八进制位传送	√	√
82	ASCI	HEX→ASCII 转换	√	√
83	HEX	ASCII→HEX 转换	√	√
84	CCD	校验码	√	√
85	VRRD	电位器读出	×	√
86	VRSC	电位器刻度	×	√
87	RS2	串行数据传送 2	√	×
88	PID	PID 运算	√	√
89	—	—	—	—

1. 串行数据传送指令 RS(SERIAL COMMUNICATION)

FNC80 RS　16 位 9 步　FX_{3U}　FX_{2N}			
操作数类别	适合操作数(括号内只支持 FX_{3U} 系列 PLC)		
	字　元　件	位　元　件	其　　他
[S.]	D(R)	—	—
m	D(R)	—	K H
[D.]	D(R)	—	—
n	D(R)	—	K H

RS 指令是 RS232C 或 RS485C 功能扩展板或通信适配器进行数据发送和数据接收的指令(FX_{3U}仅通道 1 有效)，实现无协议通信，指令使用说明如图 4-102 所示。

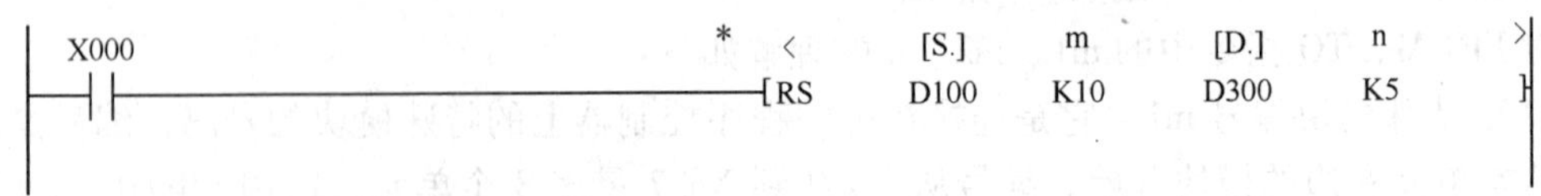

图 4-102　RS 指令

[S.]：发送数据的起始软元件地址。

m：发送数据点数。

[D.]：接受数据保存起始软元件地址。

n：接收数据点数。

M8063：串行通信出错。

M8121：发送等待标志。

M8122：发送请求。

M8123：接收数据结束。

M8124：载波检测标志。

M8129：超时判断标志。

M8161：8 位(16 位)处理模式。

D8120：通信格式的设定。

D8122：发送数据剩余点数。

D8123：接收数据监控。

D8124、D8125：分别为报头和报尾。

D8129：超时时间设定。

D8063：通信出错时出错代码。

D8405：通信参数显示(FX_{3U})。

D8419：运行模式的显示(FX_{3U})。

图 4-102 中，当 X000 为 ON 时，将把 D100～D109 数据单元 10 个点的数据通过串行口发送出去，同时将从串行口接收的 5 个数据放入 D300～D304 单元中。m 和 n 是发送和接收数据的个数，可以用 D 寄存器设定或直接用 K、H 常数进行设定。只接收数据时，可将发送的个数 m 设定为 K0；只发送数据时可将接收的个数 n 设定为 K0。

在执行 RS 指令前，需要对通信格式进行设定，特殊功能寄存器 D8120 用于设定通信格式，D8120 除了用于 RS 指令的无顺序通信外，还可用于计算机链接通信。其位定义见表 4-16。

表 4-16　D8120 位信息表

位号	名　称	内　容	
		0(OFF)	1(ON)
b0	数据长	7 位	8 位
b1　b2	奇偶性	b2，b1　(0,0)：无 (0,1)：奇数(ODD)　(1,1)：偶数(EVEN)	
b3	停止位	1 位	2 位
b4　b5 b6　b7	传送速率 /bit/s	b7，b6，b5，b4　　b7，b6，b5，b4 (0,0,1,1)：300　(0,1,1,1)：4800 (0,1,0,0)：600　(1,0,0,0)：9600 (0,1,0,1)：1200　(1,0,0,1)：19200　(0,1,1,0)：2400	
b8	起始符	无	有(D8124)初始值 STX(02H)
b9	终止符	无	有(D8125)初始值 ETX(02H)

（续）

<table>
<tr><th rowspan="2">位号</th><th rowspan="2">名　称</th><th colspan="3">内　　容</th></tr>
<tr><th colspan="2">0(OFF)</th><th>1(ON)</th></tr>
<tr><td rowspan="2">b10
b11</td><td rowspan="2">控制线</td><td>无顺序</td><td colspan="2">b11，b10
(0,0)：无 <RS232>
(0,1)：普通模式 <RS232>
(1,0)：互锁模式 <RS232>
(1,1)：调制解调器模式 <RS232,RS485></td></tr>
<tr><td>计算机链接通信</td><td colspan="2">b11，b10
(0,0)：RS485 接口
(1,0)：RS232 接口</td></tr>
<tr><td>b12</td><td colspan="4">不可使用</td></tr>
<tr><td>b13</td><td>和校验</td><td colspan="2">不附加</td><td>附加</td></tr>
<tr><td>b14</td><td>协议</td><td colspan="2">不使用</td><td>使用</td></tr>
<tr><td>b15</td><td>控制顺序</td><td colspan="2">方式 1</td><td>方式 2</td></tr>
</table>

注：起始符和终止符在使用计算机链接通信时必须设定为 0，(b11、b10) 在使用 485BD 和 485ADP 时，如果不使用控制线，须设置为(1、1)；(b15、b14、b13) 在计算机链接时设置为(0、0、0)。

若通信格式的设定如表 4-17 所示，则 D8120 的设定程序如图 4-103 所示。

表 4-17　设定举例

数据长度	7 位	传输速率	19200	终止符	无
奇数偶性	奇数	起始符	无	控制线	无
停止位	1				

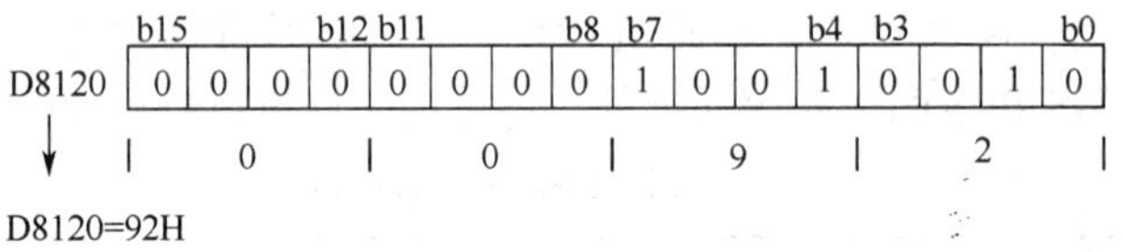

图 4-103　D8120 的设定程序

RS 指令接收和发送数据的程序如图 4-104 所示。

2. 八进制位传送指令 PRUN(PARALLEL RUNING)

<table>
<tr><td colspan="4">FNC 81(D)PRUN(P)16 位 5 步，32 位 9 步　FX_{3U}　FX_{2N}</td></tr>
<tr><td rowspan="2">操作数类别</td><td colspan="3">适合操作数(括号内只支持 FX_{3U} 系列 PLC)</td></tr>
<tr><td>字　元　件</td><td>位　元　件</td><td>其　　他</td></tr>
<tr><td>[S.]</td><td>KnX KnM</td><td>—</td><td>—</td></tr>
<tr><td>[D.]</td><td>KnY KnM</td><td>—</td><td>—</td></tr>
</table>

PRUN 指令是将指定的源数据和目标数据软元件作为八进制数进行数据传送的指令，指令说明如图 4-105 所示。

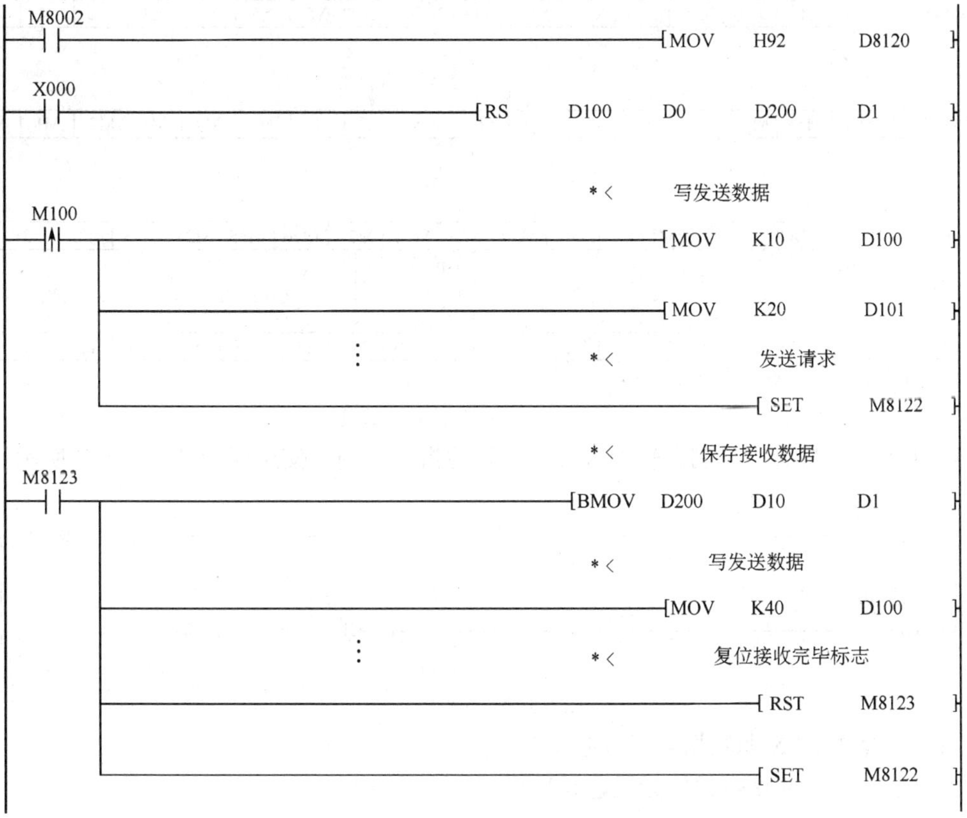

```
M8002
─┤├──────────────────────────[MOV   H92    D8120 ]
X000
─┤├──────────────────[RS    D100   D0     D200   D1 ]
                                 *<   写发送数据
M100
─┤↑├─┬───────────────────────[MOV   K10    D100 ]
     ├───────────────────────[MOV   K20    D101 ]
     │        ⋮                  *<   发送请求
     └───────────────────────[SET   M8122 ]
                                 *<   保存接收数据
M8123
─┤├──┬───────────────────[BMOV  D200   D10    D1 ]
     │                           *<   写发送数据
     ├───────────────────────[MOV   K40    D100 ]
     │        ⋮                  *<   复位接收完毕标志
     ├───────────────────────[RST   M8123 ]
     └───────────────────────[SET   M8122 ]
```

图 4-104 RS 程序

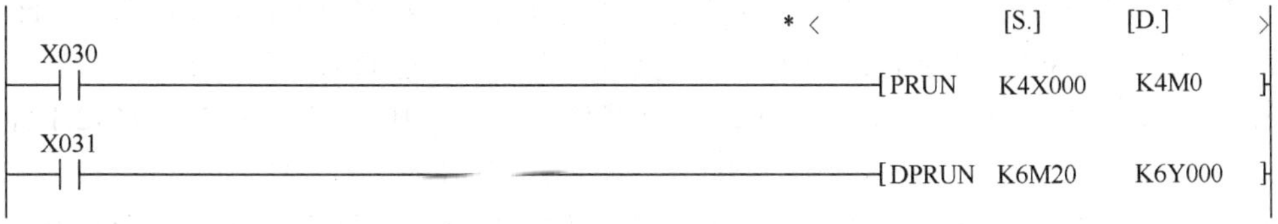

```
                                 *<          [S.]     [D.]   >
X030
─┤├──────────────────────────[PRUN   K4X000   K4M0 ]
X031
─┤├──────────────────────────[DPRUN  K6M20    K6Y000 ]
```

图 4-105 PRUN 指令

[S.]：八进制位传送源数据软元件。

[D.]：八进制位传送目标数据软元件。

图 4-105 程序执行的结果如图 4-106 所示。

3. HEX→ASCII 转换指令 ASCI(ASCII)

FNC82 ASCI(P)16 位 7 步 FX_{3U} FX_{2N}			
操作数类别	适合操作数(括号内只支持 FX_{3U} 系列 PLC)		
	字 元 件	位 元 件	其 他
[S.]	KnX KnY KnM KnS T C D(R U□\G□) V Z	—	K H
[D.]	KnY KnM KnS T C D(R U□\G□)	—	—
n	D(R)	—	K H

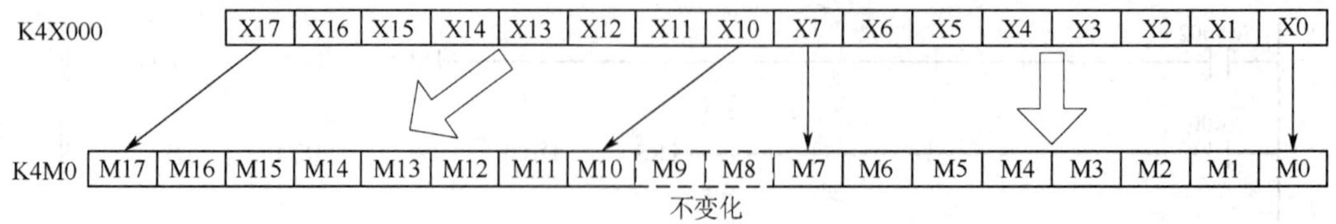

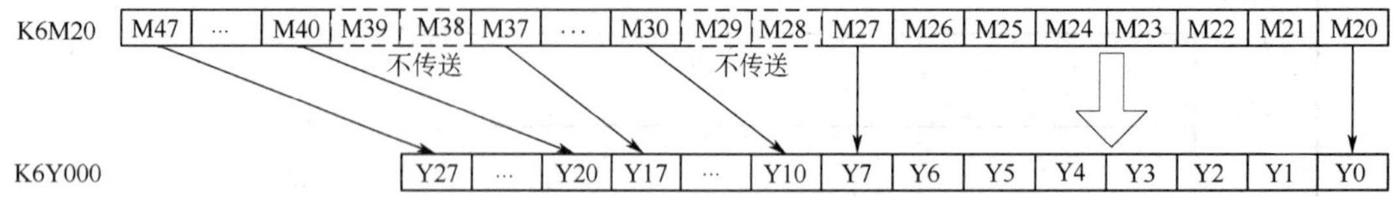

图 4-106　八进制位传送规则

ASCI 指令是将十六进制数转换成 ASCII 码的指令，指令使用说明如图 4-107 所示。

X000 —| |— (M8161)

X010 —| |— [ASCI D10 D20 K4]（[S.] D10，[D.] D20，n K4）

图 4-107　ASCI 指令

[S.]：存放 HEX 源数据软元件起始地址。

[D.]：存放 ASCII 数据软元件起始地址。

n：要转换的 HEX 字符数。

M8161：8 位(16 位)处理模式。

当 M8161 = OFF 时，[S.]中的 HEX 数据的各位按低位到高位的顺序转换成 ASCII 码后，向目标元件[D.]的高 8 位、低 8 位分别传送、存储 ASCII 码，传送的字符数由 n 指定。如(D10) = 0ABCH，当 n = 4 时，则(D20) = 4130H 即 ASCII 码字符“A”和“0”，(D21) = 4342H 即 ASCII 码字符“C”和“B”；当 n = 2 时，则(D20) = 4342H 即 ASCII 码字符“C”和“B”。

当 M8161 = ON 时，[S.]中的 HEX 数据的各位转换成 ASCII 码后，向目标元件[D.]的低 8 位传送、存储 ASCII 码，高 8 位将被忽略(为 0)，传送的字符数由 n 指定。如(D10) = 0ABCH，当 n = 4 时，则(D20) = 0030H 即 ASCII 码字符“0”，(D21) = 0041H 即 ASCII 码字符“A”，(D22) = 0042H 即 ASCII 码字符“B”，(D23) = 0043H 即 ASCII 码字符“C”；当 n = 2 时，则(D20) = 0042H 即 ASCII 码字符“B”，(D21) = 0043H 即 ASCII 码字符“C”。

4. ASCI→HEX 转换指令 HEX(HEXADECIMAL)

FNC83 HEX(P)16 位 7 步　FX_{3U}　FX_{2N}			
操作数类别	适合操作数(括号内只支持 FX_{3U} 系列 PLC)		
	字　元　件	位　元　件	其　他
[S.]	KnX KnY KnM KnS T C D(R U□\G□)	—	K H
[D.]	KnY KnM KnS T C D(R U□\G□) V Z	—	—
n	D(R)	—	K H

HEX 指令是将 ASCII 码数据转换成十六进制数的指令，指令使用说明如图 4-108 所示。

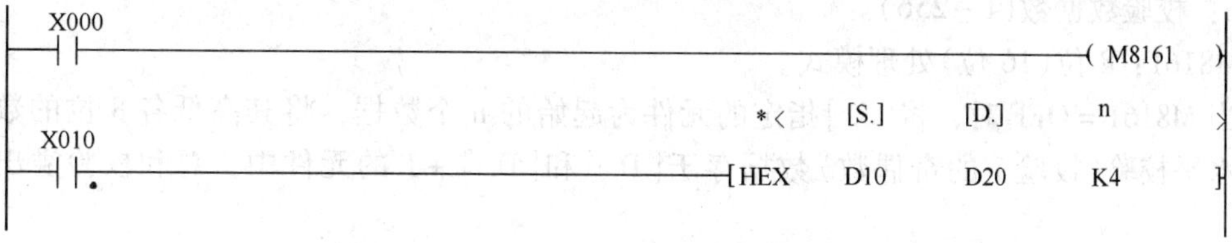

```
 X000
─┤├──────────────────────────────────────( M8161 )
                          *<  [S.]   [D.]   n
 X010
─┤├──────────────────────────[HEX   D10    D20    K4 ]
```

图 4-108　HEX 指令

[S.]：存放 ASCII 源数据软元件起始地址。

[D.]：存放 HEX 数据软元件起始地址。

n：要转换的 ASCII 字符数。

M8161：8 位(16 位)处理模式。

当 M8161 = OFF 时，分别将 D10 的高、低 8 位数据转换成两位 HEX 数，每 2 个源数据传向目标的一个存储单元，存储顺序与原来的相反，转换的字符数由 n 指定。如(D10) = 4130H 即 ASCII 码字符“A”和“0”，(D11) = 4342H 即 ASCII 码字符“C”和“B”，当 n = 4 时，则(D20) = 0ABCH；当 n = 2 时，(D10) = 4342H 即 ASCII 码字符“C”和“B”，则(D20) = 00BCH。

当 M8161 = ON 时，将源数据 D10 的 ASCII 码的低 8 位(高 8 位将被忽略)转换为一个 HEX 数据，每 4 个源数据传向目标的一个存储单元，转换的字符数由 n 指定。如(D10) = 42H 即 ASCII 码字符“B”，(D11) = 43H 即 ASCII 码字符“C”，当 n = 2 时，则(D20) = 00BCH。

在 HEX 指令中，如果源数据[S.]中存储的数据不是 ASCII 码，则运算出错，不能进行 HEX 转换。

5. 校验码指令 CCD(CHECK CODE)

FNC84 CCD(P)16 位 7 步　FX_{3U}　FX_{2N}			
操作数类别	适合操作数(括号内只支持 FX_{3U} 系列 PLC)		
	字　元　件	位　元　件	其　　他
[S.]	KnX KnY KnM KnS T C D(R U□\G□)	—	K H
[D.]	KnY KnM KnS T C D(R U□\G□)	—	—
n	D(R)	—	K H

CCD 指令是计算校验码的专用指令，可以计算总和校验和水平校验数据。在通信数据传输时，常常用 CCD 指令生成校验码，指令使用说明如图 4-109 所示。

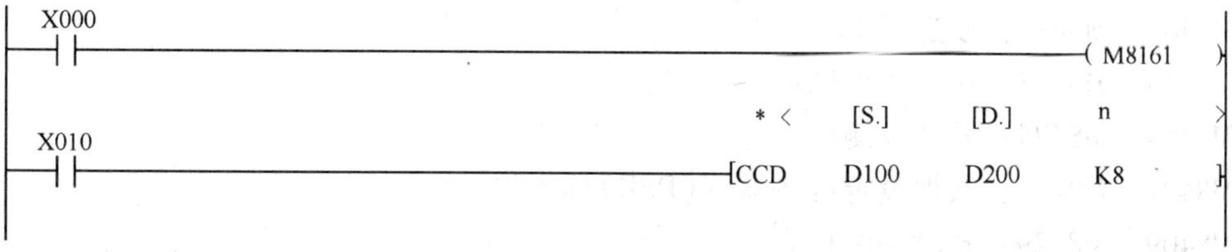

```
 X000
─┤├──────────────────────────────────────( M8161 )
                          *<  [S.]   [D.]    n
 X010
─┤├──────────────────────────[CCD   D100   D200   K8 ]
```

图 4-109　CCD 指令

[S.]：参与校验数据软元件起始地址。

[D.]：保存校验结果的软元件地址。

n：校验数据数(1～256)。

M8161：8位(16位)处理模式。

当M8161＝OFF时，将[S.]指定的元件为起始的n个数据，将其高低各8位的数据总和与水平校验(校验1的奇偶数)数据存于[D.]和[D.]＋1的元件中，总和校验溢出部分无效。

当M8161＝ON时，将[S.]指定的元件为起始的n个数据的低8位，将其数据总和与水平校验数据存于[D.]和[D.]＋1的元件中，[S.]的高8位将被忽略，总和校验溢出部分无效。

6. 串行数据传送2指令RS2

FNC87 RS2 16位9步 FX_{3U}

操作数类别	适合操作数(括号内只支持 FX_{3U} 系列PLC)		
	字元件	位元件	其他
[S.]	D(R)	—	—
m	D(R)	—	K H
[D.]	D(R)	—	—
n	D(R)	—	K H
n1	—	—	K H

RS2指令是在使用RS232C或RS485C功能扩展板或通信适配器进行数据发送和数据接收的指令(FX_{3U}通道1和通道2有效)，实现无协议通信，指令使用说明如图4-110所示。

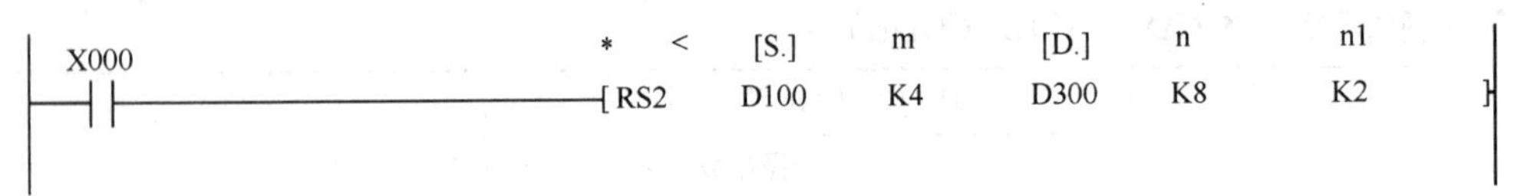

图4-110　RS2指令

[S.]：发送数据的起始软元件地址。

m：发送数据点数。

[D.]：接受数据保存起始软元件地址。

n：接收数据点数。

n1：使用通道号(K1:通道1,K2:通道2)。

M8401、M8421：发送等待标志(前为通道1,后为通道2,下同)。

M8402、M8422：发送请求。

M8403、M8423：接收数据结束。

M8404、M8424：载波检测标志。

M8405、M8425：数据设定准备就绪(DSR)标志位。

M8409、M8429：超时判断标志。

M8063：通信出错标志。

M8161：8位(16位)处理模式。

D8400、D8420：通信格式的设定。

D8402、D8422：发送数据剩余点数。

D8403、D8423：接收数据监控。

D8405、D8425：通信参数的显示。

D8409、D8429：超时时间设定。

D8410、D8430：报头 1，2。

D8411、D8431：报头 3，4。

D8412、D8432：报尾 1，2。

D8413、D8433：报尾 3，4。

D8414、D8434：接收和校验(接收数据)。

D8415、D8435：接收和校验(计数结果)。

D8416、D8436：发送和校验。

D8419、D8439：运行模式显示。

D8063、D8438：串行通信出错的出错代码编号。

RS 指令和 RS2 指令的区别在于 RS2 指令的报头和报尾可以设定 1 ~4 个字符，而 RS 指令只能为 1 个字符，且 RS2 指令可以自动附加和校验，而 RS 指令需要使用和校验程序。

使用 RS 和 RS2 指令需要**注意**，对于同一通信口，不可同时驱动多条串行通信指令。

7. PID 运算指令 PID(PROPORTIONAL INTEGRAL DIFFERENTIAL)

FNC88 PID 16 位 9 步 FX_{3U} FX_{2N}			
操作数类别	适合操作数(括号内只支持 FX_{3U} 系列 PLC)		
	字 元 件	位 元 件	其 他
[S1.]	D(R U□\G□)	—	—
[S2.]	D(R U□\G□)	—	—
[S3.]	D(R)	—	—
[D.]	D(R U□\G□)	—	—

PID 指令是用于过程控制中进行 PID 运算的指令，指令使用说明如图 4-111 所示。

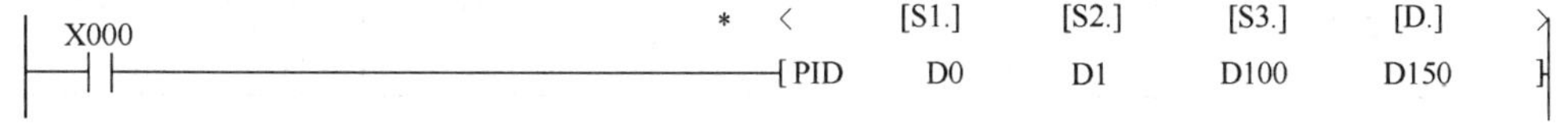

图 4-111　PID 指令

[S1.]：保存目标数据(SV)的数据寄存器地址。

[S2.]：保存测量值(PV)的数据寄存器地址。

[S3.]：保存参数的数据寄存器起始地址。

[D.]：保存输出值(MV)的数据寄存器地址。

目标数据(SV)是指 PID 运算希望得到的目标数据，PID 运算并不改变目标数据，测量值(PV)是 PID 运算的输入值(反馈值)。

设定参数区域[S3.] ~[S3.] +28 见表 4-18。

表 4-18　参数区域设定

项　　目		设定内容
[S3.]	采样时间	1~32767ms
[S3.]+1	动作设定	见表 4-19
[S3.]+2	输入滤波常数(a)	0%~99%
[S3.]+3	比例增益(Kp)	1－32767%
[S3.]+4	积分时间(Ti)	0~32767(100ms)
[S3.]+5	微分增益	0%~100%
[S3.]+6	微分时间	0~32767(100ms)
[S3.]+7~[S3.]+19	PID 运算内部占用	
[S3.]+20	输入变化量增加侧报警设定	0~32767
[S3.]+21	输入变化量增加侧报警设定	0~32767
[S3.]+22	输出变化量增加侧报警设定	0~32767
[S3.]+23	输出变化量增加侧报警设定	0~32767
[S3.]+24	报警输出	
[S3.]+25	PV 临界值(滞后)宽度(SHPV)	根据测量值(PV)的波动设定
[S3.]+26	输出值上限	设定输出值最大值
[S3.]+27	输出值下限	设定输出值最小值
[S3.]+28	从自整定循环结束到 PID 控制开始为止的等待设定参数	50%~32717%

PID[S3.]+1 动作设定见表 4-19。

表 4-19　PID[S3.]+1 动作设定

[S3.]+1							
b8~b15	b6	b5	b4	b3	b2	b1	b0
不使用	=0 阶跃响应法 =1 极限循环法	=0 无输出上下限设定 =1 输出上下限设定有效	=0 自整定不动作 =1 执行自整定	不使用	=0 无输出变化量报警 =1 输出变化量报警有效	=0 无输入变化量报警 =1 输入变化量报警有效	=0 正动作 =1 逆动作

4.10　数据传送指令(二)

数据传送指令(二)是对变址寄存器的处理指令，指令见表 4-20。

表 4-20　数据传送指令(二)

FNC No.	助记符	指令名称	FX_{3U}	FX_{2N}
102	ZPUSH	变址寄存器成批保存	√	×
103	ZPOP	变址寄存器恢复	√	×

变址寄存器的成批保存指令 ZPUSH 和变址寄存器的恢复指令 ZPOP(INDEX REGISTER PUSH,INDEX REGISTER POP)

FNC102 ZPUSH，FNC103 ZPOP 16 位 3 步 FX_{3U}			
操作数类别	适合操作数(括号内只支持 FX_{3U} 系列 PLC)		
	字 元 件	位 元 件	其 他
[D.]	(D R)	—	—

ZPUSH 指令是暂时保存变址寄存器 V0 ~ V7、Z0 ~ Z7 的当前值的指令，ZPOP 是将 ZPUSH 指令暂时保存在数据寄存器中的变址数据恢复到变址寄存器 V0 ~ V7、Z0 ~ Z7，指令说明如图 4-112 所示。

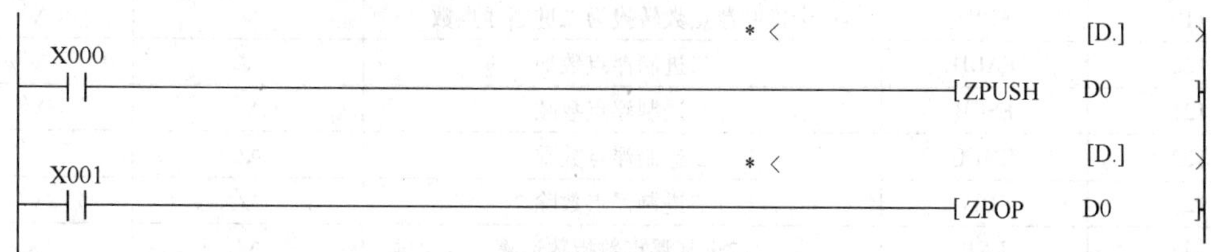

图 4-112 ZPUSH 和 ZPOP 指令

[D.]：暂时成批保存变址寄存器当前值的软元件起始地址。

ZPUSH 指令和 ZPOP 指令保存数据和恢复数据的过程如图 4-113 所示。

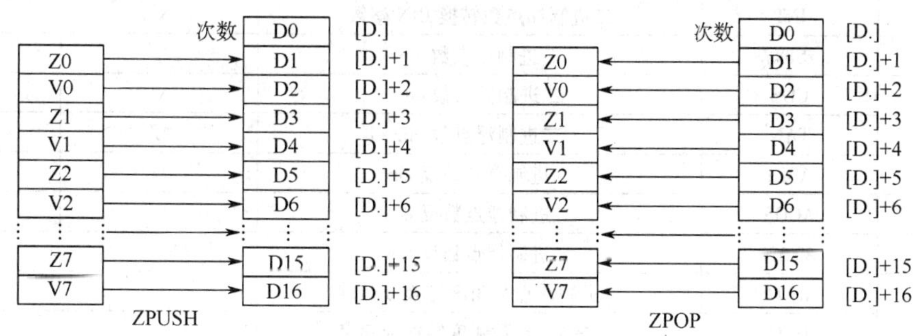

图 4-113 无嵌套时 ZPUSH 和 ZPOP 指令执行过程

ZPUSH 和 ZPOP 指令并行操作时，[D.](D0)的数据只有 0→1 和 1→0；当有嵌套时(连续 2 次以上执行 ZPUSH)，[D.]每执行一个 ZPUSH 指令就加 1，其保存变址数据和恢复变址数据过程是：[D.]由 0→1 时数据保存在[D.] +1 ~ [D.] +16，当[D.]由 1→2 时数据保存在[D.] +17 ~ [D.] +32，依此类推；执行 ZPOP 指令时，当[D.]由 2→1 时恢复数据[D.] +17 ~ [D.] +32 到 V0 ~ V7、Z0 ~ Z7，当[D.]由 1→0 时恢复数据[D.] +1 ~ [D.] +16 到 V0 ~ V7，Z0 ~ Z7。

4.11 浮点数运算指令

浮点数运算指令是对浮点数进行转换、比较、四则运算、开方运算、三角函数运算的指令，指令见表 4-21。

表 4-21　浮点数运算指令

FNC No.	助 记 符	指 令 名 称	FX_{3U}	FX_{2N}
110	ECMP	二进制浮点数比较	√	√
111	EZCP	二进制浮点数区间比较	√	√
112	EMOV	二进制浮点数数据传送	√	×
113	—	—	—	—
114	—	—	—	—
115	—	—	—	—
116	ESTR	二进制浮点数转换为字符串	√	×
117	EVAL	字符串转换为二进制浮点数	√	×
118	EBCD	二进制浮点数转换为十进制浮点数	√	√
119	EBIN	十进制浮点数转换为二进制浮点数	√	√
120	EADD	二进制浮点数加	√	√
121	ESUB	二进制浮点数减	√	√
122	EMUL	二进制浮点数乘	√	√
123	EDIV	二进制浮点数除	√	√
124	EXP	二进制浮点数指数运算	√	×
125	LOGE	二进制浮点数自然对数运算	√	×
126	LOG10	二进制浮点数常用对数运算	√	×
127	ESQR	二进制浮点数开方运算	√	√
128	ENEG	二进制浮点数符号翻转	√	×
129	INT	二进制浮点数转换 BIN 整数	√	√
130	SIN	二进制浮点数 sin	√	√
131	COS	二进制浮点数 cos	√	√
132	TAN	二进制浮点数 tan	√	√
133	ASIN	二进制浮点数反 sin	√	×
134	ACOS	二进制浮点数反 cos	√	×
135	ATAN	二进制浮点数反 tan	√	×
136	RAD	二进制浮点数角度转换成弧度	√	×
137	DEG	二进制浮点数弧度转换成角度	√	×
138	—	—	—	—
139	—	—	—	—

1. 二进制浮点数比较指令 ECMP(EXTENDED COMPARE)

FNC110　(D)　ECMP(P)　32 位 13 步　FX_{3U} FX_{2N}			
操作数类别	适合操作数(括号内只支持 FX_{3U} 系列 PLC)		
	字 元 件	位 元 件	其 他
[S1.]	D(R U□\G□)	—	K H E
[S2.]	D(R U□\G□)	—	K H E
[D.]	—	Y M S(D□.b)	—

ECMP 指令是比较两个二进制浮点数的大小，并将比较结果输出的指令，其使用说明如

图 4-114 所示。

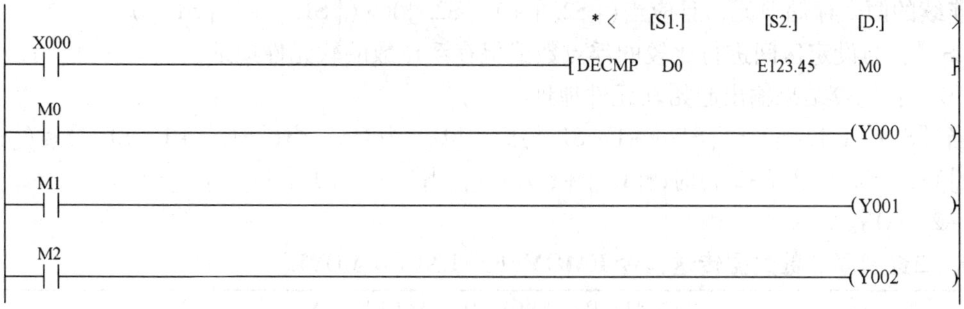

```
               *<   [S1.]   [S2.]     [D.]
 X000
─┤├──────────[DECMP  D0     E123.45   M0   ]
 M0
─┤├────────────────────────────────(Y000 )
 M1
─┤├────────────────────────────────(Y001 )
 M2
─┤├────────────────────────────────(Y002 )
```

图 4-114 ECMP 指令

[S1.]、[S2.]：要比较的两个二进制浮点数或保存浮点数的软元件地址，软元件占用 2 个连续的数据单元，分别为[S1.]+1、[S1.]及[S2.]、[S2.]+1。

[D.]：比较结果输出软元件起始地址。

比较结果：若([S1.]+1 [S1.])>([S2.]+1 [S2]), 则[D.]为 ON；([S1.]+1 [S1.])=([S2.]+1 [S2]), 则[D.]+1 为 ON；([S1.]+1 [S1.])<([S2.]+1 [S2]), 则[D.]+2 为 ON。

图 4-114 中，当(D1 D0)>123.45 时，M0 为 ON；当(D1 D0)=123.45 时，M1 为 ON；当(D1 D0)<123.45 时，M2 为 ON。

需要**注意**：浮点数指令都是 32 位指令(下同)，必须在指令前加 D，即 DECMP、DEADD 形式，而操作数都占用两个连续的数据单元。如果在源操作数中指定了常数 K 和 H 时，系统会自动将数值从 BIN 转化为二进制浮点数后再进行处理。

2. 二进制浮点数区间比较指令 EZCP(EXTENDED ZONE COMPARE)

FNC111 (D) EZCP(P) 32 位 17 步 FX_{3U} FX_{2N}			
操作数类别	适合操作数(括号内只支持 FX_{3U} 系列 PLC)		
	字 元 件	位 元 件	其 他
[S1.]	D(R U□\G□)	—	K H E
[S2.]	D(R U□\G□)	—	K H E
[S.]	D(R U□\G□)	—	K H E
[D.]	—	Y M S(D□. b)	—

EZCP 指令是将一个浮点数与两个浮点数设定的区间进行比较，并将比较结果输出的指令，指令使用说明如图 4-115 所示。

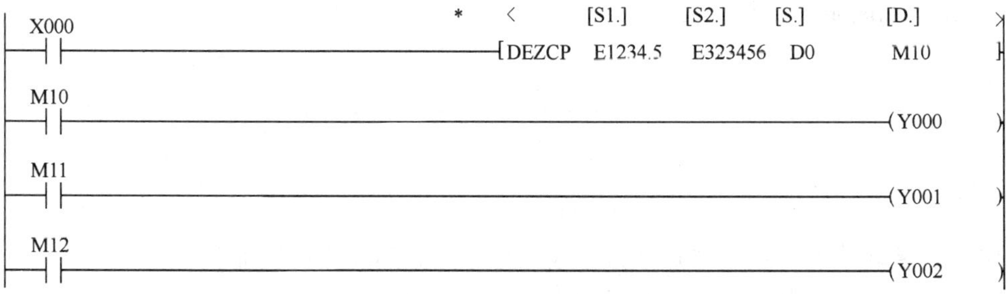

```
               *  <    [S1.]     [S2.]      [S.]   [D.]
 X000
─┤├──────────[DEZCP   E1234.5   E323456    D0     M10  ]
 M10
─┤├────────────────────────────────(Y000 )
 M11
─┤├────────────────────────────────(Y001 )
 M12
─┤├────────────────────────────────(Y002 )
```

图 4-115 EZCP 指令

[S1.]、[S2.]：设定一个比较区间的浮点数或保存浮点数的软元件地址，每个源浮点数占连续的两个存储单元，且应当([S2.]+1 [S2.])>([S1.]+1 [S1.])。

[S.]：与设定区间进行比较的浮点数或保存浮点数的软元件地址。

[D.]：比较结果输出起始软元件地址。

当([S.]+1 [S.])<([S1.]+1 [S1.])时，[D.]为 ON；当([S1.]+1 [S1.])≤([S.]+1 [S.])≤([S2.]+1 [S2.])时，[D.]+1 为 ON；当([S.]+1 [S.])>([S2.]+1 [S2.])时，[D.]+2 为 ON。

3. 二进制浮点数数据传送指令 EMOV(EXTENDED MOVE)

FNC112(D) EMOV(P) 32 位 9 步 FX_{3U}			
操作数类别	适合操作数(括号内只支持 FX_{3U} 系列 PLC)		
	字 元 件	位 元 件	其 他
[S.]	(D R U□\G□)	—	E
[D.]	(D R U□\G□)	—	—

EMOV 指令是二进制浮点数传送指令，指令使用说明如图 4-116 所示。

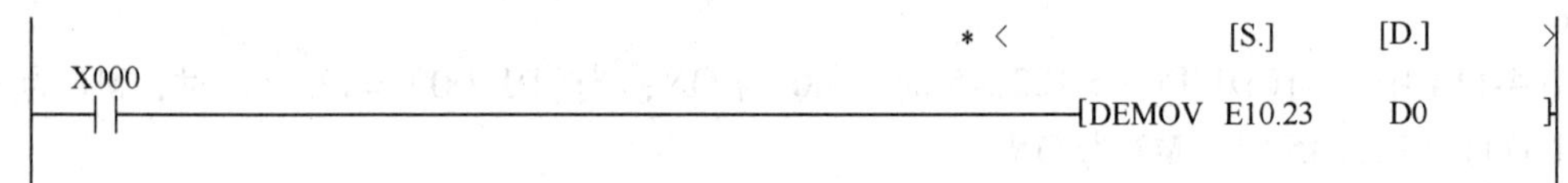

图 4-116 EMOV 指令

[S.]：二进制浮点数传送的源浮点数数据或保存浮点数的软元件地址。

[D.]：二进制浮点数传送的目标软元件地址。

图 4-116 中，当 X000 为 ON 时，将浮点数 10.23 传送到(D1 D0)中。

4. 二进制浮点数转换为字符串指令 ESTR(EXTENDED STRING)

FNC116 (D)ESTR(P) 32 位 13 步 FX_{3U}			
操作数类别	适合操作数(括号内只支持 FX_{3U} 系列 PLC)		
	字 元 件	位 元 件	其 他
[S1.]	D(R U□\G□)	—	E
[S2.]	(KnX KnY KnM KnS D R U□\G□)	—	—
[D.]	(KnY KnM KnS D R U□\G□)	—	—

ESTR 指令是将二进制浮点数或 BIN 数据转换成指定位数的字符串(ASCII 码)的指令，指令使用说明如图 4-117 所示。

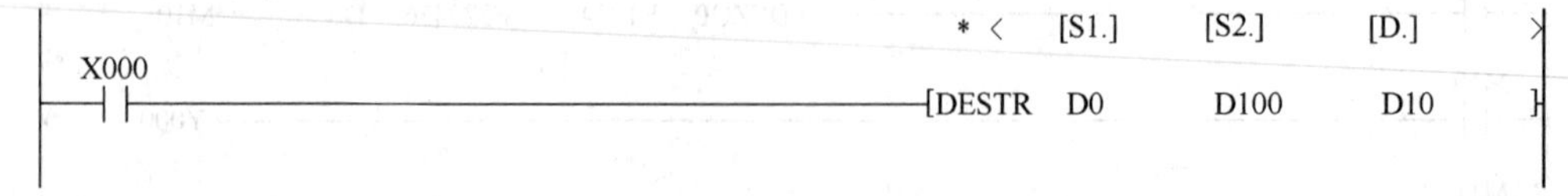

图 4-117 ESTR 指令

[S1.]：要转换的二进制浮点数数据或保存浮点数的软元件地址。

[S2.]：保存二进制浮点数的显示设定的软元件起始地址。

［D.］：保存转换后的字符串的软元件起始地址。

其中设定的［S2.］需占用连续 3 个数据单元。［S2.］=0 时为小数形式显示，［S2.］=1 时指数显示；［S2.］+1 设定所有位数，可以指定 2~24 之间；［S2.］+2 设定小数部分位数。

如将 -1.23456 转换为以小数形式显示的 ASCII 码，要求总位数 8 位，小数点后 4 位，则［S2.］的设定和数据保存方式如图 4-118 所示。

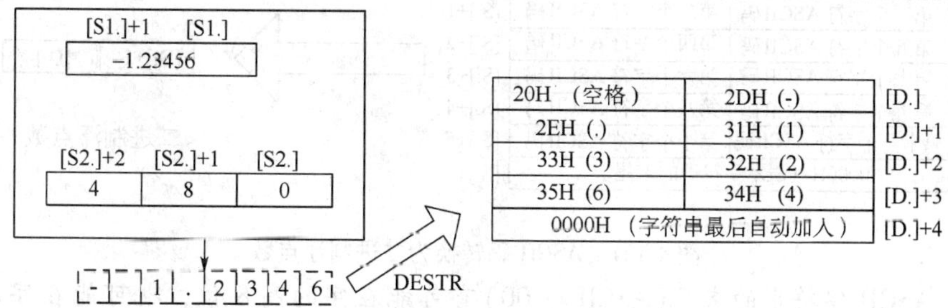

图 4-118　ESTR 指令小数显示方式

如将 123.4567 转化为指数形式显示的 ASCII 码，要求总显示位数 12 位，小数点后保留 4 位，则［S2.］的设定和数据保存方式如图 4-119 所示。

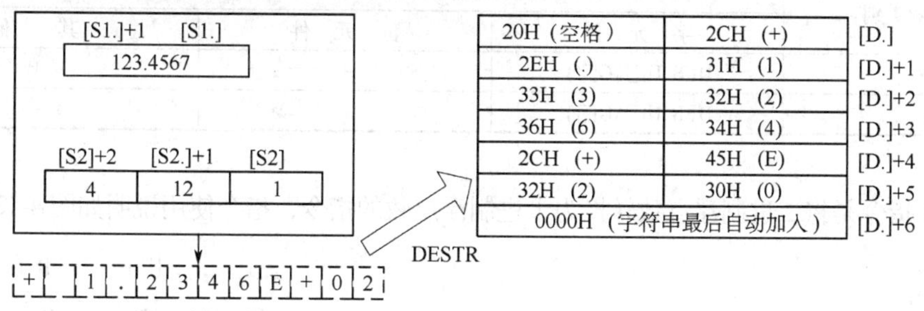

图 4-119　ESTR 指令指数显示方式

在转换时小数点后舍去的部分自动 4 舍 5 入。指数显示方式最后固定为 2 位指数位（占用 4 个位），设置位数时需注意。

5. 字符串转换为二进制浮点数指令 EVAL（EXTENDED VALUE）

FNC117（D）EVAL（P）　32 位 13 步　FX_{3U}			
操作数类别	适合操作数（括号内只支持 FX_{3U} 系列 PLC）		
	字　元　件	位　元　件	其　　他
［S.］	（KnX KnY KnM KnS D R U□\G□）	—	—
［D.］	（D R U□\G□）	—	—

EVAL 指令是将字符串（ASCII 码）转换成 BIN 数据的指令，指令使用说明如图 4-120 所示。

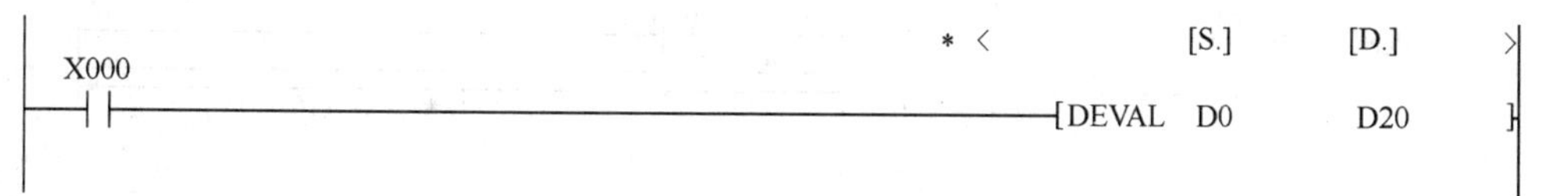

图 4-120　EVAL 指令

[S.]：保存要转换的字符串的软元件起始地址。

[D.]：保存已转换的二进制浮点数数据的软元件地址。

图 4-120 程序中，当 X000 为 ON 时，将 D0 开始的字符串（到 ASCII 码 00 结束）转化为二进制浮点数到存放到（D21 D20）中。转化的数位排列如图 4-121 所示。

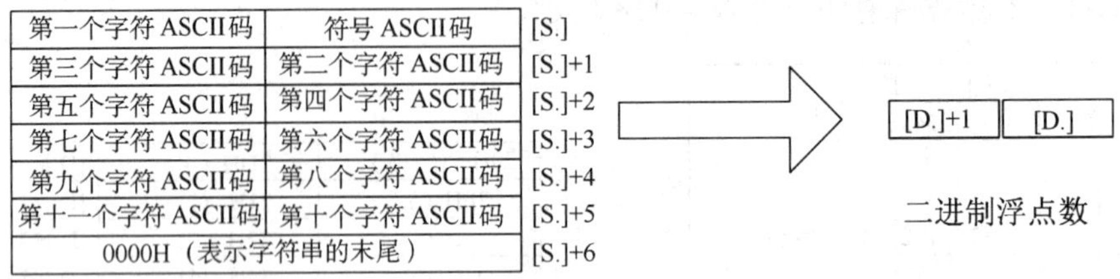

图 4-121　ASCII 码转换为二进制浮点数

注意：ASCII 字符串的末尾（ASCII 码 00）有可能在字的高 8 位，也可能在字的低 8 位。源 ASCII 码可以是小数形式，也可以是指数形式，其转化的过程正好与 ESTR 指令相反。

6. 二进制浮点数转换为十进制浮点数指令 EBCD（EXTENDED BINARY CODE TO DECIMAL）

FNC118（D）EBCD（P）32 位 9 步　FX_{3U} FX_{2N}			
操作数类别	适合操作数（括号内只支持 FX_{3U} 系列 PLC）		
	字　元　件	位　元　件	其　他
[S.]	D（R U□\G□）	—	E
[D.]	D（R U□\G□）	—	—

EBCD 指令是将二进制浮点数转换为十进制浮点数的指令，指令使用说明如图 4-122 所示。

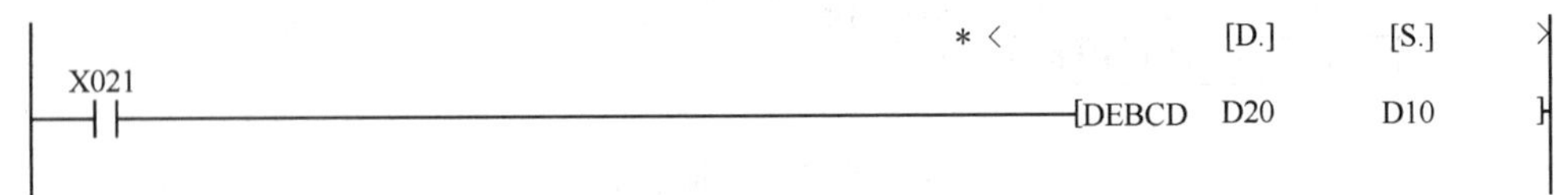

图 4-122　EBCD 指令

[S.]：保存二进制浮点数的数据寄存器地址（两个单元）。

[D.]：保存转换后的十进制浮点数的数据寄存器地址（两个单元）。

二进制浮点数转换为十进制浮点数如图 4-123 所示。

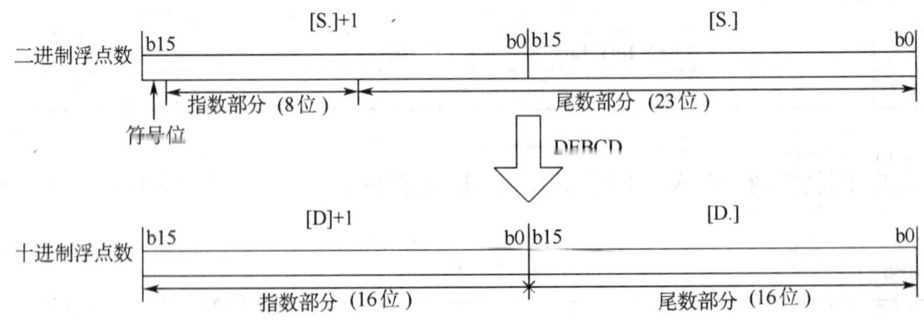

图 4-123　二进制浮点数转化为十进制浮点数

二进制浮点数的表示方法在 FLT 指令时已经讲过，十进制浮点数的表示方法是[D.]×$10^{[D.]+1}$，在指令运算过程中，都是以二进制浮点数执行，但由于二进制浮点数不太好理解，所以转换为十进制浮点数以方便外围设备进行监控。

7. 十进制浮点数转换为二进制浮点数指令 EBIN(EXTENDED BINARY)

FNC119(D)EBIN(P)　32 位 9 步　FX_{3U} FX_{2N}			
操作数类别	适合操作数(括号内只支持 FX_{3U} 系列 PLC)		
	字 元 件	位 元 件	其 他
[S.]	D(R U□\G□)	—	E
[D.]	D(R U□\G□)	—	—

EBIN 指令是将十进制浮点数转换为二进制浮点数的指令，指令使用说明如图 4-124 所示。

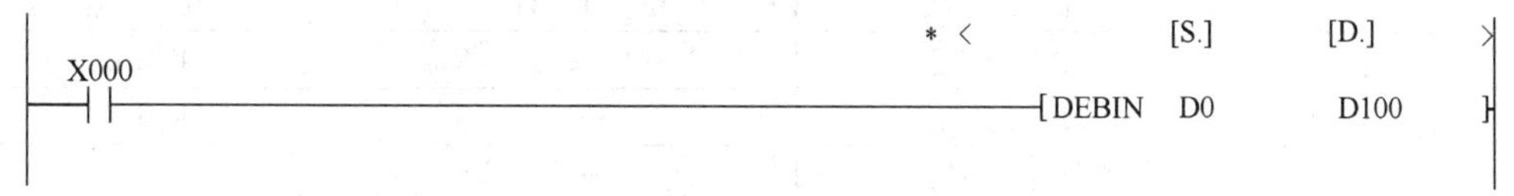

图 4-124　EBIN 指令

[S.]：保存十进制浮点数的数据寄存器地址(2 个单元)。

[D.]：保存转换后的二进制浮点数的数据寄存器地址(2 个单元)。

十进制浮点数转换为二进制浮点数如图 4-125 所示。

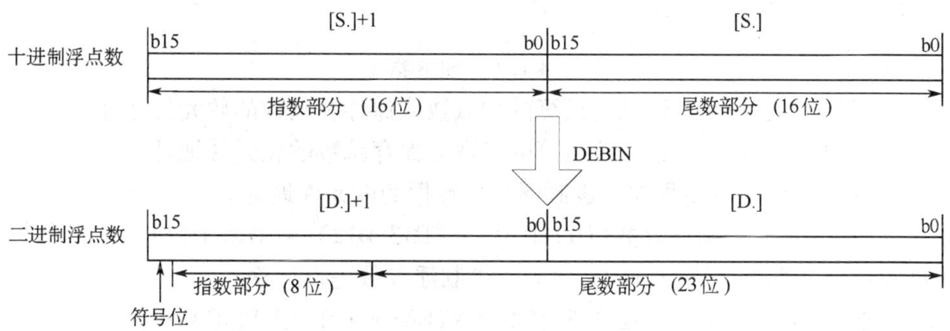

图 4-125　十进制浮点数转换为二进制浮点数

8. 二进制浮点数加法运算指令 EADD(EXTENDED ADDITION)

FNC120 (D)EADD(P)　32 位 13 步　FX_{3U} FX_{2N}			
操作数类别	适合操作数(括号内只支持 FX_{3U} 系列 PLC)		
	字 元 件	位 元 件	其 他
[S1.]、[S2.]	D(R U□\G□)	—	K H E
[D.]	D(R U□\G□)	—	K H E
	D(R U□\G□)	—	—

EADD 指令是求 2 个浮点数之和的指令，指令使用说明如图 4-126 所示。

[S1.]：进行二进制浮点数加法运算的被加数或保存被加数的软元件地址。

[S2.]：进行二进制浮点数加法运算的加数或保存加数的软元件地址。

* < [S1.] [S2.] [D.]
X010
DEADD D0 D2 D4

图 4-126 EADD 指令

[D.]：保存加法运算结果的二进制浮点数数据的软元件地址。

图 4-126 中，将二进制浮点数(D1 D0)+(D3 D2)→(D5 D4)，如果参与运算的数为常数 K 或 H，则在运算中自动转化为二进制浮点数进行运算。

9. 二进制浮点数减法运算指令 ESUB(EXTENDED SUBTRACTION)

FNC121 (D)ESUB(P) 32 位 13 步 FX_{3U} FX_{2N}			
操作数类别	适合操作数(括号内只支持 FX_{3U} 系列 PLC)		
	字 元 件	位 元 件	其 他
[S1.]	D(R U□\G□)	—	K H E
[S2.]	D(R U□\G□)	—	K H E
[D.]	D(R U□\G□)	—	—

ESUB 指令是求 2 个浮点数之差的指令，指令使用说明如图 4-127 所示。

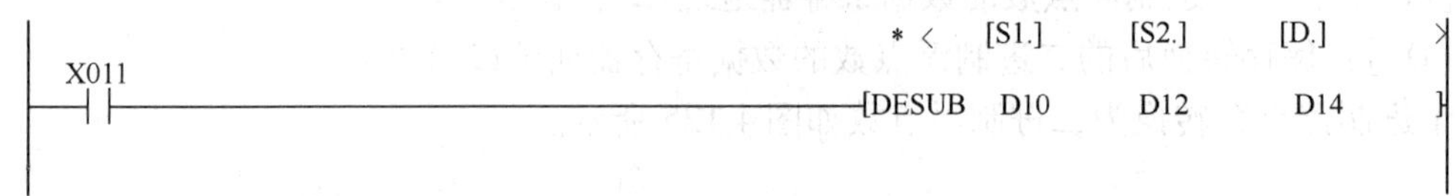

图 4-127 ESUB 指令

[S1.]：进行二进制浮点数减法运算的被减数或保存被减数的软元件地址。

[S2.]：进行二进制浮点数减法运算的减数或保存减数的软元件地址。

[D.]：保存减法运算结果的二进制浮点数数据的软元件地址。

图 4-127 中，将二进制浮点数(D11 D10)-(D13 D12)→(D15 D14)，如果参与运算的数为常数 K 或 H，则在运算中自动转化为二进制浮点数进行运算。

10. 二进制浮点数乘法运算指令 EMUL(EXTENDED MULTIPLICATION)

FNC122 (D)EMUL(P) 32 位 13 步 FX_{3U} FX_{2N}			
操作数类别	适合操作数(括号内只支持 FX_{3U} 系列 PLC)		
	字 元 件	位 元 件	其 他
[S.]	D(R U□\G□)	—	K H E
[S1.]	D(R U□\G□)	—	K H E
[D.]	D(R U□\G□)	—	—

EMUL 指令是求 2 个浮点数之积的指令，指令使用说明如图 4-128 所示。

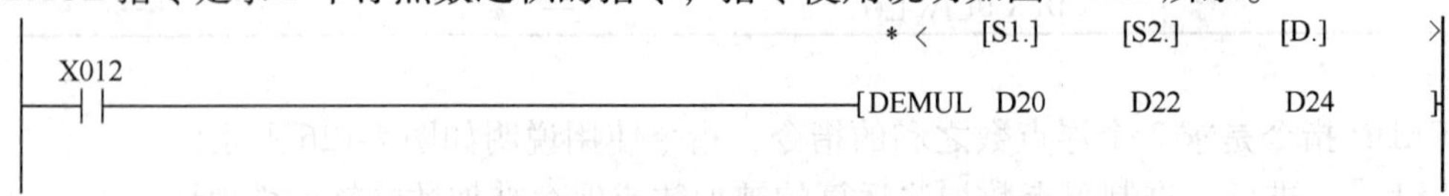

图 4-128 EMUL 指令

[S1.]：进行二进制浮点数乘法运算的被乘数或保存被乘数的软元件地址。

[S2.]：进行二进制浮点数乘法运算的乘数或保存乘数的软元件地址。

[D.]：保存乘法运算结果的二进制浮点数数据的软元件地址。

图 4-128 中，将二进制浮点数(D21 D20)×(D23 D22)→(D25 D24)，如果参与运算的数为常数 K 或 H，则在运算中自动转化为二进制浮点数进行运算。

11. 二进制浮点数除法运算指令 EDIV(EXTENDED DIVISION)

FNC123 (D)EDIV(P) 32 位 13 步 FX_{3U} FX_{2N}			
操作数类别	适合操作数(括号内只支持 FX_{3U} 系列 PLC)		
	字 元 件	位 元 件	其 他
[S1.]	D(R U□\G□)	—	K H E
[S2.]	D(R U□\G□)	—	K H E
[D.]	D(R U□\G□)	—	—

EDIV 指令是求 2 个浮点数之商的指令，指令使用说明如图 4-129 所示。

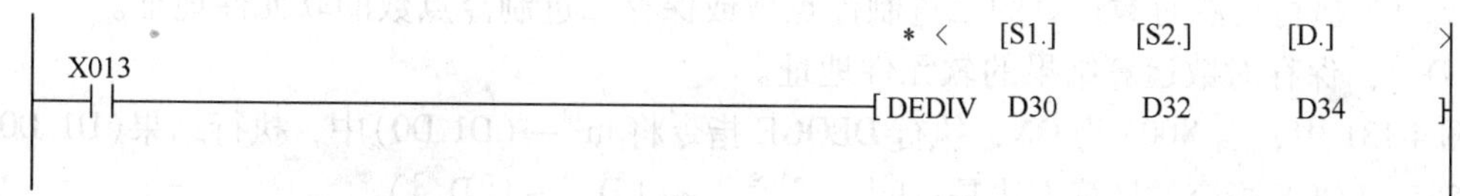

图 4-129 EDIV 指令

[S1.]：进行二进制浮点数除法运算的被除数或保存被除数的软元件地址。

[S2.]：进行二进制浮点数除法运算的除数或保存除数的软元件地址。

[D.]：保存除法运算结果的二进制浮点数数据的软元件地址。

图 4-129 中，将二进制浮点数(D31 D30)÷(D33 D32)→(D35 D34)，如果参与运算的数为常数 K 或 H，则在运算中自动转化为二进制浮点数进行运算。

12. 二进制浮点数指数运算指令 EXP(EXPONEND)

FNC124 (D)EXP(P) 32 位 9 步 FX_{3U}			
操作数类别	适合操作数(括号内只支持 FX_{3U} 系列 PLC)		
	字 元 件	位 元 件	其 他
[S.]	(D R U□\G□)	—	E
[D.]	(D R U□\G□)	—	—

EXP 指令是以 e(2.71828…)为底的指数运算指令，指令使用说明如图 4-130 所示。

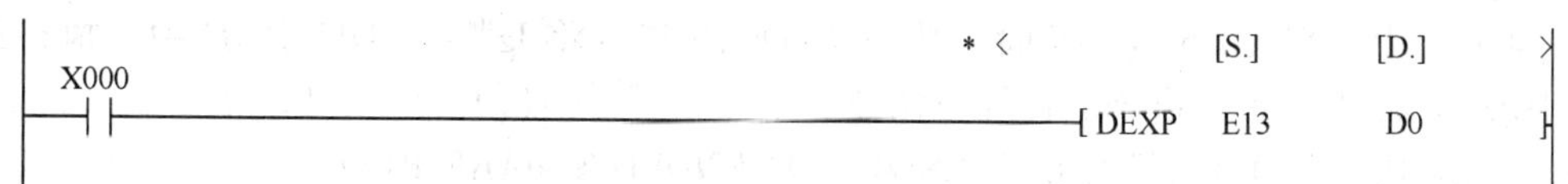

图 4-130 EXP 指令

[S.]：指数数据或保存指数数据的软元件地址。

[D.]：保存指数运算结果软元件地址。

图 4-130 中，当 X000 为 ON，执行 DEXP 指令将 e^{13}→(D1 D0)，执行结果(D1 D0)=442413.4，EXP 指令的计算方法是：$e^{([S.]+1[S.])}$→([D.]+1[D.])。

EXP 指令的运算结果应该在 2^{-126} ~ 2^{128} 之间，超过此范围时 M8067 为 ON。

13. 二进制浮点数对数运算指令 LOGE(NATURAL LOGARITHM)

FNC125 (D)LOGE(P) 32 位 9 步 FX_{3U}			
操作数类别	适合操作数(括号内只支持 FX_{3U} 系列 PLC)		
	字 元 件	位 元 件	其 他
[S.]	(D R U□\G□)	—	E
[D.]	(D R U□\G□)	—	—

LOGE 指令是计算浮点数的自然对数的指令，指令使用说明如图 4-131 所示。

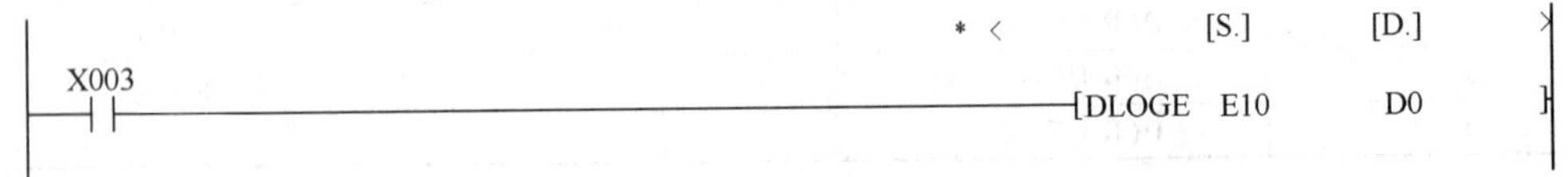

图 4-131 LOGE 指令

[S.]：执行自然对数运算的二进制浮点数或保存二进制浮点数的软元件地址。

[D.]：保存对数运算结果的软元件地址。

图 4-131 中，当 X003 为 ON，执行 DLOGE 指令将 $\ln^{10}$→(D1 D0)中，执行结果(D1 D0) = 2.302585，LOGE 指令的计算方法是：$\ln^{([S.]+1[S.])}$→([D.]+1[D.])。

14. 二进制浮点数常用对数运算指令 LOG10(COMMON LOGARITHM)

FNC126 (D)LOG10(P) 32 位 9 步 FX_{3U}			
操作数类别	适合操作数(括号内只支持 FX_{3U} 系列 PLC)		
	字 元 件	位 元 件	其 他
[S.]	(D R U□\G□)	—	E
[D.]	(D R U□\G□)	—	—

LOG10 指令是计算以 10 为底的对数的指令，指令使用说明如图 4-132 所示。

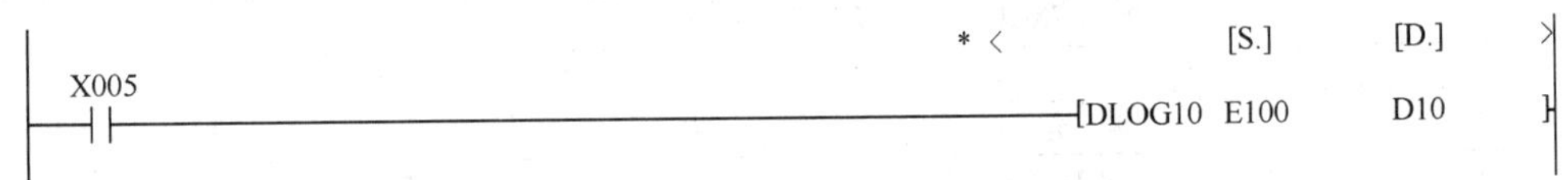

图 4-132 LOG10 指令

[S.]：执行常用对数运算的二进制浮点数或保存二进制浮点数的软元件地址。

[D.]：保存对数运算结果的软元件地址。

图 4-132 中，当 X005 为 ON 时，执行 DLOG10 指令将 $\lg^{100}$→(D11 D10)中，执行结果(D11 D10) =2，LOGE10 指令的计算方法是：$\lg^{([S.]+1[S.])}$→([D.]+1[D.])。

15. 二进制浮点数开方运算指令 ESQR(EXTENDED SQuARE ROOT)

FNC127 (D)ESQR(P) 32 位 9 步 FX_{3U} FX_{2N}			
操作数类别	适合操作数(括号内只支持 FX_{3U} 系列 PLC)		
	字 元 件	位 元 件	其 他
[S.]	D (R U□\G□)	—	K H E
[D.]	D (R U□\G□)	—	—

ESQR 指令是将二进制浮点数进行开方运算的指令，指令使用说明如图 4-133 所示。

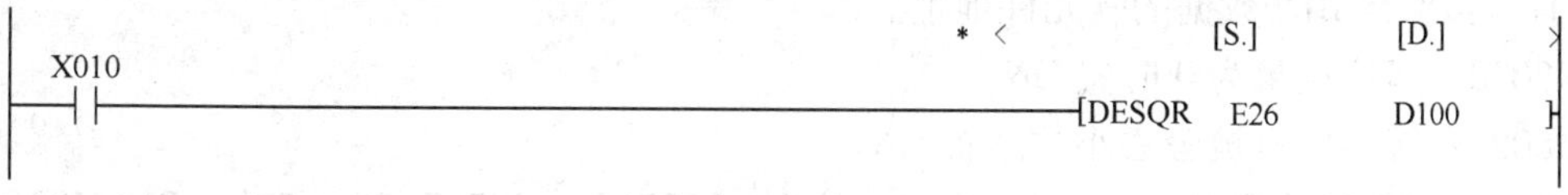

X010 ─┤├─ [DESQR E26 D100]（[S.] E26，[D.] D100）

图 4-133　ESQR 指令

[S.]：开方运算的数值保存开方运算的数值的软元件地址。

[D.]：保存开方运算的结果的软元件地址。

图 4-133 中，当 X010 为 ON 时，执行 DESQR 指令，即将 $\sqrt{26}$→(D101 D100)中，(D101 D100) = 5.09902。

16. 二进制浮点数符号翻转指令 ENEG(EXTENDED NEGATION)

FNC128 (D)ENEG(P) 32 位 5 步　FX_{3U}			
操作数类别	适合操作数(括号内只支持 FX_{3U} 系列 PLC)		
	字　元　件	位　元　件	其　　他
[D.]	(D R U□\G□)	—	—

ENEG 指令是将二进制浮点数符号位进行翻转的指令，指令使用说明如图 4-134 所示。

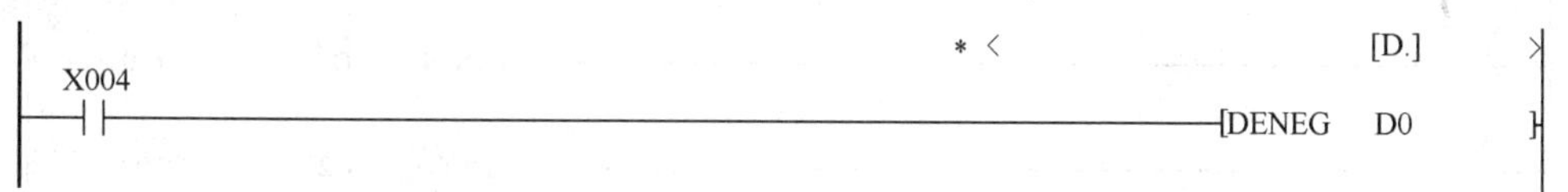

图 4-134　ENEG 指令

[D.]：保存要执行符号翻转的二进制浮点数的软元件地址。

图 4-134 中，当 X004 为 ON 时，将浮点数(D1 D0)的符号位进行翻转，符号位为 0 则翻转后为 1，符号位为 1 则翻转后为 0。要注意连续执行的指令将会连续翻转，因此一般情况需要脉冲执行(DENEGP)方式或脉冲触点驱动。

17. 二进制浮点数转换为 BIN 整数指令 INT(FLOAT TO INTEGER)

FNC129 (D)INT(P) 16 位 5 步，32 位 9 步　FX_{3U} FX_{2N}			
操作数类别	适合操作数(括号内只支持 FX_{3U} 系列 PLC)		
	字　元　件	位　元　件	其　　他
[S.]	D (R U□\G□)	—	—
[D.]	D (R U□\G□)	—	—

INT 指令是将二进制浮点数转换为一般 BIN 数据的指令，该指令可为 16 位和 32 位操作，取决于传送目标的位数。指令使用说明如图 4-135 所示。

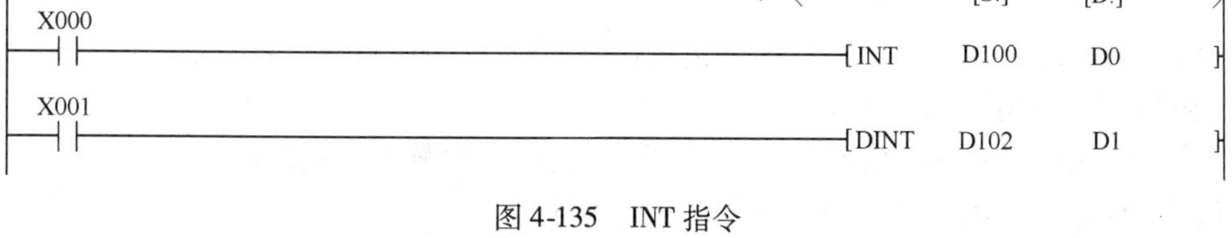

X000 ─┤├─ [INT D100 D0]

X001 ─┤├─ [DINT D102 D1]

（[S.] D100、D102，[D.] D0、D1）

图 4-135　INT 指令

[S.]：保存要转换为 BIN 数据的二进制浮点数的软元件地址。

[D.]：保存 BIN 数据的软元件地址。

M8020：运算结果为 0 时置 ON。

M8021：转换中有被舍去小数时置 ON。

M8022：运算结果超范围置 ON（16 位时 -32768 ~ 32767，32 位时 -2147483648 ~ 2147483647）。

在执行 INT 指令时，小数点部分将舍去，高位溢出部分也将舍去，相应的标志位动作。

18. 二进制浮点数 sin、cos、tan 运算指令 SIN、COS、TAN（SINE，COSINE，TANGENT）

FNC130 (D)SIN(P) FNC131 (D)COS(P) FNC132 (D)TAN(P) 32 位 9 步 FX_{3U} FX_{2N}			
操作数类别	适合操作数（括号内只支持 FX_{3U} 系列 PLC）		
	字 元 件	位 元 件	其 他
[S.]	D (R U□\G□)	—	E
[D.]	D (R U□\G□)	—	—

SIN、COS、TAN 三条指令分别是求角度的 sin 值、cos 值和 tan 值的指令，指令使用说明如图 4-136 所示。

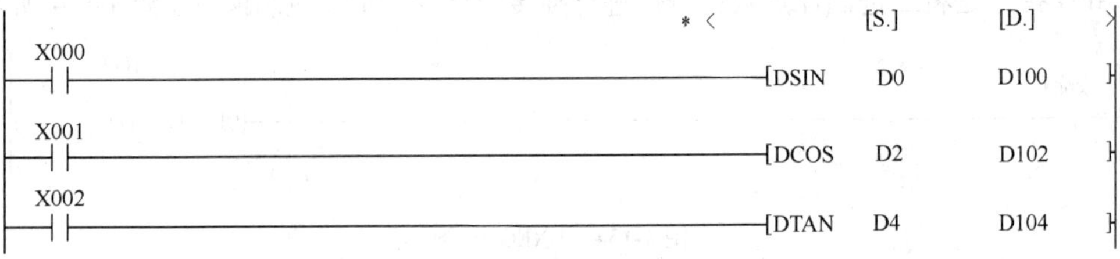

```
                                        *<      [S.]     [D.]
 X000
─┤├──────────────────────────────[DSIN    D0      D100  ]
 X001
─┤├──────────────────────────────[DCOS    D2      D102  ]
 X002
─┤├──────────────────────────────[DTAN    D4      D104  ]
```

图 4-136 SIN、COS、TAN 指令

[S.]：保存角度值的二进制浮点数或软元件地址。

[D.]：保存 sin 值或 cos 值、tan 值的软元件地址。

SIN、COS、TAN 指令均为 32 位指令，不能进行 16 位操作，源操作数和目标操作数都占用两个连续的数据存储单元。

19. 二进制浮点数反 sin、反 cos、反 tan 运算指令 ASIN、ACOS、ATAN（ARC SINE）（ARC COSINE）（ARC TANGENT）

FNC133 (D)ASIN(P) FNC134 (D)ACOS(P) FNC135(D)ATAN(P) 32 位 9 步 FX_{3U}			
操作数类别	适合操作数（括号内只支持 FX_{3U} 系列 PLC）		
	字 元 件	位 元 件	其 他
[S.]	(D R U□\G□)	—	E
[D.]	(D R U□\G□)	—	—

ASIN、ACOS、ATAN 指令是执行反正弦（$\sin^{-1}$）、反余弦（$\cos^{-1}$）、反正切（$\tan^{-1}$）的指令，指令使用说明如图 4-137 所示。

[S.]：保存待求反 sin 值或反 cos 值、反 tan 值的数值软元件地址。

[D.]：保存弧度值的二进制浮点数或软元件地址。

* < [S.] [D.] >
X003 [DASIN D100 D100]
X004 [DACOS D102 D202]
X005 [DATAN D104 D204]

图 4-137 ASIN、ACOS、ATAN 指令

ASIN 运算时([S.]+1 [S.])设定范围是 -1.0~1.0，输出([D.]+1 [D.])则为 $-\pi/2\sim\pi/2$；ACOS 运算时([S.]+1 [S.])设定范围也是 -1.0~1.0，输出([D.]+1 [D.])则为 $0\sim\pi$；ATAN 运算时([S.]+1 [S.])可指定任意实数，输出([D.]+1 [D.])则为 $-\pi/2\sim\pi/2$。

20. 二进制浮点数角度转换为弧度指令 RAD(RADIAN)

FNC136 (D)RAD(P) 32 位 9 步 FX_{3U}

操作数类别	适合操作数(括号内只支持 FX_{3U} 系列 PLC)		
	字 元 件	位 元 件	其 他
[S.]	(D R U□\G□)	—	E
[D.]	(D R U□\G□)	—	—

RAD 指令是将角度单位转换为弧度单位的指令，指令使用说明如图 4-138 所示。

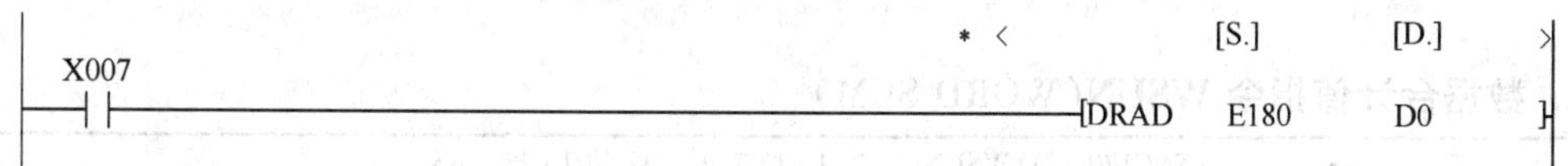

图 4-138 RAD 指令

[S.]：要转换为弧度单位的角度二进制浮点数或保存浮点数的软元件地址。

[D.]：保存弧度二进制浮点数的软元件地址。

RAD 指令转换的公式为：弧度 = 角度 $\times\pi/180$。图 4-138 转化结果(D1 D0)为 π。

21. 二进制浮点数弧度转换为角度指令 DEG(DEGREE)

FNC137 (D)DEG(P) 32 位 9 步 FX_{3U}

操作数类别	适合操作数(括号内只支持 FX_{3U} 系列 PLC)		
	字 元 件	位 元 件	其 他
[S.]	(D R U□\G□)	—	E
[D.]	(D R U□\G□)	—	—

DEG 指令是将弧度单位转换为角度单位的指令，指令使用说明如图 4-139 所示。

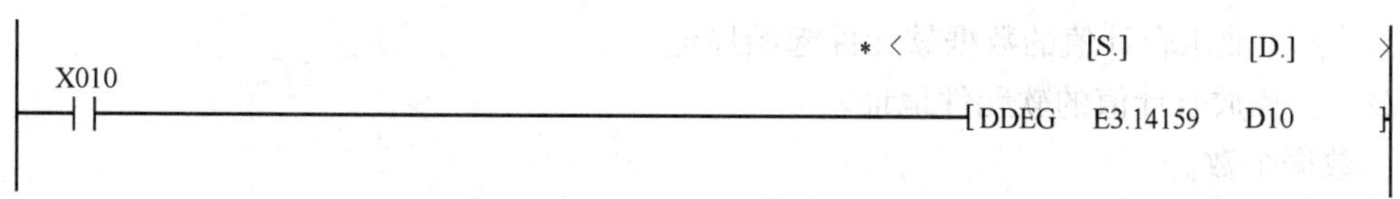

图 4-139 DEG 指令

[S.]：要转换为角度单位的弧度二进制浮点数或保存浮点数的软元件地址。

[D.]：保存角度二进制浮点数的软元件地址。

DEG 指令的转换公式为：角度 = 弧度 ×180/π，图 4-139 转换结果为 180。

4.12 数据处理指令(二)

数据处理指令(二)只支持 FX_{3U} 系列 PLC，指令见表 4-22。

表 4-22 数据处理指令(二)

FNC No.	助 记 符	指 令 名 称	FX_{3U}	FX_{2N}
140	WSUM	数据合计值	√	×
141	WTOB	字节单位的数据分离	√	×
142	BTOW	字节单位的数据结合	√	×
143	UNI	16 位数据的 4 位结合	√	×
144	DIS	16 位数据的 4 位分离	√	×
145	—	—	—	—
146	—	—	—	—
147	SWAP	高低字节互换	√	×
148	—	—	—	—
149	SORT2	数据排列 2	√	×

1. 数据合计值指令 WSUN(WORD SUM)

FNC140 (D)WSUN(P) 16 位 7 步，32 位 13 步 FX_{3U}			
操作数类别	适合操作数(括号内只支持 FX_{3U} 系列 PLC)		
	字 元 件	位 元 件	其 他
[S.]	(T C D R U□\G□)	—	—
[D.]	(T C D R U□\G□)	—	—
n	(D R)	—	K H

WSUM 指令是执行连续的多个数据单元数据求和的指令，指令使用说明如图 4-140 所示。

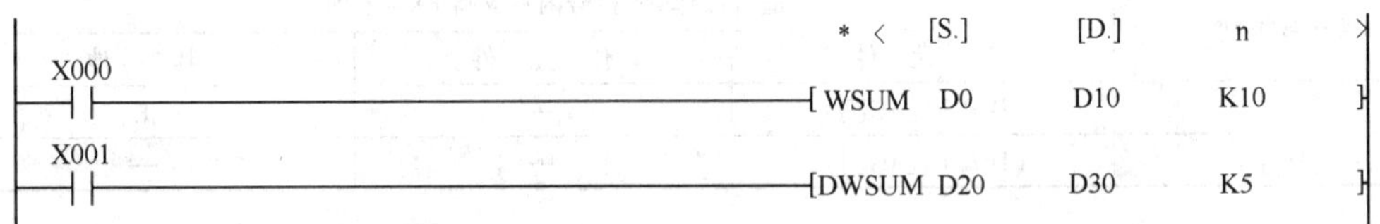

图 4-140 WSUM 指令

[S.]：存放求合计值的数据软元件起始地址。

[D.]：存放合计值的软元件地址。

n：数据个数。

图 4-140 中，当 X000 为 ON 时，将 D0 ~ D9 十个 16 位数据求和，合计值放入 D10 中，当 X001 为 ON 时，将(D21 D20) ~ (D29 D28)5 个 32 位数据求和，合计值放入(D31 D30)中。

2. 字节单位数据分离指令 WTOB(WORD TO BYTE)

FNC141 WTOB(P) 16 位 7 步 FX_{3U}			
操作数类别	适合操作数(括号内只支持 FX_{3U} 系列 PLC)		
	字 元 件	位 元 件	其 他
[S.]	(T C D R U□\G□)	—	—
[D.]	(T C D R U□\G□)	—	—
n	(D R)	—	K H

WTOB 指令是将 16 位数据按照高低字节进行分离的指令，指令使用说明如图 4-141 所示。

```
                                  *<  [S.]   [D.]   n   >
  X000
──┤├──────────────────────────[WTOB   D0     D10    K5  ]
```

图 4-141　WTOB 指令

[S.]：保存要按高低字节进行分离的源数据的起始软元件地址。

[D.]：保存分离出来的数据的起始软元件地址。

n：分离出来的字节个数。

图 4-141 中，假如源操作数 D0 ~ D2 中存放的数据如图 4-142 所示，当 X000 为 ON 时，则分离后 D10 ~ D14 中的数据高字节为 00H，低字节连续保存源数据的高低字节。如果 n 值为奇数时，最末一个源操作数高字节将被忽略。

D0	3FH	20H
D1	0FH	88H
D2	47G	2AH

WTOB ⇒

00H	20H	D10
00H	3FH	D11
00H	88H	D12
00H	0FH	D13
00H	2AH	D14

图 4-142　WTOB 数据分离

3. 字节单位的数据结合指令 BTOW(BYTE TO WORD)

FNC142 BTOW(P) 16 位 7 步 FX_{3U}			
操作数类别	适合操作数(括号内只支持 FX_{3U} 系列 PLC)		
	字 元 件	位 元 件	其 他
[S.]	(T C D R U□\G□)	—	—
[D.]	(T C D R U□\G□)	—	—
n	(D R)	—	K H

BTOW 指令是将数据的低字节结合在一起的指令，指令使用说明如图 4-143 所示。

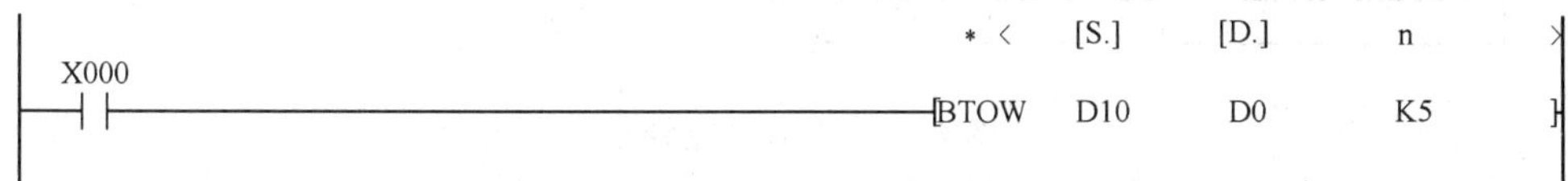

图 4-143　BTOW 指令

[S.]：保存要按照字节进行结合的数据的软元件起始地址。

[D.]：保存已经按字节结合的数据的软元件起始地址。

n：要结合的字节数据个数。

图 4-143 中，假如源操作数 D10 ~ D14 中存放的数据如图 4-144 所示，当 X000 为 ON 时，结合后 D0 ~ D2 中的数据为 D10 ~ D14 中数据的低字节组合，D10 ~ D14 中数据的高字节将被忽略。

D10	0BH	20H
D11	34H	3FH
D12	00H	88H
D13	5E	0FH
D14	08H	2AH

BTOW

3FH	20H	D0
0FH	88H	D1
00H	2AH	D2

图 4-144　BTOW 数据合并

4. 16 位数据 4 位结合指令 UNI(UNIFICATION)

FNC143 UNI(P) 16 位 7 步　FX_{3U}			
操作数类别	适合操作数(括号内只支持 FX_{3U} 系列 PLC)		
	字　元　件	位　元　件	其　他
[S.]	(T C D R U□\G□)	—	—
[D.]	(T C D R U□\G□)	—	—
n	(D R)	—	K H

UNI 指令是将连续的多个 16 位数据的低 4 位结合在一起的指令，指令使用说明如图 4-145 所示。

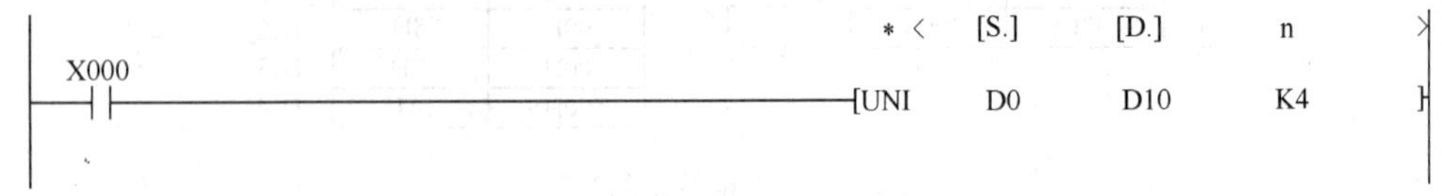

图 4-145　UNI 指令

[S.]：保存要结合的数据软元件的起始地址。

[D.]：保存已结合的数据软元件地址。

n：结合数(0 ~ 4, 0 时不结合)。

图 4-145 中，当 X000 为 ON 时，将 D0 ~ D3 中的低 4 位进行结合，结果放入 D10 中，结合过程如图 4-146 所示。

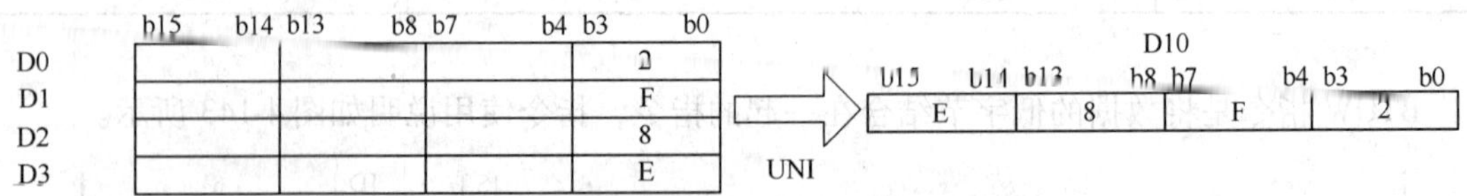

图 4-146　UNI 数据结合

当 n 的值小于 4 时，则高位将设置为 0。

5. 16 位数据 4 位分离指令 DIS(DISSOCIATION)

操作数类别	适合操作数(括号内只支持 FX_{3U} 系列 PLC)		
FNC144 DIS(P) 16 位 7 步 FX_{3U}			
	字 元 件	位 元 件	其 他
[S.]	(T C D R U□\G□)	—	—
[D.]	(T C D R U□\G□)	—	—
n	(D R)	—	K H

DIS 指令是将连续的 16 位数据以 4 位为单位进行分离的指令，指令使用说明如图 4-147 所示。

X000 ─┤├─ [DIS D10 D0 K4]

图 4-147 DIS 指令

[S.]：保存要分离的数据软元件地址。

[D.]：保存分离的数据软元件起始地址。

n：分离数(0～4)。

图 4-147 中，当 X000 为 ON 时，将 D10 的 16 个位按 4 位为 1 组进行分离，保存在 D0～D3 中，分离过程如图 4-148 所示。

D10: b15～b12 = 3, b11～b8 = 8, b7～b4 = E, b3～b0 = A → DIS →

	b15～b12	b11～b8	b7～b4	b3～b0
D0	0	0	0	A
D1	0	0	0	E
D2	0	0	0	8
D3	0	0	0	3

图 4-148 DIS 数据分离

分离后的数据保存在目标数据单元中的低 4 位，高位(12 个位)填充 0，如果 n 小于 4，则源数据中的高位部分被忽略。

6. 高低字节互换指令 SWAP

操作数类别	适合操作数(括号内只支持 FX_{3U} 系列 PLC)		
FNC147 (D)SWAP(P) 16 位 3 步，32 位 5 步 FX_{3U} FX_{2N}			
	字 元 件	位 元 件	其 他
[D.]	KnY KnM KnST C D (R U□\G□) V Z	—	—

SWAP 指令是将数据单元中的高字节和低字节进行互换的指令，指令使用说明如图 4-149 所示。

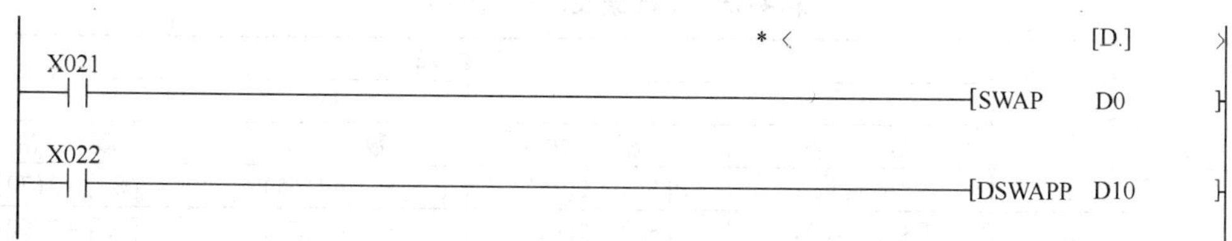

图 4-149 SWAP 指令

[D.]：保存高低字节交换的数据的软元件地址。

在图 4-149 中，假如 D0 源数据为 2FDAH，（D11 D10）中为 12A0BC2EH，则当 X021 为 ON 时，D0 为 DA2FH，当 X022 为 ON 时，（D11 D10）为 A0122EBCH，如图 4-150 所示。

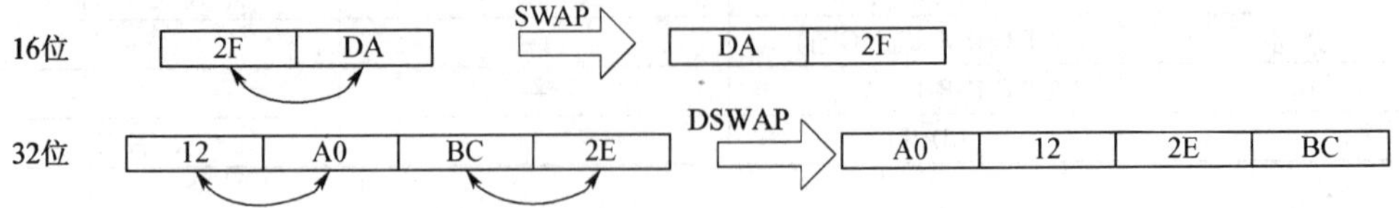

图 4-150　高低位交换过程

SWAP 指令源操作数也是目标操作数，所以要注意连续执行的情况可能使结果存在不确定性，因此应采用脉冲执行指令或用脉冲回路驱动。

7. 数据排列 2 指令 SORT2

FNC149（D）SORT2 16 位 11 步，32 位 21 步　FX_{3U}			
操作数类别	适合操作数（括号内只支持 FX_{3U} 系列 PLC）		
	字　元　件	位　元　件	其　　他
[S.]	（D R）	—	—
m1	—	—	K H
m2	—	—	K H
[D.]	（D R）	—	—
n	（D R）	—	K H

SORT2 与 SORT 指令相似，用于将数据行和数据列构成的表格，按照指定的数据列标准，以行为单位将数据表格重新升序排列，指令使用说明如图 4-151 所示。

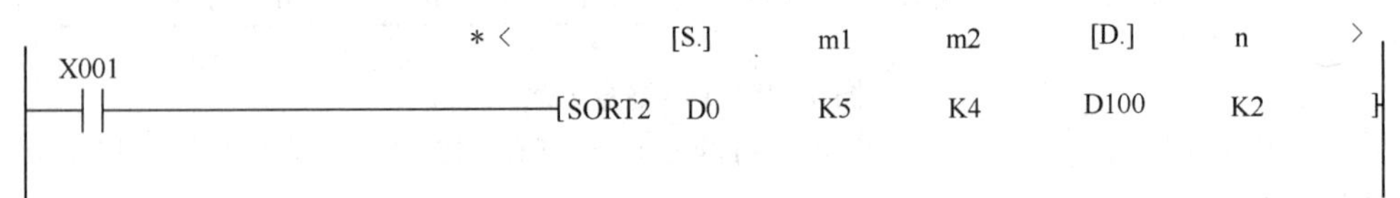

图 4-151　SORT2 指令

[S.]：保存表格数据的起始软元件地址（占用 m1 × m2 点）。

m1：数据行数。

m2：数据列数。

[D.]：保存数据排列结果的软元件起始地址（占用 m1 × m2 点）。

n：作为排列标准的列指定（≤m2）。

假如源数据表的内容如表 4-23 所示，执行图 4-151 程序，在目标表格中数据排列如表 4-24。

表 4-23　源数据表（D0 ~ D19）

列　号 / 行　号		列数 m2			
		1	2	3	4
		学　号	语　文	数　学	政　治
行数 m2	1	[S.]（1）	[S.] +1（75）	[S.] +2（65）	[S.] +3（70）
	2	[S.] +4（2）	[S.] +5（90）	[S.] +6（70）	[S.] +7（90）
	3	[S.] +8（3）	[S.] +9（80）	[S.] +10（90）	[S.] +11（80）
	4	[S.] +12（4）	[S.] +13（50）	[S.] +14（40）	[S.] +15（58）
	5	[S.] +16（5）	[S.] +17（75）	[S.] +18（70）	[S.] +19（95）

表 4-24　n=2 目标表格数据(D100 ~ D119)

行号＼列号		列数 m2			
		1	2	3	4
		学　号	语　文	数　学	政　治
行数 m2	1	[D.](4)	[D.]+1(50)	[D.]+2(40)	[D.]+3(58)
	2	[D.]+4(1)	[D.]+5(75)	[D.]+6(65)	[D.]+7(70)
	3	[D.]+8(5)	[D.]+9(75)	[D.]+10(70)	[D.]+11(95)
	4	[D.]+12(3)	[D.]+13(80)	[D.]+14(90)	[D.]+15(80)
	5	[D.]+16(2)	[D.]+17(90)	[D.]+18(70)	[D.]+19(90)

数据将按照第 2 列的升序进行排列，其他的列序也作相应的调整。如果图 4-151 程序中 n 的值为 K4，则目标表格数据排列如表 4-25 所示。

表 4-25　n=4 目标表格数据(D100 ~ D119)

行号＼列号		列数 m2			
		1	2	3	4
		学　号	语　文	数　学	政　治
行数 m2	1	[D.](4)	[D.]+1(50)	[D.]+2(40)	[D.]+3(58)
	2	[D.]+4(1)	[D.]+5(75)	[D.]+6(65)	[D.]+7(70)
	3	[D.]+8(3)	[D.]+9(80)	[D.]+10(90)	[D.]+11(80)
	4	[D.]+12(2)	[D.]+13(90)	[D.]+14(70)	[D.]+15(90)
	5	[D.]+16(5)	[D.]+17(75)	[D.]+18(70)	[D.]+19(95)

SORT2 与 SORT 指令不同在于，SORT2 指令源数据软元件和目标数据软元件排列是以行连续，而 SORT 指令是以列连续，因此，SORT2 方便增加数据行，而 SORT 方便增加数据列。此外，SORT2 指令可以进行 16 位和 32 位操作，而 SORT 指令只能进行 16 位操作。

4.13　定位控制指令

定位控制指令是利用 PLC 的脉冲输出功能进行定位控制的指令，仅晶体管输出 PLC 支持定位控制指令，指令见表 4-26。

表 4-26　定位控制指令

FNC No.	助　记　符	指　令　名　称	FX_{3U}	FX_{2N}
150	DSZR	带 DOG 搜索的原点回归	√	×
151	DVIT	中断定位	√	×
152	TBL	表格设定定位	√	×
153	—	—	—	—
154	—	—	—	—
155	ABS	读出 ABS 当前值	√	√
156	ZRN	原点回归	√	√
157	PLSV	可变脉冲输出	√	√
158	DRVI	相对定位	√	×
159	DRVA	绝对定位	√	×

1. 带 DOG 搜索的原点回归指令 DSZR(ZERO RETURN WITH DOG SEARCH)

FNC150 DSZR 16 位 9 步 FX_{3U}			
操作数类别	适合操作数(括号内只支持 FX_{3U} 系列 PLC)		
	字 元 件	位 元 件	其 他
[S1.]	—	(X Y M T D□. b)	—
[S2.]	—	(X)	—
[D1.]	—	(Y)	—
[D2.]	—	(Y M T D□. b)	—

DSZR 指令是执行原点回归，是实现机械位置与可编程控制器内的当前寄存器一致的指令，指令使用说明如图 4-152 所示。

```
                                     * <    [S1.]   [S2.]   [D1.]   [D2.]  >
 X010
--| |------------------------------[DSZR   X005    X006    Y000    Y004   ]
```

图 4-152　DSZR 指令

[S1.]：指定输入近点信号(DOG)的软元件地址。

[S2.]：指定输入零点信号的软元件地址(X000 ~ X007)。

[D1.]：指定输出脉冲的输出软元件地址。

[D2.]：指定旋转方向信号的输出软元件地址。

M8340 ~ M8379：定位相关特殊辅助继电器。

D8340 ~ D8379：定位相关特殊数据寄存器。

脉冲输出软元件[D1.]需要指定 Y000 ~ Y002，如果使用高速输出特殊适配器可以使用 Y000 ~ Y003。DSZR 指令与后面讲的 ZRN 指令不同之处在于 DSZR 有 DOG 搜索功能，可以使用近点和零点信号的原点回归。

2. 中断定位指令 DVIT(DRIVE INITERRUPT)

FNC151 (D)DVIT 16 位 9 步，32 位 17 步 FX_{3U}			
操作数类别	适合操作数(括号内只支持 FX_{3U} 系列 PLC)		
	字 元 件	位 元 件	其 他
[S1.]	(KnX KnY KnM KnS T C D R U□\G□)	—	K H
[S2.]	(KnX KnY KnM KnS T C D R U□\G□)	—	K H
[D1.]	—	(Y)	—
[D2.]	—	(Y M T D□. b)	—

DVIT 指令是执行单速长进给中断定位的指令，指令使用说明如图 4-153 所示。

```
                                     * <    [S1.]    [S2.]   [D1.]   [D2.]
 X020
--| |------------------------------[DVIT   K20000   K1000   Y000    Y004   ]
```

图 4-153　DVIT 指令

[S1.]：指定中断后的输出脉冲数或保存脉冲数的软元件地址（16 位时 -32768 ~ 32767，32 位时 -999999 ~ 999999，不可设定为 0）。

[S2.]：指定输出脉冲频率或保存脉冲频率的软元件地址（10 ~ 32767Hz）。

[D1.]：指定输出脉冲的输出软元件地址。

[D2.]：指定旋转方向信号的输出软元件地址。

M8336：中断输入功能有效。

D8336：中断输入指定初始值。

脉冲输出软元件[D1.]需要指定 Y000 ~ Y002，如果使用高速输出特殊适配器可以使用 Y000 ~ Y003。

3. 表格设定定位指令 TBL（TABLE）

FNC152（D）TBL 32 位 17 步　FX_{3U}			
操作数类别	适合操作数（括号内只支持 FX_{3U} 系列 PLC）		
	字　元　件	位　元　件	其　他
[D.]	—	（Y）	—
n	—	—	K H

TBL 指令是将 GX Developer（Ver8. 23Z 以上版本）预先将数据表格中被设定的指令动作，变为一个表格的动作，指令使用说明如图 4-154 所示。

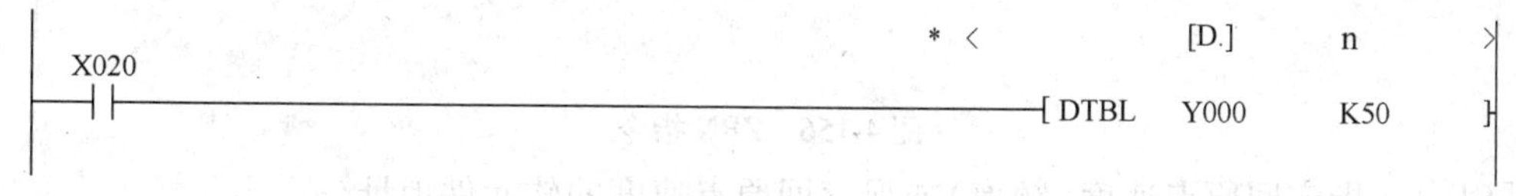

图 4-154　TBL 指令

[D.]：指定输出脉冲的输出软元件地址。

n：执行的表格编号。

脉冲输出软元件[D.]需要指定 Y000 ~ Y002，如果使用高速输出特殊适配器可以使用 Y000 ~ Y003。n 设定范围为 1 ~ 100。

4. 读出 ABS 当前值指令 ABS（ABSOLUTE）

FNC155（D）ABS 32 位 13 步　FX_{3U} FX_{2N}			
操作数类别	适合操作数（括号内只支持 FX_{3U} 系列 PLC）		
	字　元　件	位　元　件	其　他
[S.]	—	（X Y M S D□. b）	—
[D1.]	—	（Y M S D□. b）	—
[D2.]	（KnY KnM KnS T C D R U□\G□）V Z	—	—

ABS 指令是可编程序控制器读取三菱 MR—H、MR—J2(S)、MR—J3 带绝对位置检测功能伺服放大器绝对位置的指令，数据以脉冲换算形式被读出。ABS 指令使用说明如图 4-155 所示。

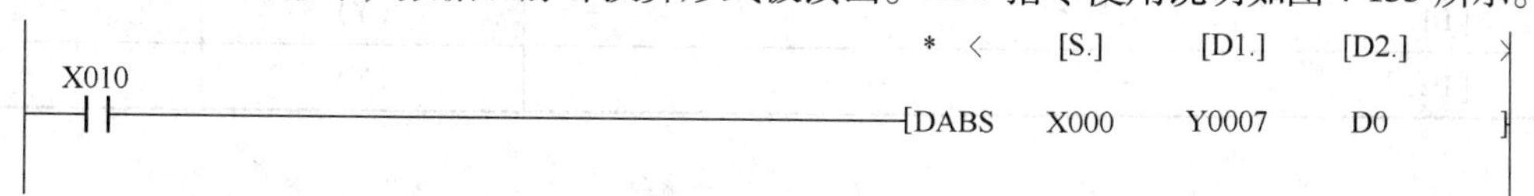

图 4-155　ABS 指令

[S.]：接收来自伺服放大器的绝对值数据信号软元件起始地址。

[D1.]：读取伺服放大器绝对值数据用的控制信号软元件起始地址。

[D2.]：保存绝对值 32 位数据的软元件地址。

其中[S.]和[D1.]将占用 3 个连续的地址。

5. 原点回归指令 ZRN(ZERO RETURN)

FNC156 (D)ZRN 16 位 9 步，32 位 17 步 FX_{3U} FX_{2N}			
操作数类别	适合操作数(括号内只支持 FX_{3U} 系列 PLC)		
	字 元 件	位 元 件	其 他
[S1.]	(KnX KnY KnM KnS T C D R U□\G□V Z)	—	(K H)
[S2.]	(KnX KnY KnM KnS T)C D R U□ \ G□V Z	—	(K H)
[S3.]	—	(X Y M S D□. b)	—
[D.]	—	(Y)	—

ZRN 指令是定位单元回归原点的指令，使机械位置与可编程序控制器内的当前寄存器一致的指令，指令使用说明如图 4-156 所示。

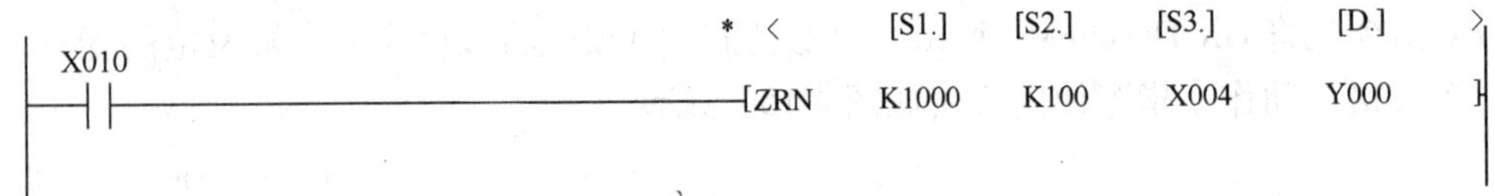

图 4-156 ZRN 指令

[S1.]：指定回原点速度(频率)或保存回原点速度的软元件地址。

[S2.]：指定爬行速度或保存爬行速度的软元件地址。

[S3.]：指定近点输入信号(DOG)的软元件地址。

[D.]：指定输出脉冲的软元件地址。

M8145 ~ M8148(FX_{2N})，M8340 ~ M8379(FX_{3U})：定位特殊辅助继电器。

D8140 ~ D8143(FX_{2N})，D8340 ~ D8379(FX_{3U})：定位特殊数据寄存器。

其中[S1.]的设定范围在 16 位时为 10 ~ 32767Hz，32 位时，通过基本单元(晶体管)输出设定范围为 10 ~ 100000Hz，通过高速适配器输出设定范围为 10 ~ 200000Hz，[S2.]的设定范围为 10 ~ 32767Hz，[D.]设定范围为 Y000 ~ Y002。

6. 可变脉冲输出指令 PLSV(PULSE V)

FNC 157 (D)PLSV 16 位 7 步，32 位 13 步 FX_{3U} FX_{2N}			
操作数类别	适合操作数(括号内只支持 FX_{3U} 系列 PLC)		
	字 元 件	位 元 件	其 他
[S1.]	(KnX KnY KnM KnS T C D R U□\G□V Z)	—	(K H)
[D1.]	—	(Y)	—
[D2.]	—	(Y)	—

PLSV 指令是输出带旋转方向的可变脉冲指令，指令使用说明如图 4-157 所示。

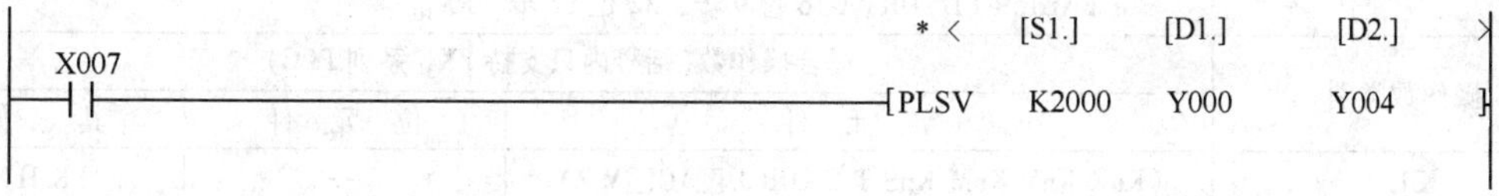

```
       X007                                    *<  [S1.]   [D1.]   [D2.]  >
  ----| |-------------------------------------[PLSV  K2000   Y000    Y004   ]
```

图 4-157　PLSV 指令

[S1.]：指定输出频率或保存输出频率的软元件地址。

[D1.]：指定输出脉冲的软元件地址。

[D2.]：指定旋转方向的软元件地址。

M8029：指令执行结束标志。

M8145～M8148(FX_{2N})，M8340～M8379(FX_{3U})：定位特殊辅助继电器。

D8140～D8143(FX_{2N})，D8340～D8379(FX_{3U})：定位特殊数据寄存器。

[S1.]、[D1.]、[D2.]的设定范围与 ZRN 指令相同，该指令可以与 RAMP(FNC67)指令配合使用。

7. 相对定位指令 DRVI(DRIVE TO INCREMENT)

FNC158 (D)DRVI 16 位 9 步，32 位 17 步　FX_{3U}			
操作数类别	适合操作数(括号内只支持 FX_{3U} 系列 PLC)		
	字 元 件	位 元 件	其 他
[S1.]	(KnX KnY KnM KnS T C D R U□\G□V Z)	—	(K H)
[S2.]	(KnX KnY KnM KnS T C D R U□\G□V Z)	—	(K H)
[D1.]	—	(Y)	—
[D2.]	—	(Y M S D□. b)	—

DRVI 指令是以相对方式执行单速定位的指令，用带符号的数据指定从当前位置开始的定位移动方式，也称为增量驱动方式，指令使用说明如图 4-158 所示。

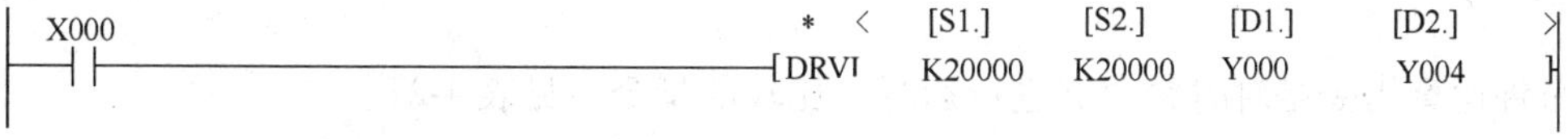

```
       X000                          *<  [S1.]    [S2.]    [D1.]   [D2.]  >
  ----| |---------------------------[DRVI K20000   K20000   Y000    Y004   ]
```

图 4-158　DRVI 指令

[S1.]：指定输出脉冲数或保存输出脉冲数的软元件地址。

[S2.]：指定输出频率或保存输出频率的软元件地址。

[D1.]：指定输出脉冲的软元件地址。

[D2.]：指定旋转方向的软元件地址。

M8029：指令执行结束标志。

M8340～M8379：定位特殊辅助继电器。

D8340～D8379：定位特殊数据寄存器。

其中[S1.]的设定范围：16 位时 -32768～32767(0 除外)，32 位时 -999999～999999(0 除外)。[S2.]的设定范围与 ZRN 指令相同。

8. 绝对定位指令 DRVA(DRIVE TO ABSOLUTE)

FNC159（D）DRVA 16 位 9 步，32 位 17 步　FX_{3U}			
操作数类别	适合操作数（括号内只支持 FX_{3U} 系列 PLC）		
	字 元 件	位 元 件	其 他
[S1.]	(KnX KnY KnM KnS T C D R U□\G□V Z)	—	(K H)
[S2.]	(KnX KnY KnM KnS T C D R U□\G□V Z)	—	(K H)
[D1.]	—	(Y)	—
[D2.]	—	(Y M S D□. b)	—

DRVA 指令是以绝对方式执行单速定位的指令，从原点位置开始（以原点为参考位置）的定位移动方式，指令使用说明如图 4-159 所示。

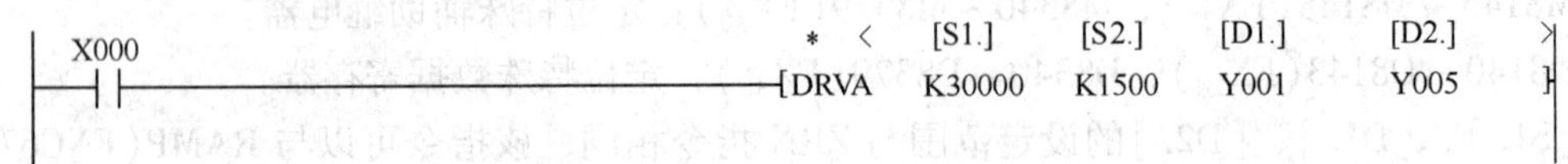

图 4-159　DRVA 指令

[S1.]：指定输出脉冲数或保存输出脉冲数的软元件地址。

[S2.]：指定输出频率或保存输出频率的软元件地址。

[D1.]：指定输出脉冲的软元件地址。

[D2.]：指定旋转方向的软元件地址。

M8029：指令执行结束标志。

M8340 ~ M8379：定位特殊辅助继电器。

D8340 ~ D8379：定位特殊数据寄存器。

其中[S1.]的设定范围为：16 位时 -32768 ~ 32767（0 除外），32 位时 -999999 ~ 999999（0 除外）。[S2.]的设定范围与 ZRN 指令相同。

4.14　时钟运算指令

时钟运算指令是对时钟数据进行运算、比较的指令，见表 4-27。

表 4-27　时钟运算指令

FNC No.	助 记 符	指 令 名 称	FX_{3U}	FX_{2N}
160	TCMP	时钟数据比较	√	√
161	TZCP	时钟数据区间比较	√	√
162	TADD	时钟数据加	√	√
163	TSUB	时钟数据减	√	√
164	HTOS	时、分、秒数据的秒转换	√	×
165	STOH	秒数据的时、分、秒转换	√	×
166	TRD	时钟数据的读出	√	√
167	TWR	时钟数据的写入	√	√
168	—	—	√	√
169	HOUR	计时表	√	×

1. 时钟数据比较指令 TCMP(TIME COMPARE)

FNC160 TCMP(P) 16 位 11 步 FX_{3U} FX_{2N}			
操作数类别	适合操作数(括号内只支持 FX_{3U} 系列 PLC)		
	字 元 件	位 元 件	其 他
[S1.]	KnX KnY KnM KnS T C D (R U□\G□) V Z	—	K H
[S2.]	KnX KnY KnM KnS T C D (R U□\G□) V Z	—	K H
[S3.]	KnX KnY KnM KnS T C D (R U□\G□) V Z	—	K H
[S.]	T C D(R U□\G□)	—	—
[D.]	—	Y M S (D□. b)	—

TCMP 指令是将比较基准时间与时间数据进行比较的指令，指令使用说明如图 4-160 所示。

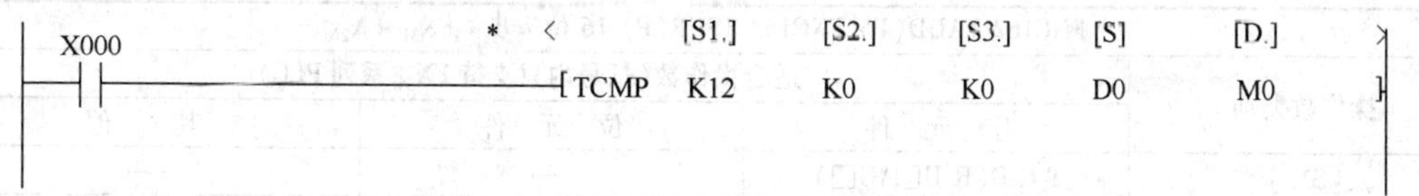

图 4-160 TCMP 指令

[S1.]：指定比较基准时间(小时)或保存基准时间(小时)的软元件地址。

[S2.]：指定比较基准时间(分)或保存基准时间(分)的软元件地址。

[S3.]：指定比较基准时间(秒)或保存基准时间(秒)的软元件地址。

[S.]：指定时钟数据。

[D.]：比较结果输出软元件起始地址。

其中，[S1.]设置范围为 0 ~ 23，[S2.]、[S3.]设置范围为 0 ~ 59，时间数据[S.]占用 3 个连续单元，分别存放[S.]小时，[S.]+1 分，[S.]+2 秒。[D.]也占用 3 个连续单元，图 4-160 中：

当 12 时 00 分 00 秒 >(D0 时 D1 分 D2 秒)时，M0 为 ON；

当 12 时 00 分 00 秒 =(D0 时 D1 分 D2 秒)时，M1 为 ON；

当 12 时 00 分 00 秒 <(D0 时 D1 分 D2 秒)时，M2 为 ON。

2. 时钟数据区间比较指令 TZCP(TIME ZONE COMPARE)

FNC161 TZCP(P) 16 位 11 步 FX_{3U} FX_{2N}			
操作数类别	适合操作数(括号内只支持 FX_{3U} 系列 PLC)		
	字 元 件	位 元 件	其 他
[S1.]	T C D(R U□\G□)	—	—
[S2.]	T C D(R U□\G□)	—	—
[S.]	T C D(R U□\G□)	—	—
[D.]	—	Y M S (D□. b)	—

TZCP 指令是将设定的时间上限和时间下限与时间数据进行比较的指令，指令使用说明如图 4-161 所示。

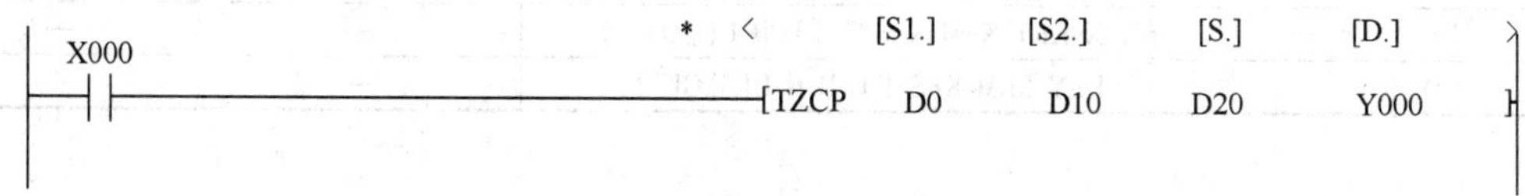

图 4-161 TZCP 指令

[S1.]：指定时间比较下限软元件地址。

[S2.]：指定时间比较上限软元件地址。

[S.]：指定比较时间数据软元件地址。

其中[S1.]、[S2.]、[S.]均占用连续3个单元，[S1.]分别存放比较时间下限时、分、秒数据，[S2.]分别存放比较时间上限时、分、秒数据，[S.]存放比较时钟数据时、分、秒，[D.]也占用3个连续单元。执行图4-161程序，则有：

当(D20时D21分D22秒)<(D0时D1分D2秒)时，Y000为ON；

当(D0时D1分D2秒)≤(D20时D21分D22秒)≤(D10时D11分D12秒)时，Y001为ON；

当(D20时D21分D22秒)>(D10时D11分D12秒)时，Y002为ON。

3. 时钟数据加指令TADD和时钟数据减指令TSUB(TIME ADDITION,TIME SUBTRACTION)

FNC162 TADD(P) FNC163 TSUB(P) 16位7步 FX_{3U} FX_{2N}			
操作数类别	适合操作数(括号内只支持 FX_{3U} 系列PLC)		
	字 元 件	位 元 件	其 他
[S1.]	T C D(R U□\G□)	—	—
[S2.]	T C D(R U□\G□)	—	—
[D.]	T C D(R U□\G□)	—	—

TADD指令是将两个时间数据进行加法运算的指令，TSUB指令是将两个时间数据进行减法运算的指令，指令使用说明如图4-162所示。

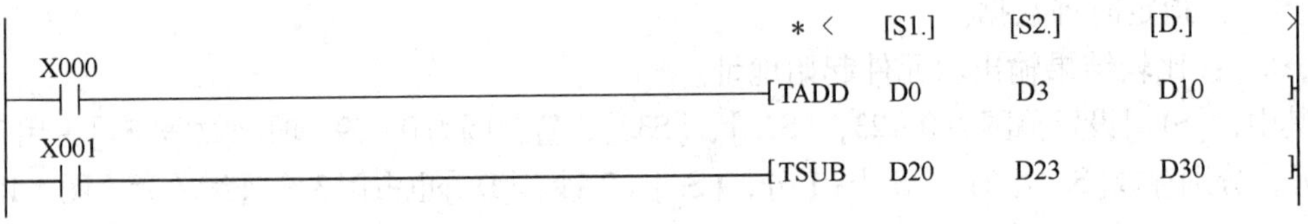

```
                                   * <   [S1.]   [S2.]   [D.]   >
  X000
 -| |------------------------------[TADD   D0      D3      D10   ]
  X001
 -| |------------------------------[TSUB   D20     D23     D30   ]
```

图4-162 TADD、TSUB指令

[S1.]：保存进行加(减)法运算的时间数据的软元件起始地址(被加或被减)。

[S2.]：保存进行加(减)法运算的时间数据的软元件起始地址。

[D.]：保存时间数据加(减)法运算结果的软元件起始地址。

其中[S1.]、[S2.]、[D.]均占用3个连续数据单元，图4-162中，当X000为ON时：

(D0时D1分D2秒)+(D3时D4分D5秒)→(D10时D11分D12秒)。

当X001为ON时：

(D20时D21分D22秒)-(D23时D24分D25秒)→(D30时D31分D32秒)。

4. 时、分、秒数据转换为秒指令HTOS和秒数据转换为时、分、秒指令STOH(HOUR TO SECOND,SECOND TO HOUR)

FNC164 (D)HTOS(P) FNC165 (D)STOH(P) 16位5步，32位9位 FX_{3U}			
操作数类别	适合操作数(括号内只支持 FX_{3U} 系列PLC)		
	字 元 件	位 元 件	其 他
[S.]	(KnX KnY KnM KnS T C D R U□\G□)	—	—
[D.]	(KnY KnM KnS T C D R U□\G□)	—	—

HTOS指令是将时、分、秒单位的时间数据转换为秒单位的时间数据，STOH指令是将

秒单位的时间数据转换为时、分、秒单位的时间数据。指令使用说明如图 4-163 所示。

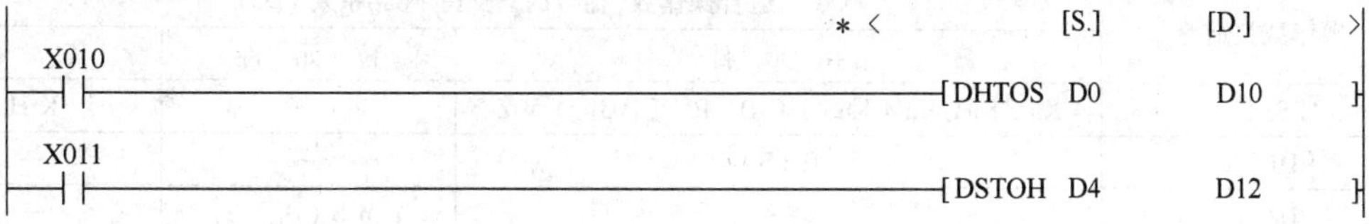

```
                                          *<        [S.]        [D.]     >
   X010
 ──┤ ├──────────────────────────────────[DHTOS    D0          D10      ]
   X011
 ──┤ ├──────────────────────────────────[DSTOH    D4          D12      ]
```

图 4-163　HTOS、STOH 指令

[S.]：保存时、分、秒(或秒)数据的软元件起始地址(或地址)。

[D.]：保存转换后的秒(或时、分、秒)数据的软元件地址(或起始地址)。

图 4-163 中，当 X010 为 ON 时，保存在(D0 D1 D2)中的时、分、秒数据转化为秒数据保存在(D11 D10)中；当 X011 为 ON 时，将保存在(D5 D4)中的秒数据转换为时、分、秒数据保存在(D12 D13 D14)中。

5. 时钟数据的读出指令 TRD 和时钟数据的写入指令 TWR(TIME READ,TIME WRITE)

FNC166 TRD(P) FNC167 TWR(P) 16 位 3 步　FX_{3U} FX_{2N}			
操作数类别	适合操作数(括号内只支持 FX_{3U} 系列 PLC)		
	字 元 件	位 元 件	其 他
[D.]、[S.]	T C D(R U□\G□)	—	—

TRD 指令是将可编程序控制器中保存时钟数据的特殊辅助寄存器中的数据读出的指令，TWR 是通过程序修改可编程序控制器时钟数据的指令。指令使用说明如图 4-164 所示。

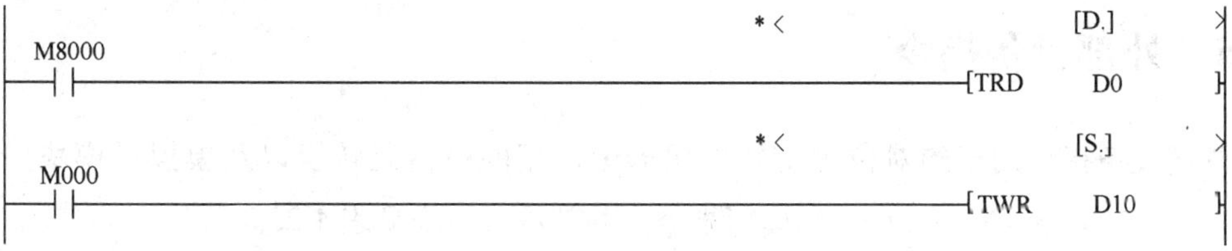

```
                                          *<                [D.]     >
   M8000
 ──┤ ├──────────────────────────────────[TRD              D0       ]
                                          *<                [S.]     >
   M000
 ──┤ ├──────────────────────────────────[TWR              D10      ]
```

图 4-164　TRD、TWR 指令

[D.]：保存读出时钟数据的软元件起始地址。

[S.]：保存写入时钟数据的软元件起始地址。

[D.]和[S.]将占用连续的 7 个数据单元，当读取时钟时保存的数据为：

[D.]：(年数据) ←D8018(系统时钟年)

[D.] +1：(月数据) ←D8017(系统时钟月)

[D.] +2：(日数据) ←D8016(系统时钟日)

[D.] +3：(时数据) ←D8015(系统时钟时)

[D.] +4：(分数据) ←D8014(系统时钟分)

[D.] +5：(秒数据) ←D8013(系统时钟秒)

[D.] +6：(星期数据)←D8019(系统时钟星期)

写入时传送的方向正好相反。

6. 计时表指令 HOUR(HOUR METER)

FNC169（D）HOUR 16 位 7 步，32 位 13 位　FX_{3U} FX_{2N}			
操作数类别	适合操作数（括号内只支持 FX_{3U} 系列 PLC）		
	字　元　件	位　元　件	其　他
[S.]	KnX KnY KnM KnS T C D(R U□\G□) V Z	—	K H
[D1.]	D (R)	—	—
[D2.]	—	Y M S (D□. b)	—

HOUR 指令是以小时为时间单位，对输入触点持续 ON 的时间累计时间进行检测的指令。指令使用说明如图 4-165 所示。

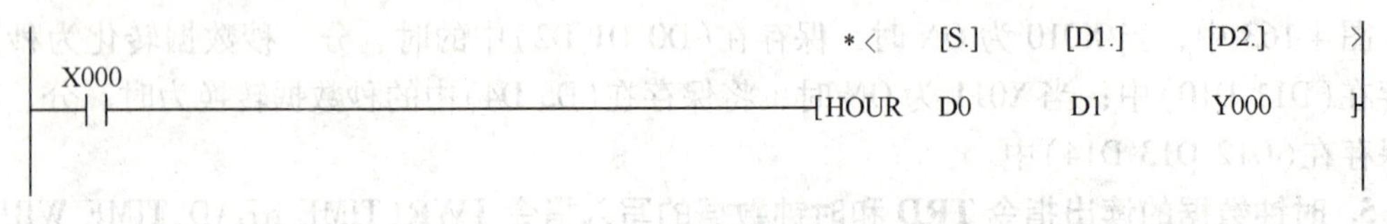

图 4-165　HOUR 指令

[S.]：使输出为 ON 的时间值或保存时间值的软元件地址（单位：小时）。

[D1.]：保存时间当前值（单位：小时）。

[D2.]：输出起始软元件地址。

其中设定[D1.]时将占用 2 个连续数据单元，[D1.]保存以小时为单位的当前值，[D1.]+1 保存当前值秒（0～3599，满 1 小时清 0），[D2.]在[D1.]>[S.]时为 ON。

HOUR 指令还可以执行 32 位操作。

4.15　外部设备指令

外部设备指令用于绝对位置旋转编码器中使用的格雷码转换以及模拟量模块（FX_{0N}—3A、FX_{2N}—2AD 和 FX_{2N}—2DA）的读写指令。外部设备指令见表 4-28。

表 4-28　外部设备指令

FNC No.	助　记　符	指　令　名　称	FX_{3U}	FX_{2N}
170	GRY	格雷码转换	√	√
171	GBIN	格雷码逆转换	√	√
176	RD3A	读模拟量模块	√	√
177	WR3A	写模拟量模块	√	√

1. 格雷码转换指令 GRY（GRAY CODE）

FNC170（D）GRY（P）16 位 5 步，32 位 9 位　FX_{3U} FX_{2N}			
操作数类别	适合操作数（括号内只支持 FX_{3U} 系列 PLC）		
	字　元　件	位　元　件	其　他
[S.]	KnX KnY KnM KnS T C D (R U□\G□) V Z	—	K H
[D.]	KnY KnM KnS T C D (R U□\G□) V Z	—	—

GRY 指令是用于将 BIN 数据转换为格雷码的指令。指令使用说明如图 4-166 所示。

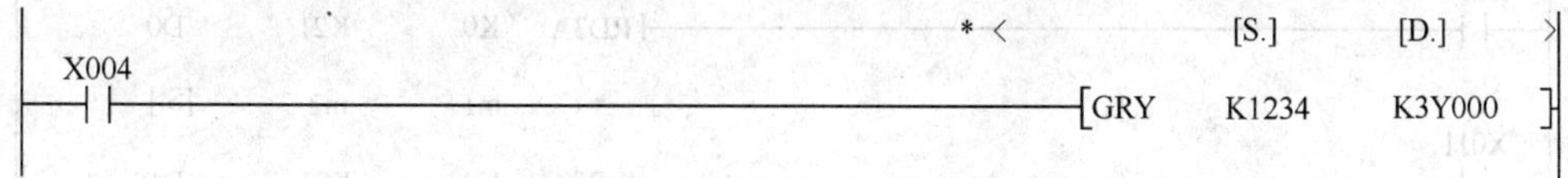

图 4-166 GRY 指令

[S.]：BIN 数据或保存 BIN 数据的软元件地址。

[D.]：保存目标格雷码的软元件地址。

[S.]的设置范围：16 位时 0~32767，32 位时 0~2147483647。图 4-166 中 K3Y000 输出为 06BBH(GRY 1234)。

2. 格雷码逆转换指令 GBIN(GRAY CODE TO BINARY)

FNC171 (D)GBIN(P) 16 位 5 步，32 位 9 位 FX_{3U} FX_{2N}

操作数类别	适合操作数(括号内只支持 FX_{3U} 系列 PLC)		
	字 元 件	位 元 件	其 他
[S.]	KnX KnY KnM KnS T C D (R U□\G□) V Z	—	K H
[D.]	KnY KnM KnS T C D (R U□\G□) V Z	—	—

GBIN 指令是用于将格雷码转换为 BIN 数据的指令。指令使用说明如图 4-167 所示。

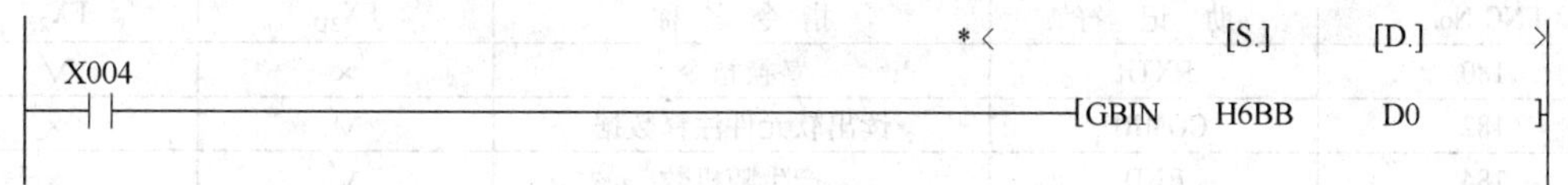

图 4-167 GBIN 指令

[S.]：格雷码数据或保存格雷码数据的软元件地址。

[D.]：保存目标 BIN 数据的软元件地址。

[S.]的设置范围：16 位时 0~32767，32 位时 0~2147483647。图 4-167 中 D0 为 K1234。

3. 模拟量模块读出指令 RD3A 和模拟量模块写入指令 WR3A(READ ANALOG, WRITE ANALOG)

FNC176 RD3A(P)，FNC77 WR3A(P) 16 位 7 步 FX_{3U} FX_{2N}

操作数类别	适合操作数(括号内只支持 FX_{3U} 系列 PLC)		
	字 元 件	位 元 件	其 他
m1	KnX KnY KnM KnS T C D (R) V Z	—	K H
m2	KnX KnY KnM KnS T C D (R) V Z	—	K H
[D.]	KnY KnM KnS T C D (R) V Z	—	—
[S.]	KnY KnM KnS T C D (R) V Z	—	—

RD3A 指令是读取 FX_{0N}—3A 以及 FX_{2N}—2AD 模拟量模块的模拟量输入值的指令，WR3A 指令是向 FX_{0N}—3A 以及 FX_{2N}—2DA 模拟量模块写入数字量的指令。指令使用说明如图 4-168 所示。

m1：FX_{0N}—3A 以及 FX_{2N}—2AD 模块号。

```
                                        *<  m1    m2    [D.]   >
 X010
─┤├─────────────────────────────────[RD3A   K0    K21   D0     ]

                                        *<  m1    m2    [S.]   >
 X011
─┤├─────────────────────────────────[WR3A   K0    K21   D10    ]
```

图 4-168　RD3A 和 WR3A 指令

m2：模拟量输入(输出)通道 BFM 号。

[D.]：保存读出数据(模拟量数据)的软元件地址。

[S.]：保存写入数据(模拟量模块)的软元件地址。

其中，m1 的设置范围为 K0 ~ K7(FX_{3UC}为 K1 ~ K7)。m2 的设置范围：对于 FX_{0N}—3A 为 K1(通道 1)和 K2(通道 2,写入时无通道 2)；对于 FX_{2N}—2AD(FX_{2N}—2DA)为 K21(通道 1)和 K22(通道 2)。

4.16　其他指令

其他指令见表 4-29。

表 4-29　其他指令

FNC No.	助 记 符	指 令 名 称	FX_{3U}	FX_{2N}
180	EXTR	替换指令	×	√
182	COMRD	读出软元件注释数据	√	×
184	RND	产生随机数	√	×
186	DUTY	产生定时脉冲	√	×
188	CRC	CRC 运算	√	×
189	HCMO	高速计数器传送	√	×

1. 替换指令 EXTR

FNC180 (D)EXTR(P) 16 位 9 步，32 位 17 步　FX_{2N}			
操作数类别	适合操作数		
	字 元 件	位 元 件	其　他
m1	—	—	K H
m2	KnX KnY KnM KnS T C D	—	K H
[S.]	KnY KnM KnS T C D	—	K H
[D.]	KnY KnM KnS T C D	—	K H

EXTR 指令是用于 FX_{2N} 系列 PLC 与三菱变频器进行通信的指令，FX_{3U} 系列 PLC 用功能号 FNC270 ~ FNC274 指令与变频器通信，EXTR 指令使用说明如图 4-169 所示。

m1：变频器操作类型。

m2：变频器站台号。

[S.]：变频器指令代码或参数号，保存指令代码或参数号的软元件地址。

[D.]：读出(写入)数据或保存这些数据的软元件。

```
X000        *< m1   m2  [S.]   [D.]
─┤├──────[EXTR K10  K0  H71    D0  ]
X001        *< m1   m2  [S1.]  [S2.]
─┤├──────[EXTR K11  K0  H0FA   K2  ]
X002        *< m1   m2  [S.]   [D.]
─┤├──────[EXTR K12  K0  K79    D1  ]
X003        *< m1   m2  [S1.]  [S2.]
─┤├──────[EXTR K13  K0  K79    K1  ]
```

图 4-169　EXTR 指令

［S1.］：写入变频器的指令代码。

［S2.］：写入变频器的数据。

其中 m1 的设置范围为 K10～K13（H0A～H0D），K10：变频器的运行监视；K11：变频器的运行控制；K12：读取变频器的参数；K13：写入变频器的参数。m2 设置范围为 K0～K31。

详细说明请参考 FNC270～FNC273（FX_{3U} 专用）。

2. 读出软元件注释数据指令 COMRD（COMMENT READ）

FNC182 COMRD 16 位 5 步　FX_{3U}			
操作数类别	适合操作数（括号内只支持 FX_{3U} 系列 PLC）		
	字　元　件	位　元　件	其　　他
［S.］	（T C D R）	（X Y M S）	—
［D.］	（T C D R）	—	—

COMRD 指令是将 GX Developer 等编程软件写入的软元件的注释读出的指令。指令使用说明如图 4-170 所示。

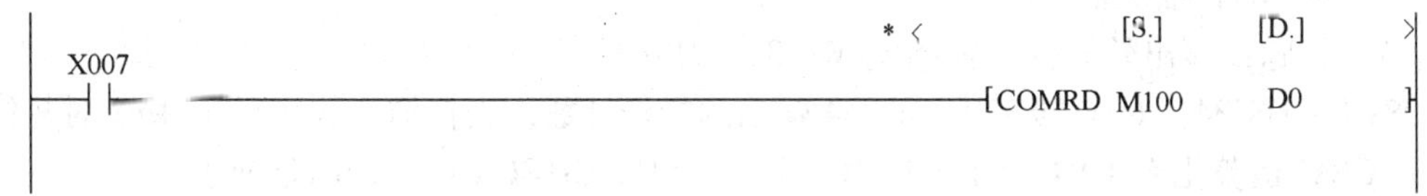

图 4-170　COMRD 指令

［S.］：需要读取注释的软元件地址。

［D.］：保存注释的软元件起始地址。

图 4-170 中，当 X007 为 ON 时，将 M100 的注释（ASCII 码）读取到 D0 开始的软元件中，保存方式从低 8 位开始，第一个 ASCII 码存 D0 低 8 位，第二个 ASCII 码存 D0 高 8 位，第三个 ASCII 码存 D1 的低 8 位，依次类推。

3. 产生随机数指令 RND（RANDOM NUMBERS）

FNC184 RND（P）　16 位 3 步 FX_{3U}			
操作数类别	适合操作数（括号内只支持 FX_{3U} 系列 PLC）		
	字　元　件	位　元　件	其　　他
［D.］	（KnX KnY KnM KnS T C D U□\G□ R）	—	—

RND 指令是用于产生 16 位随机数的指令。指令使用说明如图 4-171 所示。

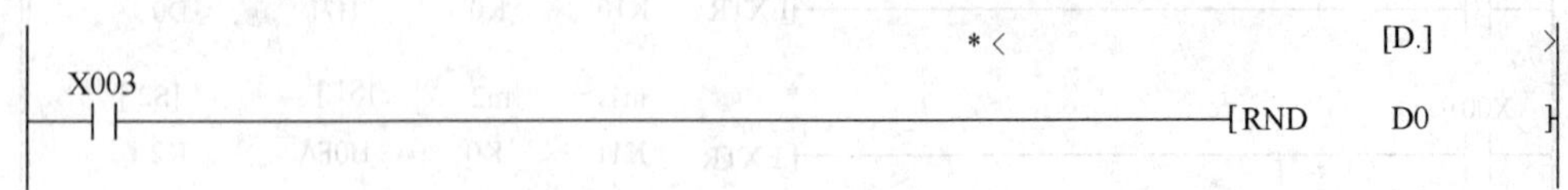

图 4-171 RND 指令

[D.]：保存随机数的软元件地址。

图 4-171 中，当 X003 为 ON 时，将产生一个随机数保存到 D0 中。

使用 RND 指令前，请在(D8311 D8310)中写入一个非负数(0～2147483647)。

4. 产生定时脉冲指令 DUTY

FNC186 DUTY 16 位 7 步 FX_{3U}			
操作数类别	适合操作数(括号内只支持 FX_{3U} 系列 PLC)		
	字 元 件	位 元 件	其 他
n1	(T C D R)	—	(K H)
n2	(T C D R)	—	(H K)
[D.]	—	(M)	—

DUTY 指令是在指定的运算周期内产生一个周期脉冲的指令。指令使用说明如图 4-172 所示。

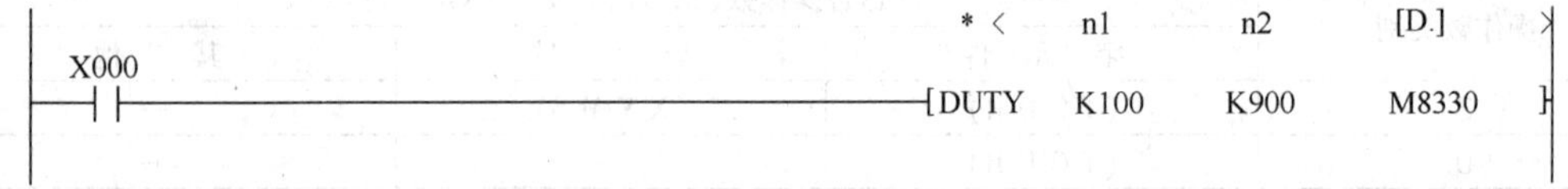

图 4-172 DUTY 指令

n1：ON 的扫描次数。

n2：OFF 的扫描次数。

[D.]：脉冲输出软元件，需指定 M8330～M8334。

D8330～D8334：对应 M8330～M8334 输出的扫描计数，当扫描次数达到 n1 + n2 时复位。

5. CRC 运算指令 CRC(CYCLIC REDUNDANCY CHECK GENERATION)

FNC188 CRC(P) 16 位 7 步 FX_{3U}			
操作数类别	适合操作数(括号内只支持 FX_{3U} 系列 PLC)		
	字 元 件	位 元 件	其 他
[S.]	(KnX KnY KnM KnS T C D U□\G□ R)	—	—
[D.]	(KnY KnM KnS T C D U□\G□ R)	—	—
n	(D R)	—	(K H)

CRC(Cyclic Redundancy Check 循环冗余校验)指令是在通信操作中的出错校验方法之一，CRC 指令用于计算出 CRC 值。指令使用说明如图 4-173 所示。

[S.]：需要进行 CRC 运算的数据软元件起始地址。

[D.]：保存 CRC 值的软元件起始地址。

n：CRC 字节数；

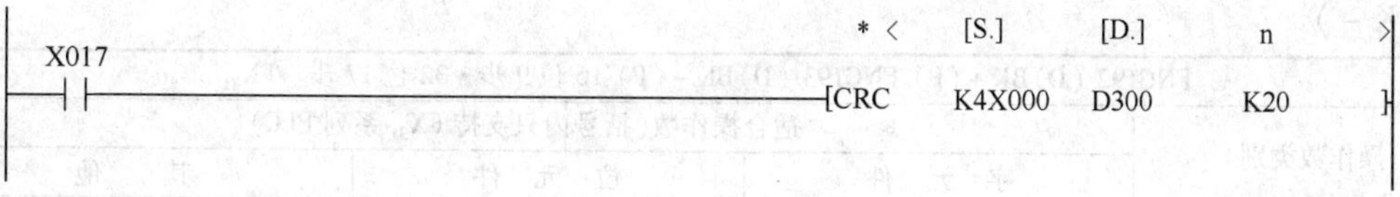

```
      X017                                          *<   [S.]     [D.]    n    >
 |----| |-------------------------------------------[CRC  K4X000   D300    K20  ]
```

图 4-173 CRC 指令

M8161：OFF 时对[S.]的高 8 位和低 8 位进行 CRC 运算；ON 时仅对[S.]的低 8 位进行运算。

6. 高速计数器传送指令 HCMOV（HIGH SPEED COUNTER MOVE）

FNC189（D）HCMOV 32 位 13 步 FX_{3U}

操作数类别	适合操作数（括号内只支持 FX_{3U} 系列 PLC）		
	字元件	位元件	其他
[S.]	（C D）	—	—
[D.]	（D R）	—	—
n	—	—	（K H）

HCMOV 指令是高速计数器或环形计数器的当前值传送指令。指令使用说明如图 4-174 所示。

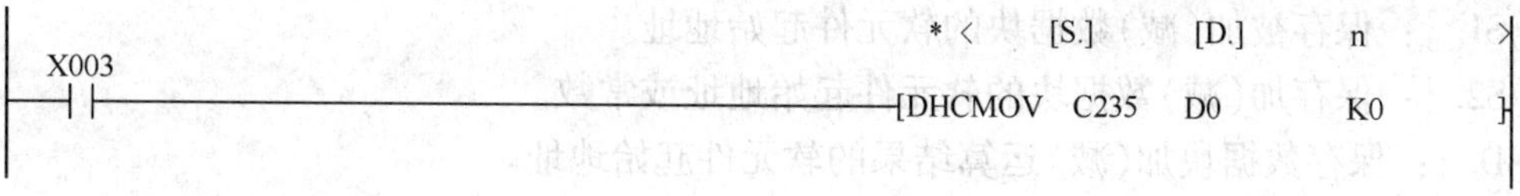

```
      X003                                          *<   [S.]     [D.]    n    >
 |----| |-------------------------------------------[DHCMOV  C235   D0     K0   ]
```

图 4-174 HCMOV 指令

[S.]：指定传送源高速计数器或环形计数器的软元件地址，（高速计数器 C235 ~ C255，环形计数器 D8099、D8398）。

[D.]：传送目标软元件地址。

n：传送后对计数器当前值的处理方式。n = K0 时不处理，n = K1 时将计数器当前值清 0。

4.17 数据块处理指令

数据块处理指令是执行数据块的加法运算、减法运算、比较的指令，指令见表 4-30。

表 4-30 数据块处理指令

FNC No.	助记符	指令名称	FX_{3U}	FX_{2N}
192	BK +	数据块加法运算	√	×
193	BK −	数据块减法运算	√	×
194	BKCMP =	数据块相等比较	√	×
195	BKCMP >	数据块大于比较	√	×
196	BKCMP <	数据块小于比较	√	×
197	BKCMP < >	数据块不等比较	√	×
198	BKCMP < =	数据块小于等于比较	√	×
199	BKCMP > =	数据块大于等于比较	√	×

1. 数据块的 BIN 加法运算指令 BK + 和数据块 BIN 减法运算指令 BK −（BLOCK +，

BLOCK－)

FNC192 (D)BK＋(P) FNC193 (D)BK－(P) 16 位 9 步，32 位 17 步 FX_{3U}			
操作数类别	适合操作数(括号内只支持 FX_{3U} 系列 PLC)		
	字 元 件	位 元 件	其 他
[S1.]	(T C D R)	—	—
[S2.]	(T C D R)	—	(K H)
[D.]	(T C D R)	—	—
n	(D R)	—	(K H)

BK＋和 BK－指令是执行数据块的加法和数据块的减法指令。指令使用说明如图 4-175 所示。

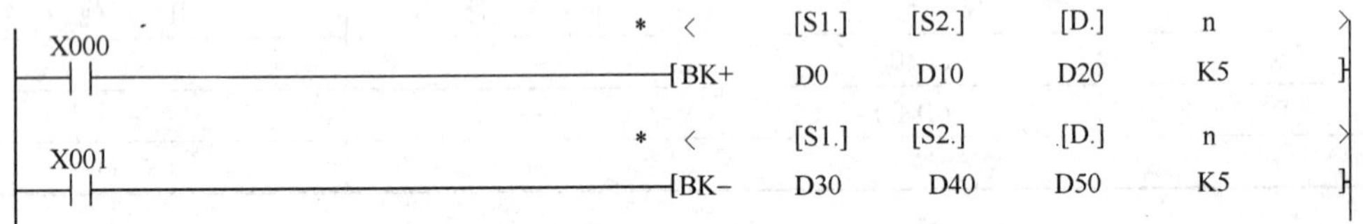

图 4-175 BK＋和 BK－指令

[S1.]：保存被加(减)数据块的软元件起始地址。

[S2.]：保存加(减)数据块的软元件起始地址或常数。

[D.]：保存数据块加(减)运算结果的软元件起始地址。

n：数据块的点数。

图 4-175 中，当 X000(X001)为 ON 时，执行数据块的加(减)法运算，如图 4-176 所示。

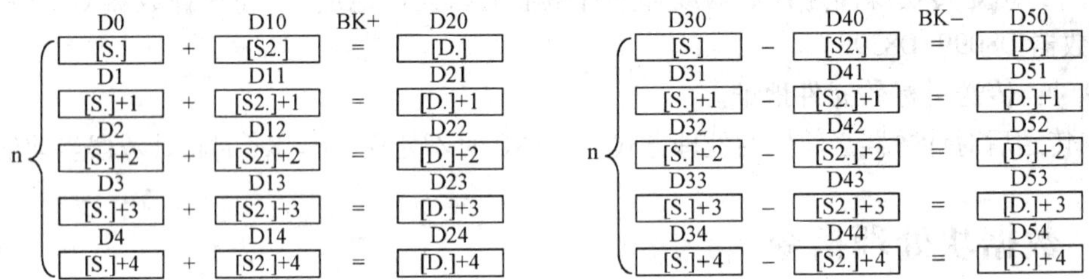

图 4-176 BK＋和 BK－执行过程

加(减)数如果为常数 K 和 H 时，则被加(减)数与常数分别相加(减)，然后存入目标存储单元当中。

2. 数据块比较指令 BKCMP＝、BKCMP＞、BKCMP＜、BKCMP＜＞、BKCMP＜＝、BKCMP＞＝(BLOCK COMPARE)

FNC194～199 (D)BKCMP＝、＞、＜、＜＞、＜＝、＞＝(P) 16 位 9 步，32 位 17 步 FX_{3U}			
操作数类别	适合操作数(括号内只支持 FX_{3U} 系列 PLC)		
	字 元 件	位 元 件	其 他
[S1.]	(T C D R)	—	(K H)
[S2.]	(T C D R)	—	—
[D.]	—	Y M S D□. b	—
n	(D R)	—	(K H)

BKCMP＝、BKCMP＞、BKCMP＜、BKCMP＜＞、BKCMP＜＝、BKCMP＞＝指令是将 2

个数据块对应的数据进行比较的指令。指令使用说明如图 4-177 所示。

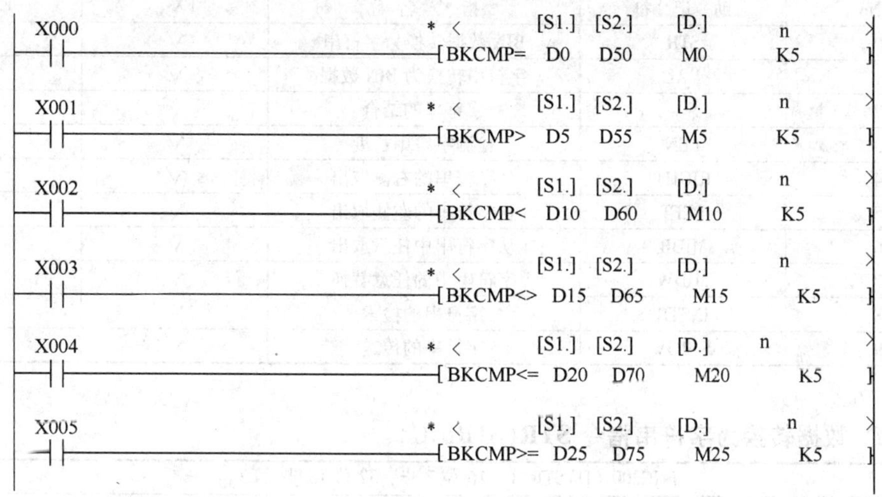

图 4-177 BKCMP =、BKCMP >、BKCMP <、BKCMP < >、BKCMP < =、BKCMP > =指令

[S1.]：比较数据或保存比较源数据软元件起始地址。

[S2.]：保存比较源数据软元件起始地址。

[D.]：存放比较结果软元件起始地址。

n：比较数据块的点数。

图 4-177 中，当执行条件 ON 时，对应的数据点如果满足(=、>、<、< >、< =、> =)条件，则对应的输出点为 ON，否则为 OFF。以 BKCMP = 为例，如图 4-178 所示。

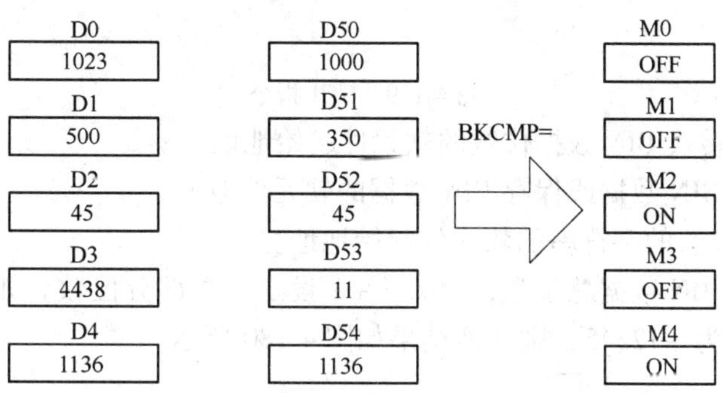

图 4-178 BKCMP = 指令过程

其他比较指令执行类似。**但要注意**：当源操作数[S1.]是常数 K 或 H 时，即用常数与源操作数分别进行比较，并将比较结果输出。

4.18 字符串处理指令

这类指令是对字符串进行处理和控制的指令，见表 4-31。

表 4-31　字符串处理指令

FNC No.	助记符	指令名称	FX_{3U}	FX_{2N}
200	STR	BIN 数据转换为字符串	√	×
201	VAL	字符串转换为 BIN 数据	√	×
202	$+	字符串的结合	√	×
203	LEN	检测字符串长度	√	×
204	RIGHT	从字符串的右侧取出	√	×
205	LEFT	从字符串的左侧取出	√	×
206	MIDR	从字符串中任意取出	√	×
207	MIDW	字符串中的任意替换	√	×
208	INSTR	字符串的检索	√	×
209	$MOV	字符串的传送	√	×

1. BIN 数据转换为字符串指令 STR(STRING)

FNC200 (D)STR(P) 16 位 7 步，32 位 13 步　FX_{3U}			
操作数类别	适合操作数(括号内只支持 FX_{3U} 系列 PLC)		
	字元件	位元件	其他
[S1.]	(T C D R)	—	—
[S2.]	(KnX KnY KnM KnS U□\G□ T C D R V Z)	—	(K H)
[D.]	(T C D R)	—	—

STR 指令是将 BIN 数据转换为字符串的指令。指令使用说明如图 4-179 所示。

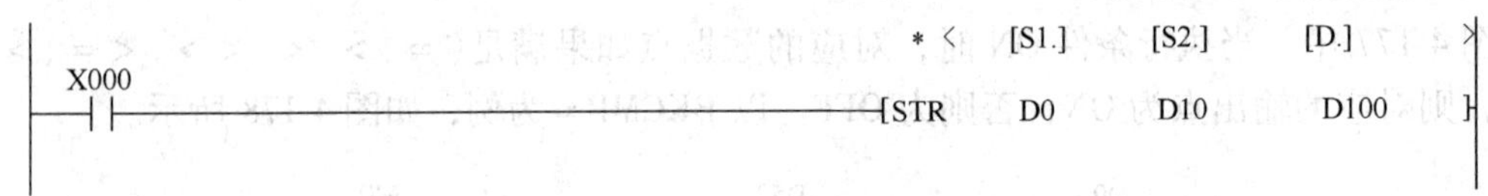

图 4-179　STR 指令

[S1.]：设定要转换 BIN 数据位数的软元件起始地址。

[S2.]：要转换 BIN 数据或保存 BIN 数据的软元件地址。

[D.]：保存转换后的字符串的软元件起始地址。

其中[S1.]设定 BIN 数据总位数，[S1.]+1 设定小数部分位数。如图 4-179 程序中 D0 为 7，D1 为 3，D10 为 -12345，则转换结果如图 4-180 所示。

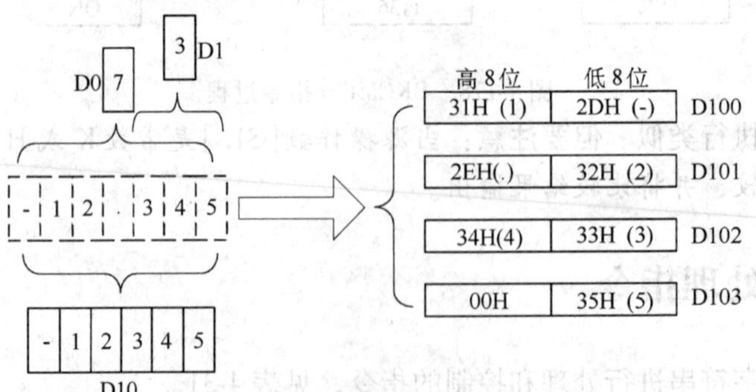

图 4-180　BIN 数据转换为字符串

图 4-180 中，在已转换的字符串的末尾，系统自动保存字符串末尾标志 00H。

STR 指令还可以进行 32 位操作，32 位操作时，[S1.]及[S1.]+1 仍然为 16 位数据，只有[S2.]为 32 位数据。

[S1.]的设置范围 16 位时为 2 ~ 8，32 位时为 2 ~ 13，[S1.]+1 的设置范围 16 位时为 0 ~ 5，32 位时为 0 ~ 10。

2. 字符串转换为 BIN 数据指令 VAL(VALUE)

FNC201 (D)VAL(P) 16 位 7 步，32 位 13 步　FX_{3U}			
操作数类别	适合操作数(括号内只支持 FX_{3U} 系列 PLC)		
	字 元 件	位 元 件	其　他
[S.]	(T C D R)	—	—
[D1.]	(T C D R)	—	—
[D2.]	(KnX KnY KnM KnS U□\G□ T C D R V Z)	—	—

VAL 指令是将字符串转换为 BIN 数据的指令，指令使用说明如图 4-181 所示。

X007 —[VAL D10 D2 D4]

*< [S.] [D1.] [D2.] >

图 4-181　VAL 指令

[S.]：保存字符串数据的软元件起始地址。

[D1.]：保存转换为 BIN 数据的位数的软元件起始地址。

[D2.]：保存 BIN 数据地址。

VAL 指令正好是 STR 指令的逆运算。**注意**：[D1.]中存储的是数据总位数，[D1.]+1 中存储的是小数位数，转换为 BIN 数据后是没有小数点的，因此除掉符号位后，实际数据位数要少 2 位。如果设定的位数大于字符串数据数，则将忽略高位数据。

3. 字符串的结合指令 $ +

FNC202 $+(P) 16 位 7 步　FX_{3U}			
操作数类别	适合操作数(括号内只支持 FX_{3U} 系列 PLC)		
	字 元 件	位 元 件	其　他
[S1.]	(KnX KnY KnM KnS U□\G□ T C D R)	—	“□”
[S2.]	(KnX KnY KnM KnS U□\G□ T C D R)	—	“□”
[D.]	(T C D R)	—	—

注：表中“□”表示字符串，下同。

$ + 指令是将两个字符串进行结合的指令，指令使用说明如图 4-182 所示。

[S1.]：源字符串或保存字符串的软元件起始地址。

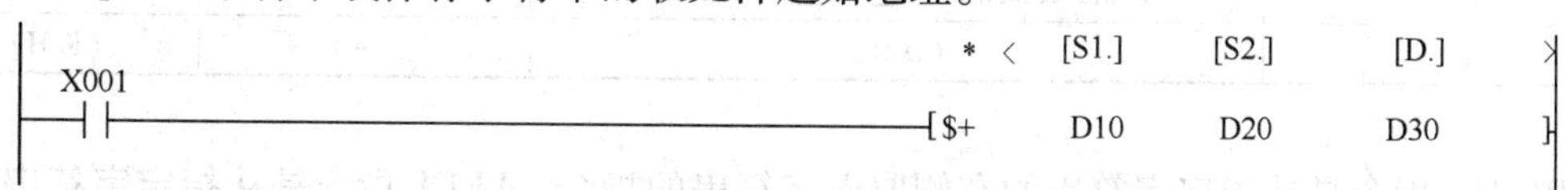

图 4-182　$ + 指令

[S2.]：被连接的字符串或保存被连接字符串的软元件起始地址。

[D.]：保存连接后的字符串的软元件起始地址。

在图4-182中，如果D10和D20为起始地址的源字符串为41H、31H、32H、43H、00H及30H、48H、37H、50H、33H、00H，则结合后的数据如图4-183所示。

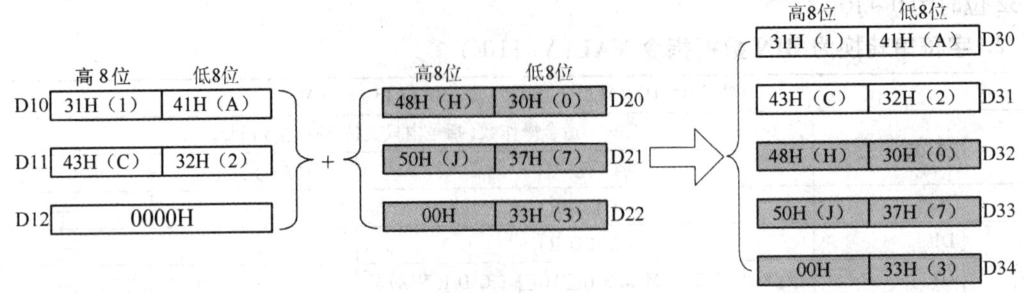

图4-183　字符串的结合

4. 检测字符串长度指令LEN(LENGTH)

FNC203 LEN(P) 16位5步　FX_{3U}			
操作数类别	适合操作数(括号内只支持 FX_{3U} 系列PLC)		
	字　元　件	位　元　件	其　他
[S.]	(KnX KnY KnM KnS U□\G□ T C D R)	—	("□")
[D.]	(KnY KnM KnS U□\G□ T C D R)	—	—

LEN指令是检测指定字符串的字符数的指令，指令使用说明如图4-184所示。

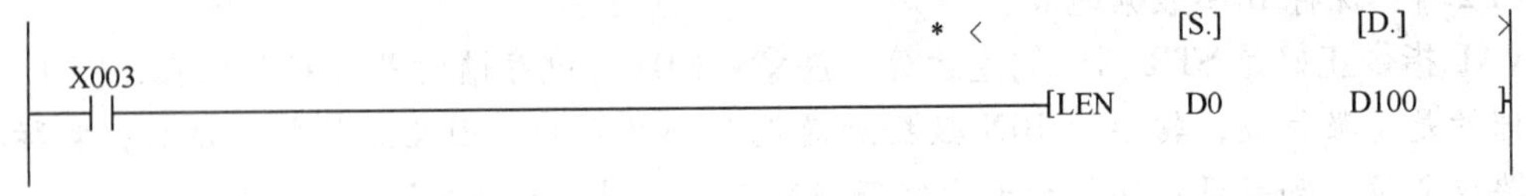

图4-184　LEN指令

[S.]：保存要检测字符串的软元件起始地址。

[D.]：保存检测结果的软元件地址。

LEN指令将从指定地址开始，直到检测到字符为00H为止，然后将检测结果保存到目标软元件中。

5. 从字符串的右侧取出指令RIGHT和从字符串的左侧取出指令LEFT

FNC204 RIGHT(P) FNC205 LEFT(P) 16位7步　FX_{3U}			
操作数类别	适合操作数(括号内只支持 FX_{3U} 系列PLC)		
	字　元　件	位　元　件	其　他
[S.]	(KnX KnY KnM KnS U□\G□ T C D R)	—	—
[D.]	(KnY KnM KnS U□\G□ T C D R)	—	—
n	(D R)	—	(K H)

RIGHT指令是从指定字符串的右侧取出字符串的指令，LEFT指令是从指定字符串的左侧取出字符串的指令。指令使用说明如图4-185所示。

```
X010                                    *<    [S.]    [D.]    n
─┤├──────────────────────────────[RIGHT   D0     D100    K5   ]
X011                                    *<    [S.]    [D.]    n
─┤├──────────────────────────────[LEFT    D0     D110    K5   ]
```

图 4-185　RIGHT 指令和 LEFT 指令

[S.]：保存源字符串的软元件起始地址。

[D.]：保存取出字符串的软元件起始地址。

n：取出的字符数。

图 4-185 中，假如 D0 开始的字符串为 ABCDEFGHIJK，当 X010 为 ON 时，取出的数保存在 D100 开始的软元件中，其字符串为 GHIJK，如图 4-186 所示。

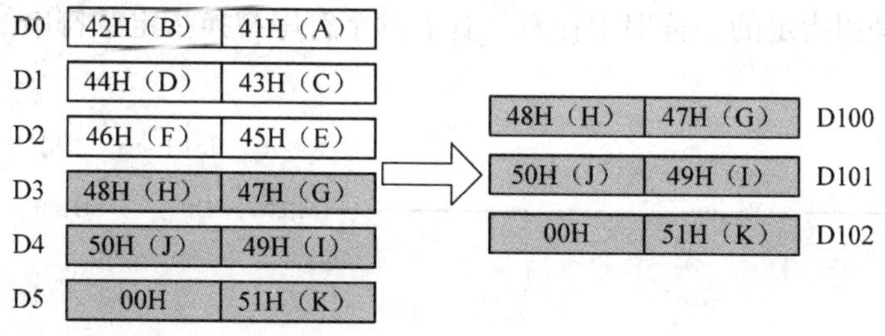

图 4-186　从右侧取出字符串

当 X011 为 ON 时，从左侧取出的字符串保存在 D110 开始的软元件中，其字符串为 ABCDE。

6. 从字符串中任意取出指令 MIDR(MIDDLE READ)

FNC206 MIDR(P) 16 位 7 步　FX_{3U}			
操作数类别	适合操作数(括号内只支持 FX_{3U} 系列 PLC)		
	字　元　件	位　元　件	其　　他
[S1.]	(KnX KnY KnM KnS U□\G□ T C D R)	—	—
[D.]	(KnY KnM KnS U□\G□ T C D R)	—	—
[S2.]	(KnX KnY KnM KnS U□\G□ T C D R)	—	—

MIDR 指令是从指定的字符串中的任意位置读取字符串的指令。指令使用说明如图 4-187 所示。

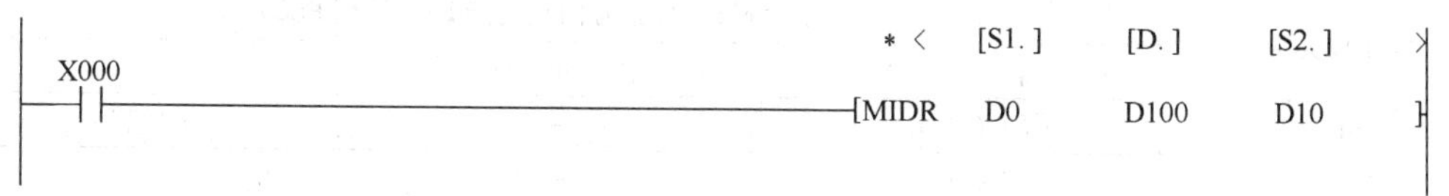

图 4-187　MIDR 指令

[S1.]：保存源字符串的软元件起始地址。

[D.]：保存取出字符串的软元件地址。

[S2.]：指定起始位和字符数，其中[S2.]为起始位设定，[S2.]+1 为字符数设定。

图 4-187 中，假如 D0 开始保存的字符串为 ABCDEFGHIJK，D10 为 3，D11 为 4，则

D100 中取出的字符串为 CDEF。

如果[S2.]+1 指定为 0 则不进行处理，如果指定为 -1，则从指定位开始全部取出（到 00H 为止）。

7. 从字符串中任意替换指令 MIDW（MIDDLE WRITE）

FNC207 MIDW(P) 16 位 7 步 FX_{3U}			
操作数类别	适合操作数（括号内只支持 FX_{3U} 系列 PLC）		
	字 元 件	位 元 件	其 他
[S1.]	（KnX KnY KnM KnS U□\G□ T C D R）	—	—
[D.]	（KnY KnM KnS U□\G□ T C D R）	—	—
[S2.]	（KnX KnY KnM KnS U□\G□ T C D R）	—	—

MIDW 指令是用指定的字符串中任意位置上的字符串替换指定字符串的指令。指令使用说明如图 4-188。

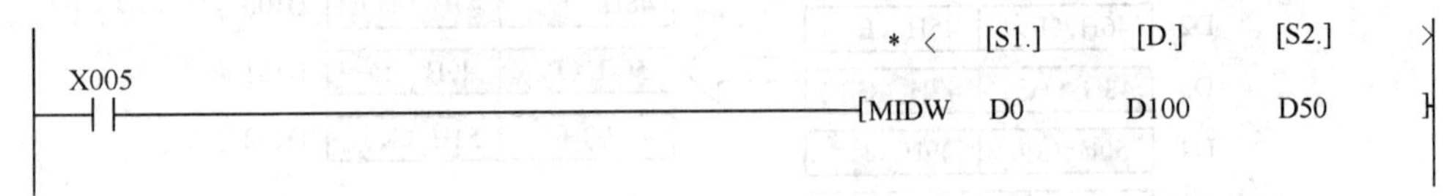

图 4-188 MIDW 指令

[S1.]：保存用于替换的字符串的软元件起始地址。

[D.]：保存被替换的字符串的软元件起始地址。

[S2.]：设置用于替换的字符的起始位置及字符数的软元件起始地址。其中[S2.]用于设置字符串的起始字符位置（左侧取，从 00H 开始计），[S2.]+1 用于设置字符数。

图 4-188 中，假如 D0 开始的字符串为 ABCDEFGHI，D50 的数据为 2，D51 为 5，X005 为 OFF 时 D100 开始的字符串为 123456789，当 X005 为 ON 时，D100 开始的字符串被替换为 1ABCDE789。

MIDR 指令中[S2.]+1 如果为 0 时，不执行替换处理，如果[S2.]+1 中指定的字符数超过[D.]中的字符数，则字符向右补齐，最多不超过到 00H。[S1.]+1 设置为 -1 时全部替换到[D.]中，[S2.]自动失效。

8. 字符串的检索指令 INSTR（INSTRING）

FNC208 INSTR(P) 16 位 9 步 FX_{3U}			
操作数类别	适合操作数（括号内只支持 FX_{3U} 系列 PLC）		
	字 元 件	位 元 件	其 他
[S1.]	（T C D R）	—	（"□"）
[S2.]	（T C D R）	—	—
[D.]	（T C D R）	—	—
n	（D R）	—	（K H）

INSTR 指令是从指定的字符串中检索指定字符的指令，指令使用说明如图 4-189 所示。

[S1.]：要检索的字符（串）或保存要检索字符（串）的软元件起始地址。

[S2.]：检索源字符串或保存源字符串的软元件起始地址。

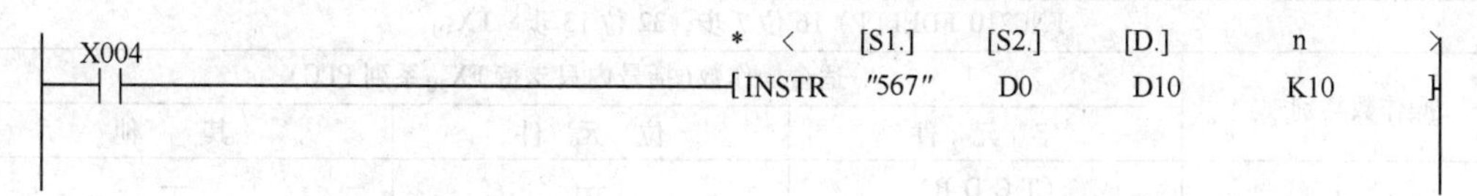

图 4-189　INSTR 指令

[D.]：保存检索结果的软元件地址。

n：开始检索的位置。

其中[D.]保存的数据为字符串在源字符串的起始位置。

图 4-189 中，要检索的字符串为 567，检索的开始位置为 K10，假如 D0 开始的字符串为 01234567890123456789，当 X004 为 ON 时，D10 为 16。

如果字符串中没有与要检索的字符(串)一致的字符(串)时，则[D.]为 0，如果 n 为 0 或负值时不执行检索。

9. 字符串的传送指令 $MOV

FNC209 $MOV(P) 16 位 5 步　FX_{3U}			
操作数类别	适合操作数(括号内只支持 FX_{3U} 系列 PLC)		
	字 元 件	位 元 件	其 他
[S.]	(KnX KnY KnM KnS T C D R U□\G□)	—	("□")
[D.]	(KnY KnM KnS T C D R U□\G□)	—	—

$MOV 指令是进行字符串传送的指令，指令使用说明如图 4-190 所示。

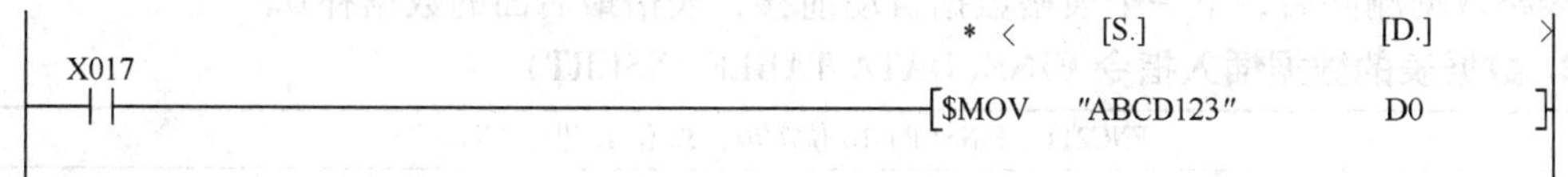

图 4-190　$MOV 指令

[S.]：要传送的字符串或保存字符串的软元件起始地址。

[D.]：字符串传送目标软元件起始地址。

4.19　数据表处理指令

数据表处理指令是对数据表进行处理的指令，指令见表 4-32。

表 4-32　数据表的处理

FNC No.	助 记 符	指 令 名 称	FX_{3U}	FX_{2N}
210	FDEL	数据表的数据删除	√	×
211	FINS	数据表的数据插入	√	×
212	POP	读出后入的数据	√	×
213	SFR	16 位数据 n 位右移	√	×
214	SFL	16 位数据 n 位左移	√	×

1. 数据表的数据删除指令 FDEL(DATA TABLE DELETE)

FNC210 FDEL(P) 16 位 7 步，32 位 13 步　FX_{3U}			
操作数类别	适合操作数(括号内只支持 FX_{3U} 系列 PLC)		
	字　元　件	位　元　件	其　　他
[S.]	(T C D R)	—	—
[D.]	(T C D R)	—	—
n	(D R)	—	(K H)

FDEL 指令是将数据表中任意数据进行删除的指令。其使用说明如图 4-191 所示。

X010　[FDEL　D100　D0　K4]　* <　[S.]　[D.]　n

图 4-191　FDEL 指令

[S.]：保存被删除的数据的软元件地址。

[D.]：数据表格的起始软元件地址，其中[D.]保存数据表格范围，[D.]+1 及以后单元为数据表格的范围。

n：要删除的数据在表格中的位置。

图 4-191 中，当 X010 为 ON 时，其表格数据删除如图 4-192 所示。

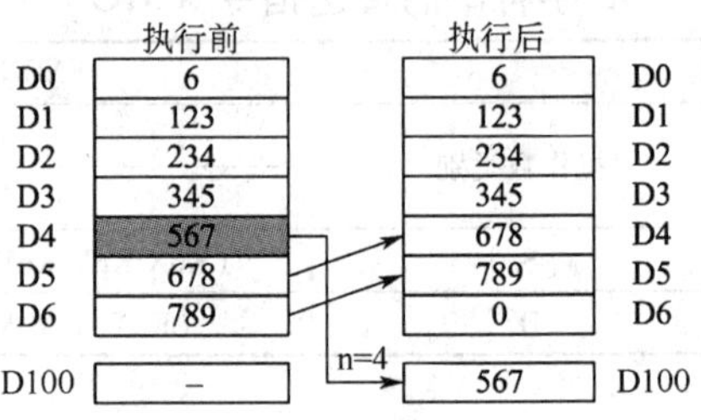

图 4-192　表格数据删除

表格数据删除后，下一个表格数据自动前移，表格最后面的数据补 0。

2. 数据表的数据插入指令 FINS(DATA TABLE INSERT)

FNC211　FINS(P) 16 位 7 步，32 位 13 步　FX_{3U}			
操作数类别	适合操作数(括号内只支持 FX_{3U} 系列 PLC)		
	字　元　件	位　元　件	其　　他
[S.]	(T C D R)	—	—
[D.]	(T C D R)	—	—
n	(D R)	—	(K H)

FINS 指令是向数据表中任意位置插入数据的指令，指令使用说明如图 4-193 所示。

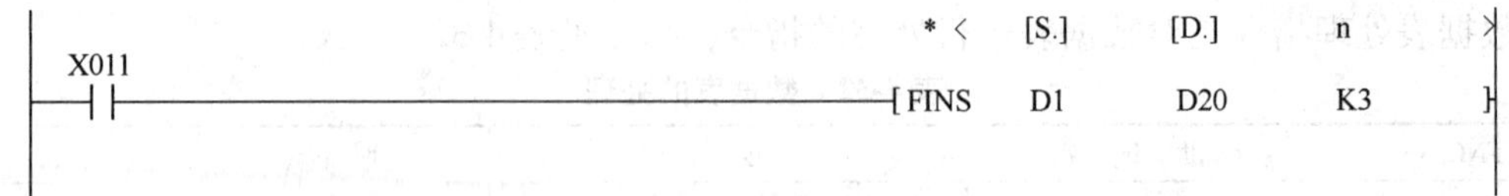

图 4-193　FINS 指令

[S.]：要插入的数据或保存要插入数据的软元件地址。

[D.]：数据表格的起始软元件地址，其中[D.]保存数据表格范围，[D.]+1 及以后单元为数据表格的范围。

n：要插入的数据在表格中的位置。

图 4-193 中，当 X011 为 ON 时，其表格数据的插入如图 4-194 所示。

数据插入后，插入点之后的数据自动后移，[D.]数据范围自动加 1。

3. 读出后入的数据指令 POP

FNC212 POP(P) 16 位 7 步，32 位 13 步 FX_{3U}			
操作数类别	适合操作数(括号内只支持 FX_{3U} 系列 PLC)		
	字 元 件	位 元 件	其 他
[S.]	(T C D R)	—	—
[D.]	(T C D R)	—	—
n	—	—	(K H)

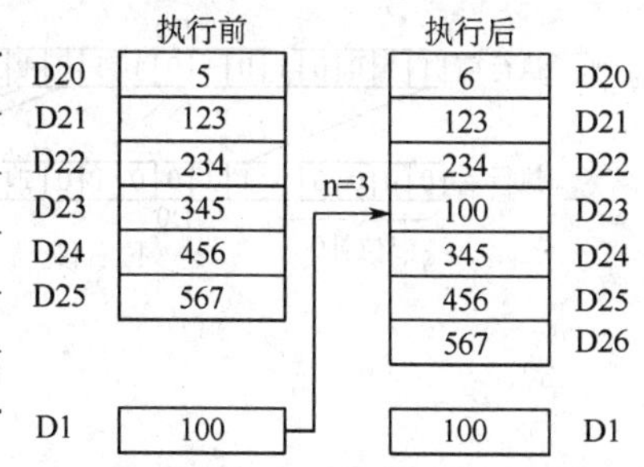

图 4-194 数据表的数据插入

POP 指令是用于读出 SFWR 指令最后写入数据的指令，指令使用说明如图 4-195 所示。

```
X000
─┤├─┬──────────────[SFWR   D20    D100   K8 ]
    │               * <    [S.]   [D.]   n  >
    └──────────────[POP    D100   D50    K8 ]
```

图 4-195 POP 指令

[S.]：先入数据的起始软元件地址。

[D.]：保存 SFWR 指令最后进入数据的软元件地址。

n：被保存数据的点数，一般应与 SFWR 指令一致。

图 4-195 中，当 X000 每一个扫描周期将执行一次移位写入，SFWR 指令将数据分别保存在 D101 ~ D107 中，D100 的数值加 1，同时 POP 指令将当前写入的数据保存在 D50 中。

4. 16 位数据 n 位右移指令 SFR 和 16 位数据 n 位左移指令 SFL(16 BIT DATA SHIFT RIGHT,16 BIT DATA SHIFT LEFT)

FNC213 SFR(P)，FNC214 SFL(P) 16 位 5 步，32 位 13 步 FX_{3U}			
操作数类别	适合操作数(括号内只支持 FX_{3U} 系列 PLC)		
	字 元 件	位 元 件	其 他
[D.]	(KnY KnM KnS T C D R U□\G□ V Z)	—	—
n	(KnX KnY KnM KnS T C D R U□\G□ V Z)	—	(K H)

SFR 和 SFL 指令是将字软元件中的 16 位向右或向左移动 n 位的指令，指令使用说明如图 4-196 所示。

[D.]：保存要移动数据的软元件地址。

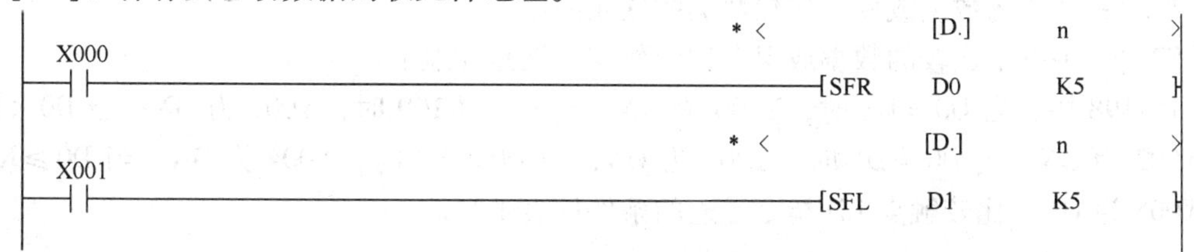

图 4-196 SFR 和 SFL 指令

n：要移动的位数(0≤n≤15,大于 16 时,用 n/16 的余数作为移动位数)。

图 4-196 中位右移和位左移如图 4-197 所示。

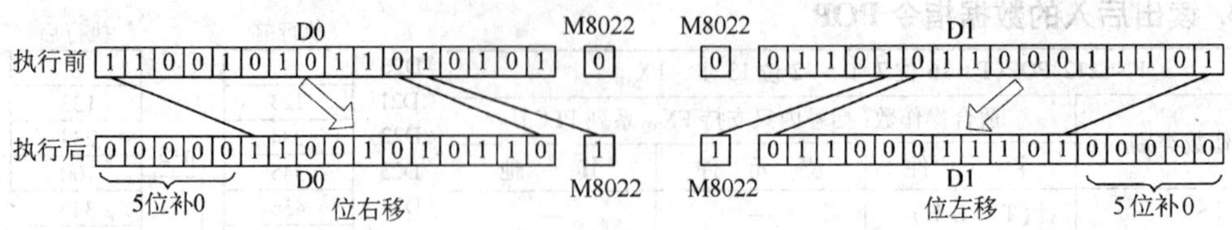

图 4-197　位右移和位左移

4.20　比较触点指令

比较触点指令是使用 LD、AND、OR 触点符号进行比较的指令，指令见表 4-33。

表 4-33　比较触点指令

FNC No.	助记符	指 令 名 称	FX_{3U}	FX_{2N}	FNC No.	助记符	指 令 名 称	FX_{3U}	FX_{2N}
224	LD =	比较触点 LD	√	√	236	AND < >	比较触点 AND	√	√
225	LD >		√	√	237	AND < =		√	√
226	LD <		√	√	238	AND > =		√	√
228	LD < >		√	√	240	OR =	比较触点 OR	√	√
229	LD < =		√	√	241	OR >		√	√
230	LD > =		√	√	242	OR <		√	√
232	AND =	比较触点 AND	√	√	244	OR < >		√	√
233	AND >		√	√	245	OR < =		√	√
234	AND <		√	√	246	OR > =		√	√

1. 比较触点 LD 指令 LD =、LD >、LD <、LD < >、LD < =、LD > =

FNC224 ~ FNC230 (D) LD =、LD >、LD <、LD < >、LD < =、LD > = (P) 16 位 5 步，32 位 13 步　FX_{3U} FX_{2N}

操作数类别	适合操作数(括号内只支持 FX_{3U} 系列 PLC)		
	字 元 件	位 元 件	其 他
[S1.]	KnY KnM KnS T C D V Z (R U□\G□)	—	K H
[S2.]	KnY KnM KnS T C D V Z (R U□\G□)	—	K H

LD =、LD >、LD <、LD < >、LD < =、LD > = 指令是连接母线的比较触点指令。其使用说明如图 4-198 所示。

[S1.]：比较的数据或保存比较数据的软元件地址。

[S2.]：另一个比较的数据或保存比较数据的软元件地址。

图 4-198 中，当 D0 = D1 时，Y000 为 ON；当 D0 > K100 时，Y001 为 ON；当 D0 < K50 时，Y002 为 ON；当 D0 ≠ D1 时，Y003 为 ON；当 D0 ≤ K0 时，Y004 为 ON；当 D0 ≥ K200 时，Y005 为 ON。比较触点 LD 指令导通的条件见表 4-34。

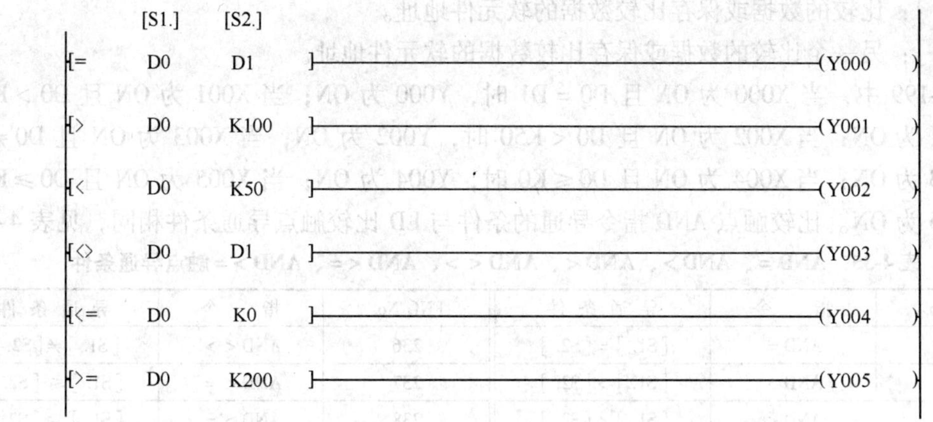

图 4-198 LD = 、LD > 、LD < 、LD < > 、LD < = 、LD > = 指令

表 4-34 LD = 、LD > 、LD < 、LD < > 、LD < = 、LD > = 触点导通条件

FNC No.	指 令	导 通 条 件	FNC No.	指 令	导 通 条 件
224	LD =	[S1.] = [S2.]	228	LD < >	[S1.] ≠ [S2.]
225	LD >	[S1.] > [S2.]	229	LD < =	[S1.] ≤ [S2.]
226	LD <	[S1.] < [S2.]	230	LD > =	[S1.] ≥ [S2.]

2. 比较触点 AND 指令 AND = 、AND > 、AND < 、AND < > 、AND < = 、AND > =

FNC232 ~ FNC238 (D) AND = 、AND > 、AND < 、AND < > 、AND < = 、AND > = (P) 16 位 5 步，32 位 13 步 FX_{3U} FX_{2N}

操作数类别	适合操作数(括号内只支持 FX_{3U} 系列 PLC)		
	字 元 件	位 元 件	其 他
[S1.]	KnY KnM KnS T C D V Z (R U□\G□)	—	K H
[S2.]	KnY KnM KnS T C D V Z (R U□\G□)	—	K H

AND = 、AND > 、AND < 、AND < > 、AND < = 、AND > = 指令是与其他触点或电路块串联的比较触点指令。其使用说明如图 4-199 所示。

[S1.] [S2.]
X000 [= D0 D1] (Y000)
X001 [> D0 K100] (Y001)
X002 [< D0 K50] (Y002)
X003 [<> D0 D1] (Y003)
X004 [<= D0 K0] (Y004)
X005 [>= D0 K200] (Y005)

图 4-199 AND = 、AND > 、AND < 、AND < > 、AND < = 、AND > = 指令

[S1.]：比较的数据或保存比较数据的软元件地址。

[S2.]：另一个比较的数据或保存比较数据的软元件地址。

图 4-199 中，当 X000 为 ON 且 D0 = D1 时，Y000 为 ON；当 X001 为 ON 且 D0 > K100 时，Y001 为 ON；当 X002 为 ON 且 D0 < K50 时，Y002 为 ON；当 X003 为 ON 且 D0 ≠ D1 时，Y003 为 ON；当 X004 为 ON 且 D0 ≤ K0 时，Y004 为 ON；当 X005 为 ON 且 D0 ≥ K200 时，Y005 为 ON。比较触点 AND 指令导通的条件与 LD 比较触点导通条件相同，见表 4-35。

表 4-35 AND =、AND >、AND <、AND < >、AND < =、AND > = 触点导通条件

FNC No.	指　令	导通条件	FNC No.	指　令	导通条件
232	AND =	[S1.] = [S2.]	236	AND < >	[S1.] ≠ [S2.]
233	AND >	[S1.] > [S2.]	237	AND < =	[S1.] ≤ [S2.]
234	AND <	[S1.] < [S2.]	238	AND > =	[S1.] ≥ [S2.]

3. 比较触点 OR 指令 OR =、OR >、OR <、OR < >、OR < =、OR > =

FNC240 ~ FNC246 (D) OR =、OR >、OR <、OR < >、
OR < =、OR > = (P) 16 位 5 步，32 位 13 步　FX_{3U} FX_{2N}

操作数类别	适合操作数(括号内只支持 FX_{3U} 系列 PLC)		
	字元件	位元件	其他
[S1.]	KnY KnM KnS T C D V Z (R U□\G□)	—	K H
[S2.]	KnY KnM KnS T C D V Z (R U□\G□)	—	K H

OR =、OR >、OR <、OR < >、OR < =、OR > = 指令是与其他触点或电路块并联的比较触点指令。其使用说明如图 4-200 所示。

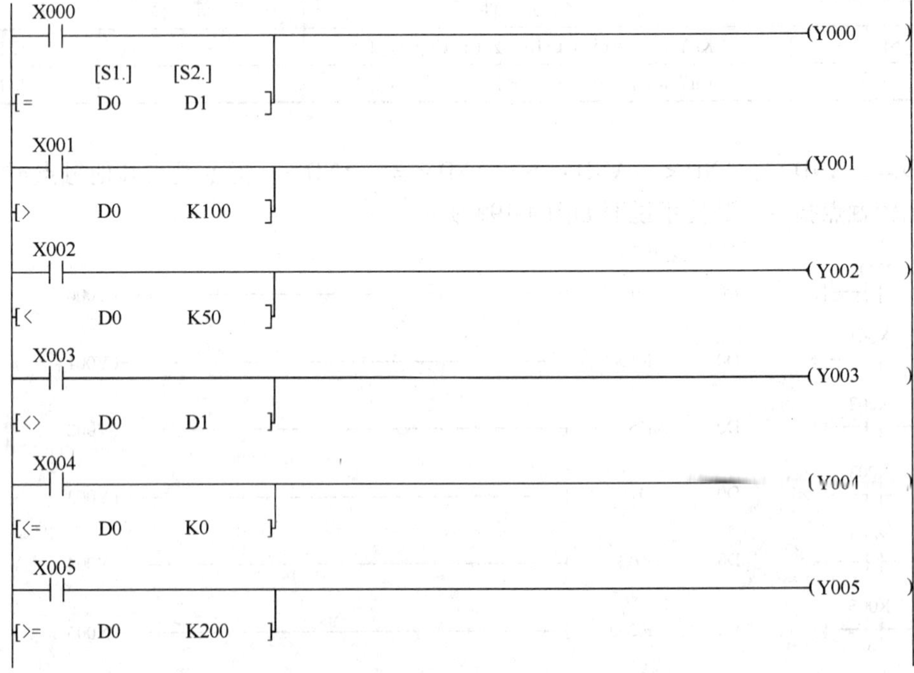

图 4-200　OR =、OR >、OR <、OR < >、OR < =、OR > = 指令

[S1.]：比较的数据或保存比较数据的软元件地址。

[S2.]：另一个比较的数据或保存比较数据的软元件地址。

图4-200中，当X000为ON或D0 = D1时，Y000为ON；当X001为ON或D0 > K100时，Y001为ON；当X002为ON或D0 < K50时，Y002为ON；当X003为ON或D0≠D1时，Y003为ON；当X004为ON或D0≤K0时，Y004为ON；当X005为ON或D0≥K200时，Y005为ON。比较触点OR指令导通的条件与比较触点LD指令及比较触点AND指令导通条件相同，见表4-36。

表4-36　OR =、OR >、OR <、OR < >、OR < =、OR > =触点导通条件

FNC No.	指　令	导通条件	FNC No.	指　令	导通条件
240	OR =	[S1.] = [S2.]	244	OR < >	[S1.]≠[S2.]
241	OR >	[S1.] > [S2.]	245	OR < =	[S1.]≤[S2.]
242	OR <	[S1.] < [S2.]	246	OR > =	[S1.]≥[S2.]

4.21　数据处理指令(三)

数据处理指令(三)见表4-37。

表4-37　数据处理指令(三)

FNC No.	助记符	指令名称	FX_{3U}	FX_{2N}
256	LIMIT	上下限限位控制	√	×
257	BAND	死区控制	√	×
258	ZONE	区域控制	√	×
259	SCL	定坐标	√	×
260	DABIN	十进制ASCII→BIN转换	√	×
261	BINDA	BON→十进制ASCII转换	√	×
269	SCL2	定坐标2	√	×

1. 上下限限位控制指令LIMIT

FNC256 (D)LIMIT(P) 16位9步，32位17步　FX_{3U}			
操作数类别	适合操作数(括号内只支持FX_{3U}系列PLC)		
	字元件	位元件	其　他
[S1.]	(KnX KnY KnM KnS T C D R U□\G□)	—	K H
[S2.]	(KnX KnY KnM KnS T C D R U□\G□)	—	K H
[S.]	(KnX KnY KnM KnS T C D R U□\G□)	—	—
[D.]	(KnY KnM KnS T C D R U□\G□)	—	—

LIMIT指令是将输出值设定上下限的指令。其使用说明如图4-201所示。

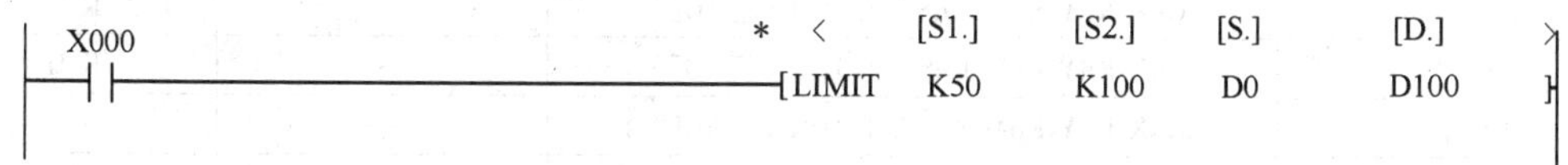

图4-201　LIMIT指令

[S1.]：设定下限。

[S2.]：设定上限。

[S.]：需要设定上下限的数据。

[D.]：保存已经使用上下限的输出数据软元件地址。

图4-201中，X000为ON时，若D0 < K50，则输出D100 = K50；若D0 > K100，则D100 = K100；若K50≤D0≤K100，则D100 = D0。

2. 死区控制指令BAND

FNC257（D）BAND(P) 16位9步，32位17步　FX_{3U}			
操作数类别	适合操作数(括号内只支持FX_{3U}系列PLC)		
	字　元　件	位　元　件	其　他
[S1.]	（KnX KnY KnM KnS T C D R U□\G□ ）	—	K H
[S2.]	（KnX KnY KnM KnS T C D R U□\G□ ）	—	K H
[S.]	（KnX KnY KnM KnS T C D R U□\G□ ）	—	—
[D.]	（KnY KnM KnS T C D R U□\G□ ）	—	—

BAND指令是通过判断输入值是否在死区(不输出区)的上下限范围之内，从而来控制输出值的指令。其使用说明如图4-202所示。

```
      X000                              * <   [S1.]   [S2.]   [S.]   [D.]
 |----| |-----------------------------[BAND   K20     K30     D0     D1  ]
```

图4-202　BAND指令

[S1.]：死区的下限。

[S2.]：死区的上限。

[S.]：死区控制的输入值软元件地址。

[D.]：死区控制的输出值软元件地址。

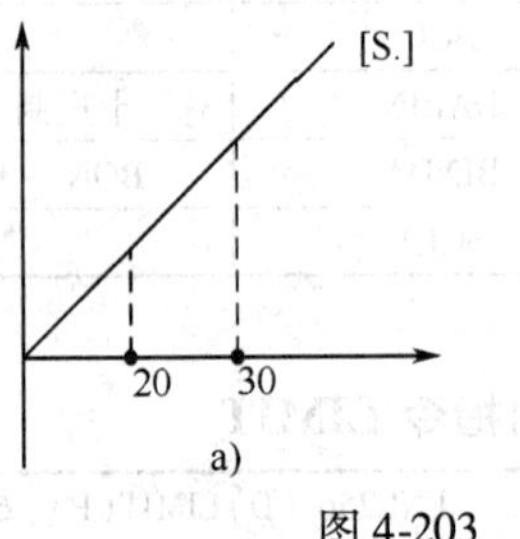

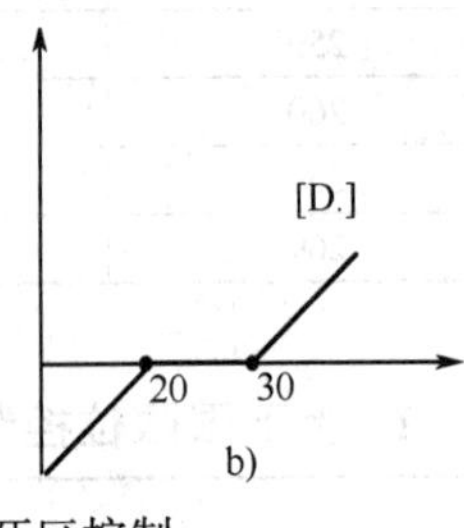

图4-203　死区控制

图4-202中，假如D0输入值如图4-203a所示，则输出值如图4-203b所示。

死区控制输出的计算方法是：

当[S.] < [S1.]时，[D.] = [S.] - [S1.]。

当[S.] > [S2.]时，[D.] = [S.] - [S2.]。

当[S1.] < [S.] < [S2.]时，[D.] = 0。

3. 区域控制指令ZONE

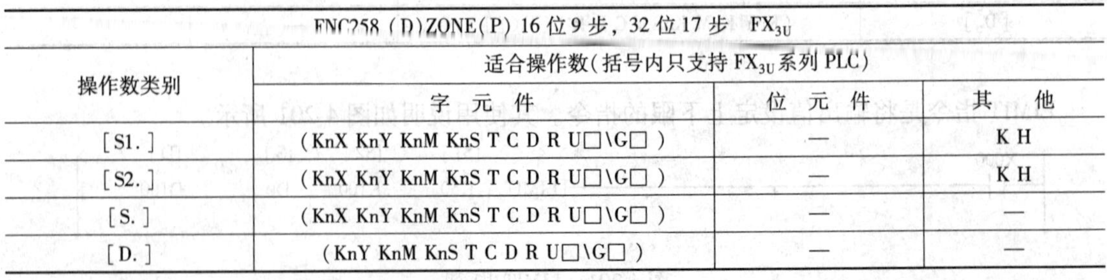

FNC258（D）ZONE(P) 16位9步，32位17步　FX_{3U}			
操作数类别	适合操作数(括号内只支持FX_{3U}系列PLC)		
	字　元　件	位　元　件	其　他
[S1.]	（KnX KnY KnM KnS T C D R U□\G□ ）	—	K H
[S2.]	（KnX KnY KnM KnS T C D R U□\G□ ）	—	K H
[S.]	（KnX KnY KnM KnS T C D R U□\G□ ）	—	—
[D.]	（KnY KnM KnS T C D R U□\G□ ）	—	—

ZONE 指令是根据输入值的正-零-负的变化，用指定的偏差值来控制输出值的指令。指令使用说明如图 4-204 所示。

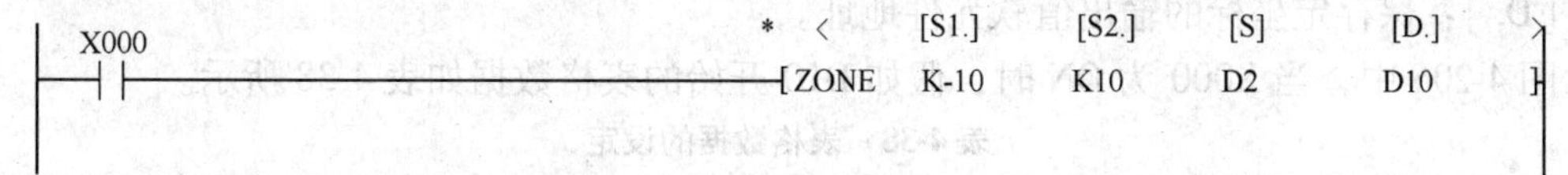

图 4-204 ZONE 指令

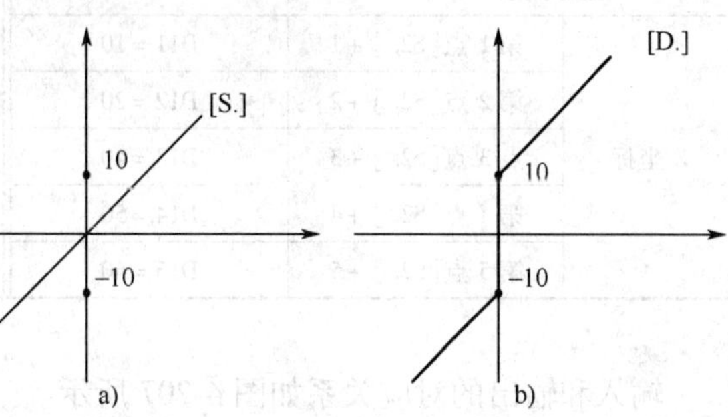

图 4-205 区域控制

[S1.]：加在输入值负端的偏差值。

[S2.]：加在输入值正端的偏差值。

[S.]：区域控制的输入值。

[D.]：区域控制的输出值。

图 4-204 中，假如 D2 输入值如图 4-205a所示，则输出值如图 4-205b 所示。

区域控制的计算方法是：

当[S.] <0 时，[D.] =[S.] +[S1.]。

当[S.] =0 时，[D.] =0。

当[S.] >0 时，[D.] =[S.] +[S2.]。

4. 定坐标指令 SCL 和定坐标 2 指令 SCL2(SCALING,SCALING 2)

FNC259 (D)SCL(P) FNC269

(D)SCL2(P) 16 位 7 步，32 位 13 步 FX_{3U}

操作数类别	适合操作数(括号内只支持 FX_{3U} 系列 PLC)		
	字 元 件	位 元 件	其 他
[S1.]	(KnX KnY KnM KnS T C D R U□\G□)	—	K H
[S2.]	(D R)	—	—
[D.]	(KnY KnM KnS T C D R U□\G□)	—	—

SCL 指令和 SCL2 指令是根据指定的数据表格，对输出值进行定坐标的指令。指令使用说明如图 4-206 所示。

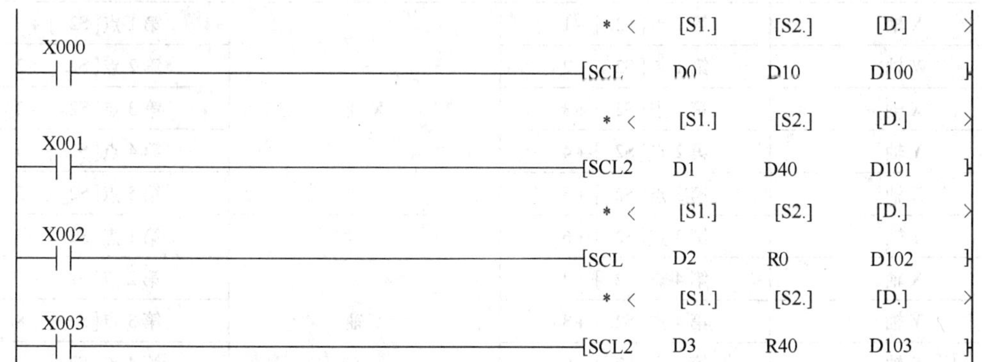

图 4-206 SCL 和 SCL2 指令

[S1.]：执行定坐标的输入值或保存输入值的软元件地址。

[S2.]：定坐标用的表格数据软元件起始地址，其中[S2.]保存坐标点数。

[D.]：保存定坐标的输出值软元件地址。

图 4-206 中，当 X000 为 ON 时，假如 D10 开始的表格数据如表 4-38 所示。

表 4-38　表格数据的设定

设 定 项 目		数 据 内 容	设 定 项 目		数 据 内 容
坐标点数[S2.]		D10 = 5	Y 坐标	第 1 点[S2.] +6	D16 = 10
X 坐标	第 1 点[S2.] +1	D11 = 10		第 2 点[S2.] +7	D17 = 50
	第 2 点[S2.] +2	D12 = 20		点 3 点[S2.] +8	D18 = 30
	点 3 点[S2.] +3	D13 = 40		第 4 点[S2.] +9	D19 = 15
	第 4 点[S2.] +4	D14 = 50		第 5 点[S2.] +10	D16 = 20
	第 5 点[S2.] +5	D15 = 60			

输入和输出的对应关系如图 4-207 所示。

由图 4-207 可以看出，输出值的变化将随着表格设定的曲线及输入值的变化而变化，当 X 轴上的输入值 D0 = 30 时，Y 轴上的输出值 D100 = 35，同样的道理，当 D0 = 15 时，D100 = 30。要注意输入值不能超出表格设定的 X 轴的区间，否则将出错。

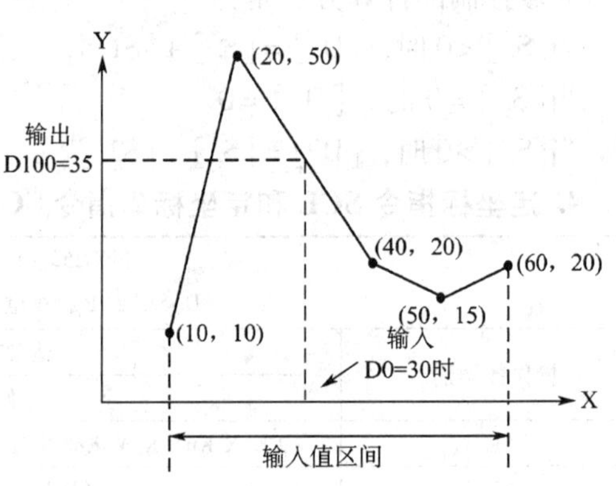

图 4-207　定坐标指令输入和输出的关系图

SCL2 指令中在[S2.]指定为寄存器 D 时，其指令的操作方法及指令的规则与 SCL 指令相同，所不同之处在于当[S2.]指定为文件寄存器 R 时，其表格设定方法不同，见表 4-39。

表 4-39　SCL 和 SCL2 表格设定([S2.]为 R 时)

SCL 指令([S2.] = 5 为例)		SCL2 指令([S2.] = 5 为例)	
X 轴	第 1 点[S2.] +1	X 轴	第 1 点[S2.] +1
Y 轴	第 1 点[S2.] +2		第 2 点[S2.] +2
X 轴	第 2 点[S2.] +3		第 3 点[S2.] +3
Y 轴	第 2 点[S2.] +4		第 4 点[S2.] +4
X 轴	第 3 点[S2.] +5		第 5 点[S2.] +5
Y 轴	第 3 点[S2.] +6	Y 轴	第 1 点[S2.] +6
X 轴	第 4 点[S2.] +7		第 2 点[S2.] +7
Y 轴	第 4 点[S2.] +8		第 3 点[S2.] +8
X 轴	第 5 点[S2.] +9		第 4 点[S2.] +9
Y 轴	第 5 点[S2.] +10		第 5 点[S2.] +10

5. 十进制 ASCII→ BIN 转换指令 DABIN(DECIMAL ASCII TO BIN)

FNC260 (D)DABIN(P) 16 位 5 步, 32 位 9 步 FX_{3U}			
操作数类别	适合操作数(括号内只支持 FX_{3U} 系列 PLC)		
	字 元 件	位 元 件	其 他
[S.]	(T C D R)	—	—
[D.]	(KnY KnM KnS T C D R V Z U□\G□)	—	—

DABIN 指令是将十进制数的 ASCII 码形式的数据转换为 BIN 数据的指令。指令使用说明如图 4-208 所示。

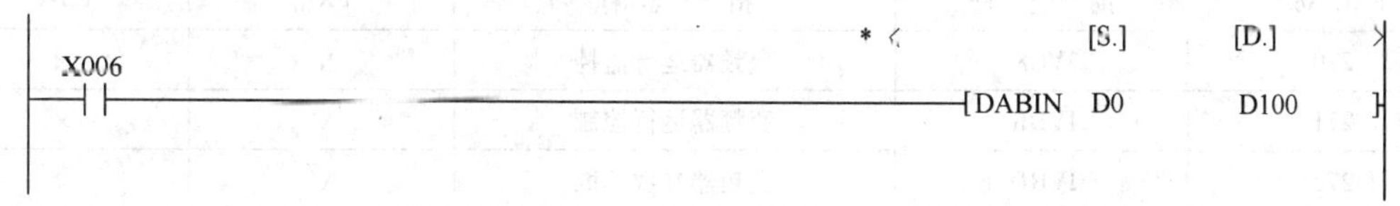

图 4-208 DABIN 指令

[S.]:保存十进制数 ASCII 码数据的软元件起始地址。

[D.]:保存转换后 BIN 数据软元件地址。

如 D0 开始的 ASCII 码数据为 2DH、31H、32H、33H、34H、35H、36H,则转换后保存在 D100 中的数为 -12345。

16 位操作时,[D.]的数值范围为 -32768 ~32767,源操作数 16 位时占有 3 个连续单元(6 个 ASCII 字符),32 位操作时,[D.]的数值范围为 -2147483648 ~2147483647,源操作数占用 6 个连续单元,[D.]+5 高位忽略。

要转换 ASCII 码数据的符号为正时,第一个 ASCII 码数据用 20H(空格)表示,为负时设定 2DH 表示,其他数位中有 20H 或 00H 时作为 30H(0)处理。

6. BIN→十进制 ASCII 码转换指令 BINDA(BIN TO DECIMAL ASCII)

FNC261 (D)BINDA(P) 16 位 5 步, 32 位 9 步 FX_{3U}			
操作数类别	适合操作数(括号内只支持 FX_{3U} 系列 PLC)		
	字 元 件	位 元 件	其 他
[S.]	(T C D R)	—	—
[D.]	(KnY KnM KnS T C D R V Z U□\G□)	—	—

BINDA 指令是将 BIN 数据转换为十进制数的 ASCII 码形式的数据的指令。指令使用说明如图 4-209 所示。

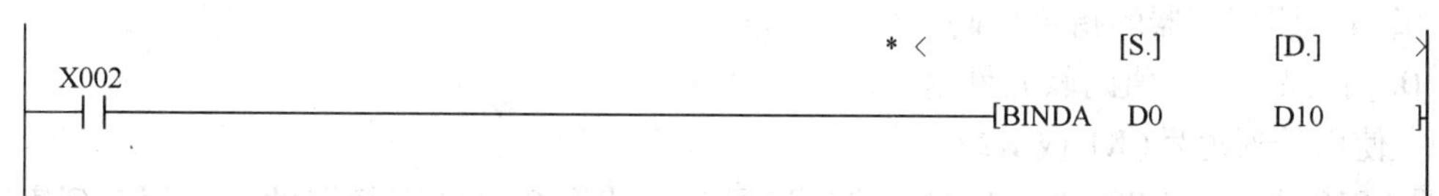

图 4-209 BINDA 指令

[S.]:存放要转换的 BIN 数据的软元件地址。

[D.]：存放转换后的十进制 ASCII 码的软元件起始地址。

BINDA 运算正好是 DABIN 的逆运算，16 位操作时目标操作数占用 3 个连续单元，32 位操作时占用 6 个连续单元，转换后数据位不足时在前面加 20H(空格)。

4.22 变频器通信指令

变频器通信指令是对三菱 FRQROL 系列变频器进行运行控制及参数的读写操作的指令。其指令见表 4-40。

表 4-40 变频器通信指令

FNC No.	助 记 符	指 令 名 称	FX_{3U}	FX_{2N}
270	IVCK	变频器运行监控	√	×
271	IVDR	变频器运行控制	√	×
272	IVRD	变频器参数读取	√	×
273	IVWR	变频器参数写入	√	×
274	IVBWR	变频器参数成批写入	√	×

1. 变频器运行监控指令 IVCK(INVERT CHECK)

FNC270 IVCK 16 位 9 步 FX_{3U}			
操作数类别	适合操作数(括号内只支持 FX_{3U} 系列 PLC)		
	字 元 件	位 元 件	其 他
[S1.]	(D R U□\G□)	—	K H
[S2.]	(D R U□\G□)	—	K H
[D.]	(KnY KnM KnS D R U□\G□)	—	K H
n	—	—	K H

IVCK 指令是用于将变频器运行状态读出的指令。指令使用说明如图 4-210 所示。

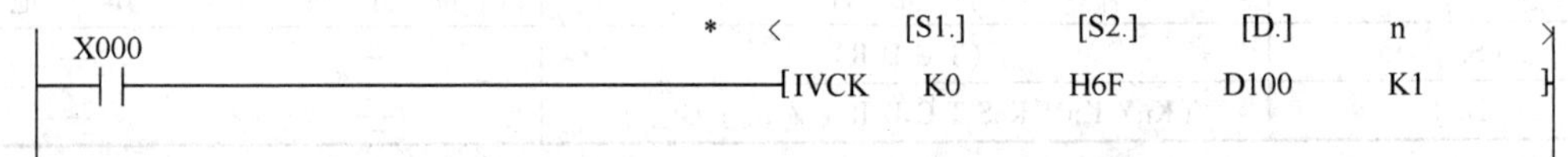

图 4-210 IVCK 指令

[S1.]：变频器站号(K0～K31)。

[S2.]：读变频器的指令代码。

[D.]：保存读出值的软元件地址。

n：使用的通道号(K1 或 K2)。

图 4-210 中，当 X000 为 ON 时，将通过通道 1 读取 0 号站变频器的输出频率到寄存器 D100 中。

变频器读出的指令代码见表 4-41。

表 4-41 变频器监视指令代码

变频器监视指令代码	读出内容	适用的变频器						
		F700	A700	V500	F500	A500	E500	S500
H6D	读取设定频率(RAM)	√	√	√	√	√	√	√
H6E	读取设定频率(EEPROM)	√	√	√	√	√	√	√
H6F	输出频率	√	√	√	√	√	√	√
H70	输出电流	√	√	√	√	√	√	×
H71	输出电压	√	√	√	√	√	×	×
H72	特殊监视	√	√	√	√	√	×	×
H73	特殊监视选择号	√	√	√	√	√	√	√
H74	故障代码	√	√	√	√	√	√	√
H75	故障代码	√	√	√	√	√	√	×
H76	故障代码	√	√	√	√	√	√	×
H77	故障代码	√	√	×	×	×	×	×
H79	变频器状态监视(开展)	√	√	√	√	√	√	√
H7A	变频器状态监视	√	√	√	√	√	√	√
H7B	操作模式	√	√	√	√	√	√	√

2. 变频器运行控制指令 IVDR(INVERT DRIVE)

FNC271 IVDR 16 位 9 步 FX_{3U}			
操作数类别	适合操作数(括号内只支持 FX_{3U} 系列 PLC)		
	字 元 件	位 元 件	其 他
[S1.]	(D R U□\G□)	—	K H
[S2.]	(D R U□\G□)	—	K H
[S3.]	(KnY KnM KnS D R U□\G□)	—	K H
n	—	—	K H

IVDR 指令是用于写入变频器运行所需的控制值的指令。指令使用说明如图 4-211 所示。

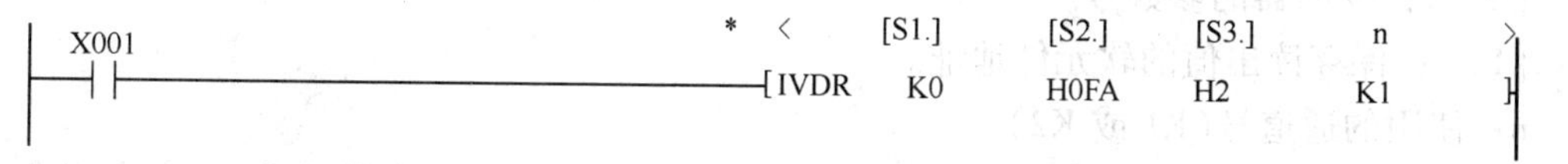

图 4-211 IVDR 指令

[S1.]：变频器的站号(K0 ~ K31)。

[S2.]：写变频器的指令代码。

[S3.]：写入到变频器的数值或保存数值的软元件地址。

n：使用的通道号(K1 或 K2)。

图 4-211 中，当 X001 为 ON 时，将正转(指令代码 HFA)的指令数据 H2 通过通道 1 写入到变频器。

变频器的运行控制指令代码见表 4-42。

表 4-42　变频器运行控制指令代码

变频器运行控制指令代码	写入内容	适用的变频器						
		F700	A700	V500	F500	A500	E500	S500
HED	写入设定频率(EAM)	√	√	√	√	√	√	√
HEE	写入设定频率(EEPROM)	√	√	√	√	√	√	√
HF3	特殊监视的选择	√	√	√	√	√	√	√
HF4	故障内容的成批清除	√	√	×	√	√	√	×
HF9	运行指令(扩展)	√	√	√	×	×	×	×
HFA	运行指令	√	√	√	√	√	√	√
HFB	操作模式	√	√	√	√	√	√	√
HFC	参数的全部清除	√	√	√	√	√	√	√
HFD	变频器复位	√	√	√	√	√	√	√

3. 变频器参数读取指令 IVRD(INVERT READ)

FNC272 IVRD 16 位 9 步　FX_{3U}			
操作数类别	适合操作数(括号内只支持 FX_{3U} 系列 PLC)		
	字 元 件	位 元 件	其　他
[S1.]	(D R U□\G□)	—	K H
[S2.]	(D R U□\G□)	—	K H
[D.]	(D R U□\G□)	—	K H
n	—	—	K H

IVRD 指令是用于将变频器参数读出的指令，指令使用说明如图 4-212 所示。

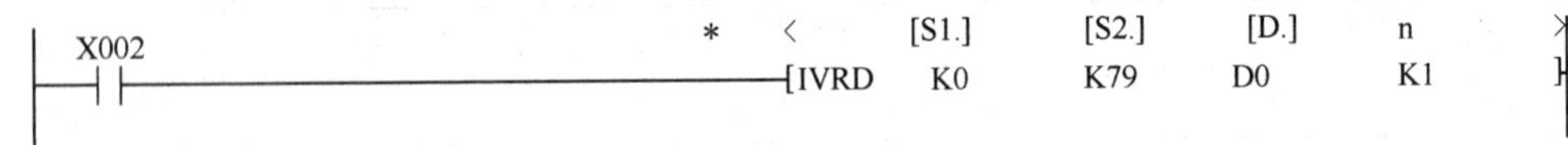

图 4-212　IVRD 指令

[S1.]：变频器的站号(K0 ~ K31)。

[S2.]：变频器的参数号。

[D.]：保存读出值的软元件地址。

n：使用的通道号(K1 或 K2)。

图 4-212 中，当 X002 为 ON 时，将通过通道 1 读出变频器的参数号 PR79 的值并保存到 D0 中。

4. 变频器参数写入指令 IVWR(INVERT WRITE)

FNC273 IVWR 16 位 9 步　FX_{3U}			
操作数类别	适合操作数(括号内只支持 FX_{3U} 系列 PLC)		
	字 元 件	位 元 件	其　他
[S1.]	(D R U□\G□)	—	K H
[S2.]	(D R U□\G□)	—	K H
[S3.]	(D R U□\G□)	—	K H
n	—	—	K H

IVWR 指令是用于将变频器参数写入的指令，指令使用说明如图 4-213 所示。

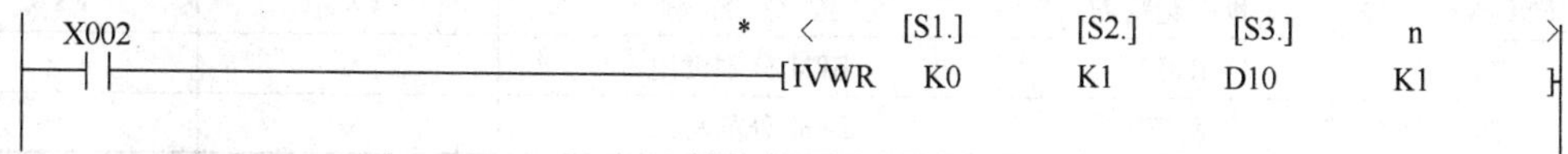

图 4-213　IVWR 指令

[S1.]：变频器的站号(K0～K31)。

[S2.]：变频器的参数号。

[S3.]：写入参数值的软元件地址。

n：使用的通道号(K1 或 K2)。

图 4-213 中，当 X002 为 ON 时，将通过通道 1 把 D10 中的值写入到变频器的参数号 PR1 中。

5. 变频器参数成批写入指令 IVBWR(INVERT BLOCK WRITE)

FNC274　IVBWR　16 位 9 步　FX_{3U}			
操作数类别	适合操作数(括号内只支持 FX_{3U} 系列 PLC)		
	字　元　件	位　元　件	其　　他
[S1.]	(D R U□\G□)	—	K H
[S2.]	(D R U□\G□)	—	K H
[S3.]	(D R U□\G□)	—	K H
n	—	—	K H

IVBWR 指令是用于将变频器参数成批写入的指令，指令使用说明如图 4-214 所示。

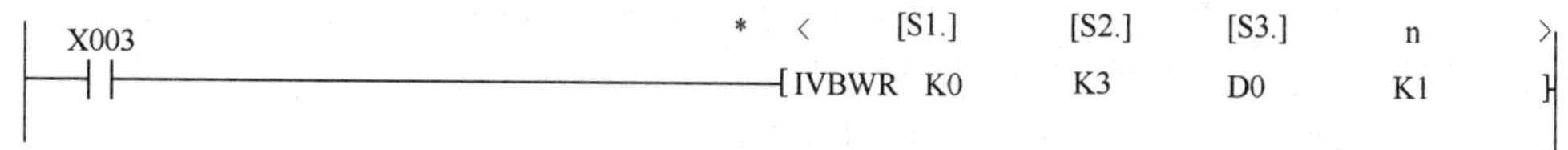

图 4-214　IVBWR 指令

[S1.]：变频器的站号(K0～K31)。

[S2.]：写变频器的参数个数。

[S3.]：写入参数值的软元件起始地址。

n：使用的通道号(K1 或 K2)。

图 4-214 中，当 X003 为 ON 时，将通过通道 1 把 D0 开始的 3 个参数值写入变频器的参数中。其中[S3.]和[S3.]+1 分别设定第一个参数号和第一个设定值，[S3.]+2 和[S3.]+3 分别设定第二个参数号和第二个设定值，以此类推。

使用变频器通信指令时需**注意**，EXTR、IVCK、IVDR、IVRD、IVWR、IVBWR 不能与 RS(RS2)指令同时对同一台变频器进行通信，但 EXTR、IVCK、IVDR、IVRD、IVWR、IVBWR 对于同一个端口可以同时启动多条变频器通信指令。

4.23　数据传送指令(三)

数据传送指令(三)是用于 BFM 分割读写的指令，指令见表 4-43。

表 4-43　数据传送指令(三)

FNC No.	助　记　符	指 令 名 称	FX_{3U}	FX_{2N}
278	RBFM	BFM 分割读出	√	×
279	WBFM	BFM 分割写入	√	×

1. BFM 分割读出指令 RBFM(READ BUFFER MEMORY)

FNC278　RBFM 16 位 11 步　FX_{3U}			
操作数类别	适合操作数(括号内只支持 FX_{3U} 系列 PLC)		
	字　元　件	位　元　件	其　　他
m1	(D R)	—	K H
m2	(D R)	—	K H
[D.]	(D R)	—	—
n1	(D R)	—	K H
n2	(D R)	—	K H

RBFM 指令是从特殊功能模块(单元)中分多个运算周期将 BFM 读出的指令。其使用说明如图 4-215 所示。

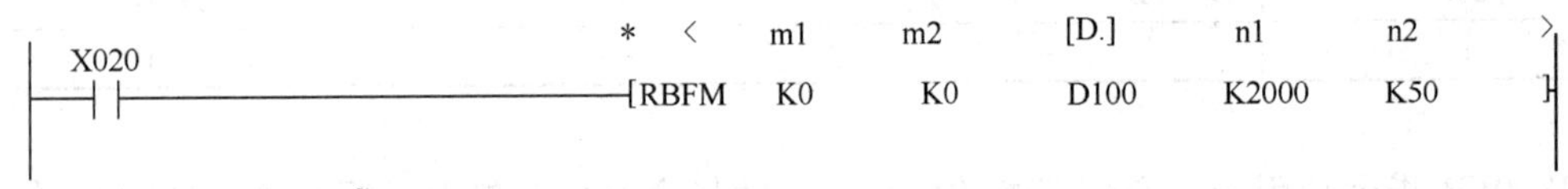

图 4-215　RBFM 指令

m1：特殊功能模块(单元)单元号(K0～K7)。

m2：读取缓冲寄存器的起始编号(0～32767)。

[D.]：保存缓冲寄存器读出数据的软元件起始地址。

n1：读取缓冲寄存器的总点数(1～32767)。

n2：每个运算周期读取的点数(1～32767)。

M8029：指令执行结束为 ON。

M8329：指令执行异常结束。

图 4-215 中，当 X020 为 ON 时，将把 0 号模块的 BFM#0 开始的 2000 个缓冲寄存器进行分割读取，每个运算周期读取 50 个缓冲寄存器，保存到 D100 开始的 2000 个单元中。

2. BFM 分割写入指令 WBFM(WRITE BUFFER MEMORY)

FNC279　WBFM 16 位 11 步　FX_{3U}			
操作数类别	适合操作数(括号内只支持 FX_{3U} 系列 PLC)		
	字　元　件	位　元　件	其　　他
m1	(D R)	—	K H
m2	(D R)	—	K H
[S.]	(D R)	—	—
n1	(D R)	—	K H
n2	(D R)	—	K H

WBFM 指令是从特殊功能模块(单元)中分多个运算周期将 BFM 读出的指令。其使用说明如图 4-216 所示。

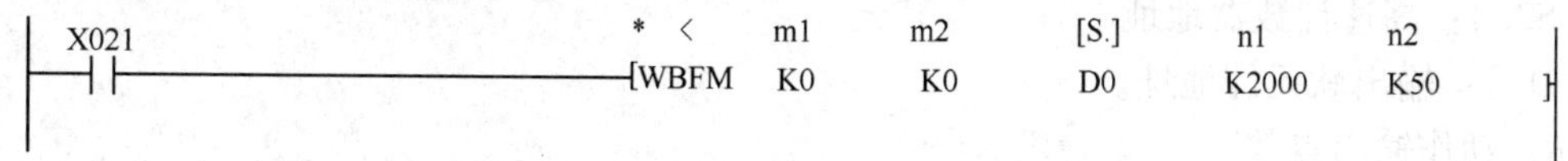

图 4-216 WBFM 指令

m1：特殊功能模块(单元)单元号(K0～K7)。

m2：写入缓冲寄存器的起始编号(0～32767)。

[S.]：保存写入缓冲寄存器数据的软元件起始地址。

n1：写入缓冲寄存器的总点数(1～32767)。

n2：每个运算周期写入的点数(1～32767)。

M8029：指令执行结束为 ON。

M8329：指令执行异常结束。

图 4-216 中，当 X021 为 ON 时，将把从 D0 开始的 2000 个单元进行分割写入到 0 号模块的 BFM#0 开始的 2000 个缓冲寄存器中，每个运算周期写入 50 个缓冲寄存器。

4.24 高速处理指令(二)

高速处理指令(二)只有 1 条，见表 4-44。

表 4-44 高速处理指令(二)

FNC No.	助 记 符	指 令 名 称	FX_{3U}	FX_{2N}
280	HSCT	高速计数器表比较	√	×

高速计数器表比较指令 HSCT(TABLE COMPARE FOR HIGH SPEED COUNTER)

FNC280 (D)HSCT 32 位 21 步 FX_{3U}			
操作数类别	适合操作数(括号内只支持 FX_{3U} 系列 PLC)		
	字 元 件	位 元 件	其 他
[S1.]	(D R)	—	—
m	—	—	K H
[S2.]	(C)	—	—
[D.]	—	(Y M S)	—
n	—	—	K H

HSCT 指令是将预先制作好的数据表与高速计数器的当前值进行比较，实现最多 16 点的置位和复位的指令。其使用说明如图 4-217 所示。

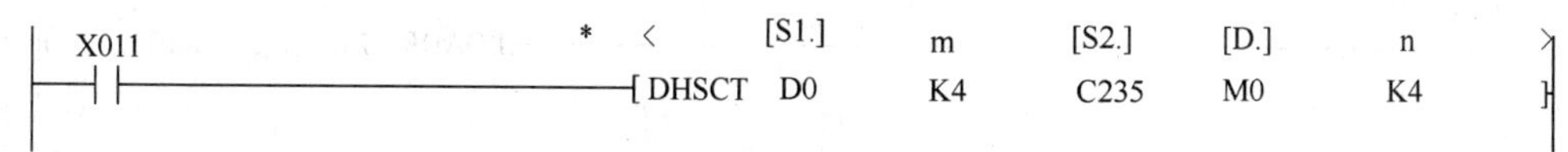

图 4-217 HSCT 指令

[S1.]：保存表格数据的软元件地址。

m：数据表格数(1≤m≤128)。

[S2.]：高速计数器地址。

[D.]：输出软元件地址。

n：动作输出点数。

D8138：表格计数器。

M8138：表格执行完毕，驱动 HSCT 回路断开瞬间也置 ON。

其中[S1.]+1 和[S1.]保存 32 位比较数据，[S1.]+2 保存输出动作设定数据(1 为置位,0 为复位,最多 16 个点,最低位是对应[D.]，最高位对应[D.]+n-1，设置不足 16 位时高位无效)；[S1.]+4 和[S1.]+3 保存比较数据，[S1.]+5 保存输出动作设定数据，以此类推。

[D.]如果设置为 Y 输出时，需要指定 Y 的地址为 Y□□0。执行中断开驱动 HSCT 指令回路，其输出将保持。

4.25 扩展文件寄存器控制指令

扩展文件寄存器控制指令见表 4-45。

表 4-45 扩展文件寄存器控制指令

FNC No.	助 记 符	指 令 名 称	FX_{3U}	FX_{2N}
290	LOADR	读出扩展文件寄存器	√	×
291	SAVER	成批写入扩展文件寄存器	√	×
292	INITR	扩展寄存器的初始化	√	×
293	LOGR	登录到文件寄存器	√	×
294	RWER	扩展文件寄存器的删除/写入	√	×
295	INITER	扩展文件寄存器的初始化	√	×

1. 读出扩展文件寄存器指令 LOADR(LOAD FROM EXTENSION FILE REGISTER)

FNC290 LOADR 16 位 5 步 FX_{3U}			
操作数类别	适合操作数(括号内只支持 FX_{3U} 系列 PLC)		
	字 元 件	位 元 件	其 他
[D.]	(R)	—	—
n	(D)	—	K H

LOADR 指令是将保存在存储盒中的扩展文件寄存器 ER 的当前值读出到可编程序控制器内置 RAM 扩展存储器 R 中的指令。其使用说明如图 4-218 所示。

图 4-218 LOADR 指令

[D.]：保存数据的文件寄存器的软元件地址，传送源 ER 地址与 R 相同。

n：传送的点数(0≤n≤32767)。

图 4-218 中，当 X000 为 ON 时，将把扩展文件寄存器 ER0 ~ ER999 的数据内容传送到文件寄存器 R0 ~ R999 中。

2. 成批写入扩展文件寄存器指令 SAVER(SAVE TO EXTENSION FILE REGISTER)

FNC291 SAVER 16 位 7 步 FX_{3U}

操作数类别	适合操作数(括号内只支持 FX_{3U} 系列 PLC)		
	字 元 件	位 元 件	其 他
[S.]	(R)	—	—
n	—	—	K H
[D.]	(D)		

SAVER 指令是将文件寄存器 R 的内容按 1 段分批写入到扩展文件寄存器 ER 中的指令。其使用说明如图 4-219 所示。

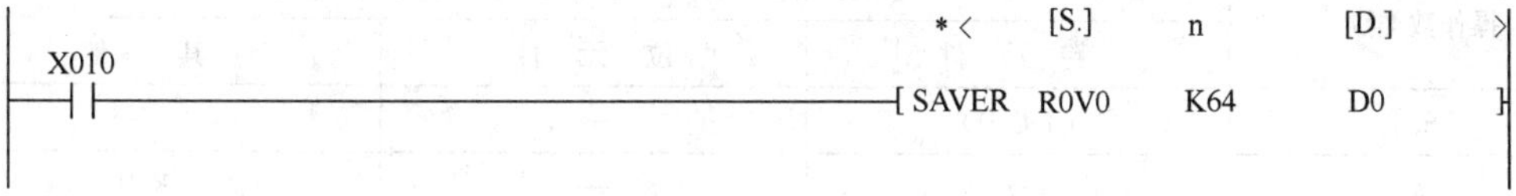

```
                                        *<    [S.]     n      [D.]  >
   X010
 |--| |------------------------------[SAVER  R0V0    K64     D0    ]
```

图 4-219 SAVER 指令

[S.]：保存要传送的文件寄存器的起始地址，扩展文件寄存器的地址与之相同。

n：每个运算周期写入的点数(0≤n≤2048)。

[D.]：保存已经写入的点数软元件地址。

M8029：写入完毕为 ON。

图 4-219 中，当 X010 为 ON 时，(若 V0 = 0)将文件 R0 开始的 1 个段(2048 点)传送到 ER0 开始的 1 个段当中，每周期传送 64 点。**注意：**SAVER 指令只能传送 1 个段，一次[S.]的编号地址应该是 0 或 2048 的整数倍，最大是 R30720(15 段,R30720 ~ R32767)。

3. 扩展寄存器初始化指令 INITR 和扩展文件寄存器初始化指令 INITER(INITIALIZE EXTENSION REGISTER,INITIALIZE EXTENSION FILE REGISTER)

FNC292 INITR，FNC295 INITER 16 位 5 步 FX_{3U}

操作数类别	适合操作数(括号内只支持 FX_{3U} 系列 PLC)		
	字 元 件	位 元 件	其 他
[S.]	(R)	—	—
n	—	—	K H

INITR 指令是在 LOGR 指令登录数据之前，对可编程 RAM 内文件寄存器和存储器盒扩展文件存储器进行初始化(写入 K - 1 或 HFFFF)的指令；INITER 指令用于在执行 SAVER 指令前对存储器盒扩展文件寄存器进行初始化(写入 K - 1 或 HFFFF)的指令。其使用说明如图 4-220 所示。

```
                                              *<   [S.]       n    >
  X011
──┤├──────────────────────────────────────────[INITR   R0        K4  ]
                                              *<   [S.]       n    >
  X012
──┤├──────────────────────────────────────────[INITER  R10240    K4  ]
```

图 4-220　INITR 和 INITER 指令

[S.]：在 INITR 指令中表示文件寄存器 R 的起始地址以及对应的扩展文件寄存器 ER 起始地址，在 INITER 指令中仅仅指定 R 地址对应的扩展文件寄存器 ER 的起始地址，均用 R 进行指定。

n：初始化的段数。

INITR 指令在没有安装存储器盒时仅对文件寄存器 R 进行初始化。

4. 登录到文件寄存器指令 LOGR

FNC293　LOGR 16 位 11 步　FX_{3U}

操作数类别	适合操作数(括号内只支持 FX_{3U} 系列 PLC)		
	字　元　件	位　元　件	其　　他
[S.]	(T C D)	—	—
m	(D)	—	K H
[D1.]	(R)	—	—
n	—	—	K H
[D2.]	(D)	—	—

LOGR 指令用于执行指定的软元件登录，并将已经登录的数据保存到文件寄存器及扩展文件寄存器中的指令。其使用说明如图 4-221 所示。

```
                          *<     [S.]    m     [D1.]     n     [D2.] >
  X013
──┤├──────────────────────[LOGRP  D10    K3    R4096     K1    D0    ]
```

图 4-221　LOGR 指令

[S.]：执行登录的软元件起始地址。

m：执行登录的软元件数(1≤m≤8000)。

[D1.]：登录使用的目标 R 软元件地址。

n：登录使用软元件的段数(1≤n≤16)。

[D2.]：已登录的数据数。

图 4-221 中，当 X013 由 OFF→ON 时，D10 ~ D12 立即登录到 R4096 ~ R4098 中，D0 中写入 H003；当 X013 再次由 OFF→ON 时，D10 ~ D12 立即登录到 R4099 ~ R5101 中，D0 中写入 H006；依次类推，直到登录到指定段填满为止。数据登录过程如图 4-222 所示。

5. 扩展文件寄存器的删除/写入指令 RWER(REWRITE TO EXTENSION FILE REGISTER)

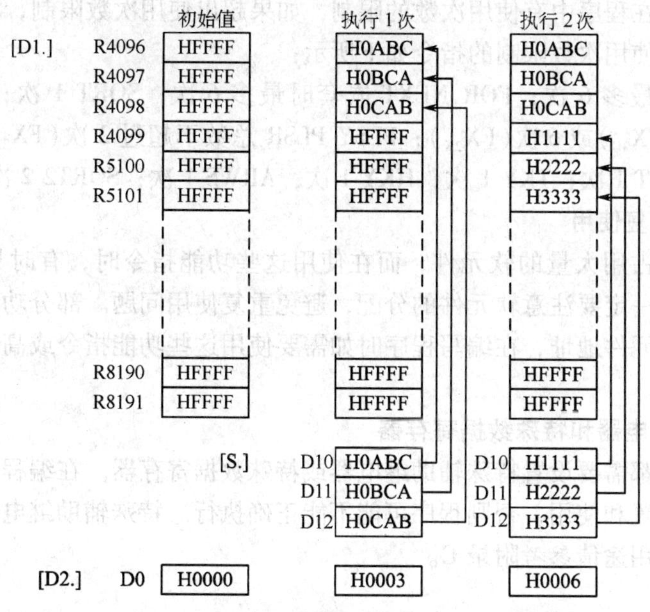

图 4-222　登录到扩展文件寄存器

FNC294　RWER 16 位 5 步　FX_{3U}

操作数类别	适合操作数(括号内只支持 FX_{3U} 系列 PLC)		
	字 元 件	位 元 件	其 他
[S.]	(R)	—	—
n	—	—	K H

RWER 指令是用于将可编程序控制器 RAM 的任意点数的文件寄存器 R 的当前值写入到存储盒的扩展文件寄存器 ER 中的指令。其使用说明如图 4-223 所示。

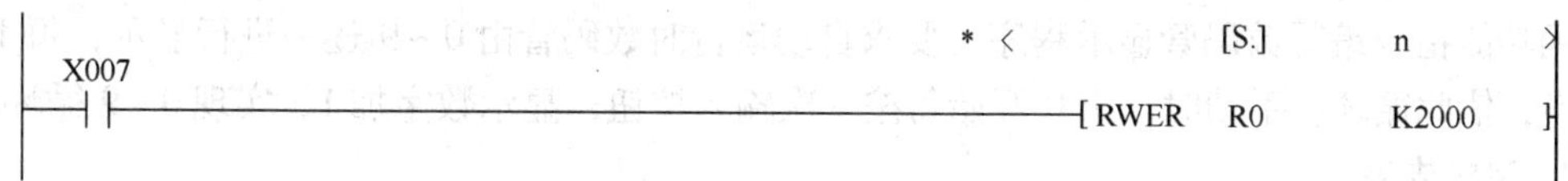

图 4-223　RWER 指令

[S.]：文件寄存器 R 的起始地址以及对应的扩展文件寄存器 ER 起始地址。

n：传送的点数(1≤n≤23767)。

图 4-223 中，当 X007 为 ON 时，将 R0 ~ R1999 内容写入到 ER0 ~ ER1999 中。

4.26　功能指令使用规则

功能指令在程序编写过程中需要遵循逻辑指令的基本编程规则。此外还应当注意以下问题：

1. 功能指令的使用次数限制

部分功能指令在程序中有使用次数的限制，如果超出使用次数限制，程序结果有可能会出现异常情况，有使用次数限制的指令如下所示：

CALL 嵌套时最多 6 次；FOR NEXT 嵌套时最多 6 次；SORT 1 次；HSCS HSCR HSZ HSCT 总数 32 次(FX_{3U})或 6 次(FX_{2N})；PLSY PLSR 总数不超过 2 次(FX_{2N})；SPD 每个点 1 次；HSCT 1 次；IST 1 次；TKY 1 次；HKY 1 次；ARWS 1 次；SORT2 2 次；DUTY 5 次。

2. 软元件的重复使用

功能指令需要占用大量的软元件，而在使用这些功能指令时，有时只指定起始的软元件，因此在使用时一定要注意软元件的分配，避免重复使用问题。部分功能指令和高速计数器须占用指定的软元件地址，在编写程序时如需要使用这些功能指令或高速计数器，须预留出这些软元件。

3. 特殊辅助继电器和特殊数据寄存器

很多功能指令都需要设置特殊辅助继电器或特殊数据寄存器。在编程过程中，需对这些特殊软元件正确设置和使用，否则程序可能不能正确执行。特殊辅助继电器和特殊数据寄存器在功能指令中的用途请参考附录 C。

4. 变址操作

多数功能指令都可以进行变址操作，这对编写程序非常有用：一方面可以提高编程效率，使程序简化；另一方面可以减少程序空间，提高系统的运行速度。但要注意字位(D□. b)、位字(Kn□)、缓冲寄存器(U□\G□)以及特殊辅助继电器和特殊数据寄存器不能进行变址操作。

4.27 功能指令应用

项目 16 数码管自动/手动控制

1. 控制要求

用功能指令编写数码管显示程序，要求自动运行时数码管由 0 ~ 9 逐一进行显示，每 1s 进行切换，依此循环；手动时，由 0 开始每按一次输入按钮，显示数字加 1，实现 0 ~ 9 循环。

2. 完成内容

列出 I/O 分配并画出 I/O 接线图，编写控制程序并进行调试。

3. 提高

设计一个 2 位数码管显示的程序，显示的数字可以在 0 ~ 59 进行循环，每秒切换 1 次。

4. 提供器材

FX_{3U}— 48MR(FX_{2N}— 48MR) PLC 、数码管 1 只(有限流电阻)。

5. 事例程序

数码管自动/手动控制。

(1) 控制要求　用功能指令编写数码管显示程序，要求自动运行时数码管由 0 ~ F 逐一进行显示，每 1s 进行切换，依此循环；手动时，由 0 开始每按一次输入按钮，显示数字加 1，实现 0 ~ F 循环。

(2) I/O 分配和 I/O 接线图　X020：自动运行开关；X021：手动输入；Y000 ~ Y006：

数码管 a ~ g。

接线图如图 4-224 所示。

注意： 数码管每一个段码回路中还应该串联 1 ~ 2kΩ 的电阻。

(3) 控制程序　程序如图 4-225 所示。

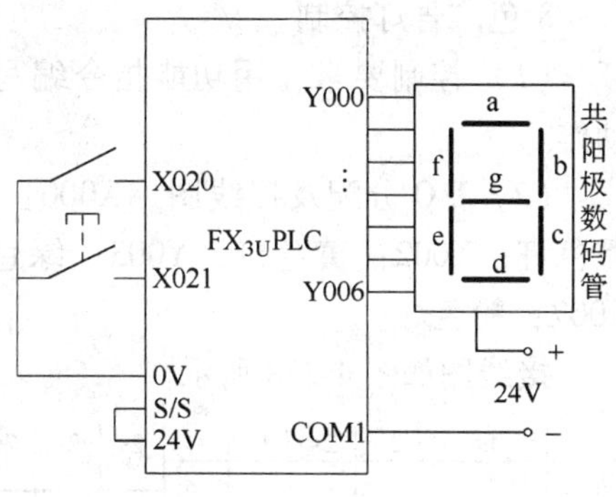

图 4-224　数码管自动/手动控制接线图

项目 17　十字路口交通灯的控制(二)

1. 控制要求

用功能指令编写程序，要求启动后，交通灯按图 4-226 时序图动作。

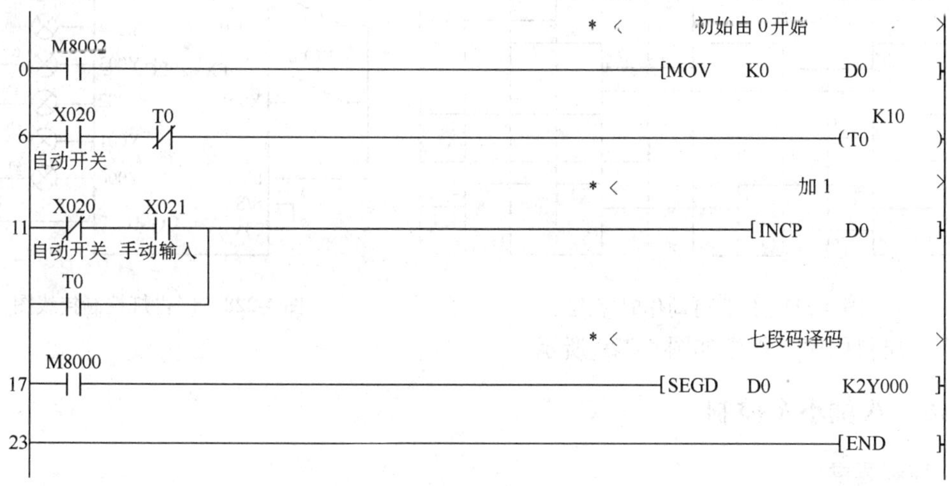

图 4-225　数码管自动/手动控制程序

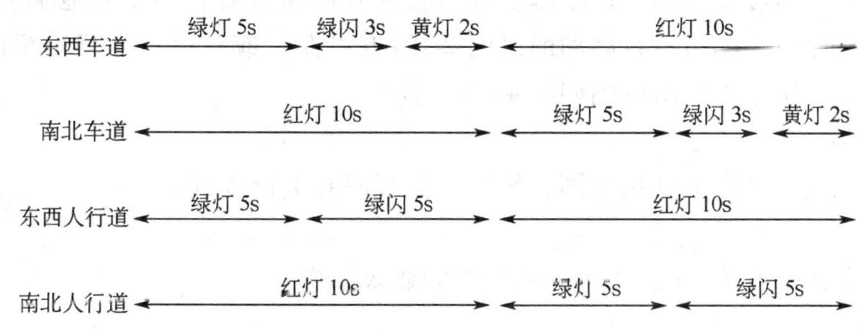

图 4-226　十字路口交通灯控制 2 动作时序图

2. 完成内容

列出 I/O 分配并画出 I/O 接线图，编写控制程序并进行调试。

3. 提高

添加车道红灯和绿灯倒计时程序，并用 2 个数码管进行显示(东西、南北各一个)。

4. 提供器材

FX_{3U}—48MR(FX_{2N}—48MR) PLC、红绿灯模块(或 24V 三色指示灯若干个)。

5. 事例程序

8 色广告灯控制。

（1）控制要求　用功能指令编写程序，要求启动广告灯后，广告灯按图 4-227 时序图动作。

（2）I/O 分配及接线图　X000：启动按钮；X001：停止按钮；Y000：红色灯；Y001：橙色灯；Y002：黄色灯；Y003：绿色灯；Y004：蓝色灯；Y005 紫色灯；Y006：白色灯；Y007：粉色灯。

接线图如图 4-228 所示。

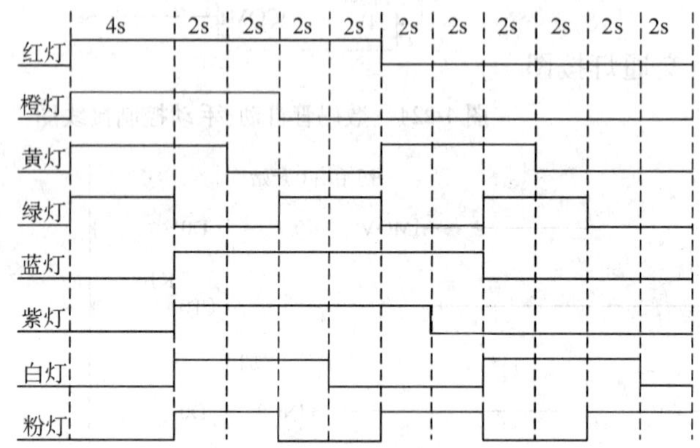

图 4-227　广告灯动作时序图

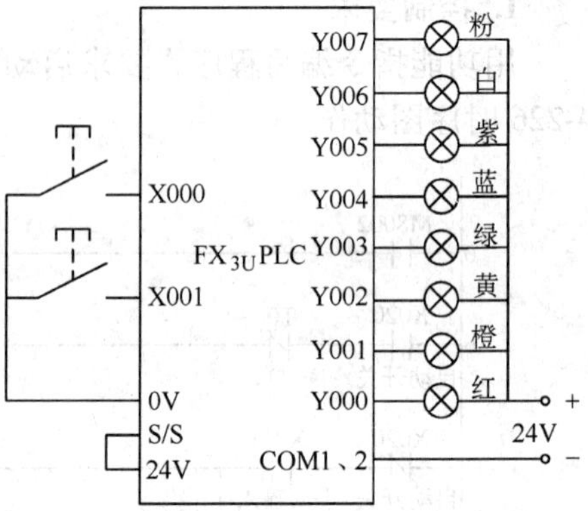

图 4-228　广告灯控制接线图

（3）控制程序　程序如图 4-229 所示。

项目 18　八位小车控制

1. 控制要求

小车所在位置号小于呼叫号时，小车右行至呼叫位置停车；小车所在位置号大于呼叫号时，小车左行至呼叫位置处停车；小车所停位置在呼叫位置时，小车原地不动；具有左行、右行定向指示、原点不动指示，启动前延时 2s 后方可左行或右行；具有小车行走位置的七段数码管显示。八位小车的示意图如图 4-230 所示。

2. 完成内容

列出 I/O 分配并画出 I/O 接线图，编写控制程序并进行调试。

3. 提高

将八位小车控制改为 16 位小车，其他控制要求不变。

4. 提供器材

FX_{3U}— 48MR（FX_{2N}—48MR）PLC、八位小车模块（或 8 个按钮、8 个行程开关、2 个接触器、1 个数码管）。

5. 事例程序

八层电梯控制。

（1）控制要求　一楼和八层均设有 1 个召唤按钮，二～七层设有 2 个召唤按钮 SB1～SB14，各楼层设有磁感应位置开关 LS1～LS8；不论轿箱停在何处，均能根据召唤信号自动判断电梯运行方向，然后延时 2s 后开始运行；响应召唤信号后，召唤指示灯 HL1～HL8 亮，直至电梯到达该层时熄灭；当有多个召唤信号，能自动根据召唤楼层停靠层站，停留 2s 后，

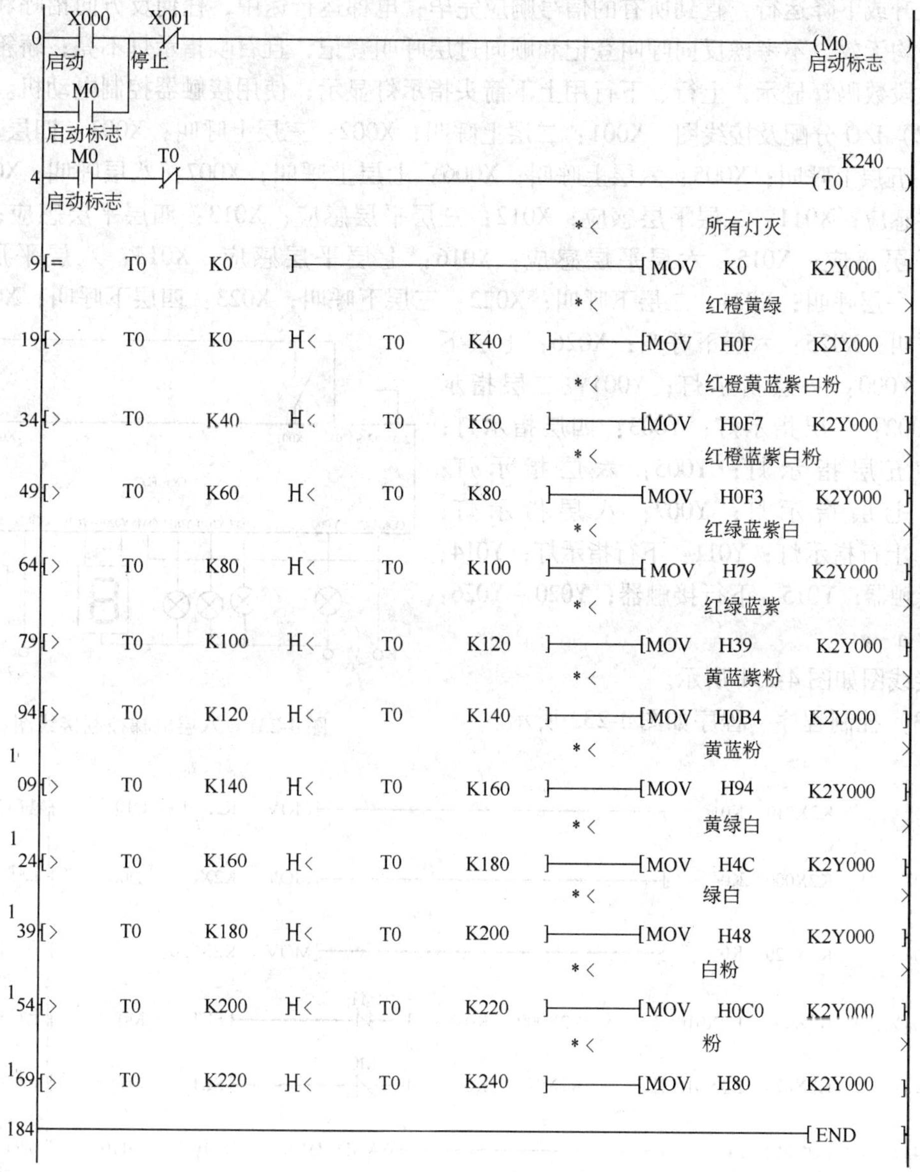

```
   X000    X001
0 ─┤├──┬──┤/├──────────────────────────────────────(M0      )
  启动 │  停止                                      启动标志
   M0  │
  ─┤├──┘
  启动标志
   M0      T0                                          K240
4 ─┤├─────┤/├──────────────────────────────────────(T0      )
  启动标志
                                        *<  所有灯灭            >
9   [=   T0    K0   ]──────────────────[MOV  K0     K2Y000  ]
                                        *<  红橙黄绿            >
19  [>   T0    K0   ]H[<   T0   K40   ]─[MOV  H0F    K2Y000  ]
                                        *<  红橙黄蓝紫白粉       >
34  [>   T0    K40  ]H[<   T0   K60   ]─[MOV  H0F7   K2Y000  ]
                                        *<  红橙蓝紫白粉         >
49  [>   T0    K60  ]H[<   T0   K80   ]─[MOV  H0F3   K2Y000  ]
                                        *<  红绿蓝紫白           >
64  [>   T0    K80  ]H[<   T0   K100  ]─[MOV  H79    K2Y000  ]
                                        *<  红绿蓝紫             >
79  [>   T0    K100 ]H[<   T0   K120  ]─[MOV  H39    K2Y000  ]
                                        *<  黄蓝紫粉             >
94  [>   T0    K120 ]H[<   T0   K140  ]─[MOV  H0B4   K2Y000  ]
                                        *<  黄蓝粉               >
109 [>   T0    K140 ]H[<   T0   K160  ]─[MOV  H94    K2Y000  ]
                                        *<  黄绿白               >
124 [>   T0    K160 ]H[<   T0   K180  ]─[MOV  H4C    K2Y000  ]
                                        *<  绿白                 >
139 [>   T0    K180 ]H[<   T0   K200  ]─[MOV  H48    K2Y000  ]
                                        *<  白粉                 >
154 [>   T0    K200 ]H[<   T0   K220  ]─[MOV  H0C0   K2Y000  ]
                                        *<  粉                   >
169 [>   T0    K220 ]H[<   T0   K240  ]─[MOV  H80    K2Y000  ]
184 ──────────────────────────────────────────────[END      ]
```

图 4-229 广告灯控制程序

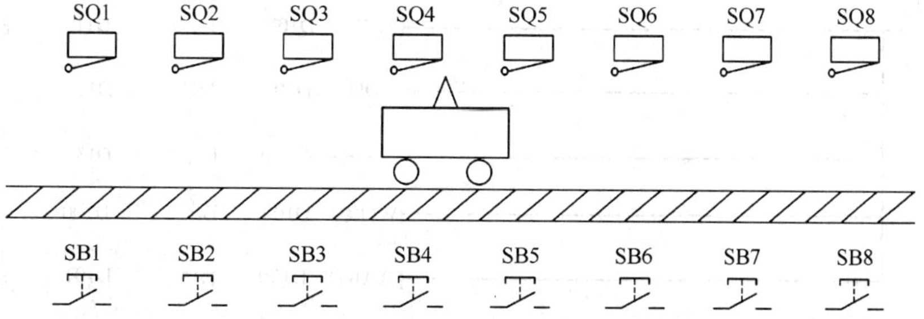

图 4-230 八位小车示意图

继续上升或下降运行，直到所有的信号响应完毕；电梯运行途中，任何反方向招呼和顺向过层召呼均无效，不考虑反向呼叫登记和顺向过层呼叫登记，且召唤指示灯不亮；轿箱位置要求用七段数码管显示，上行、下行用上下箭头指示灯显示；使用接触器控制电动机。

（2）I/O 分配及接线图　X001：二层上呼叫；X002：三层上呼叫；X003：四层上呼叫；X004：五层上呼叫；X005：六层上呼叫；X006：七层上呼叫；X007：八层呼叫；X010：一层平层感应；X011：二层平层感应；X012：三层平层感应；X013：四层平层感应；X014：五层平层感应；X015：六层平层感应；X016：七层平层感应；X017：八层平层感应；X020：一层呼叫；X021：二层下呼叫；X022：三层下呼叫；X023：四层下呼叫；X024：五层下呼叫；X025：六层下呼叫；X026：七层下呼叫；Y000：一层指示灯；Y001：二层指示灯；Y002：三层指示灯；Y003：四层指示灯；Y004：五层指示灯；Y005：六层指示灯；Y006：七层指示灯；Y007：八层指示灯；Y010：上行指示灯；Y011：下行指示灯；Y014：上行接触器；Y015：下行接触器；Y020～Y026：数码管 a～g。

接线图如图 4-231 所示。

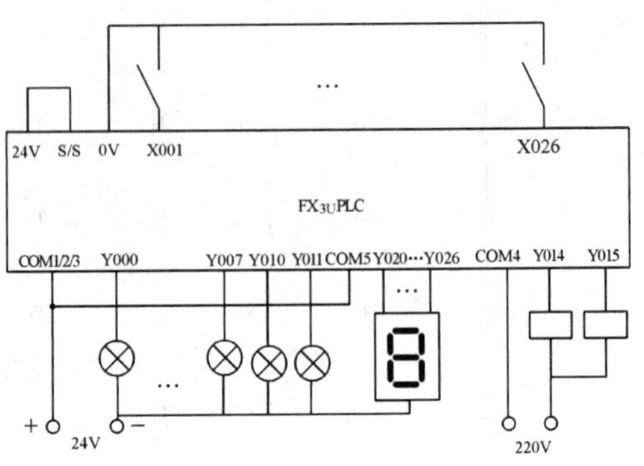

图 4-231　八层电梯控制接线图

（3）控制程序　程序如图 4-232 所示。

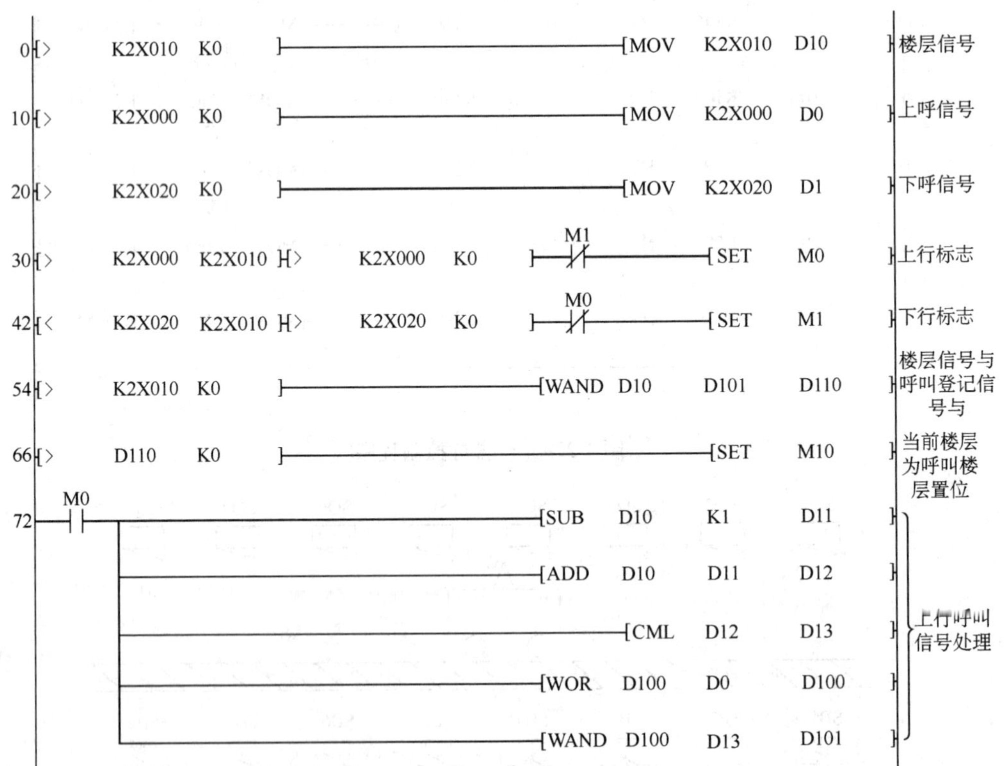

图 4-232　八层电梯控制程序

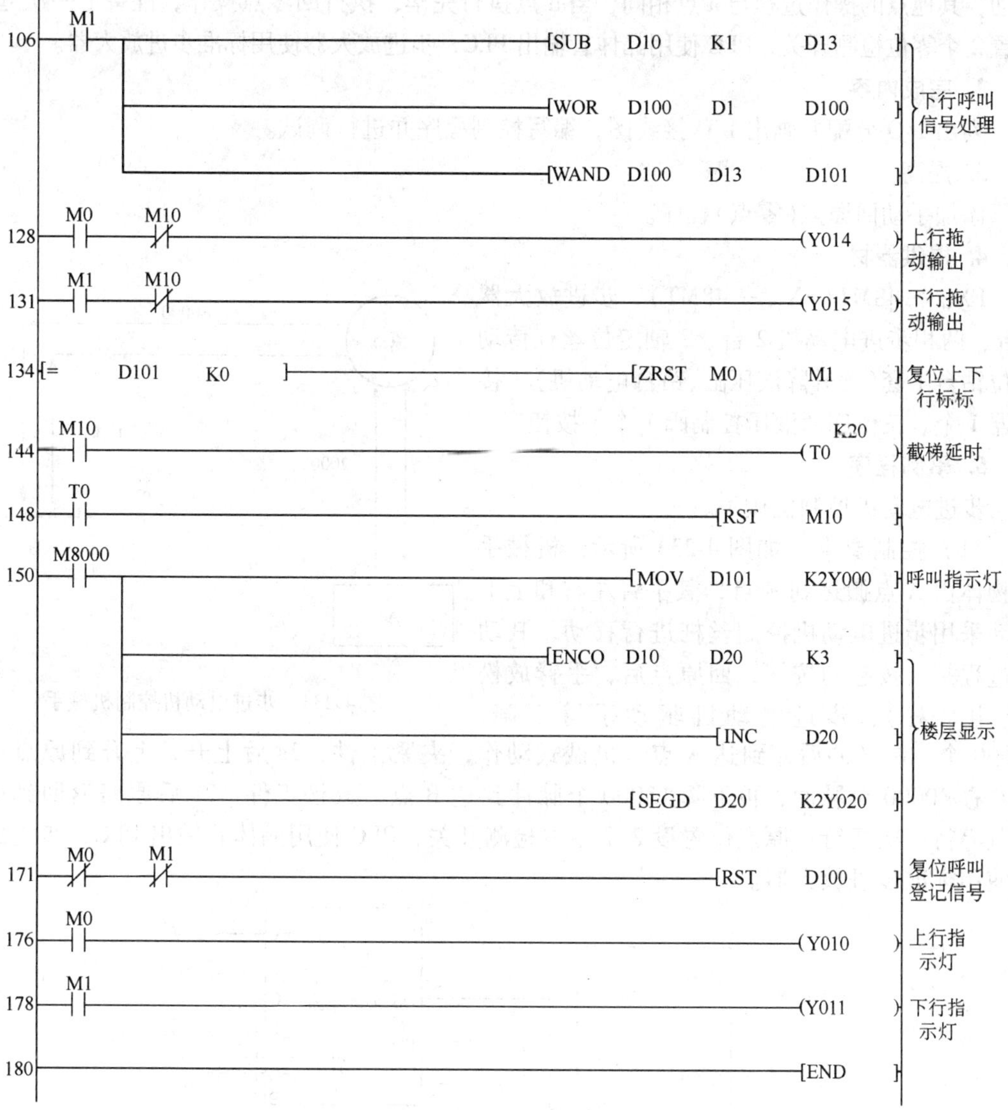

```
     M1
106 —| |—+——————————————[SUB   D10   K1    D13  ]  }
         |                                         } 下行呼叫
         +——————————————[WOR   D100  D1    D100 ]  } 信号处理
         |                                         }
         +——————————————[WAND  D100  D13   D101 ]  }

     M0    M10
128 —| |———|/|————————————————————————————(Y014  )  上行拖动输出

     M1    M10
131 —| |———|/|————————————————————————————(Y015  )  下行拖动输出

134 [=    D101   K0  ]——————————[ZRST   M0    M1 ]  复位上下行标标

     M10                                     K20
144 —| |——————————————————————————————————(T0    )  截梯延时

     T0
148 —| |——————————————————————————[RST     M10   ]

     M8000
150 —| |—+——————————————[MOV   D101   K2Y000    ]  呼叫指示灯
         |
         +——————————————[ENCO  D10    D20   K3  ]  }
         |                                         }
         +——————————————[INC          D20       ]  } 楼层显示
         |                                         }
         +——————————————[SEGD  D20    K2Y020    ]  }

     M0    M1
171 —|/|———|/|————————————————————[RST     D100  ]  复位呼叫登记信号

     M0
176 —| |——————————————————————————————————(Y010  )  上行指示灯

     M1
178 —| |——————————————————————————————————(Y011  )  下行指示灯

180 ——————————————————————————————————————[END   ]
```

图 4-232　八层电梯控制程序(续)

项目 19　步进电动机控制

1. 控制要求

用两台步进电动机通过丝杠定位钻台，对工件进行钻孔作业，如图 4-233 所示。

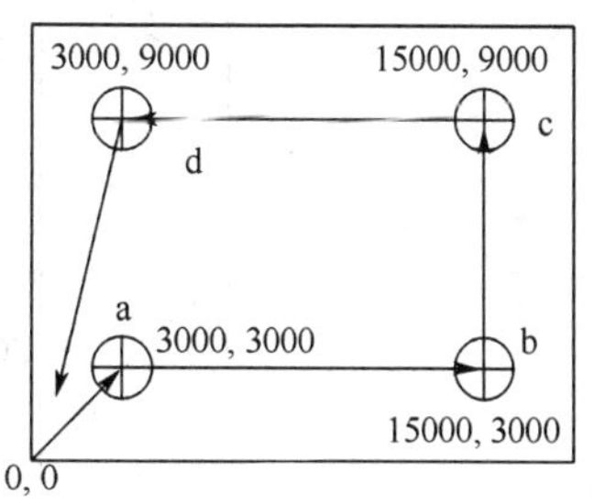

图 4-233　步进电动机控制

执行过程：回零点→定位 a 点、钻孔→定位 b 点、钻孔→定位 c 点、钻孔→定位 d 点、钻孔→回零点。例如在 a 点执行过程为：X 轴发 3000 个脉冲，同时 Y 轴发 3000 个脉冲，定位完成后，钻台下降(液压驱动)，下降过程 2s，然后钻孔，钻孔时间 5s，钻孔完毕后钻台上升，上升时间 2s，然后开始向 b 点移动，其他点的操作过程与 a 点相同，当 d 点执行完毕，执行回零点操作，准备下一次起动，设置 2 个零位检测开关，PLC 使用晶体管输出 PLC，步进放大器使用标准步进放大器。

2. 完成内容

列出 I/O 分配并画出 I/O 接线图，编写控制程序并进行调试。

3. 提高

添加手动回原点(零点)程序。

4. 提供器材

FX_{3U}— 48MT(FX_{2N}— 48MT)、步进放大器 2 台、两相步进电动机 2 台、2 轴定位丝杠传动定位钻台 1 套(含升降液压缸、钻台电动机)、接触器 1 个、三位四通液压控制阀 1 个、按钮等。

5. 事例程序

步进电动机控制机械手。

(1) 控制要求　如图 4-234 所示，机械手将物体由 A 点搬运到 B 点，其手臂左右和上下移动采用步进电动机控制丝杠进行移动，其动作过程是：按起动按钮，回原点后，手臂放松(有电放松)，步进电动机驱动手臂下降，20000 个控制脉冲后，到达 A 点，机械式动作，夹紧工件，2s 后上升，上升到原点位置后右移 30000 个脉冲，再下降 15000 个脉冲到达 B 点，放松工件，2s 后原路返回到原点位置等待下次运行；原点位置设 2 个零位检测开关，PLC 使用晶体管输出 PLC，步进放大器使用标准步进放大器。

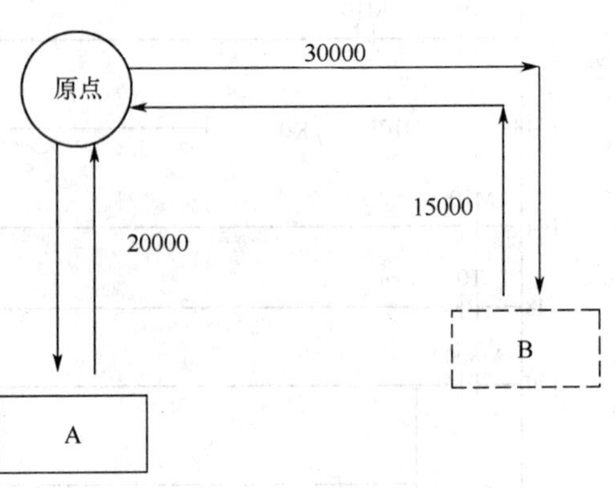

图 4-234　步进电动机控制机械手

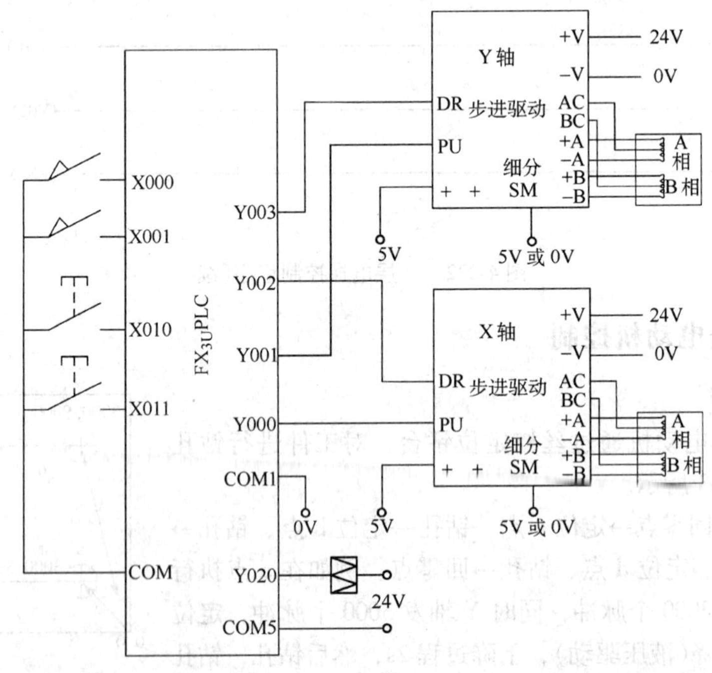

图 4-235　步进电动机控制机械手接线图

（2）I/O 分配及接线图　X000：X 轴零位开关；X001：Y 轴零位开关；X010：起动按钮；X011：停止按钮；Y000：X 轴脉冲输出；Y001：Y 轴脉冲输出；Y020：机械手夹紧/放松。

接线图如图 4-235 所示。

（3）控制程序　程序如图 4-236 所示。

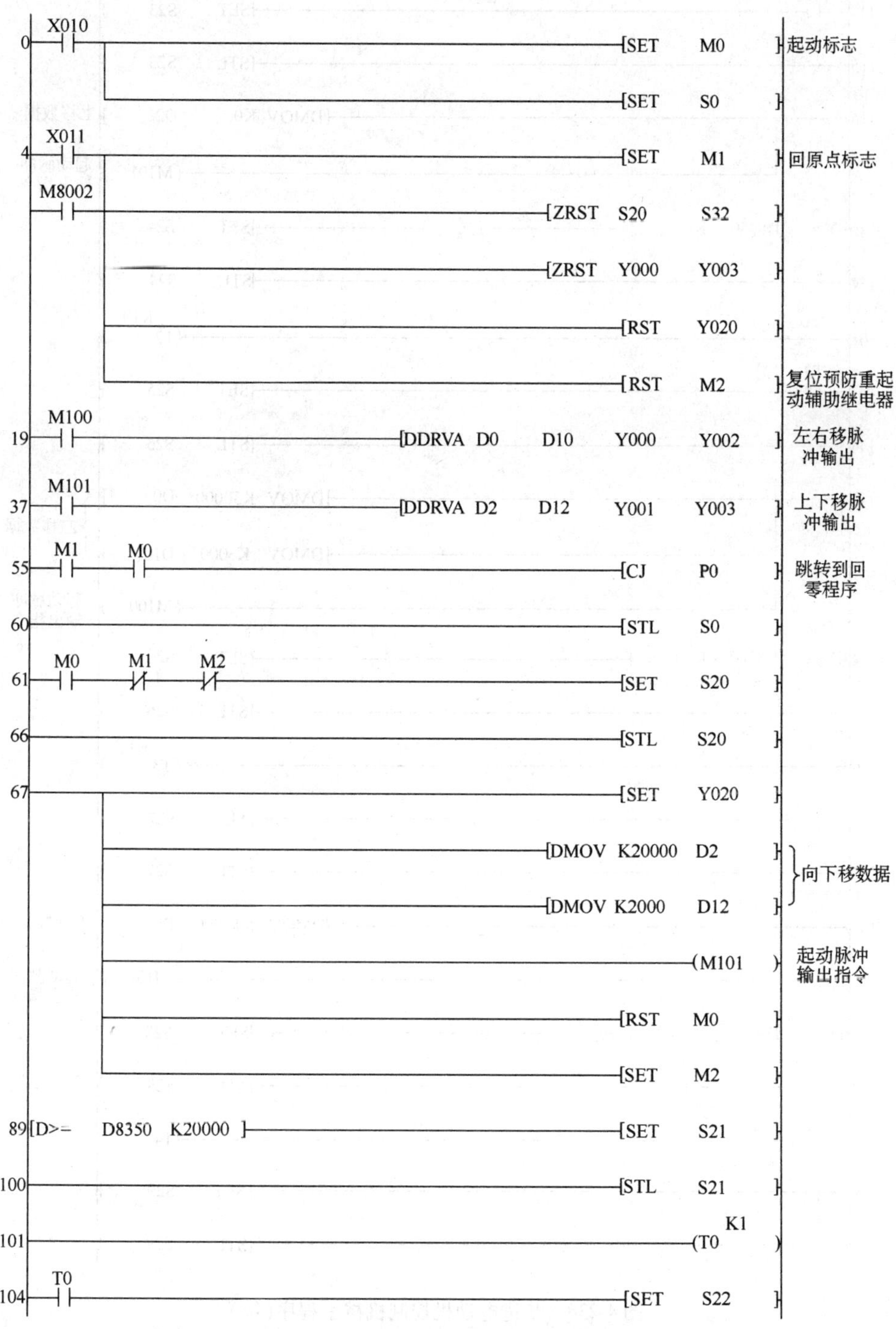

图 4-236　步进电动机控制机械手程序

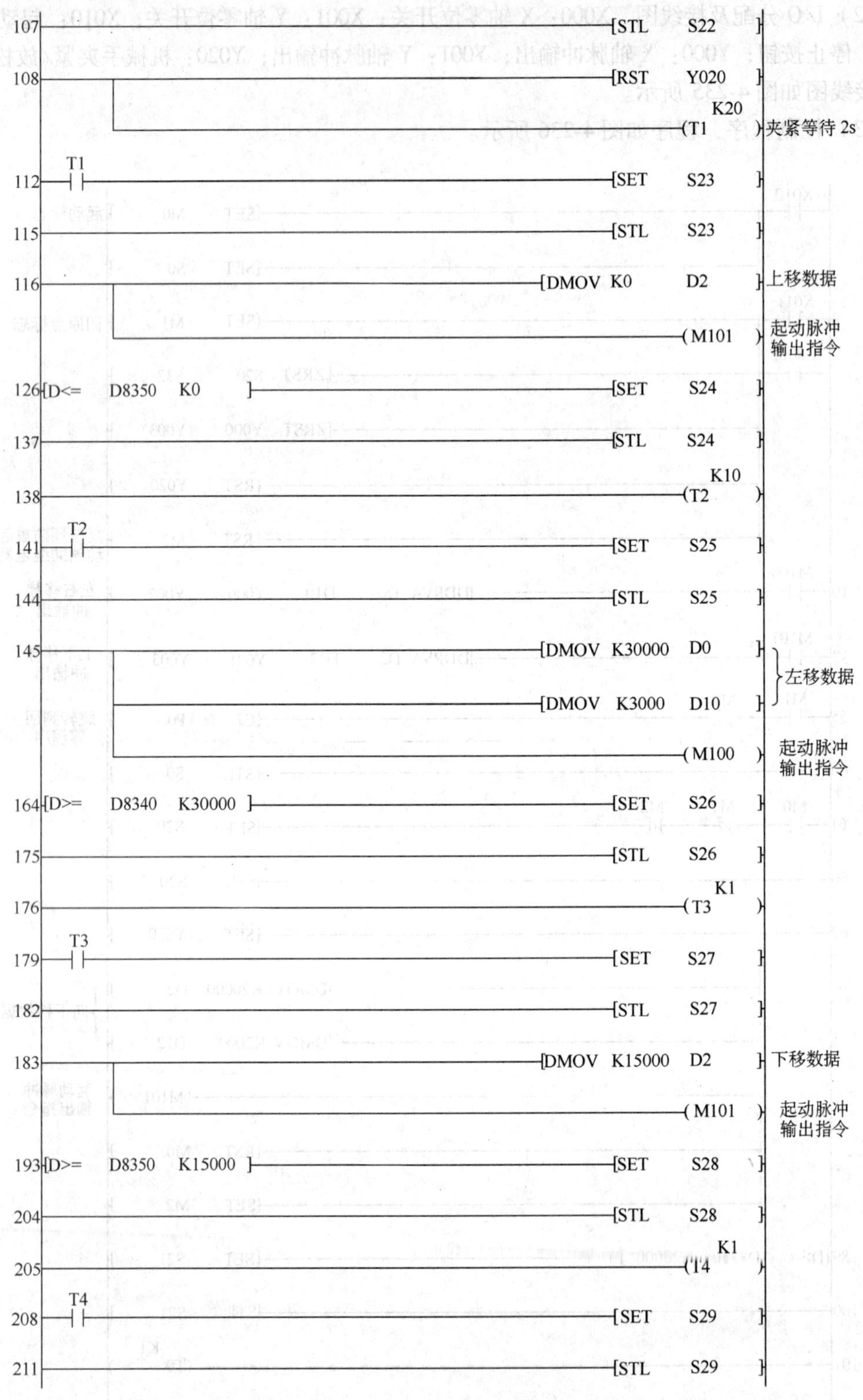

图 4-236　步进电动机控制机械手程序（续）

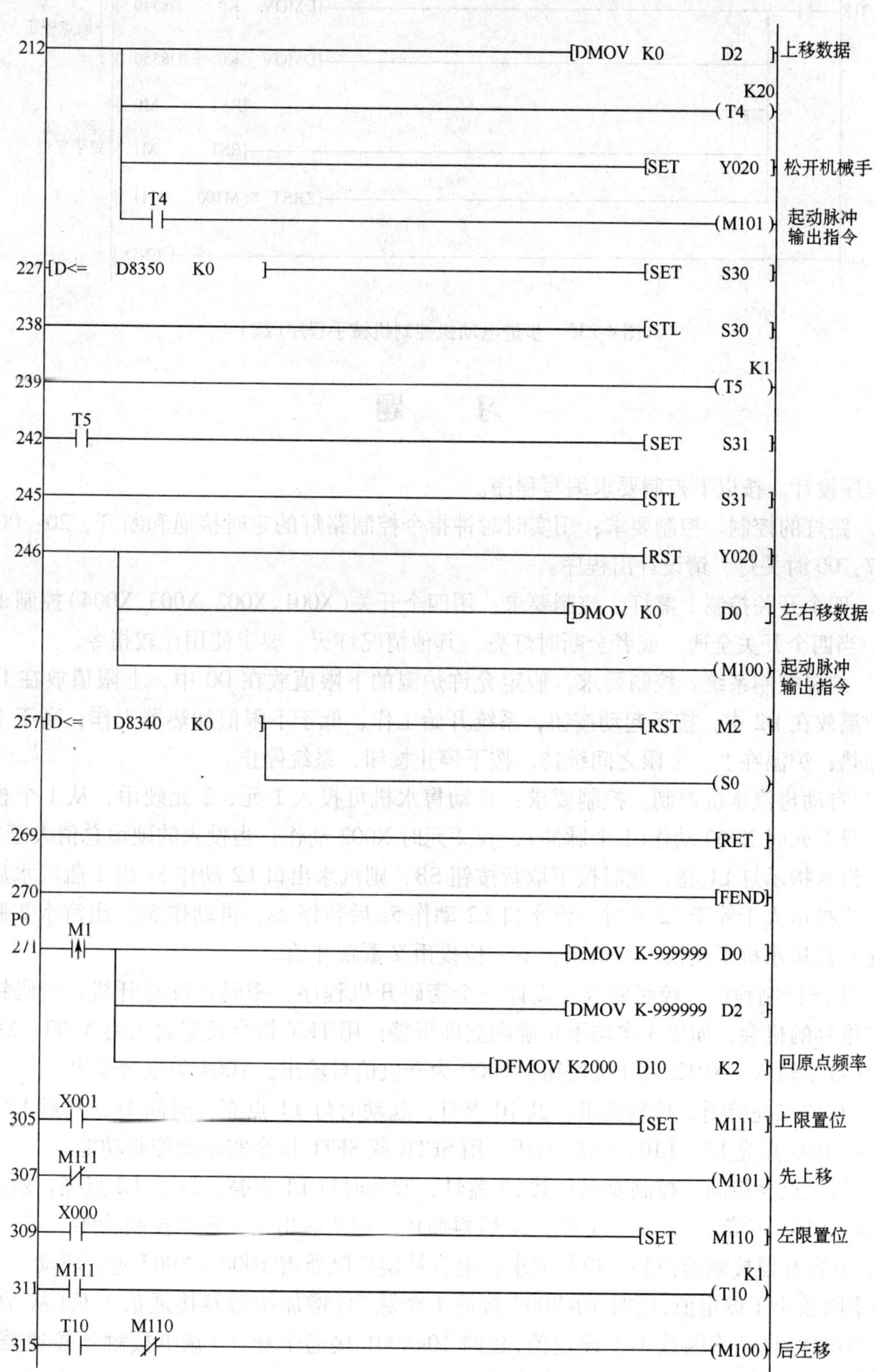

图 4-236　步进电动机控制机械手程序(续)

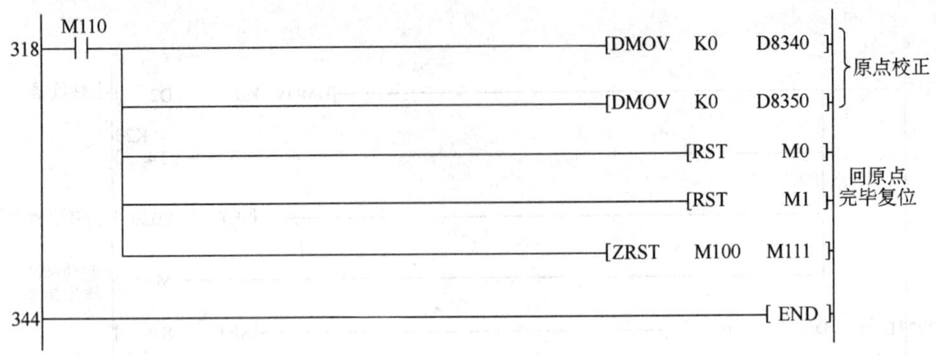

图 4-236　步进电动机控制机械手程序(续)

习　题

程序设计。按以下控制要求编写程序。

1. 路灯的控制。控制要求：用实时时钟指令控制路灯的定时接通和断开，20：00 时开灯，07：00 时关灯，请设计出程序。

2. 四个开关控制 1 盏灯。控制要求：用四个开关(X001、X002、X003、X004)控制 1 盏灯 Y000，当四个开关全通，或者全断时灯亮，其他情况灯灭。要求使用比较指令。

3. 炉温控制系统。控制要求：假定允许炉温的下限值放在 D0 中，上限值放在 D1 中，实测炉温放在 D2 中，按下起动按钮，系统开始工作，低于下限值加热器工作；高于上限值停止加热；炉温在上、下限之间维持。按下停止按钮，系统停止。

4. 自动售汽水机控制。控制要求：自动售水机可投入 1 元、2 元硬币，从 1 个投币口投币，投 1 元时 X000 动作(1 个脉冲)，投 2 元时 X002 动作；当投入的硬币总值大于等于 6 元时，汽水指示灯 L1 亮，此时按下取货按钮 SB，则汽水出口 L2 动作 5s 出 1 瓶汽水后自动停止；当投币大于等于 12 元时，汽水口 L2 动作 5s 后暂停 2s，再动作 5s，出汽水 2 瓶后自动停止；该售水机不找钱，不结余，下一位投币又重新开始。

5. 密码控制程序。控制要求：设计一个密码开机程序，密码正确时开机，密码错误时有 3 次重复的机会，如果 3 次均不正确则立即报警；用 TKY 指令设定输入用 X000 ~ X011 作为 0 ~ 9 数字输入；X012 为开机按钮；Y000 为开机信号输出；Y004 为报警输出。

6. 移位点亮控制。控制要求：共 10 盏灯，起动时灯 L1 点亮，时间 1s，然后 L2 点亮，时间 1s，依次点亮 L3 ~ L10，然后循环，用 SFTR 或 SFTL 指令实现此控制功能。

7. 依次点亮控制。控制要求：共 16 盏灯，起动时灯 L1 点亮，1s 后 L2 点亮，然后依此点亮 L3 ~ L16，全部点亮 1s 后全停，1s 后再循环。用功能指令实现此控制功能。

8. 电容补偿接触器控制。控制要求：电容补偿接触器由 Y000 ~ Y007 进行驱动，当感性时(功率因数小于设定值,延时 10sX000 接通 1 个脉冲)增加接触器接通数 1 只(从 Y000 开始)，当容性时(功率因数小于设定值,延时 10sX001 接通个脉冲)减少接触器接通数 1 只，要求遵循先接通的先断、先断开的先接通的原则。

9. 停车场管理系统。控制要求：某车库共有 20 个车位，车辆进入时，车位数减 1，车辆出库时车位数加 1，用两位数码管显示空闲车位情况；当车位有空闲时输出绿灯，当车位满时输出红灯。在车辆道闸外和道闸内各装有一个车辆检测装置(外 X000,内 X001)，当检测到有进库和出库信号后，报警器响 2s，提示管理员。管理员按通行按钮，打开道闸到上限位置，装在道闸侧的光敏传感器(X002)检测汽车是否通过，如果已经通过，则关闭道闸到下限位置。

10. 洗车控制装置。控制要求：当顾客投入硬币 5 元(只收 1 元硬币,接收一个硬币 X000 输入 1 个脉冲)，顾客可以使用喷水器 10min，当顾客按下喷水头上的喷水按钮(X001)时，喷水阀(Y000)打开，开始计时，当松开该按钮时，关闭喷水阀，停止计时，累计运行时间到则停止喷水阀。

11. 车速检测装置。控制要求，A、B 相距 50m，在两点安装车辆检测传感器(A 点 X010,B 点 X011)，设计双向计量车速的程序，将车速转换为 km/h 并保存在 D100 中，可以不考虑有多车通行的情况。

12. 风量计算程序。控制要求：风机有 3 片风叶，当风叶靠近接近开关(X000)时，将会被检测到，通过高速计数器测量出风机的转速，假设风机每旋转 1 圈其排风量为 3000mL，设计程序计算风机排风量(不考虑转速对排风量的影响)。

13. 病房呼叫系统。某医院 20 间病房均安装呼叫按钮(X000 ~ X0023)，当病员有请求时，按呼叫按钮，后台值班医生能看到呼叫病室的房号(2 位数码管显示)，并有 2s 报警，如果有多个病室呼叫时，将自动轮流显示病房号(2s 切换)；值班室设有呼叫查询按钮和清除按钮，当医生处理完病员请求后，按查询按钮查询到该房号(或自动显示到该房号)时，可以按清除按钮清除该房号。

第 2 篇

FX 可编程序控制器特殊功能单元

2

第 5 章　模拟量处理模块及通信模块(板)

5.1　FX_{0N}—3A

FX_{0N}—3A 是模拟量 D/A、A/D 混合处理模块，有 2 个模拟量输入通道和 1 个模拟量输出通道，输入通道将现场的模拟信号转化为数字量送给 PLC 处理，输出通道将 PLC 中的数字量转化为模拟信号输出给现场设备。FX_{0N}—3A 的最大分辨率为 8 位，可以连接 FX_{3U}、FX_{2N}、FX_{2NC}、FX_{1N}、FX_{0N} 系列的 PLC，FX_{0N}—3A 占用 PLC 扩展总线上的 8 个 I/O 点，可以分配给输入或输出。

FX_{0N}—3A 的技术指标见表 5-1。

表 5-1　FX_{0N}—3A 的技术指标

项　目	输出电压	输出电流
模拟量输出范围	0～10V 直流	4～20mA
数字输出	8 位	
分辨率	40mV(10V/250)	64μA(20mA/250)
总体精度	满量程 1%	
转换速度	TO 指令时间 ×3	
电源规格	主单元提供 5V/30mA	
占用 I/O 点数	占用 8 个 I/O 点，可分配为输入或输出	
适用的 PLC	FX_{0N}，FX_{1N}，FX_{2N}，FX_{2NC}，FX_{3U}	

1. FX_{0N}—3A 接线

FX_{0N}—3A 的接线如图 5-1 所示。

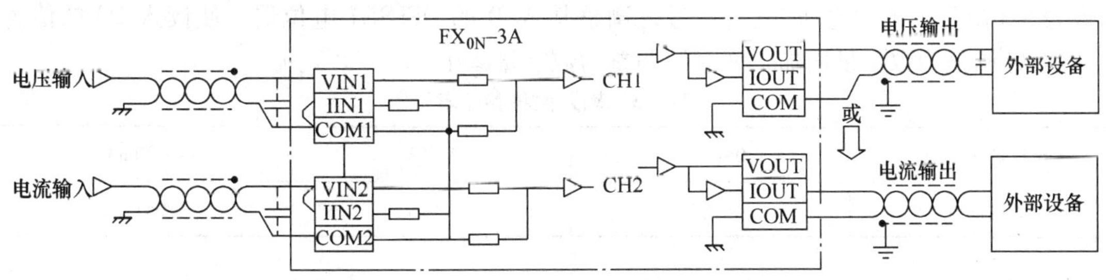

图 5-1　FX_{0N}—3A 的接线

2. FX_{0N}—3A 的 BFM 分配

FX_{0N}—3A 的 BFM 分配见表 5-2。

表 5-2　FX_{0N}—3A BFM 分配

BFM	b15 ~ b8	b7	b6	b5	b4	b3	b2	b1	b0
#0	保留	存放 A/D 通道的当前值输入数据(8 位)							
#16		存放 D/A 通道的当前值输出数据(8 位)							
#17		保留					D/A 起动	A/D 起动	A/D 通道
#1 ~ #15，#18 ~ #31		保留							

BFM　#17：b0 = 0 选择通道 1，b0 = 1 选择通道 2；b1 由 0 变为 1 起动 A/D 转换，b2 由 1 变为 0 起动 D/A 转换。

3. A/D 通道的偏移/增益调整

FX_{0N}—3A 的 A/D 通道的偏移/增益程序如图 5-2 所示。

```
X000
─┤├─┬──────────────[TO    K0    K17    K0    K1 ]
    ├──────────────[TO    K0    K17    K2    K1 ]
    └──────────────[FROM  K0    K0     D0    K1 ]

或

X000
─┤├─┬──────────────[MOV   K0     U0\G17 ]
    ├──────────────[MOV   K2     U0\G17 ]
    └──────────────[MOV   U0\G0  D0     ]
```

图 5-2　FX_{0N}—3A 的 A/D 通道的偏移/增益调整程序

注意： FX_{2N}系列 PLC 只能使用 FROM 和 TO 指令。

（1）输入偏移校准　运行图 5-2 所示的程序，使 X000 为 ON，在模拟量输入 CH1 通道输入表 5-3 所示的模拟电压/电流信号，调整其 A/D 的 OFFSET 电位器，使读入 D0 的值为 1。顺时针调整为数字量增加，逆时针调整为数字量减小。

表 5-3　输入偏移参照表

模拟输入范围	0 ~ 10V	0 ~ 5V	4 ~ 20mA
输入的偏移校准值	0.04V	0.02V	4.064mA

（2）输入增益校准　运行图 5-2 所示的程序，并使 X000 为 ON，在模拟量输入 CH1 通道输入表 5-4 所示的模拟电压/电流，调整其 A/D 的 GAIN 电位器，使读入 D0 的值为 250。

表 5-4 输入增益参照表

模拟输入范围	0~10V	0~5V	4~20mA
输入的增益校准值	10V	5V	20mA

4. D/A 通道的偏移/增益调整

FX_{0N}—3A 的 D/A 通道的偏移/增益调整程序如图 5-3 所示。

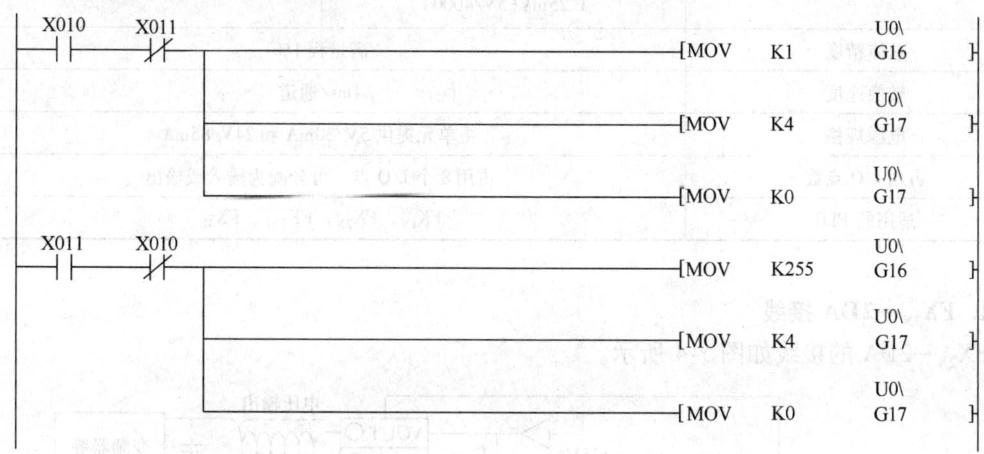

图 5-3 FX_{0N}—3A 的 D/A 通道的偏移/增益调整程序

注意：FX_{2N}系列 PLC 只能使用 FROM 和 TO 指令。

（1）D/A 输出偏移校准　运行图 5-3 所示程序，使 X010 为 ON，X011 为 OFF，调整模块 D/A 的 OFFSET 电位器，使输出值满足表 5-5 所示的电压/电流值。

表 5-5 输出偏移参照表

模拟输出范围	0~10V	0~5V	4~20mA
输出的偏移校准值	0.04V	0.02V	4.064mA

（2）D/A 输出增益校准　运行图 5-3 所示程序，使 X011 为 ON，X010 为 OFF，调整模块 D/A 的 GAIN 电位器，使输出满足表 5-6 所示的电压/电流值。

表 5-6 输出增益参照表

模拟输出范围	0~10V	0~5V	4~20mA
输出的偏移校准值	10V	5V	20mA

5.2 FX_{2N}—2DA

FX_{2N}—2DA 模拟输出模块用于将 12 位的数字量转换成模拟信号输出。有 2 个输出模拟量通道，适用于 FX_{3U}、FX_{2N}、FX_{2NC}、FX_{1N}系列 PLC，根据接线方式的不同，模拟量输出可在电压输出和电流输出中进行选择，也可以是一个通道为电压输出，另一个通道为电流输出。FX_{2N}—2DA 的技术指标见表 5-7。

表 5-7 FX_{2N}—2DA 的技术指标

项　目	输 出 电 压	输 出 电 流
模拟量输出范围	0 ~ 10V 直流，0 ~ 5V 直流	4 ~ 20mA
数字输出	12 位	
分辨率	2.5mV(10V/4000) 1.25mV(5V/4000)	4μA(20mA/4000)
总体精度	满量程 1%	
转换速度	4ms/通道	
电源规格	主单元提供 5V/30mA 和 24V/85mA	
占用 I/O 点数	占用 8 个 I/O 点，可分配为输入或输出	
适用的 PLC	FX_{1N}，FX_{2N}，FX_{2NC}，FX_{3U}	

1. FX_{2N}—2DA 接线

FX_{2N}—2DA 的接线如图 5-4 所示。

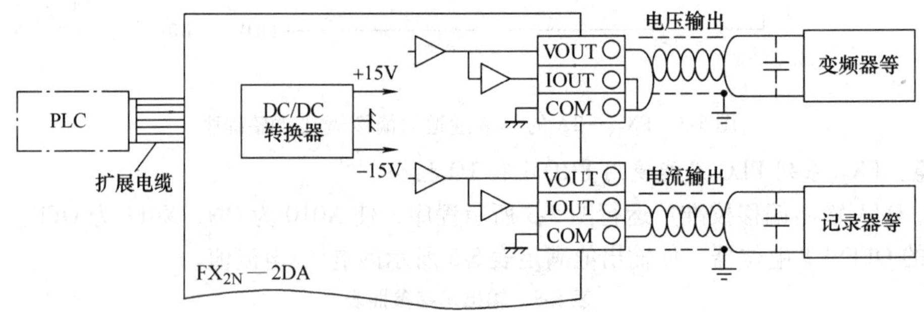

图 5-4 FX_{2N}—2DA 接线图

接线时，当电压输出存在波动或有大量噪声时，应在输出端连接 0.1 ~ 0.47μF、25V 的电容。对于电压输出，须将 IOUT 和 COM 进行短路。

2. FX_{2N}—2DA 的 BFM 分配

FX_{2N}—2DA 的 BFM 分配见表 5-8。

表 5-8 FX_{2N}—2DA 的 BFM 分配

BFM 编号	b15 ~ b8	b7 ~ b3	b2	b1	b0
#0 ~ #15	保留				
#16	保留	输出数据的当前值(8 位数据)			
#17	保留		D/A 低 8 位数据保持	通道 1 的 D/A 转换开始	通道 2 的 D/A 转换开始
#18 或更大	保留				

BFM#16：存放由 BFM#17(数字值)指定通道的 D/A 转换数据。D/A 数据以二进制形式出现，并以低 8 位和高 4 位两部分顺序进行存放和转换。

BFM#17：b0 位由 1 变成 0，通道 2 的 D/A 转换开始；b1 位由 1 变成 0，通道 1 的 D/A 转换开始；b2 位由 1 变成 0，D/A 转换的低 8 位数据保持。

3. FX_{2N}—2DA 偏移和增益的调整

FX_{2N}—2DA 的偏移和增益的调整程序如图 5-5 所示。

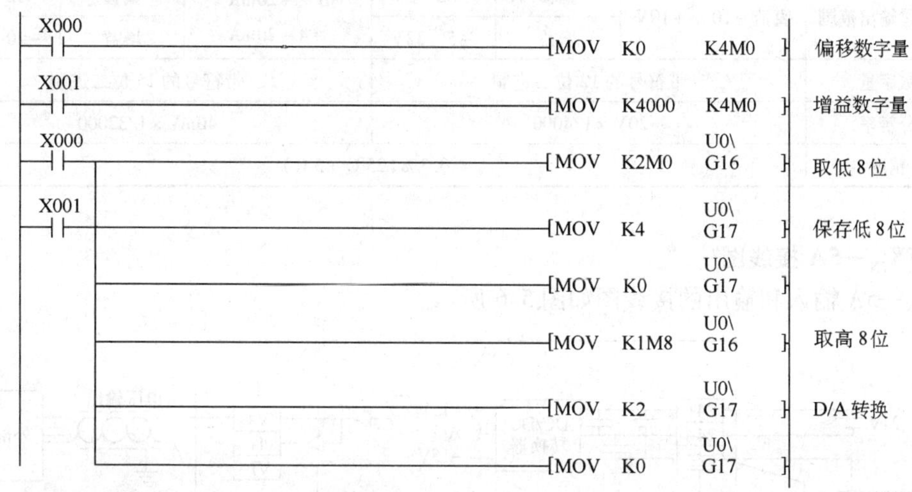

图 5-5　FX_{2N}—2DA 偏移和增益调整程序（FX_{2N}使用 FROM　TO 指令）

D/A 输出为 CH1 通道，在调整偏移时将 X000 置 ON，调整 OFFSET 旋钮，使偏移值调整到 0V（或需要的电压、电流值）；在调整增益时将 X001 置 ON，调整 GAIN 旋钮，使增益值调整到 5V 或 10V（或需要的电压、电流值）。

5.3　FX_{2N}—5A

FX_{2N}—5A 是有 4 个 A/D 通道和 1 个 D/A 通道的模拟量特殊功能模块，A/D 通道可以是电压输入或电流输入，D/A 通道也可以是电流输出或电压输出。适用于 FX_{3U}、FX_{2N}、FX_{2NC} 系列 PLC，其输入和输出技术指标见表 5-9。

表 5-9　FX_{2N}—5A 技术指标

项　目		电　压			电　流		
输入	模拟量输入范围	直流 −10 ~ +10V	偏移	−32 ~ 5V	−20 ~ +20mA	偏移	−32 ~ 10mA
			增益	−5 ~ 32V		增益	−10 ~ 32mA
		−100 ~ 100mV	偏移	−320 ~ 5mV	+4 ~ 20mA	偏移	−32 ~ 10mA
			增益	−5 ~ 320mV		增益	−10 ~ 32mA
	输入最大绝对值	±15V			±30mA		
	数字量	带符号的 16 位二进制 或带符号的 12 位二进制			带符号的 15 位二进制		
	分辨率	20V × 1/64000（直流 −10 ~ +10V）或 200mV × 1/4000（−100 ~ 100mV）			40mA × 1/4000 或 40mA × 1/32000		

（续）

<table>
<tr><td colspan="2">项　目</td><td colspan="3">电　压</td><td colspan="3">电　流</td></tr>
<tr><td>输入</td><td>精度</td><td colspan="6">0.3%（25℃ ±5℃）</td></tr>
<tr><td rowspan="5">输出</td><td rowspan="2">模拟量输出范围</td><td rowspan="2">直流 -10 ~ +10V</td><td>偏移</td><td>-32 ~ 5V</td><td rowspan="2">0 ~ +20mA
+4 ~ 20mA</td><td>偏移</td><td>-32 ~ 10mA</td></tr>
<tr><td>增益</td><td>-5 ~ 32V</td><td>增益</td><td>-10 ~ 32mA</td></tr>
<tr><td>数字量</td><td colspan="3">带符号的 12 位二进制</td><td colspan="3">带符号的 15 位二进制</td></tr>
<tr><td>分辨率</td><td colspan="3">20V × 1/4000</td><td colspan="3">40mV × 1/32000</td></tr>
<tr><td>精度</td><td colspan="6">0.3%（25℃ ±5℃）</td></tr>
</table>

1. FX_{2N}—5A 接线图

FX_{2N}—5A 输入和输出的接线图如图 5-6 所示。

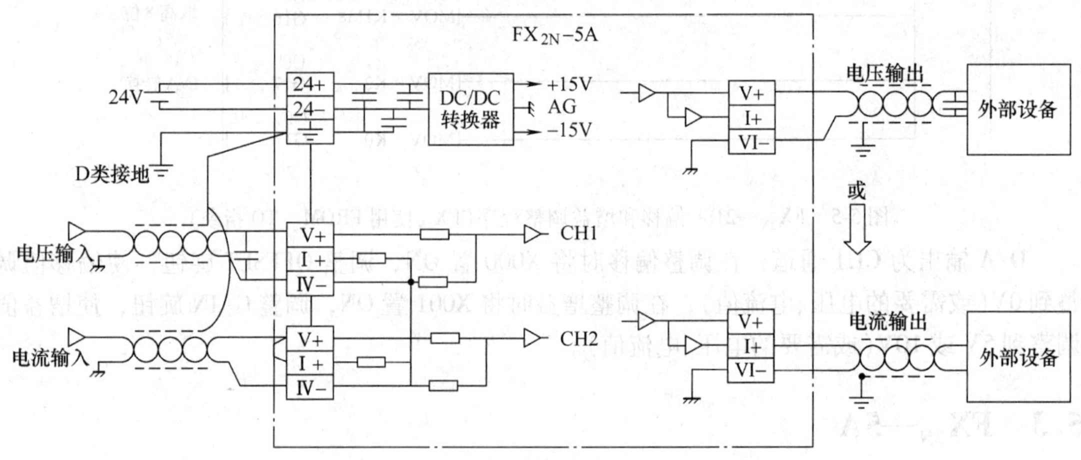

图 5-6　FX_{2N}—5A 接线图

2. BFM 分配

FX_{2N}—5A 的 BFM 编号是从 BFM#0 ~ 249，其中一部分作为保留单元，以下只介绍较重要的部分缓冲寄存器，见表 5-10。

表 5-10　FX_{2N}—5A 缓冲寄存器

BFM No.	内　容	说　明
#0	指定 CH1 ~ CH4 的输入模式	可停电保持，出厂设置为 H0000
#1	指定输出模式	可停电保持，出厂设置为 H0000
#2 ~ #5	CH ~ CH41 的平均采样次数，设定范围 1 ~ 256	出厂设定为 K8
#6 ~ #9	CH1 ~ CH4（平均）数据	
#10 ~ #13	CH1 ~ CH4（及时）数据	
#14	输出数据（设置模拟量输出的数据）	出厂设置为 K0
#15	直接输出控制功能有效时，计算得出的模拟量输出数据	

（续）

BFM No.	内　容	说　明
#18	当 PLC 停止运行时将输出保持或恢复到偏差值的设置	出厂设置为 K0
#19	不能更改 I/O 特性和快捷功能的设定	出厂设定为 K1
#20	初始化功能	出厂设置为 K0
#21	写入 I/O 特性功能（I/O 特性指偏移、增益和量程功能值）	出厂设置为 K0
#22	设置快捷功能（上下限检测，及时数据平均数据峰值保持，超范围出错切断功能）	出厂设置为 K0
#23	直接控制功能的参数设置	出厂设置为 K0
#30	模块代码	K1010
#41 ~ #44	CH1 ~ CH4 输入通道偏移设置（mV 或 μA）	出厂设置为 K0
#45	输出通道偏移设置（mV 或 μA）	出厂设置为 K0
#51 ~ #54	CH1 ~ CH4 输入通道增益设置（mV，10μV 或 μA）	出厂设置为 K5000
#55	输出通道增益设置（mV，10μV 或 μA）	出厂设置为 K5000

（1）BFM#0 输入模式设置　BFM#0 用于设定 CH1 ~ CH4 通道的输入模式，每个通道的设置占用 4 个位，CH1 通道由 b0 ~ b3 设定，CH2 通道由 b4 ~ b7 设定，CH3、CH4 通道依此类推。每个通道设置数值定义见表 5-11。

表 5-11　BFM#0 通道设置数值定义

数值	定　义	数值	定　义
0	电压输入方式（－10 ~ ＋10V，数字范围 －32000 ~ 32000）	7	电流表显示方式（－20 ~ 20mA，数字范围 －20000 ~ 20000）
1	电流输入方式（4 ~ 20mA，数字范围 0 ~ 32000）	8	电压表显示方式（－100 ~ ＋100mV，数字范围 －10000 ~ 10000）
2	电流输入方式（－20 ~ 20mA，数字范围 －32000 ~ 32000）	9	量程功能（－10 ~ ＋10V，最大显示范围 －32768 ~ 32767，默认 －32640 ~ 32640）
3	电压输入方式（－100 ~ ＋100mV，数字范围 －32000 ~ 32000）	A	量程功能电流输入 －20 ~ 20mA，最大显示范围 －32768 ~ 32767，默认 －32640 ~ 32640）
4	电压输入方式（－100 ~ ＋100mV，数字范围 －2000 ~ 2000）	B	量程功能（－100 ~ ＋100mV，最大显示范围 －32768 ~ 32767，默认 －32640 ~ 32640）
5	电压表显示方式（－10 ~ ＋10V，数字范围 －10000 ~ 10000）	F	通道无效
6	电流表显示方式（4 ~ 20mA，数字范围 4000 ~ 20000，可显示到 2000 即 2mA）		

（2）BFM#1 输出模式设置　BFM#1 由 BFM 低 4 位设置输出的方式，其余高 12 位忽略，

其设置数值定义见表 5-12。

表 5-12 BFM#1 设置数值定义

数值	定 义	数值	定 义
0	电压输出方式(-10 ~ +10V，数字范围 -32000 ~ 32000)	7	绝对电流输出方式(4 ~ 20mA，数字范围 4000 ~ 20000)
1	电压输出方式(-10 ~ +10V，数字范围 -2000 ~ 2000)	8	绝对电流输出方式(0 ~ 20mA，数字范围 0 ~ 20000)
2	电流输出方式(4 ~ 20mA，数字范围 0 ~ 32000)	9	量程电压输出方式(-10 ~ +10V，数字范围 -32768 ~ 32767)
3	电流输出方式(4 ~ 20mA，数字范围 0 ~ 1000)		
4	电流输出方式(0 ~ 20mA，数字范围 0 ~ 32000)	A	量程电流输出方式(4 ~ 20mA，数字范围 0 ~ 32767)
5	电流输出方式(0 ~ 20mA，数字范围 0 ~ 1000)		
6	绝对电压输出方式(-10 ~ +10V，数字范围 -10000 ~ 10000)		

(3) BFM#15 计算出的模拟量数据　如果直接输出控制功能有效，写入到模拟量输出的运算处理结果会保存在 BFM#15，提供给 PLC 程序使用。

(4) BFM#18 PLC 停止时，模拟量输出设置

1) BFM#18 =0 时，即使 PLC 停止，BFM#15 的值也会被输出，如果直接控制功能有效，则输出值会不断更新，输入值也会随外部输入变化而不断变化。

2) BFM#18 =1 时，PLC 停止，在 200ms 后输出停止，BFM#15 保持最后的数值。

3) BFM#18 =2 时，PLC 停止，在 200ms 后输出被复位到偏移值。

(5) BFM#19 更改设定有效/无效　BFM#19 =1：允许更改；BFM#19 =2：禁止更改。

BFM#19 可以允许或禁止以下 BFM I/O 特性的更改：

BFM#0、BFM#1、BFM#18、BFM#20、BFM#21、BFM#22、BFM#25、BFM#41 ~ #45、BFM#51 ~ #55、BFM#200 ~ #249。

(6) BFM#21 写入 I/O 特性　BFM#21 的 b0 ~ b4 被分配给 4 个输入通道和 1 个输出通道，用于设定其 I/O 特性。其中 b0 ~ b3 分配给输入 CH1 ~ CH4；b4 分配给输出通道；其余的位无效。只有当对应的位为 ON 时，其偏移数据(BFM#41 ~ #45)和增益数据(BFM#51 ~ #55)以及量程功能数据(BFM#200 ~ #249)才会被写入到内置的存储器 EEPROM 中。

(7) BFM#22 快捷功能设置　BFM#22 b0 ~ b3 为 ON 时，开启以下功能。

b0：平均值上下限检测功能，将报警结果保存在 BFM#26 中。

b1：即时值上下限检测功能，将报警结果保存在 BFM#26 中。

b2：平均值峰值保持功能，将平均值峰值保存在 BFM#111 ~ #114 中。

b3：即时值峰值保持功能，将及时值峰值保存在 BFM#115 ~ #118 中。

(8) BFM#23 直接控制参数设置　BFM#23 用于指定 4 路输入通道直接控制功能，由 4 个十六进制数组成，每一个十六进制数对应 1 个通道，其中最低位对应 CH1，最高位对应 CH4。其数值定义如下：

H0：对应的模拟量输入通道对模拟量输出没有影响。

H1：对应的模拟量通道输入的平均值加上 BFM#14 的值。

H2：对应的模拟量通道输入的及时值加上 BFM#14 的值。
H3：BFM#14 的值减去输入通道的平均值。
H4：BFM#14 的值减去输入通道的及时值。
其他设置对输出没有影响。

5.4 FX_{2N}—4AD

FX_{2N}—4AD 为 12 位 4 通道模拟输入模块。根据外部接线方式的不同，模拟量输入可选择电压或电流输入，通过简易的调整或改变 PLC 的指令可以改变模拟量输入的范围。它与 PLC 之间通过缓冲存储器交换数据，其技术指标见表 5-13。

表 5-13 FX_{2N}—4AD 的技术指标

项　目	输入电压	输入电流
模拟量输入范围	-10～10V（输入电阻 200kΩ）	-20～20mA（输入电阻 250Ω）
数字输出	12 位，最大值 +2047，最小值 -2048	
分辨率	5mV	20μA
总体精度	±1%	±1%
转换速度	15ms（6ms 高速）	
隔离	模/数电路之间采用光电隔离	
电源规格	主单元提供 5V/30mA 直流，外部提供 24V/55mA 直流	
占用 I/O 点数	占用 8 个 I/O 点，可分配为输入或输出	
适用 PLC	FX_{1N}，FX_{2N}，FX_{2NC}，FX_{3U}	

1. FX_{2N}—4AD 接线图

FX_{2N}—4AD 的接线如图 5-7 所示。

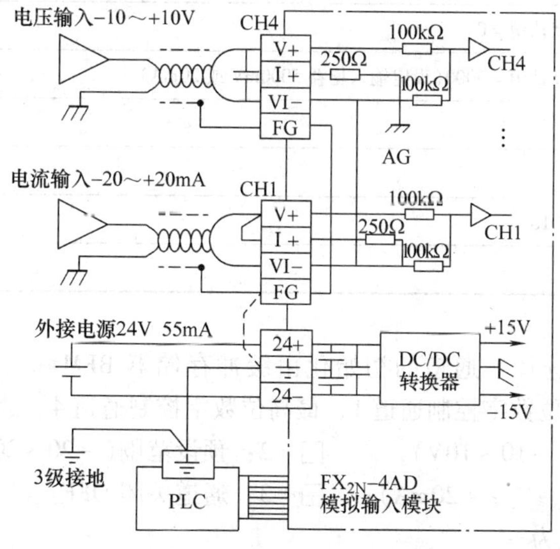

图 5-7 FX_{2N}—4AD 接线图

2. BFM 分配

FX_{2N}—4AD 共有 32 个 BFM，每个 BFM 均为 16 位，BFM 的分配见表 5-14。

表 5-14　BFM 分配表

<table>
<tr><td>#0</td><td colspan="9">通道初始化，缺省值为 H0000</td></tr>
<tr><td>#1</td><td>通道 1</td><td rowspan="4" colspan="8">平均值采样次数(1 ~ 4096)，用于得到平均结果，缺省值为 8(正常速度,高速操作可选择 1)</td></tr>
<tr><td>#2</td><td>通道 2</td></tr>
<tr><td>#3</td><td>通道 3</td></tr>
<tr><td>#4</td><td>通道 4</td></tr>
<tr><td>#5</td><td>通道 1</td><td rowspan="4" colspan="8">这些缓冲区为输入的平均值</td></tr>
<tr><td>#6</td><td>通道 2</td></tr>
<tr><td>#7</td><td>通道 3</td></tr>
<tr><td>#8</td><td>通道 4</td></tr>
<tr><td>#9</td><td>通道 1</td><td rowspan="4" colspan="8">这些缓冲区为输入的当前值</td></tr>
<tr><td>#10</td><td>通道 2</td></tr>
<tr><td>#11</td><td>通道 3</td></tr>
<tr><td>#12</td><td>通道 4</td></tr>
<tr><td>#13 ~ #14</td><td colspan="9">保留</td></tr>
<tr><td rowspan="2">#15</td><td rowspan="2">选择 A/D 转换速度</td><td colspan="8">如设为 0，则选择正常速度，15ms/通道(默认)</td></tr>
<tr><td colspan="8">如设为 1，则选择高速，6ms/通道</td></tr>
<tr><td>#16 ~ #19</td><td colspan="9">保留</td></tr>
<tr><td>#20</td><td colspan="9">复位到默认值和预设。默认值 = 0</td></tr>
<tr><td>#21</td><td colspan="9">调整增益、偏移选择。(b1,b0)为(0、1)允许，(1、0)禁止</td></tr>
<tr><td rowspan="2">#22</td><td rowspan="2">增益、偏移调整</td><td>b7</td><td>b6</td><td>b5</td><td>b4</td><td>b3</td><td>b2</td><td>b1</td><td>b0</td></tr>
<tr><td>G4</td><td>O4</td><td>G3</td><td>O3</td><td>G2</td><td>O2</td><td>G1</td><td>O1</td></tr>
<tr><td>#23</td><td colspan="9">偏移值，默认值 = 0</td></tr>
<tr><td>#24</td><td colspan="9">增益值，默认值 = 5000(设定输入增益 5000mV 或 20mA)</td></tr>
<tr><td>#25 ~ #28</td><td colspan="9">保留</td></tr>
<tr><td>#29</td><td colspan="9">错误状态</td></tr>
<tr><td>#30</td><td colspan="9">识别码 K2010</td></tr>
<tr><td>#31</td><td colspan="9">禁用</td></tr>
</table>

(1) BFM#0 通道选择　通道的初始化由缓冲存储器 BFM#0 中的 4 位十六进制数字 H□□□□控制，最低位数字控制通道 1，最高位数字控制通道 4。数字的含义如下：

□ = 0：预设范围(−10 ~ 10V)；　　□ = 2：预设范围(−20 ~ 20mA)；

□ = 1：预设范围(+4 ~ +20mA)；　□ = 3：通道关闭 OFF。

例如 H3210，含义为

CH1：预设范围(−10 ~ 10V)；　　CH2：预设范围(+4 ~ +20mA)；

CH3：预设范围（－20～＋20mA）； CH4：通道关闭（OFF）。

（2）BFM#15 转换速度的改变　在 FX_{2N}—4AD 的 BFM#15 中写入 0 或 1，可以改变 A/D 转换的速度，不过要注意下列几点：

1）为保持高速转换率，尽可能少地使用 FROM/TO 指令。

2）当改变了转换速度后，BFM 将立即设置到默认值，这一操作将不考虑它们原有的数值。如果速度改变作为正常程序执行的一部分时，请记住此点。

（3）调整增益和偏移值

1）通过将 BFM#20 设为 K1，将其激活后，包括模拟特殊功能模块在内的所有的设置将复位成默认值。对于消除不希望的增益和偏移调整，这是一种快速的方法。

2）如果 BFM#21 的（b1，b0）设为（1，0），增益和偏移的调整将被禁止，以防止操作者不正确的改动。若需要改变增益和偏移，则（b1，b0）必须设为（0，1）。默认值是（0，1）。

3）BFM#22 的低 8 位用于#1～#4 通道的偏移与增益调节选择。待调整的输入通道可以由 BFM#22 适当的 G-O（增益—偏移）位来指定，若为 1，则允许调节；若为 0，则不允许调节。若允许调节时，则将 BFM#23 和 BFM#24 的偏移量和增益量传到指定输入通道的偏移与增益的寄存器。

例：如果位 G1 和 O1 为 1，当用 TO 指令写入 BFM#22 后，则可调整输入通道 1 的增益和偏移，偏移量和增益量由 BFM#23 和 BFM#24 的设定值设定。

4）对于具有相同增益和偏移量的通道，可以单独或一起调整。

5）BFM#23 和 BFM#24 中的偏移量和增益量的单位是 mV 或 μA。由于单元的分辨率，实际的响应将以 5mV 或 20μA 为 FX_{2N}—4AD 的最小刻度。

（4）BFM#29　为 FX_{2N}—4AD 运行正常与否的信息。BFM#29 的状态信息见表 5-15。

表 5-15　BFM#29 状态信息

BFM#29 各位的功能	ON(1)	OFF(0)
b0：错误	b1～b4 中任何一个为 ON 如果 b2～b4 中任何一个为 ON，所有通道的 A/D 转换停止	无错误
b1：偏移/增益错误	在 EEPROM 中的偏移/增益数据不正常或者调整错误	增益/偏移数据正常
b2：电源故障	DC 24V 电源故障	电源正常
b3：硬件错误	A/D 转换器或其他硬件故障	硬件正常
b10：数字范围错误	数字输出值小于－2048 或大于＋2047	数字输出值正常
b11：平均采样数错误	平均采样数不小于 4097，或者不大于 0（使用默认值 8）	平均采样数正常 （在 1 到 4096 之间）
b12：偏移/增益调整禁止	禁止 BFM#21 的（b1，b0）设为（1，0）	允许 BFM#21 的（b1，b0）设为（0，1）

注：b4～b9 和 b13～b15 没有定义。

（5）BFM#30 识别码　FX_{2N}—4AD 的识别码为 K2010。在传输/接收数据之前，可以使用 FROM 指令读出特殊功能模块的识别码（或 ID），以确认正在对此特殊功能模块进行操作。

（6）注意事项

1）BFM#0、BFM#23 和 BFM#24 的值将复制到 FX_{2N}—4AD 的 EEPROM 中。只有增益/偏移调整缓冲寄存器 BFM#22 被设置后，参数 BFM#21 和 BFM#22 才可以设置和复制。同样，BFM#20 也可以写入 EEPROM 中。EEPROM 的使用寿命大约是 10000 次（改变），因此不要使用程序频繁地修改这些 BFM 的内容。

2）写入 EEPROM 需要 300ms 左右的延迟，因此，在第二次写入 EEPROM 之前，需要使用延迟器。

3. 基本程序

FX_{2N}—4AD 模块连接在特殊功能模块的 0 号位置，通道 CH1 和 CH2 用作电压输入。平均采样次数设为 4，并且用 PLC 的数据寄存器 D0 和 D1 接收输入的数字值。其基本程序如图 5-8 所示。

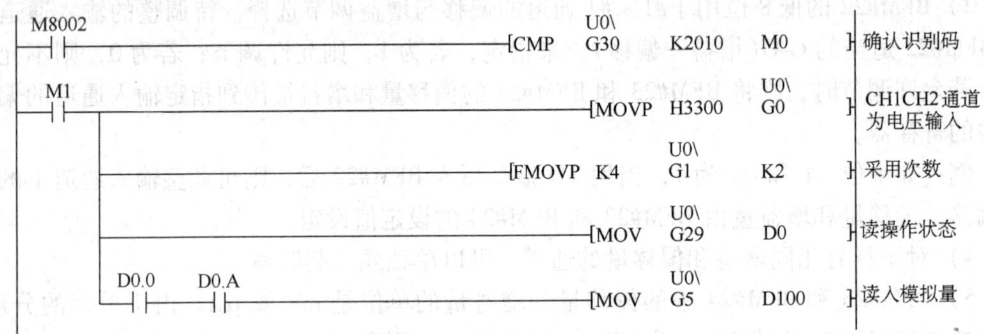

图 5-8 FX_{2N}—4AD 基本程序

程序说明：

1）PLC 将“0”位置的特殊功能模块的 ID 号由 BFM#30 中读出，并与 K2010 进行比较，以检查模块是否是 FX_{2N}—4AD，若数值相等，则程序中 M1 变为 ON。

2）将 H3300 写入 FX_{2N}—4AD 的 BFM#0，建立模拟输入通道（CH1，CH2），其输入范围为 -10～10V，CH3、CH4 通道被关闭。

3）分别将“4”写入 BFM#1 和 BFM#2，将 CH1 和 CH2 的平均采样次数设为 4。

4）FX_{2N}—4AD 的操作状态由 BFM#29 中读出，并通过数据寄存器 D0 的位输出。

5）如果 FX_{2N}—4AD 的操作状态没有错误，则读取 BFM#5 和 BFM#6 的平均数字量，并保存在 D0 到 D1 中。

4. FX_{2N}—4AD 增益和偏移的调整程序

FX_{2N}—4AD 偏移和增益可以独立或一起设置。合理的偏移范围是 -5～+5V 或 -20～20mA。而合理的增益值是 1～15V 或 4～32mA。增益和偏移都通过 PLC 的程序调整。

调整增益/偏移时，应该将增益/偏移 BFM#21 的位（b1，b0）设置为（0，1），以允许调整。一旦调整完毕，这些位元件应该设为（1，0），以防止进一步的变化。通过程序设置调整偏移/增益量，其程序如图 5-9 所示。

运行图 5-9 程序，当 X000 为 ON 时，将偏移值调整为 0V，将增益值调整为 2.5V。

```
X000
─┤├──────────────────────[SET    M0      ]  调整开始
M0                                 U0\
─┤├──────────────[MOVP   H0      G0      ]  初始化通道
  │                                U0\
  ├──────────────[MOVP   K1      G21     ]  允许调整
  │                                U0\
  ├──────────────[MOVP   K0      G22     ]  调整增益/偏移复位
  │                                K5
  └──────────────────────────────(T0     )
T0                                 U0\
─┤├──────────────[MOVP   K0      G23     ]  偏移值
  │                                U0\
  ├──────────────[MOVP   K2500   G24     ]  增益值
  │                                U0\
  ├──────────────[MOVP   H3      G22     ]  调整 CH1 通道
  │                                K5
  └──────────────────────────────(T1     )
T1
─┤├──────────────────────[RST    M0      ]
  │                                U0\
  └──────────────[MOVP   K2      G21     ]  禁止调整
─────────────────────────────────[END    ]
```

图 5-9 偏移量调整程序

5.5 FX_{2N}—4AD—PT

FX_{2N}—4AD—PT 是用于铂温度传感器(PT100,3 线,100Ω)的输入的模拟量输入特殊模块，将温度传感器采集的温度模拟量转换成 12 位的数据，存储在主处理单元(MPU)中，FX_{2N}—4AD—PT 可读取摄氏温度和华氏温度数据。它与 PLC 之间通过缓冲存储器交换数据。其技术指标见表 5-16。

表 5-16 FX_{2N}—4AD—PT 的技术指标

项　目	摄氏度℃	华氏度℉
模拟量输入信号	铂温度 PT100 传感器(100Ω)，3 线，4 通道	
传感器电流	PT100 传感器 100Ω 时 1mA	
温度范围	-100 ~ +600℃	-148 ~ +1112 ℉
数字输出	-1000 ~ +6000	-1480 ~ +11120
	12 转换(11 个数据位，+1 个符号位)	
最小分辨率	0.2 ~ 0.3℃	0.36 ~ 0.54 ℉
整体精度	满量程的 ±1%	
转换速度	15ms	

（续）

项　　目	摄氏度℃	华氏度℉
电源	主单元提供 5V/30mA 直流，外部提供 24V/50mA 直流	
占用 I/O 点数	占用 8 个点，可分配为输入或输出	
适用 PLC	FX_{1N}，FX_{2N}，FX_{2NC}	

1. FX_{2N}—4AD—PT 接线

FX_{2N}—4AD—PT 的接线如图 5-10 所示。

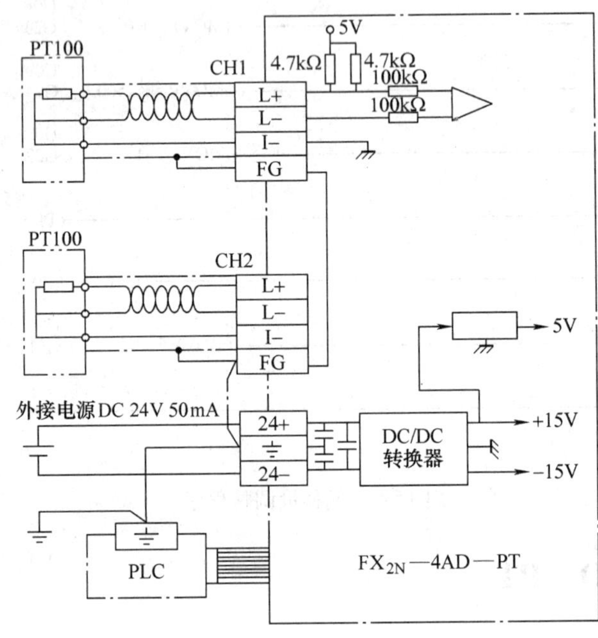

图 5-10　FX_{2N}—4AD—PT 接线图

2. BFM 分配

FX_{2N}—4AD—PT 的 BFM 分配见表 5-17。

表 5-17　BFM 分配表

BFM	内　　容	说　　明
#1 ~ #4	CH1 ~ CH4 的平均温度值的采样次数（1 ~ 4096），默认值 = 8	平均温度的采样次数 BFM#1 ~ #4。设定范围 1 ~ 4096，设置范围之外溢出的值将被忽略 最近转换的一些可读值被平均后，给出一个平均后的可读值。平均数据保存在 BFM 的#5 ~ #8 和#13 ~ #16 中 BFM#9 ~ #12 和#17 ~ #20 保存输入数据的当前值。这个数值以 0.1℃或 0.1℉为单位，不过可用的分辨率为 0.2 ~ 0.3℃或者 0.36 ~ 0.54℉
#5 ~ #8	CH1 ~ CH4 在 0.1℃单位下的平均温度	
#9 ~ #12	CH1 ~ CH4 在 0.1℃单位下的当前温度	
#13 ~ #16	CH1 ~ CH4 在 0.1℉单位下的平均温度	
#17 ~ #20	CH1 ~ CH4 在 0.1℉单位下的当前温度	
#21 ~ #27	保留	
#28	数字范围错误锁存	
#29	错误状态	
#30	识别号 K2040	
#31	保留	

（1）缓冲存储器 BFM#28　BFM#28 是数字范围错误锁存，它锁存每个通道的错误状态（见表 5-18），据此可用于检查热电偶是否断开。

表 5-18　FX_{2N}—4AD—PT BFM#28 位信息

b15～b8	b7	b6	b5	b4	b3	b2	b1	b0
未用	高	低	高	低	高	低	高	低
	CH4		CH3		CH2		CH1	

注：“低”表示当测量温度下降，并低于最低可测量温度极限时，对应位为 ON。
“高”表示当测量温度升高，并高于最高可测量温度极限或者热电偶断开时，对应位为 ON。

如果出现错误，则在错误出现之前的温度数据被锁存。如果测量值返回到有效范围内，则温度数据返回正常运行，但错误状态仍然被锁存在 BFM#28 中。当错误消除后，可用 TO 指令（FX_{3U}可用 MOV 指令）向 BFM#28 写入 K0 或者关闭电源，以清除错误锁存。

（2）缓冲存储器 BFM#29　BFM#29 中各位的状态是 FX_{2N}—4AD—PT 运行正常与否的信息，具体规定见表 5-19。

表 5-19　FX_{2N}—4AD—PT BFM#29 位信息

BFM#29 各位的功能	ON(1)	OFF(0)
b0：错误	如果 b1～b3 中任何一个为 ON，出错通道的 A/D 转换停止	无错误
b1：保留	保留	保留
b2：电源故障	直流 24V 电源故障	电源正常
b3：硬件错误	A/D 转换器或其他硬件故障	硬件正常
b4～b9：保留	保留	保留
b10：数字范围错误	数字输出/模拟输入值超出指定范围	数字输出值正常
b11：平均值的采样次数错误	采样次数超出范围，参考 BFM#1～#4	正常(1～4096)
b12～b15：保留	保留	保留

（3）缓冲存储器 BFM#30　FX_{2N}—4AD—PT 的识别码为 K2040，它就存放在缓冲存储器 BFM#30 中。在传输/接收数据之前，可以使用 FROM 指令读出特殊功能模块的识别码（或 ID），以确认正在对此特殊功能模块进行操作。

3. 基本程序

图 5-11 所示的程序中，FX_{2N}—4AD—PT 模块占用特殊模块 0 的位置（即紧靠可编程序控制器），平均采样次数是 4，输入通道 CH1～CH4 以℃表示的平均温度值分别保存在数据寄存器 D0～D3 中。

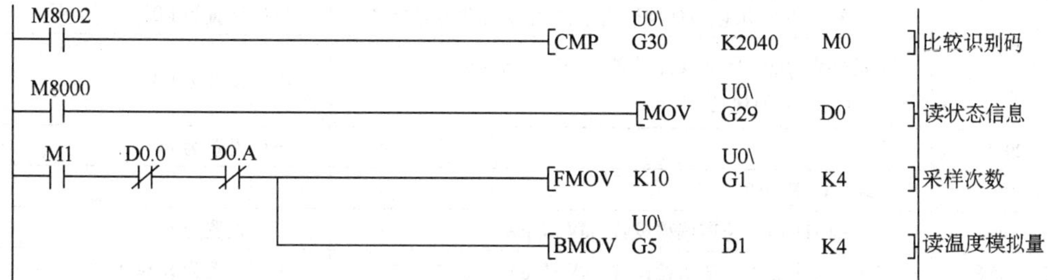

图 5-11　FX_{2N}—4AD—PT 基本程序

5.6 FX_{3U}—4AD

FX_{3U}—4AD 是 4 通道模拟量输入模块，适合于 FX_{3U}系列 PLC，其技术指标见表 5-20。

表 5-20 FX_{3U}—4AD 技术指标

项　目	输 入 电 压	输 入 电 流
模拟量输入范围	-10～10V(输入电阻 200kΩ)	-20～20mA(输入电阻 250Ω)
偏移值	-10～9V	-20～17mA
增益值	-9～10V	-7～30mA
数字输出	带符号 16 位二进制	带符号 15 位二进制
分辨率	0.32mV(20/64000)	1.25μA(40/32000)
总体精度	±0.3%(25℃ ±5℃)	±0.5%(25℃ ±5℃)
转换速度	500μs×通道数	
占用 I/O 点数	占用 8 个 I/O 点，可分配为输入或输出	
适用 PLC	FX_{3U}	

1. FX_{3U}—4AD 接线

FX_{3U}—4AD 接线参考图 5-7　FX_{2N}—4AD 接线图。

2. BFM 分配

FX_{3U}—4AD 模拟量输入模块缓冲寄存器分配从 BFM#0～#8063，其功能设置非常多，以下只介绍其常用的缓冲寄存器，见表 5-21。

表 5-21 FX_{3U}—4AD BFM 分配表

BFM No.	内　容	说　明
#0	指定 CH1～CH4 的输入模式	可停电保持，出厂设置为 H0000
#1	不使用	
#2～#5	CH1～CH4 的平均采样次数，设定范围 1～4095	出厂设定为 K1
#6～#9	CH1～CH4 的滤波时间设定，设定范围 0～1600	出厂设置为 K0
#10～#13	CH1～CH4(即时或平均)数据，(采用次数设定为 1 或以下数据为及时数据)	
#19	设置变更或禁止，K2080 允许，其他数值禁止	出厂设定为 K2080
#20	初始化功能	出厂设置为 K0
#21	写入 I/O 特性功能(I/O 特性指偏移、增益和量程功能值)	出厂设置为 K0
#22	设置便捷功能(自动发送功能，数据加法运算，上下限检测，突变检测峰值保持)	出厂设置为 K0
#29	出错状态	出厂设置为 K0
#30	模块代码 K2080	
#41～#44	CH1～CH4 输入通道偏移设置(mV 或 μA)	出厂设置为 K0
#51～#54	CH1～CH4 输入通道增益设置(mV 或 μV)	出厂设置为 K5000
#61～#64	CH1～CH4 加法运算数据，设置范围为 -16000～16000	出厂设置为 K0

（1）BFM#0 输入模式设置　BFM#0 用于设定 CH1 ~ CH4 通道的输入模式，每个通道的设置占用 4 个位，CH1 通道占用 b0 ~ b3，CH2 通道占用 b4 ~ b7，CH3 通道占用 b8 ~ b11，CH4 通道占用 b12 ~ b15。

每个通道设置数值定义见表 5-22。

表 5-22　BFM#0 通道设置数值定义

数值	定　义	数值	定　义
0	电压输入方式（－10 ~ +10V，数字范围 －32000 ~ 32000）	5	电流输入方式（4 ~ 20mA，数字范围 4000 ~ 20000）
1	电压输入方式（－10 ~ +10V，数字范围 －4000 ~ 4000）	6	电流输入方式（－20 ~ 20mA，数字范围 －16000 ~ 16000）
2	电压输入方式（－10 ~ +10V，数字范围 －10000 ~ 10000）	7	电流输入方式（－20 ~ 20mA，数字范围 －4000 ~ 4000）
3	电流输入方式（4 ~ 20mA，数字范围 0 ~ 16000）	8	电流输入方式（－20 ~ 20mA，数字范围 －20000 ~ 20000）
4	电流输入方式（4 ~ 20mA，数字范围 0 ~ 4000）		

（2）BFM#19 设定变更禁止　BFM#19 设定以下缓冲寄存器允许或禁止更改功能：

BFM#0、BFM#20、BFM#21、BFM#22、BFM#41 ~ #44、BFM#51 ~ #54、BFM#125 ~ #129、BFM#198。

当 BFM#19 = K2080 时允许更改，K2080 以外的其他值禁止更改。

（3）BFM#20 初始化设置　当 BFM#20 = K1 时将 BFM#0 ~ #6999 恢复到出厂设置。执行结束后自动变为 K0。

（4）BFM#21 写入 I/O 特性　BFM#21 的 b0 ~ b4 被分配给 4 个输入通道，用于设定其 I/O 特性，其中 b0 分配给 CH1，b1 分配给 CH2，b2 分配给 CH3，b3 分配给 CH4 通道，其余的位无效。只有当对应的位为 ON 时，其偏移数据（BFM#41 ~ #44）和增益数据（BFM#51 ~ #54）以及量程功能数据才会被写入到内置的存储器 EEPROM 中。写入结束后自动变为 H0000。

（5）BFM#22 设置便捷功能　b0：数据加法运算，设定为 ON 时，通道数据（BFM#10 ~ #13）、峰值（BFM#101 ~ #104、BFM#111 ~ #114）、数据历史记录（BFM#200 ~ #6999）的值是在实测的基础上加上（BFM#61 ~ #64）的值。b1：上下限检测功能。b2：突变检测功能。b3：峰值保存功能。b4：峰值自动传送功能。b5：上下限值出错状态自动传送功能。b6：突变检测状态自动传送功能。b7：量程溢出状态自动传送功能。b8：出错状态自动传送功能。

（6）BFM#29 出错状态　b0：b2 ~ b4 任意 1 位为 ON 时，b0 为 ON。b2：电源异常。b3：硬件出错。b4：A/D 转换异常。b6：不可读出写入 BFM。b8：有设定值出错。b10：平均次数设定问题。b11：滤波时间设定问题。b12：突变检测设定问题。b13：上下限检测设定问题。b15：加法运算设定值出错。

5.7　FX_{3U}—4AD—ADP

FX_{3U}—4AD—ADP 是 4 通道模拟量输入的特殊功能适配器，其主要技术指标见表 5-23。

表 5-23 FX_{3U}—4AD—ADP 主要技术指标

项 目	输入电压	输入电流
模拟量输入范围	0～10V(输入电阻 194kΩ)	-20～20mA(输入电阻 250Ω)
FX_{3U}—4AD—ADP 最大绝对输入	-0.5V，+20V	-2mA，+30mA
数字量	带符号 12 位二进制	带符号 11 位二进制
分辨率	2.5mV(10/4000)	10μA(16/1600)
总体精度	±0.5%(25℃ ±5℃)	±0.5%(25℃ ±5℃)
转换速度	200μs×通道数	
占用 I/O 点数	占用 0 个 I/O 点	
适用 PLC	FX_{3U}	

1. FX_{3U}—4AD—ADP 接线

输入接线如图 5-12 所示。

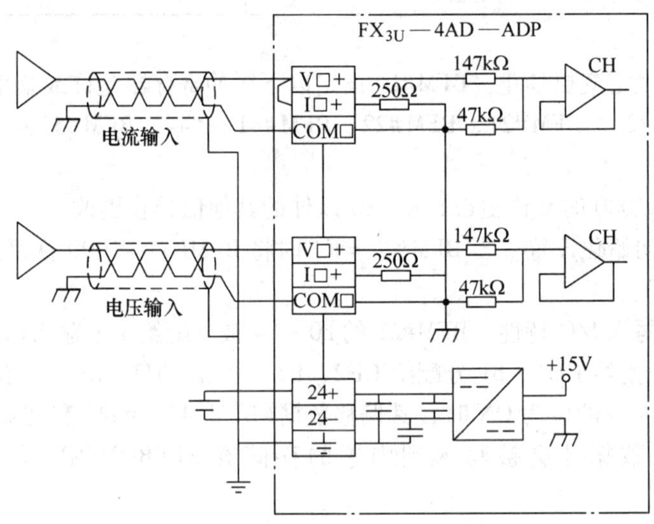

图 5-12 FX_{3U}—4AD—ADP 接线图

2. 特殊辅助继电器和特殊寄存器的分配

适配器没有缓冲寄存器 BFM，适配器的特点是将各类数据映射到特殊辅助继电器和特殊寄存器中，因此操作起来比特殊功能模块更加方便，转换速度更快。

FX_{3U}—4AD—ADP 特殊辅助继电器和特殊寄存器分配见表 5-24。

表 5-24 FX_{3U}—4AD—ADP 特殊辅助继电器和特殊寄存器分配

特殊软元件	软元件地址				说 明
	1#位	2#位	3#位	4#位	
特殊辅助继电器	M8260	M8270	M8280	M8290	通道 1 输入模式切换，可读/写
	M8261	M8271	M8281	M8291	通道 2 输入模式切换，可读/写
	M8262	M8272	M8282	M8292	通道 3 输入模式切换，可读/写
	M8263	M8273	M8283	M8293	通道 4 输入模式切换，可读/写

（续）

特殊软元件	软元件地址				说　明
	1#位	2#位	3#位	4#位	
特殊寄存器	D8260	D8270	D8280	D8290	通道 1 输入数据，可读
	D8261	D8271	D8281	D8291	通道 2 输入数据，可读
	D8262	D8272	D8282	D8292	通道 3 输入数据，可读
	D8263	D8273	D8283	D8293	通道 4 输入数据，可读
	D8264	D8274	D8284	D8294	通道 1 平均次数(1～4095)，可读/写
	D8265	D8275	D8285	D8295	通道 2 平均次数(1～4095)，可读/写
	D8266	D8276	D8286	D8296	通道 3 平均次数(1～4095)，可读/写
	D8267	D8277	D8287	D8297	通道 4 平均次数(1～4095)，可读/写
	D8268	D8278	D8288	D8298	出错状态，可读/写
	D8269	D8279	D8289	D8299	机型代码 K1，可读

注：表中的□#位是指适配器模块的位置，适配器都向左边扩展，最靠近 PLC 的位是 1#位，依此往左为 2#～4#位，最多可以扩展 4 个适配器。

（1）输入模式切换特殊继电器　输入模式切换继电器用于改变输入的方式，设置为 OFF 时为电压输入，设置为 ON 时为电流输入。

（2）FX_{3U}—4AD—ADP 出错状态特殊寄存器　b0：检测出通道 1 量程出错；b1：检测出通道 2 量程出错；b2：检测出通道 3 量程出错；b3：检测出通道 4 量程出错；b4：EEPROM 出错；b5：平均次数设定出错；b6：ADP 硬件出错；b7：ADP 通信数据出错。

5.8　FX_{3U}—4DA

FX_{3U}—4DA 是 4 通道输出模拟量输出模块，适合于 FX_{3U} 系列 PLC，其技术指标见表 5-25。

表 5-25　FX_{3U}—4DA 技术指标

项　　目	输 入 电 压	输 入 电 流
模拟量输出范围	－10～10V（输入电阻 1kΩ～1MΩ）	0～20mA 或 4～20mA（输入电阻 500Ω）
偏移值	－10～9V	0～17mA
增益值	－9～10V	3～30mA
数字输出	带符号 16 位二进制	带符号 15 位二进制
分辨率	0.32mV（20/64000）	0.63μA（40/32000）
总体精度	±0.3%（25℃ ±5℃）	±0.5%（25℃ ±5℃）
转换速度	1ms	
占用 I/O 点数	占用 8 个 I/O 点，可分配为输入或输出	
适用 PLC	FX_{3U}	

1. FX_{3U}—4DA 接线

FX_{3U}—4DA 接线如图 5-13 所示。

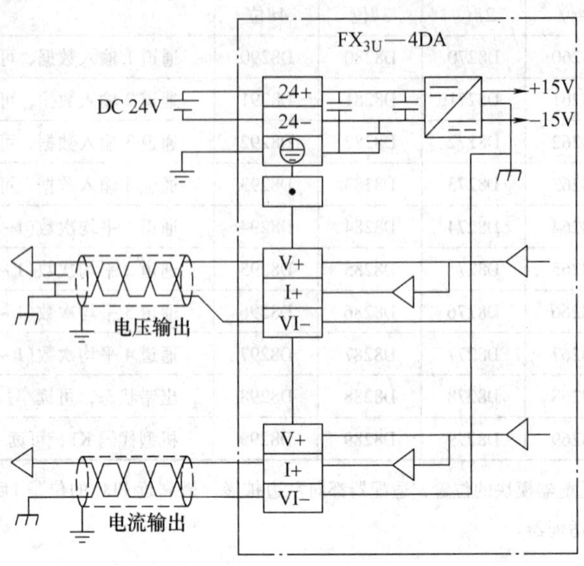

图 5-13　FX_{3U}—4DA 接线图

2. BFM 分配

FX_{3U}—4DA 模拟量输入模块 BFM 分配区间为 BFM#0 ~ #3098，以下只介绍其常用的缓冲寄存器，如表 5-26 所示。

表 5-26　FX_{3U}—4DA BFM

BFM No.	内　　容	说　　明
#0	指定 CH1 ~ CH4 的输出模式	可停电保持，出厂设置为 H0000
#1 ~ #4	CH1 ~ CH4 的输出数据	出厂设定为 K0
5#	PLC 停止时的输出设定	出厂设置为 H0000
#6	输出状态	出厂设置为 H0000
#9	CH1 ~ CH4 的偏移、增益设定值的写入指令	出厂设置为 H0000
#10 ~ #13	CH1 ~ CH4 偏移数据（mV 或 μA）	
#14 ~ #17	CH1 ~ CH4 增益数据（mV 或 μA）	
#19	设置变更或禁止，K3030 允许，其他数值禁止	出厂设定为 K3030
#20	初始化功能	出厂设置为 K0
#28	断线检测状态（电流输出）	出厂设置为 H0000
#29	出错状态	出厂设置为 K0
#30	模块代码 K3030	出厂设定为 K3030
#32 ~ #35	CH1 ~ CH4 在 PLC 停止时输出数据	出厂设置为 K0
#41 ~ #44	CH1 ~ CH4 下限值	出厂设置为 K32640
#45 ~ #48	CH1 ~ CH4 上限值	出厂设置为 K32640

（续）

BFM No.	内　容	说　明
#51 ~ #54	CH1 ~ CH4 的负载电阻值(1000 ~ 30000Ω)	出厂设置为 K30000
#81 ~ #84	CH1 ~ CH4 的输出形式(K1 ~ K10)	出厂设置为 K1

（1）BFM#0 输入模式设置　BFM#0 用于设定 CH1 ~ CH4 通道的输出模式，每个通道的设置占用 4 个位，CH1 通道由 b0 ~ b3 设定，CH2 通道 b4 ~ b7 设定，CH3 通道由 b8 ~ b11 设定，CH4 通道 b12 ~ b15 设定。

每个通道设置数值定义见表 5-27。

表 5-27　BFM#0 通道设置数值定义

数值	定　义	数值	定　义
0	电压输出模式(-10 ~ +10V，数字范围 -32000 ~ 32000)	2	电流输出模式(0 ~ 20mA，数字范围 0 ~ 32000)
		3	电流输出模式(4 ~ 20mA，数字范围 0 ~ 32000)
1	电压输出模式(-10 ~ +10V，数字范围 -10000 ~ 10000)	4	电流输出模拟量值 μA 指定模式(0 ~ 20mA，数字范围 0 ~ 20000)

（2）BFM#5 PLC 停止时输出设定　BFM#5 用于设定 PLC 停止运行后模拟量输出的设定，与 BFM#0 一样，BFM#5 也是由 4 位十六进制数来设定 4 个通道，其定义如下：

BFM#5 = 0：保持运行时的最终值；BFM#5 = 1：运行偏移值；BFM#5 = 2：输出 BFM#32 ~ #35 的设定值。

（3）BFM#6 输出状态　BFM#6 用于保存 CH1 ~ CH4 的输出状态，与 BFM#0 一样，BFM#6 也是由 4 位十六进制数来设定 4 个通道，其定义如下：

BFM#6 = 0：输出更新停止中；BFM#6 = 1：输出更新中。

（4）BFM#9 偏移、增益设定值的写入指令　BFM#9 的有效数位 b0 ~ b3 分别用于写入 CH1 ~ CH4 通道的偏移、增益数据到内置的 EEPROM 中，当对应的数位为 ON 时有效。

b0 = 1：将 CH1 的偏移(BFM#10)、增益(BFM#14)数据写入。

b1 = 1：将 CH2 的偏移(BFM#11)、增益(BFM#15)数据写入。

b2 = 1：将 CH3 的偏移(BFM#12)、增益(BFM#16)数据写入。

b3 = 1：将 CH4 的偏移(BFM#13)、增益(BFM#17)数据写入。

（5）BFM#19 设置变更或禁止变更　当 BFM#19 为 K3030 时允许变更以下缓冲寄存器内容：

BFM#0、BFM#9、BFM#10 ~ #17、BFM#32 ~ #35、BFM#41 ~ #48、BFM#51 ~ #54、BFM#61 ~ #63。

当 BFM#19 为 K3030 以外的其他值时禁止变更。

（6）BFM#20 初始化功能　设定为 K1 时将所有缓冲寄存器恢复到出厂设置，执行完毕自动返回 K0。

（7）BFM#29 出错状态　出错状态见表 5-28。

表 5-28　FX_{3U}—4DA BFM#29 位信息

BFM#29 各位的功能	ON(1)	OFF(0)
b0：错误	如果 b1 ~ b11 中任何一位为 ON	无错误
b1：偏移、增益出错	EEPROM 中偏移、增益设置问题	无设置问题
b2：电源故障	直流 24V 电源故障	电源正常
b3：硬件错误	D/A 转换器或其他硬件故障	硬件正常
b4：保留	保留	保留
b5：PLC 停止输出设定	设定出错	设定无错误
b6：上下限设定	设定有错	设定无错误
b7：负载电阻设定修正功能	BFM#51 ~ #54 设定有错误	设定无错误
b8：表格输出	表格输出设定错误	设定无错误
b9：自动传送设定	BFM#61 ~ #63 设定有错误	设定无错误
b10：量程溢出	模拟量输出超出规定的范围	输出值正常
b11：断线检测	检测到断线(电流输出)	正常
b12：设定变更的禁止状态	设定变更被禁止	设定变更允许

5.9　FX_{3U}—4DA—ADP

FX_{3U}—4DA—ADP 是 4 通道模拟量输出的特殊功能适配器，其主要技术指标见表 5-29。

表 5-29　FX_{3U}—4DA—ADP 主要技术指标

项　　目	输 入 电 压	输 入 电 流
模拟量输出范围	0 ~ 10V(输入电阻 5k ~ 1MΩ)	4 ~ 20mA(输入电阻 500Ω)
数字量	12 位二进制	12 位二进制
分辨率	2.5mV(10/4000)	10μA(16/1600)
总体精度	±0.5%(25℃ ±5℃)	±0.5%(25℃ ±5℃)
转换速度	200μs × 通道数	
占用 I/O 点数	占用 0 个 I/O 点	
适用 PLC	FX_{3U}	

1. FX_{3U}—4DA—ADP 接线

输入接线如图 5-14 所示。

2. 特殊辅助继电器和特殊寄存器的分配

FX_{3U}—4DA—ADP 适配器同样没有缓冲寄存器 BFM，只有特殊辅助继电器和特殊寄存器，FX_{3U}—4DA—ADP 特殊辅助继电器和特殊寄存器分配见表 5-30。

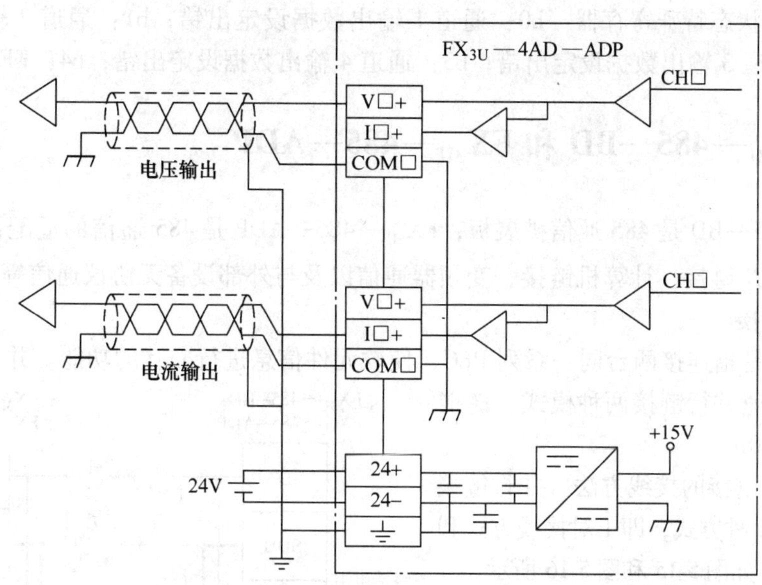

图 5-14 FX_{3U}—4DA—ADP 接线图

表 5-30 FX_{3U}—4DA—ADP 特殊辅助继电器和特殊寄存器分配

特殊软元件	软元件地址				说 明
	1#位	2#位	3#位	4#位	
特殊辅助继电器	M8260	M8270	M8280	M8290	通道 1 输出模式切换，可读/写
	M8261	M8271	M8281	M8291	通道 2 输出模式切换，可读/写
	M8262	M8272	M8282	M8292	通道 3 输出模式切换，可读/写
	M8263	M8273	M8283	M8293	通道 4 输出模式切换，可读/写
	M8264	M8274	M8284	M8294	通道 1 输出保存解除设定，可读/写
	M8265	M8275	M8285	M8295	通道 2 输出保存解除设定，可读/写
	M8266	M8276	M8286	M8296	通道 3 输出保存解除设定，可读/写
	M8266	M8277	M8287	M8297	通道 4 输出保存解除设定，可读/写
特殊寄存器	D8260	D8270	D8280	D8290	通道 1 输出数据，可读/写
	D8261	D8271	D8281	D8291	通道 2 输出数据，可读/写
	D8262	D8272	D8282	D8292	通道 3 输出数据，可读/写
	D8263	D8273	D8283	D8293	通道 4 输出数据，可读/写
	D8268	D8278	D8288	D8298	出错状态，可读/写
	D8269	D8279	D8289	D8299	机型代码 K2，可读

（1）输出模式切换特殊继电器　输出模式切换继电器用于改变输入的方式，设置为 OFF 时为电压输出，设置为 ON 时为电流输出。

（2）输出保持解除设定特殊继电器　输出保持解除设定特殊继电器用于设定在 PLC 停止时模拟量的输出，OFF 时保持最后的输出，ON 时输出偏移值(电压输出时为 0V,电流输出时为 4mA)。

（3）出错状态特殊寄存器　b0：通道 1 输出数据设定出错；b1：通道 2 输出数据设定出错；b2：通道 3 输出数据设定出错；b3：通道 4 输出数据设定出错；b4：EEPROM 出错。

5.10　FX_{3U}—485—BD 和 FX_{3U}—485—ADP

FX_{3U}—485—BD 是 485 通信扩展板，FX_{3U}—485—ADP 是 485 通信的适配器，主要用于并行链接、N: N 链接、计算机链接、变频器通信以及与外部设备无协议通信等。

1. 并行链接

并行链接是指连接两台同一系列 PLC，使软元件信息进行交互的功能。并行链接有普通并行链接和高速并行链接两种模式，链接的最大距离 500m。

（1）并行链接的接线方法　并行链接的接线方法有 2 种方式，即 1 对接线方式和 2 对接线方式，如图 5-15 和图 5-16 所示。

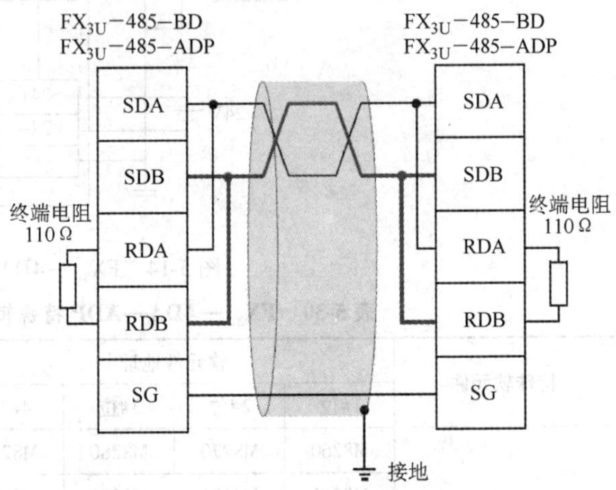

图 5-15　并行链接 1 对接线方式

（2）通信通道　FX_{3U} 系列 PLC 有两个通信通道，即通道 1 和通道 2，当只用 1 个 FX_{3U}—485—BD 或 FX_{3U}—485—ADP 时，为默认的通道 1，当有 FX_{3U}—□—BD 和 FX_{3U}—485—ADP 时，FX_{3U}—□—BD 占用通道 1，FX_{3U}—485—ADP 为通道 2，当有两个通信适配器时，靠近 PLC 的适配器为通道 1。FX_{2N} 系列的其他 PLC 只用 1 个通信通道。对于通道 2 在编写程序时需要将 M8178 置 ON，且两个通道不可同时使用并行链接，也不可同时使用 N: N 链接。

（3）链接方法　普通并行链接模式如图 5-17 所示。

高速并行链接模式如图 5-18 所示。

（4）链接设定特殊软元件

M8063：通信出错时为 ON(通道 1)。

M8070：置 ON 时，设定为并行链接主站。

M8071：置 ON 时，设定为并行链接从站。

M8072：并联链接中置 ON。

M8073：主站或从站设定异常。

M8162：高速并行链接时置 ON。

M8438：通信出错时为 ON(通道 2)。

D8063：通信出错代码(通道 1)。

D8070：判断为通信出错的时间(初始值 500)。

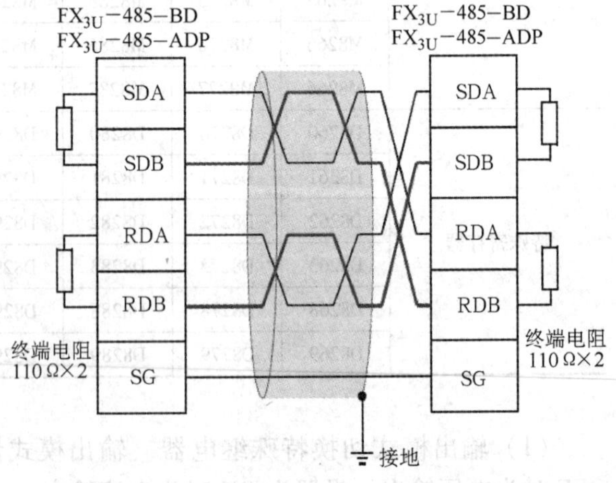

图 5-16　并行链接 2 对接线方式

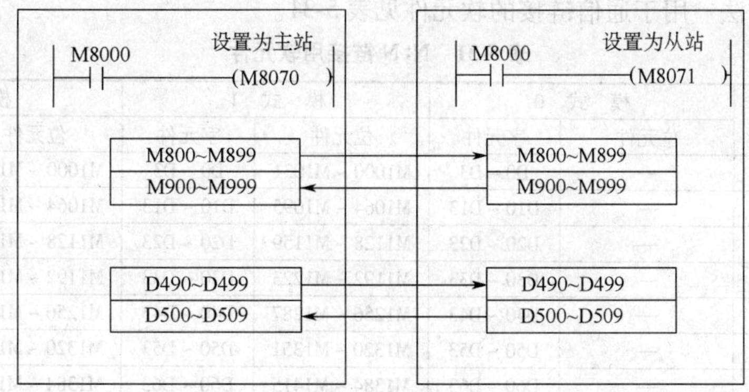

图 5-17　普通并行链接

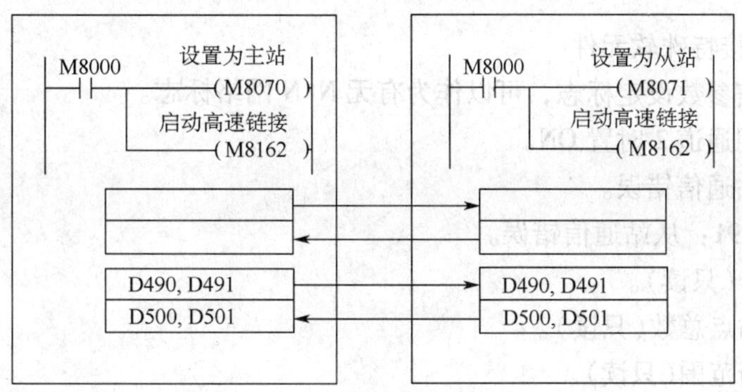

图 5-18　高速并行链接

D8438：通信出错代码(通道 2)。

2. N: N 链接

N: N 链接是指 8 台及以下 PLC 通过 RS485 进行连接，进行软元件信息交互的功能，N: N 链接有三种链接模式，最人通信距离为 500m。

(1) N: N 链接的接线　N: N 链接的接线方法都采用 1 对线方式，如图 5-19 所示。

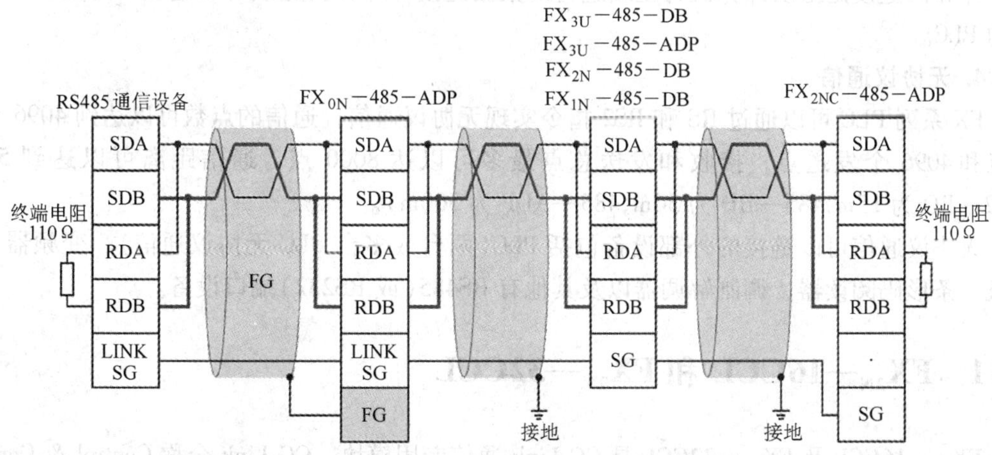

图 5-19　N: N 链接的接线

（2）链接方法　用于通信链接的软元件见表 5-31。

表 5-31　N:N 链接用软元件

站号		模式 0		模式 1		模式 2	
		位元件	字元件	位元件	字元件	位元件	字元件
主站	站号 0	—	D0 ~ D3	M1000 ~ M1031	D0 ~ D3	M1000 ~ M1063	D0 ~ D7
从站	站号 1	—	D10 ~ D13	M1064 ~ M1095	D10 ~ D13	M1064 ~ M1127	D10 ~ D17
	站号 2	—	D20 ~ D23	M1128 ~ M1159	D20 ~ D23	M1128 ~ M1191	D20 ~ D27
	站号 3	—	D30 ~ D33	M1192 ~ M1223	D30 ~ D33	M1192 ~ M1255	D30 ~ D37
	站号 4	—	D40 ~ D43	M1256 ~ M1287	D40 ~ D43	M1256 ~ M1297	D40 ~ D47
	站号 5	—	D50 ~ D53	M1320 ~ M1351	D50 ~ D53	M1320 ~ M1383	D50 ~ D57
	站号 6	—	D60 ~ D63	M1384 ~ M1415	D60 ~ D63	M1384 ~ M1447	D60 ~ D67
	站号 7	—	D70 ~ D73	M1448 ~ M1479	D70 ~ D73	M1448 ~ M1511	D70 ~ D77

（3）N:N 链接特殊软元件

M8038：通信参数设定标志，可以作为有无 N:N 网络标志。

M8179：使用通道 2 时置 ON。

M8183：主站通信错误。

M8184 ~ M8191：从站通信错误。

D8173：站号(只读)。

D8174：从站点总数(只读)。

D8175：刷新范围(只读)。

D8176：站号设定，主站设定为 K0，从站设定为 K1 ~ K7(只写)。

D8177：从站总数设定(只写)。

D8178：刷新范围设定，即链接的模式(只写)。

D8179：通信重试次数(读写)。

D8180：设定判断通信出错时间(读写)。

3. 计算机链接

计算机链接是指以计算机为主站进行的数据链接，计算机链接可以链接 16 台或 16 台以下的 PLC。

4. 无协议通信

FX 系列 PLC 可以通过 RS 和 RS2 指令实现无协议通信，通信的点数可以达到 4096 个接收点和 4096 个发送点，接收和发送总点最多可以达 8000 点。通信距离可以达到 500m (232—BD 为 15m,485—BD 为 50m,485—ADP 为 500m)。

无协议通信可以链接的外部设备包括 PLC(两台或多台 PLC 无协议通信)、变频器、打印机、条形码阅读器、调制解调器以及其他有 RS485(或 RS232)端口设备。

5.11　FX_{2N}—16CCL 和 FX_{2N}—32CCL

FX_{2N}—16CCL 及 FX_{2N}—32CCL 是 CC-Link 通信专用模块，CC-Link 全称 Control & Communication-Link，是一种开放式工业现场控制网络，可完成大数据量、远距离的网络系统实时控制，在 156kbit/s 的传输速率下，控制距离达到 1.2km，如采用中继器，可以达到 13.2km，并具有性能卓越、应用广泛、使用简单、节省成本等突出优点。三菱常用的网络模块有 CC-Link 通信模块（FX_{2N}—16CCL—M、FX_{2N}—32CCL）、CC-Link/LT 通信模块（FX_{2N}—64CL—M）、LINK 远程 I/O 链接模块（FX_{2N}—16LINK—M）和 AS-i 网络模块（FX_{2N}—32ASI—M）。

1. FX 主站模块 FX_{2N}—16CCL—M

CC-Link 主站模块 FX_{2N}—16CCL—M 是特殊扩展模块，它将与之相连的 FX 系列 PLC 作为 CC-Link 的主站。主站在整个网络中是控制数据链接系统的站，远程 I/O 站仅仅处理位信息，远程设备站可以处理位信息和字信息。当 FX 系列的 PLC 作为主站单元时，只能以 FX_{2N}—16CCL—M 作为主站通信模块，整个网络最多可以连接 7 个 I/O 站和 8 个远程设备站，且必须满足以下条件。

1）远程 I/O 站的连接点数，见表 5-32。

表 5-32　远程 I/O 站的连接点数

PLC 的 I/O 点数（包括空的点数和扩展 I/O 的点数）	X 点
FX_{2N}—16CCL—M 占用的点数	8 点
其他特殊扩展模块所占用 PLC 的点数	Y 点
32×远程设备站的数量	Z 点
总计的点数 X+Y+Z+8	FX_{2N} 系列 PLC≤256 点 FX_{3U} 系列 PLC≤384 点

2）远程设备站的连接站数，见表 5-33。

表 5-33　远程设备站的连接站数

远程设备站占用 1 个站的数量	1 个站×模块数
远程设备站占用 2 个站的数量	2 个站×模块数
远程设备站占用 3 个站的数量	3 个站×模块数
远程设备站占用 4 个站的数量	4 个站×模块数
站的总和	≤8

3）最大连接的配置图。

CC-Link 总线网络的最大连接的配置如图 5-20 所示。

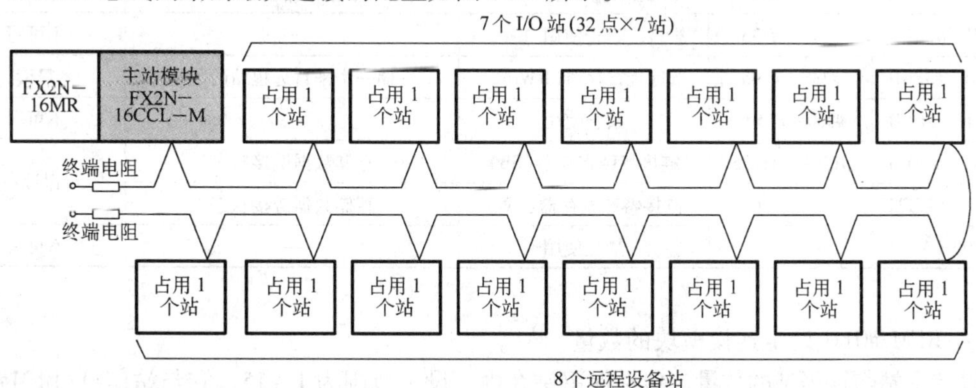

图 5-20　最大连接的配置图

如果是远程设备站，可以不考虑远程 I/O 点的数量情况。在图 5-20 中远程 I/O 站及 PLC 主站、FX_{2N}—16CCL—M 所占用的点数为 32 点 ×7 个站 +16 +8 =248，因此，还可以最增加 8 个 I/O 点或相当于 8 点的特殊模块。

4）最大传输距离。在使用高性能 CC-Link 电缆时，传输速度及最大的传输距离如表 5-34 所示。

表 5-34　传输速度及最大传输距离

传输速度	最大传输距离	传输速度	最大传输距离
156kbit/s	1200m	5Mbit/s	160m
625kbit/s	900m	10Mbit/s	100m
2.5Mbit/s	400m		

5）FX_{2N}—16CCL—M 的 BFM 分配。

FX_{2N}—16CCL—MBFM 的分配如表 5-35 所示。

表 5-35　BFM 分配表

BFM 编号		内　容	描　述	读/写特性
HEX.	DEC.			
#0H ~ #9H	#0 ~ #9	参数信息区域	存储数据参数，进行数据链接	可以读/写
#AH ~ #BH	#10 ~ #11	I/O 信号	控制主站模块 I/O 信号	可以读/写
#CH ~ #1BH	#12 ~ #27	参数信息区域	存储数据参数，进行数据链接	可以读/写
#1CH ~ #1EH	#28 ~ #30	主站模块控制信号	控制主站模块的信号	可以读/写
#1FH	#31	禁止使用	—	不可写
#20H ~ #2FH	#32 ~ #47	参数信息区域	存储数据参数，进行数据链接	可以读/写
#30H ~ #DFH	#48 ~ #223	禁止使用	—	不可写
#E0H ~ #FDH	#224 ~ #253	远程输入(RX)	存储一个来自远程的输入状态	只读
#100H ~ #15FH	#256 ~ #351	禁止使用	—	不可写
#160H ~ #17FH	#352 ~ #383	参数信息区域(RY)	将输出状态存储在一个远程站中	只写
#180H ~ #1DFH	#384 ~ #479	禁止使用	—	不可写
#1E0H ~ #21BH	#480 ~ #539	参数信息区域(RWw)	将传送的数据存储在一个远程站中	只写
#21FH ~ #2DFH	#543 ~ #735	禁止使用	—	不可写
#2E0H ~ #31BH	#736 ~ #795	远程寄存器(RWr)	存储一个来自远程站的数据	只读
#320H ~ #5DFH	#800 ~ #1503	禁止使用	—	不可写
#5E0H ~ #5FFH	#1504 ~ #1535	链接特殊寄存器(SB)	存储数据链接状态	可以读/写
#600H ~ #7FFH	#1536 ~ #2047	链接特殊积存器(SW)	存储数据链接状态	
#800H ~	#2048 ~	禁止使用	—	不可写

① BFM #01H 设定连接模块的数量。

设定主站与远程站的数量，包括保留站在内，设定范围为 1 ~ 15，它与站信息(BFM#20 ~ #2EH)是对应的。

② BFM#10H 设定保留站信息。

保留站占用系统的资源，但不进行数据链接，也不会被视为数据链接故障。因此，当一个站被设定为保留站时，其对应的站号必须在 BFM#10 的对应位上设定为 ON。例如把 2 和 7 号站设定为保留站，其他为正常站，则 BFM#10 的设定如表 5-36 所示。

表 5-36　BFM#10H 位信息

BFM#10	b15	b14	b13	b12	b11	b10	b9	b8	b7	b6	b5	b4	b3	b2	b1	b0
设定值	0	0	0	0	0	0	0	0	0	1	0	0	0	0	1	0

③ BFM#14H 设定错误无效站信息。

由于电源断开等原因而导致数据链接不能进行的远程站，此时可以将其设定为“错误无效站”，以免影响整个系统的数据链接。错误无效站的设定方法与保留站设定方法相同，表 5-37 是将 5 号站设定为错误无效站的设定。但在同时设定保留站和错误无效站时，保留站功能优先。

表 5-37　BFM#14H 位信息

BFM#14	b15	b14	b13	b12	b11	b10	b9	b8	b7	b6	b5	b4	b3	b2	b1	b0
设定值	0	0	0	0	0	0	0	0	0	0	0	1	0	0	0	0

④ BFM#20H ~ #2FH 设定站的信息。

BFM#20H ~ #2FH 用来设定所有链接的远程站和保留站的信息。每一个模块的缓冲存储器地址分配及设定数据结构如表 5-38 和表 5-39 所示。

表 5-38　BFM#20H ~ #2FH 地址分配

模　块	BFM 号		模　块	BFM 号	
	HEX.	DEC.		HEX.	DEC.
第 1 个模块	#20H	#32	第 9 个模块	#28H	#40
第 2 个模块	#21H	#33	第 10 个模块	#29H	#41
第 3 个模块	#22H	#34	第 11 个模块	#2AH	#42
第 4 个模块	#23H	#35	第 12 个模块	#2BH	#43
第 5 个模块	#24H	#36	第 13 个模块	#2CH	#44
第 6 个模块	#25H	#37	第 14 个模块	#2DH	#45
第 7 个模块	#26H	#38	第 15 个模块	#2EH	#46
第 8 个模块	#27H	#39			

表 5-39　BFM#20H ~ #2FH 位信息

b15 ~ b12	b11 ~ b8	b7 ~ b0
0：远程 I/O 站 1：远程设备站	1：占用 1 个站；2：占用两个站； 3：占用 3 个站；4：占用四个站	1 ~ 15(01H ~ 0EH)

⑤ BFM#AH 控制主站的 I/O 信号。

相同编号的缓冲寄存器在读取时和写入时具有不同的功能，系统会自动根据指令(FROM 或 TO)来改变这些功能，见表 5-40。

表 5-40　BFM#AH 位信息

主站模块→PLC 读模式(使用 FROM 指令)		主站模块←PLC 写模式(使用 TO 指令)	
读取位	输入信号名称	读取位	输出信号名称
b0	模块错误	b0	刷新指令
b1	上位站的链接状态	b1	
b2	参数设定状态	b2	禁止使用
b3	其他站的链接状态	b3	
b4	接受模块复位完成	b4	要求模块复位
b5	禁止使用	b5	禁止使用
b6	通过缓冲寄存器的参数来起动数据链接的正常完成	b6	要求通过缓冲寄存器的参数来起动数据链接
b7	通过缓冲寄存器的参数来起动数据链接的异常完成	b7	禁止使用
b8	通过 EEPROM 参数来起动数据链接的正常完成	b8	要求通过 EEPROM 的参数来起动数据链接
b9	通过 EEPROM 参数来起动数据链接的异常完成	b9	禁止使用
b10	将参数记录到 EEPROM 中去的正常完成	b10	要求将参数记录到 EEPROM 中
b11	将参数记录到 EEPROM 中去的异常完成	b11	
b12		b12	
B13	禁止使用	b13	禁止使用
B14		b14	
b15	模块准备就绪	b15	

⑥ 远程 I/O 和远程寄存器的 BFM 分配。

远程 I/O 和远程寄存器的 BFM 分配见表 5-41。

表 5-41　远程 I/O 和远程寄存器的 BFM 分配

站号	远程输入 RX		远程输出 RY		主站→远程站数据寄存器 RWw				远程站→主站数据寄存器 RWr			
1#站	0E0H	0E1H	160H	161H	1E0H	1E1H	1E2H	1E3H	2E0H	2E1H	2E2H	2E3H
2#站	0E2H	0E3H	162H	163H	1E4H	1E5H	1E6H	1E7H	2E4H	2E5H	2E6H	2E7H
3#站	0E4H	0E5H	164H	165H	1E8H	1E9H	1EAH	1EBH	2E8H	2E9H	2EAH	2EBH
4#站	0E6H	0E7H	166H	167H	1ECH	1EDH	1EEH	1EFH	2ECH	2EDH	2EEH	2EFH
5#站	0E8H	0E9H	168H	169H	1F0H	1F1H	1F2H	1F3H	2F0H	2F1H	2F2H	2F3H
6#站	0EAH	0EBH	16AH	16BH	1F4H	1F5H	1F6H	1F7H	2F4H	2F5H	2F6H	2F7H
7#站	0ECH	0EDH	16CH	16DH	1F8H	1F9H	1FAH	1FBH	2F8H	2F9H	2FAH	2FBH
8#站	0EEH	0EFH	16EH	16FH	1FCH	1FDH	1FEH	1FFH	2FCH	2FDH	2FEH	2FFH

（续）

站号	远程输入 RX		远程输出 RY		主站→远程站数据寄存器 RWw				远程站→主站数据寄存器 RWr			
9#站	0F0H	0F1H	170H	171H	200H	201H	202H	203H	200H	201H	202H	203H
10#站	0F2H	0F3H	172H	173H	204H	205H	206H	207H	204H	205H	206H	207H
11#站	0F4H	0F5H	174H	175H	208H	209H	20AH	20BH	208H	209H	20AH	20BH
12#站	0F6H	0F7H	176H	177H	20CH	20DH	20EH	20FH	20CH	20DH	20EH	20FH
13#站	0F8H	0F9H	178H	179H	210H	211H	212H	213H	210H	211H	212H	213H
14#站	0FAH	0FBH	17AH	17BH	214H	215H	216H	217H	214H	215H	216H	217H
15#站	0FCH	0FDH	17CH	17DH	218H	219H	21AH	21BH	218H	219H	21AH	21BH

6）主站与远程设备站的通信。

主站与远程设备站的通信如图 5-21 所示。

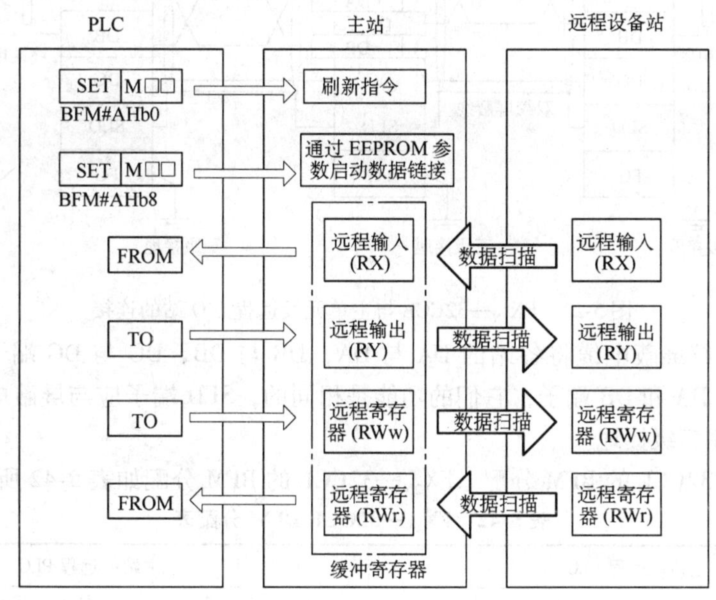

图 5-21　主站与远程设备站的通信

① 起动数据链接。

PLC 首先应将“写入刷新指令”（BFM#AH b0）设置为 ON，使远程输入(RY)有效；如果“写入刷新指令”设置为 OFF，则远程输入(RY)的所有数据都被视为“OFF”。PLC 如果设定通过 EEPROM 的参数来起动数据链接(BFM#AH b8)，参数应先记录到 EEPROM 中(通过 BFM#AH b10 设定)。

② 远程输入和远程寄存器读取。

通过链接扫描，远程设备站的远程输入(RX、RWr)会自动保存到主站的缓冲寄存器之中，我们可以通过 FROM(FX_{3U}系列可以用 MOV、BMOV、FMOV 等指令)指令来读取并保存缓冲寄存器单元。

③ 远程输出和远程寄存器写入。

通过 TO(FX_{3U}系列可以用 MOV、BMOV、FMOV 等指令)指令可将 ON/OFF 信号写入到缓冲寄存器并自动传送到远程输出(RY)，也可以将数据写入缓冲寄存器再传送到远程寄存器(RWw)。

2. FX 远程站模块 FX_{2N}—32CCL

在 CC-Link 网络中，FX_{2N}—32CCL 是将 PLC 连接到 CC-Link 网络中的接口模块，可连接的 PLC 有 FX_{0N}、FX_{2N}、FX_{2NC} 系列的小型 PLC，与之连接的 PLC 将作为远程设备站，并占用 PLC 的 8 个 I/O 点。

32CCL 在连接到 CC-Link 网络时，必须进行站号和占用站数的设定。站号由两位旋转开关设定，占用站数由一位旋转开关设定，站号可在 1 到 64 之间设定，超出此范围将出错，占用站数在 1 到 4 之间设定。

(1) FX_{2N}—32CCL 与系统的通信　FX_{2N}—32CCL 与系统的通信连接如图 5-22 所示。

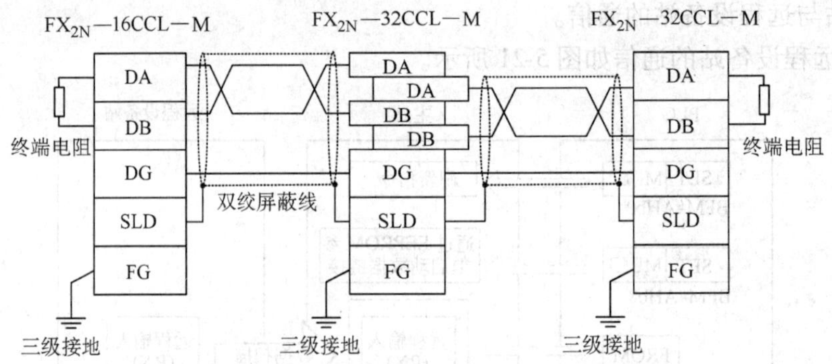

图 5-22　FX_{2N}—32CCL 与主单元及远程 I/O 站的连接

采用专用双绞屏蔽电缆将各站的 DA 与 DA，DB 与 DB，DG 与 DG 端子连接。FX_{2N}—32CCL 具有两个 DA 和 DB 端子，它们的功能是相同的，SLD 端子应与屏蔽电缆的屏蔽层连接，FG 端子采用三级接地。

(2) FX_{2N}—32CCL 的 BFM 分配　FX_{2N}—32CCL 的 BFM 分配如表 5-42 所示。

表 5-42　FX_{2N}—32CCL BFM 分配表

主站→远程 PLC		主站←远程 PLC	
BFM	说　明	BFM	说　明
#0	远程输出 RY00～RY0F(设定站)	#0	远程输入 RX00～RX0F(设定站)
#1	远程输出 RY10～RY1F(设定站)	#1	远程输入 RX10～RX1F(设定站)
#2	远程输出 RY20～RY2F(设定站 +1)	#2	远程输入 RX20～RX2F(设定站 +1)
#3	远程输出 RY30～RY3F(设定站 +1)	#3	远程输入 RX30～RX3F(设定站 +1)
#4	远程输出 RY40～RY4F(设定站 +2)	#4	远程输入 RX40～RX4F(设定站 +2)
#5	远程输出 RY50～RY5F(设定站 +2)	#5	远程输入 RX50～RX5F(设定站 +2)
#6	远程输出 RY60～RY6F(设定站 +3)	#6	远程输入 RX60～RX6F(设定站 +3)
#7	远程输出 RY70～RY7F(设定站 +3)	#7	远程输入 RX70～RX7F(设定站 +3)
#8	远程寄存器 RWw0(设定站)	#8	远程寄存器 RWr0(设定站)
#9	远程寄存器 RWw1(设定站)	#9	远程寄存器 RWr1(设定站)
#10	远程寄存器 RWw2(设定站)	#10	远程寄存器 RWr2(设定站)

（续）

<table>
<tr><th colspan="2">主站→远程 PLC</th><th colspan="2">主站←远程 PLC</th></tr>
<tr><th>BFM</th><th>说　明</th><th>BFM</th><th>说　明</th></tr>
<tr><td>#11</td><td>远程寄存器 RWw3(设定站)</td><td>#11</td><td>远程寄存器 RWr3(设定站)</td></tr>
<tr><td>#12</td><td>远程寄存器 RWw4(设定站+1)</td><td>#12</td><td>远程寄存器 RWr4(设定站+1)</td></tr>
<tr><td>#13</td><td>远程寄存器 RWw5(设定站+1)</td><td>#13</td><td>远程寄存器 RWr5(设定站+1)</td></tr>
<tr><td>#14</td><td>远程寄存器 RWw6(设定站+1)</td><td>#14</td><td>远程寄存器 RWr6(设定站+1)</td></tr>
<tr><td>#15</td><td>远程寄存器 RWw7(设定站+1)</td><td>#15</td><td>远程寄存器 RWr7(设定站+1)</td></tr>
<tr><td>#16</td><td>远程寄存器 RWw8(设定站+2)</td><td>#16</td><td>远程寄存器 RWr8(设定站+2)</td></tr>
<tr><td>#17</td><td>远程寄存器 RWw9(设定站+2)</td><td>#17</td><td>远程寄存器 RWr9(设定站+2)</td></tr>
<tr><td>#18</td><td>远程寄存器 RWwA(设定站+2)</td><td>#18</td><td>远程寄存器 RWrA(设定站+2)</td></tr>
<tr><td>#19</td><td>远程寄存器 RWwB(设定站+2)</td><td>#19</td><td>远程寄存器 RWrB(设定站+2)</td></tr>
<tr><td>#20</td><td>远程寄存器 RWwC(设定站+3)</td><td>#20</td><td>远程寄存器 RWrC(设定站+3)</td></tr>
<tr><td>#21</td><td>远程寄存器 RWwD(设定站+3)</td><td>#21</td><td>远程寄存器 RWrD(设定站+3)</td></tr>
<tr><td>#22</td><td>远程寄存器 RWwE(设定站+3)</td><td>#22</td><td>远程寄存器 RWrE(设定站+3)</td></tr>
<tr><td>#23</td><td>远程寄存器 RWwF(设定站+3)</td><td>#23</td><td>远程寄存器 RWrF(设定站+3)</td></tr>
<tr><td>#24</td><td>设定波特率</td><td>#24</td><td rowspan="7">禁止写入</td></tr>
<tr><td>#25</td><td>通信状态</td><td>#25</td></tr>
<tr><td>#26</td><td>CC-LINK 模块代码</td><td>#26</td></tr>
<tr><td>#27</td><td>本站的编号</td><td>#27</td></tr>
<tr><td>#28</td><td>占用站数</td><td>#28</td></tr>
<tr><td>#29</td><td>出错代码</td><td>#29</td></tr>
<tr><td>#30</td><td>模块代码(K7040)</td><td>#30</td></tr>
<tr><td>#31</td><td>保留</td><td>#31</td><td>保留</td></tr>
</table>

第6章　变　频　器

6.1　变频器的控制端子及基本操作

三菱系列变频器有多个系列，如通用高性能 FR—A740(3P 380V)、FR—A720(3P 220V)、FR—A540(3P 380V)；轻载节能型 FR—F740(3P 380V)、FR—F720(3P 220V)；简易通用型 FR—S540E(3P 380V)、FR—S520SE(1P 220V)、FR—S520E(3P 220V)；经济通用型 FR—E540(3P 380V)、FR—E520S(1P 220V)、FR—E520(3P 220V)等，以下介绍 FR—A740 系列，其他变频器也可以参考。

1. FR—A740 接线端子

FR—A740 变频器的接线端子比较多，功能也比较全，接线端子可以分为主电路接线端子、输入控制端子、输出控制端子，模拟量信号端子和通信接线端子等，如图 6-1 所示。

R/L1、S/L2、T/L3：交流电源输入端子。

U、V、W：变频器输出端子，接三相笼型异步电动机。

R1/L11、S1/L21：变频器控制电源。

P/+、PR.：连接制动电阻器(22kW 以下)。

P/+、P1：连接制动单元，如 FR—BU、MT—BU5 等。

PR.、PX：连接内部制动器。

2. 变频器面板基本操作

FR—A740 变频器一般都配有 FR—DU07 操作面板，FR—A540 变频器一般都配有 FR—DU05 操作面板，其使用功能基本相同，操作略有不同。下面介绍 FR—DU07 基本操作。

接通变频器电源，显示屏显示监视器数据，按“MODE”键可以在监视、参数设置、报警历史进行切换，如图 6-2 所示。

(1) PU 运行模式　按“PU/EXT”键可以在 PU 模式、点动模式和外部运行模式之间进行切换，如图 6-3 所示。

在 PU 运行模式，拨动旋钮可以改变 PU 运行频率，最后按“SET”键进行修改确认，如图 6-4 所示。

在 PU 运行模式下，按“SET”键，可以切换监视的类型，如图 6-5 所示。

(2) 参数设定模式　在参数设定模式，拨动旋钮可以在参数设定、参数清除、全部清除、错误清除、参数复制之间进行切换，如图 6-6 所示。

参数设定的方法如图 6-7 所示。

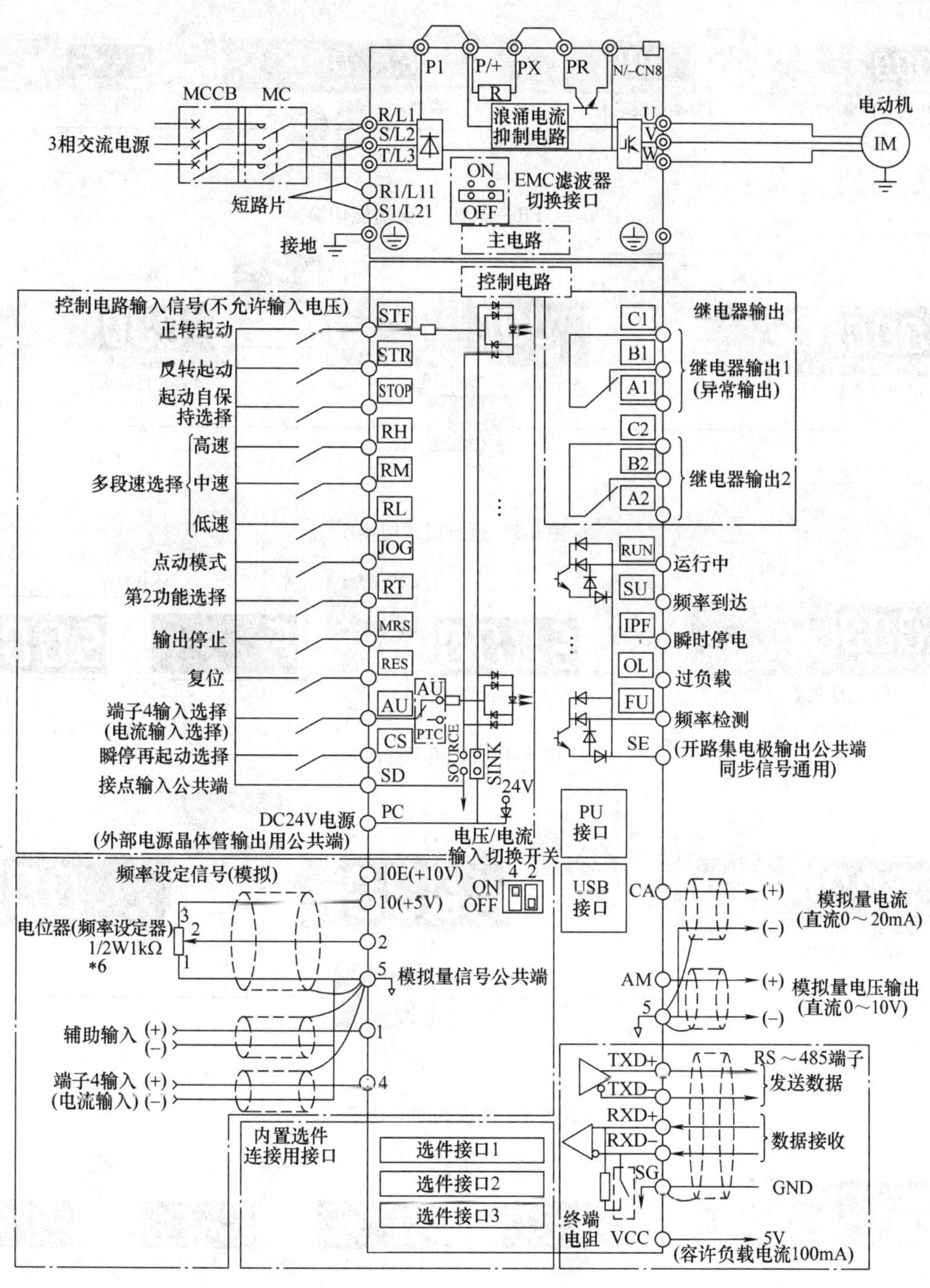

图 6-1　FR—A740 接线端子

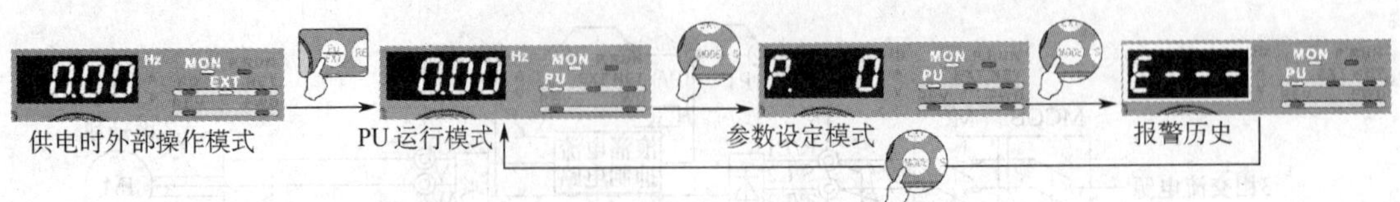

图 6-2　FR—DU07 主要功能切换

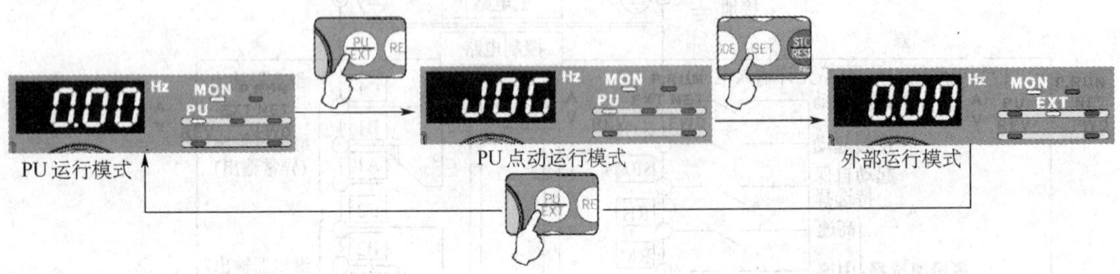

图 6-3　运行模式切换

图 6-4　PU 频率修改

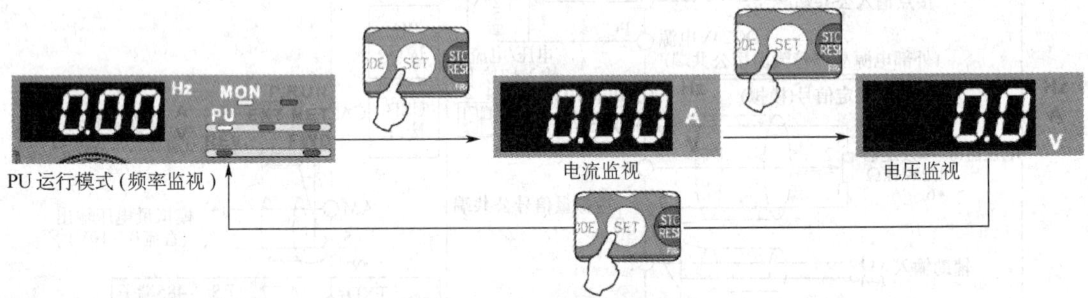

图 6-5　监视类型的切换

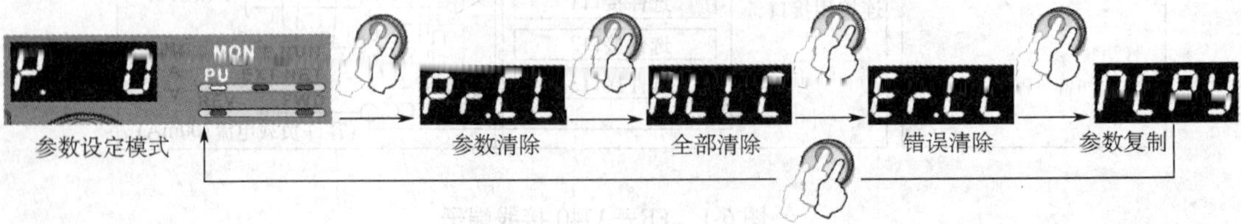

图 6-6　参数设定切换

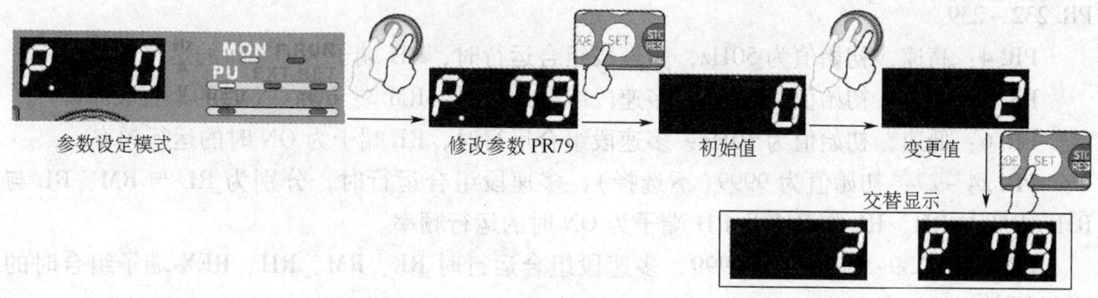

图 6-7　参数的设定

6.2　变频器的参数

FR—A740 系列变频器参数非常多，参数编号范围 PR. 0 ~ PR. 991，通过变频器参数设置，可以完成各种运行数据的设置，实现各种不同控制功能，以下介绍常用的参数。

1. 手动转矩提升

手动转矩提升是指在变频器输出为 0Hz 时，输出的电压百分值的设定，参数有 PR. 0、PR. 46、PR. 112。

PR. 0：转矩提升，初始值 6/4/3/2/1%，可在 0 ~ 30% 之间进行设定。

PR. 46：第 2 转矩提升，RT 为 ON 有效，初始值 9999（无第 2 转矩提升），设定范围与 PR. 0 相同。

PR. 112：第 3 转矩提升，X9 为 ON 有效，初始值 9999（无第 3 转矩提升），设定范围与 PR. 0 相同。

2. 上下限频率设定

上下限频率是确定输出频率的运行区间的参数，上下限频率设定参数包括 PR. 1、PR. 2、PR. 18。

PR. 1：上限频率，初始值为 120/60Hz，设定范围为 0 ~ 120。

PR. 2：下限频率，初始值为 0Hz，设定范围为 0 ~ 120。

PR. 18：高速上限频率，运行在 120Hz 以上频率时使用，初始值 120/60Hz，设定范围为 120 ~ 400Hz。

3. 基准频率、电压

基准频率是设定电动机额定转矩的频率，基准电压是指运行基准频率时的输出电压。

PR. 3：基准频率，初始值 50Hz，设定范围为 0 ~ 400Hz，一般将此频率设定为工频频率。

PR. 19：基准频率电压，初始值 9999（与电源电压相同），可设定为 0 ~ 1000V 或 8888（电源电压 95%）

PR. 47：第 2 基准频率，RT 端子为 ON 时有效，初始值为 9999。

PR. 113：第 3 基准频率，X9 端子为 ON 时有效，初始值为 9999。

4. 多段速频率参数

多段速频率是设定多速段组合运行时的频率，参数包括 PR. 4、PR. 5、PR. 6、PR. 24 ~ 27、

PR. 232 ~ 239。

PR. 4：高速，初始值为 50Hz，多速段组合运行时，RH 端子为 ON 时的运行频率。

PR. 5：中速，初始值为 30Hz，多速段组合运行时，RM 端子为 ON 时的运行频率。

PR. 6：低速，初始值为 10Hz，多速段组合运行时，RL 端子为 ON 时的运行频率。

PR. 24 ~ 27：初始值为 9999（不选择），多速段组合运行时，分别为 RL 与 RM、RL 与 RH、RM 与 RH、RL 与 RM 及 RH 端子为 ON 时的运行频率。

PR. 232 ~ 239：初始值为 9999，多速段组合运行时 RL、RM、RH、REX 端子组合时的运行频率。

5. 加减速时间的设定

加速时间是指起动变频器运行到加减速基准频率所需的时间。参数包括 PR. 7、PR. 8、PR. 20、PR. 44、PR. 45、PR. 110、PR. 111。

PR. 7：加速时间，初始值为 5/15s，设定范围为 0 ~ 3600s（或 360s）。

PR. 8：减速时间，初始值为 5/15s，设定范围为 0 ~ 3600s（或 360s）。

PR. 20：基准频率，设定加减速时间的参考频率，初始值为 50Hz，可设定为 1 ~ 400Hz。

PR. 44：第 2 加速时间，初始值为 5s，设定 RT 端子为 ON 时的加速时间。

PR. 45：第 2 减速时间，初始值为 9999（与加速时间相同），设定 RT 端子为 ON 时的减速时间。

PR. 110：第 3 加速时间，初始值为 9999（无效），设定 X9 端子为 ON 时的加速时间。

PR. 111：第 3 减速时间，初始值为 9999（与加速时间相同），设定 X9 端子为 ON 时的减速时间。

6. 电动机的过热保护

PR. 9：电子过热保护，用于设定电动机的额定电流，初始值为 0. 01/0. 1A，设定范围为 0 ~ 500A 或 0 ~ 3600A。

PR. 51：第 2 电子过电流保护，初始值为 9999（无效），RT 端子为 ON 时有效。

7. 起动频率

PR. 13：设定起动时的频率，初始值为 0. 5Hz，可以设定为 0 ~ 60Hz。

8. 适用 V/F 类型

PR. 14：适用负载选择，初始值 0，设定范围 0 ~ 5。

PR. 14 = 0 时，用于恒定转矩负荷；PR. 14 = 1 时，用于低转矩负荷；PR. 14 = 2 时，用于恒转矩升降（正转转矩提升）；PR. 14 = 3 时，用于恒转矩升降（反转转矩提升）；PR. 14 = 4 时，RT 为 ON 恒转矩负荷用，RT 为 OFF 恒转矩升降用（正转转矩提升）；PR. 14 = 5 时，RT 为 ON 恒转矩负荷用，RT 为 OFF 恒转矩升降用（反转转矩提升）。

9. JOG 运行（点动运行）

PR. 15：点动频率，初始值为 5Hz，设定范围为 0 ~ 400Hz。

PR. 16：点动加减速时间，初始值为 0. 5s，设定范围为 0 ~ 3600s（或 360s）。

10. 避免机械共振参数

某些机械设备运行在某个频率段会产生机械共振，为了避免共振的发生，可通过参数设置，使输出频率避开共振频率区。

PR. 31：频率跳变 1A，初始值为 9999（无效），设定范围为 0 ~ 400。

PR. 32：频率跳变 1B，初始值为 9999(无效)，设定范围为 0 ~400，与 PR. 31 组合设定跳变频率区间。

PR. 33：频率跳变 2A，初始值为 9999(无效)，设定范围为 0 ~400。

PR. 34：频率跳变 2B，初始值为 9999(无效)，设定范围为 0 ~400，与 PR. 33 组合设定跳变频率区间。

PR. 35：频率跳变 3A，初始值为 9999(无效)，设定范围为 0 ~400。

PR. 36：频率跳变 3B，初始值为 9999(无效)，设定范围为 0 ~400，与 PR. 35 组合设定跳变频率区间。

11. 模拟量输入选择

PR. 73：模拟量输入选择，初始值为 1，设定范围为 0 ~7、10 ~17，设定值意义见表 6-1。

表 6-1　PR. 73 模拟量输入选择

PR. 73 =	AU = OFF		AU = ON		说　明
	端子 2 输入	端子 1 输入	端子 2 输入	端子 1 输入	
0	0 ~10V	0 ~ ±10V	—	0 ~ ±10V	端子 1 用于叠加补偿
1(初始值)	0 ~5V	0 ~ ±10V	—	0 ~ ±10V	
2	0 ~10V	0 ~ ±5V	—	0 ~ ±5V	
3	0 ~5V	0 ~ ±5V	—	0 ~ ±5V	
4	0 ~10V	0 ~ ±10V	0 ~10V	0 ~ ±10V	端子 2 比例补偿
5	0 ~5V	0 ~ ±5V	0 ~5V	0 ~ ±5V	
6	0 ~20mA	0 ~ ±10V	—	0 ~ ±10V	端子 1 叠加补偿
7	0 ~20mA	0 ~ ±5V	—	0 ~ ±5V	
10	0 ~10V	0 ~ ±10V	—	0 ~ ±10V	
11	0 ~5V	0 ~ ±10V	—	0 ~ ±10V	
12	0 ~10V	0 ~ ±5V	—	0 ~ ±5V	
13	0 ~5V	0 ~ ±5V	—	0 ~ ±5V	
14	0 ~10V	0 ~ ±10V	0 ~10V	0 ~ ±10V	端子 2 比例补偿
15	0 ~5V	0 ~ ±5V	0 ~5V	0 ~ ±5V	
16	0 ~20mA	0 ~ ±10V	—	0 ~ ±10V	端子 1 叠加补偿，端子 4 的功能由 PR. 267 设定，PR. 267 = 0 为 4 ~ 20mA，PR. 267 = 1 为 0 ~ 5V，PR. 267 =2 为 0 ~10V
17	0 ~20mA	0 ~ ±5V	—	0 ~ ±5V	

12. 参数写入选择

PR. 77：参数写入选择，初始值为 0，设定范围为 0 ~2，PR. 77 =0 时停止时可以写入；PR. 77 =1 时禁止写入；PR. 77 =2 时在所有模式中不受运行状态限制写入参数。

13. 防止电动机的反转

PR. 78：防止反转选择，初始值 0，设定范围为 0 ~ 2，PR. 78 = 0 时正反转均可；PR. 78 =1时不可反转；PR. 78 =2 时不可正转。

14. 运行模式选择

PR. 79：运行模式的选择，初始值为0，设定范围为0~7。

PR. 79 =0：为外部和 PU 可以切换模式。

PR. 79 =1：固定 PU 运行模式。

PR. 79 =2：固定外部运行模式。

PR. 79 =3：外部与 PU 组合运行模式1，即运行频率由 PU 设定，起动信号由外部控制。

PR. 79 =4：外部与 PU 组合运行模式2，即运行频率由端子2、4、1及 JOG、RH、RM、RL 给定，起动信号由 PU 控制。

PR. 79 =5：程序运行模式(A740 无此功能,A540 具有此功能)。

PR. 79 =6：切换模式，运行时可进行 PU 操作、外部操作和计算机通信操作的切换。

PR. 79 =7：外部运行模式(PU 运行互锁)，只有当 X12 = ON 时可以切换到 PU 模式。

15. 输入端子的分配

该区域参数(PR. 178~189)用于设定输入端子的功能，设定的数字意义见表6-2。

表6-2 输入端子分配参数设定值

设定值	意　义	设定值	意　义	设定值	意　义
0	低速指令	15	制动开放完成信号	43	转矩偏置选择2
1	中速指令	16	PU 运行、外部运行互锁	44	P/PI 控制切换
2	高速指令	17	适用负荷选择正反转提升	60	正转指令
3	第2功能选择			61	反转指令
4	端子4输入功能	18	V/F 切换	62	变频器复位
5	点动运行选择	19	负荷转矩高速频率	63	PTC 热敏电阻输入
6	瞬停再起动选择	20	S 加减速 C 切换端子	64	PID 正负作用切换
7	外部热继电器输入	22	定向指令	65	PU—NET 运行切换
8	15 速选择	23	预备励磁	66	外部—NET 运行切换
9	第3功能	24	输出停止	67	指令权切换
10	变频器运行许可信号	25	起动自我保护选择	68	简易位置脉冲列符号
11	瞬时掉电检测(FR—HC、MT—HC 连接)	26	控制模式切换	69	简易位置残留脉冲清除
		27	转矩限制选择	70	直流供电运行预科
12	PU 运行外部互锁	28	起动时调整	71	直流供电解除
13	外部直流制动开始	37	三角波功能选择	74	磁通量衰减输出截止信号
14	PID 控制有效端子	42	转矩偏置选择1	9999	无功能

PR. 178：STF 端子功能选择，初始值为60，设定范围为0~20、22~28、37、42~44、60、62、64~71，74、9999。

PR. 179：STR 端子功能选择，初始值为61。

PR. 180：RL 端子功能选择，初始值为0，设定范围为0~20、22~28、37、42~44、62、64~71，74、9999。

PR. 181：RM 端子功能选择，初始值为1，设定范围与 PR. 180 相同。

PR. 182：RH 端子功能选择，初始值为 2，设定范围与 PR. 180 相同。

PR. 183：RT 端子功能选择，初始值为 3，设定范围与 PR. 180 相同。

PR. 184：AU 端子功能选择，初始值为 4，设定范围为 0 ~ 20、22 ~ 28、37、42 ~ 44、62 ~ 71，74、9999。

PR. 185：JOG 端子功能选择，初始值为 5，设定范围为 0 ~ 20、22 ~ 28、37、42 ~ 44、62、64 ~ 71，74、9999。

PR. 186：CS 端子功能选择，初始值为 6，设定范围与 PR. 185 相同。

PR. 187：MRS 端子功能选择，初始值为 24，设定范围与 PR. 185 相同。

PR. 188：STOP 端子功能选择，初始值为 25，设定范围与 PR. 185 相同。

PR. 189：RES 端子功能选择，初始值为 62，设定范围与 PR. 185 相同。

16. 输出端子的分配

该区域参数（PR. 190 ~ 196）用于设定输出端子的功能，设定的数字意义见表 6-3。

表 6-3 输出端子分配参数设定值

设定值	意 义	设定值	意 义	设定值	意 义
0，100	变频器运行	19	工频切换 MC3	45，145	变频器运行中和起动指令 ON
1，101	频率到达	20，120	制动器开放要求	46，146	停电减速中
2，102	瞬时停电/低电压	25，125	风扇故障输出	47，147	PID 控制中
3，103	过负荷报警	26，126	散热片过热预报警	64，164	在试中
4，104	输出频率检测	27，127	定向完成	70，170	PID 输入中断中
5，105	第 2 输出频率检测	28，128	定向错误	84，184	位置控制准备完成
6，106	第 3 输出频率检测	30，130	正转中输出	85，185	直流供电中
7，107	再生制动预报警	31，131	反转中输出	90，190	寿命报警
8，108	电子过电流保护报警	32，132	再生状态输出	91，191	输出异常 3
10，110	PU 运行模式	33，133	运行准备完成 2	92，192	省电平均值更新时间
11，111	变频器运行准备就绪	34，134	低速输出	93，193	电流平均值监视器信号
12，112	输出电流检测	35，135	转矩检测	94，194	异常输出 2
13，113	零电流检测	36，136	定位完成	95，195	维修时钟信号
14，114	PID 下限	39，139	起动时调谐完成信号	96，196	远程输出
15，115	PID 上限	41，141	速度检测	97，197	轻故障输出 2
16，116	PID 正反动作输出	42，142	第 2 速度检测	98，198	轻故障输出
17	工频切换 MC1	43，143	第 3 速度检测	99，199	异常输出
18	工频切换 MC2	44，144	变频器运行中 2	9999	无功能

0 ~ 99：正逻辑；100 ~ 199：负逻辑

PR. 190：RUN 端子功能，初始值为 0，设置范围为 0 ~ 8、10 ~ 20、25 ~ 28、30 ~ 36、39、41 ~ 47、64、70、84、85、90 ~ 99、100 ~ 108、110 ~ 120、125 ~ 128、130 ~ 136、139、141 ~ 147、164、170、184、185、190 ~ 199。

PR. 191：SU 端子功能，初始值为 1，设置范围与 PR. 190 相同。

PR. 192：IPF 端子功能，初始值为 2，设置范围与 PR. 190 相同。

PR. 193：OL 端子功能，初始值为 3，设置范围与 PR. 190 相同。

PR. 194：FU 端子功能，初始值为 4，设置范围与 PR. 190 相同。

PR. 195：ABC1 端子功能，初始值为 99，设置范围为 0～8、10～20、25～28、30～36、39、41～47、64、70、84、85、90、91、94～99、100～108、110～120、125～128、130～136、139、141～147、164、170、184、185、190、191、194～199。

PR. 196：ABC2 端子功能，初始值为 99，设置范围与 PR. 195 相同。

6.3 变频器的附件

1. FR—A7AP

FR—A7AP(A700 系列)是三菱 FR—A740 系列变频器的功能扩展附件，主要用于定向控制、编码器反馈控制和矢量控制。其接线端子功能如下：

PA1：编码器 A 相脉冲输入端子。

PA2：编码器 A 相脉冲反向输入端子。

PB1：编码器 B 相脉冲输入端子。

PB2：编码器 B 相脉冲反向输入端子。

PZ1：编码器 Z 相脉冲输入端子。

PZ2：编码器 Z 相脉冲反向输入端子。

PG：编码器电源正(+5V)输入端子。

SD：编码器电源地。

(1) 定向控制　FR—A7AP 定向控制是用于将电动机转轴停在指定角度位置的控制方式，其接线如图 6-8 所示。

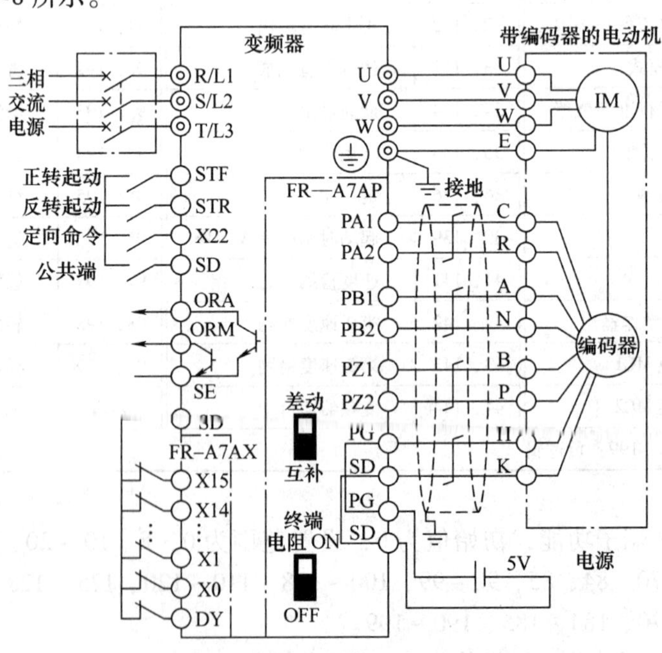

图 6-8　A7AP 定向控制接线图

FR—A7AP 用于定向控制时的相关参数见表 6-4。

表 6-4　定向控制参数表

参 数 号	内　　容	设 置 范 围	默 认 值
PR. 350	停止位置命令选择	0、1、9999	9999
PR. 351	定位速度	0～30Hz	2Hz
PR. 352	爬行速度	0～10Hz	0. 5Hz
PR. 353	爬行选择位置数	0～16383	511
PR. 354	循环定位位置数选择	0～8191	96
PR. 355	直流制动开始位置	0～255	5
PR. 356	内部停止位置命令	0～16383	0
PR. 357	内部位置区域	0～255	5
PR. 358	伺服转矩选择	0～13	1
PR. 359	编码器旋转方向	0、1	1
PR. 360	12 位数据选择	0、1、2～127	0
PR. 361	位置偏移	0～16383	0
PR. 362	位置环增益	1～10	1
PR. 363	内部位置信号输出延迟时间	0～5s	0. 5s
PR. 364	编码器停止检查时间	0～5s	0. 5s
PR. 365	定位时间限制	0～60s、9999	9999
PR. 366	重检时间	0～5s、9999	9999
PR. 393	定向选择	0、1、2	0
PR. 396	定向速度增益(P 项)	0～1000	60
PR. 397	定向速度积分时间	0～20s	0. 333
PR. 398	定向速度增益(D 项)	0～100	1
PR. 399	定向减速率	0～1000	20

（2）编码器反馈控制　当在 FR—A740 变频器安装了 FR—A7AP 时，编码器反馈控制启用，通过使用编码器检测电动机的速度并反馈到变频器，使电动机在不同负载情况下速度保存恒定。编码器反馈控制接线图如图 6-9 所示。

A7AP 用于编码器反馈控制的参数见表 6-5。

表 6-5　编码器反馈控制参数表

参 数 号	名　　称	设 定 范 围	初 始 值
PR. 359	编码器旋转方向	0、1	1
PR. 367	速度反馈范围	0～400Hz、9999	9999
PR. 368	反馈增益	0～100	1
PR. 369	编码器脉冲计数	0～4096	1024

（续）

参 数 号	名　称	设 定 范 围	初 始 值
PR. 374	失速检测水平	0～400Hz	120Hz
PR. 376	编码器开路检测允许/禁止选择	0、1	0

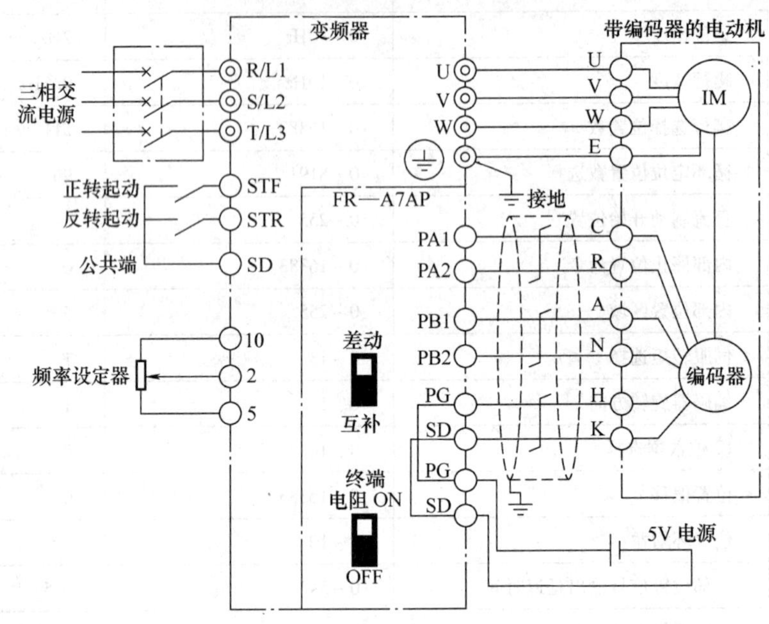

图 6-9　编码器反馈控制接线

（3）矢量控制　FR—A7AP 可以通过带有编码器的电动机达到矢量控制运行，实现速度控制、转矩控制和位置控制。矢量控制接线图如图 6-10 所示。

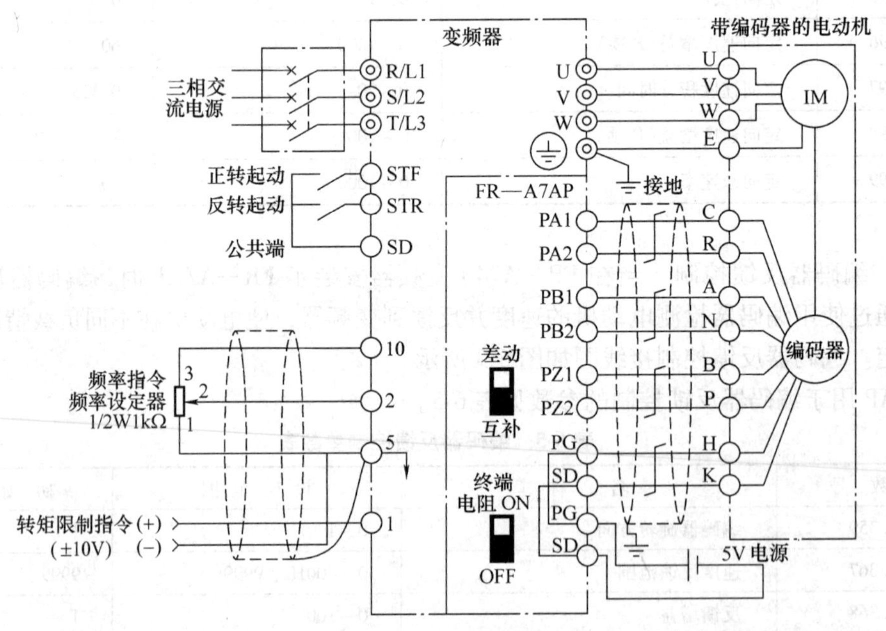

图 6-10　矢量控制接线图

A7AP 用于矢量控制相关的参数见表 6-6。

表 6-6 矢量控制参数表

参 数 号	名 称	设 定 范 围	初 始 值
PR. 359	编码器旋转方向	0、1	1
PR. 369	编码器脉冲计数	0～4096	1024
PR. 374	失速检测水平	0～400Hz	120Hz
PR. 376	编码器开路检测允许/禁止选择	0、1	0
PR. 419	位置指令权选择	0、1	0
PR. 420	指令脉冲倍率分子	0～32767	1
PR. 421	指令脉冲倍率分母	0～32767	1
PR. 422	位置闭环增益	0～150s^{-1}	25s^{-1}
PR. 423	位置前馈增益	0～100%	0%
PR. 424	位置指令加减速时间常数	0～50s	0s
PR. 425	位置前馈指令滤波器	0～5s	0s
PR. 426	定位完成宽度	0～32767 脉冲	100 脉冲
PR. 427	误差过大水平	0～400、9999	40
PR. 428	指令脉冲选择	0～2、3～5	0
PR. 429	清零信号选择	0、1	1
PR. 430	脉冲监视器选择	0～5、9999	9999
PR. 464	数字量位置控制急停减速时间	0～360. 0s	0
PR. 465～494	第 1～15 位置传送量上下 4 位(连续 2 个参数分别设定下 4 位和上 4 位,如 PR. 465 为第 1 位置下 4 位,PR. 466 设定第 1 位置上 4 位,依此类推)	0～9999	0
PR. 802	预备励磁选择	0、1	0. 001s
PR. 823	速度检测滤波器 1	0～0. 1s	9999
PR. 833	速度检测滤波器 2	0～0. 1s、9999	9999
PR. 840	转矩偏置选择	0～3、9999	9999
PR. 841～843	转矩偏置 1、2、3	600%～1400%、9999	9999
PR. 844	转矩偏置滤波器	0～5s、9999	9999
PR. 845	转矩偏置动作时间	0～5s、9999	9999
PR. 846	转矩偏置平衡补偿	0～10V、9999	9999
PR. 847	下降时转矩偏置端子 1 偏置	0～400%、9999	9999
PR. 848	下降时转矩偏置端子 1 增益	0～400%、9999	9999
PR. 853	速度偏置时间	0～100s	1s
PR. 873	速度限制	0～120Hz	20Hz

2. FR—A7NC

在 CC-Link 网络中，除了 FX_{2N}—32CCL 可以作为远程站点通信模块以外，变频器的通信功能板 FR—A7NC 和 FR—A5NC 也可以作为远程站点通信模块，FR—A7NC 适用于 A700、

F700 系列变频器，FR—A5NC 适用于 FR—A500 变频器，下面以 FR—A7NC 为例介绍其技术参数及使用方法。

FR—A7NC 板的通信接线端子与 FX_{2N}—32CCL 模块一样，有 DA、DB、DG、SLD、FG 端子，使用方法也一样，指示灯有 RUN、L. RUN、SD、SR、L. ERR，其定义与 FX_{2N}—32CCL 相同，有三个设置旋钮(B. BATE 速率设置旋钮、两个 STATION No. 站台号设置旋钮)，但 FR—A7NC 板没有 OCCUPY STATION 占用点数旋钮，即该模块只占用 1 个站点。

（1）总线接线图　其总线接线如图 6-11 所示。

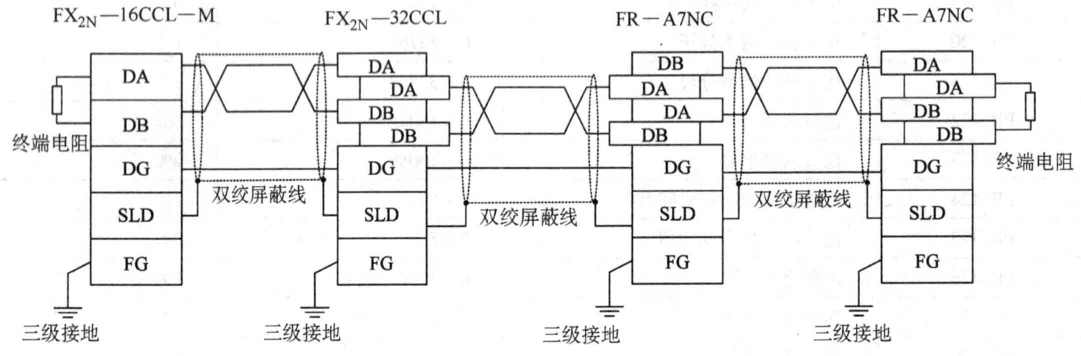

图 6-11　总线接线图

由于 FR—A7NC 只占用 1 个站点，因此由 FX_{2N}—16CCL—M 作为主站的 CC-Link 系统网络中，最多可以连接 8 台变频器，如果网络中有 FX_{2N}—32CCL 模块，其站点数总和也不能超过 8 个，FR—A7NC 站、FX_{2N}—32CCL 站与 I/O 设备站总数不超过 15 个。

（2）参数介绍　FR—A7NC 通信时主要参数(A500/F500 变频器)见表 6-7。

表 6-7　FR—A7NC 使用参数表

参 数 号	内　容	设 置 区 域	默 认 值
PR. 338	通信运行指令权	0、1	0
PR. 339	通信速率指令权	0、1、2	0
PR. 340	链接起动模式选择	0 ~ 2、10，12	0
PR. 342	通信 EEPROM 写入选择	0、1	0
PR. 349	CC-Link 通信错误复位选择	0、1	0
PR. 500	通信错误等待时间	0 ~ 999. 8s	0
PR. 501	通信错误计数显示	0	0
PR. 502	通信错误次数模式选择	0 ~ 3	0
PR. 541	频率指令符号选择	0、1	0
PR. 542	通信站号	1 ~ 64	1
PR. 543	速率选择	0 ~ 4	0
PR. 544	CC-Link 扩展设定	0、1、12、14、18、100、112、114、118	0
PR. 550	网络模式操作权选择	0、1、999	9999
PR. 804	转矩指令权选择	0、1、3、4、5、6	0

（3）远程I/O　远程I/O信息见表6-8。

表6-8　远程I/O信息

主站→变频器			变频器→主站		
远程输出	功　能	说　明	远程输出	功　能	说　明
RY0	STF		RX0	STF	
RY1	STR		RX1	STR	
RY2	RH		RX2	RUN	
RY3	RM		RX3	SU	
RY4	RL		RX4	OL	
RY5	JOG		RX5	IPF	
RY6	RT		RX6	FU	
RY7	AU		RX7	ABC1	
RY8	CS		RX8	ABC2	
RY9	MRS		RX9	D00	
RYA	启动信号自保持选择		RXA	D01	
RYB	RES		RXB	D02	
RYC	监控命令		RXC	监控	RWr0 被设置，RYC为ON时有效
RYD	频率设置命令	RAM	RXD	频率设置完成	RAM
RYE	频率设置命令	EEPROM	RXE	频率设置完成	EEPROM
RYF	指令代码执行请求		RXF	指令代码执行完成	
RY10～RY19	保留		RX10～RX19	保留	
RY1A	错误复位请求标准		RX1A	错误代码标志	
			RX1B	远程站点准备好	

（4）远程寄存器　远程寄存器信息见表6-9。

表6-9　远程寄存器信息

主站→变频器			变频器→主站		
远程输出	功　能	说　明	远程输出	功　能	说　明
RWw0	监控代码	在RYC接通后，设置监控代码进行数据监视	RWr0	第一监控	当RY接通，指定监视代码的前8位监视值
RWw1	设置频率		RWr1	第二监控	输出频率
RWw2	指令代码		RWr2	回复代码	RYD、RYE、RYF有效，执行频率和指令代码写入后返回的代码
RWw3	写数据	RYF接通后，指定指令，并设置相应的数据	RWr3	读数据	读变频器接收到指令代码后回复的数据

（5）指令代码　变频器指令代码及数据设定见表6-10。

表 6-10　变频器指令代码及数据设定

指令项目		代码	数据设定说明
读操作模式		007BH	0000：网络模式；0001H：外部；0002H：PU
写操作模式		00FBH	0000：网络模式；0001H：外部；0002H：PU
读第1、第2报警记录		0074H	错误代码
读第3、第4报警记录		0075H	
读第5、第6报警记录		0076H	
读第7、第8报警记录		0077H	
读设定频率(RAM)		006DH	设置需要设置的数据
读设定频率(EEPROM)		006EH	
写设定频率(RAM)		00EDH	
写设定频率(EEPROM)		00EEH	
读参数		0000H～006CH	
写参数		0080H～00EDH	
报警成批清除		00F4H	9966H：成批清除报警记录
参数清除		00FCH	9696H：参数清除；9966H：全部清除；9669H：用户清除
变频器复位		00FDH	9696H：变频器复位
链接参数扩展设置	读	007FH	通过设置0000H～0009H改变参数值
	写	00FFH	
第二参数改变	读	006CH	PR. 201～PR. 130 0000H：运行频率；0001H：时间；0003H：转向 PR. 902～PR. 905 0000H：偏移/增益；0001H：模拟量；0003H：终端模拟值比例
	写	00ECH	

（6）回复代码　回复代码见表6-11。

表 6-11　回复代码

数据	说明	数据	说明
0000H	正常	0002H	参数选择错误
0001H	写模式出错	0003H	设置范围错误

（7）监控代码　监控代码信息见表6-12。

表 6-12 监控代码信息

代码	说明	代码	说明
00H	低8位为输出频率	0FH	输入终端状态
01H	输出频率	10H	输出终端状态
02H	输出电流	11H	负荷设定
03H	输出电压	12H	电动机励磁电流
05H	设定速度	13H	位置脉冲
06H	运行速度	14H	电能累计时间
07H	电动机转矩	15H	无监控(监控值为0)
08H	转换输出电压	17H	实际运行时间
09H	再生制动功率因素	18H	电动机负荷系数
0AH	热继电器负荷系数	19H ~ 1FH	无监控(监控值为0)
0BH	输出电流峰值	20H	转矩提升
0CH	转换输出电压峰值	21H	当前转矩提升
0DH	无监控(监控值为0)	22H	电动机输出功率
0EH	无监控(监控值为0)	23H	反馈脉冲

第7章 触 摸 屏

7.1 触摸屏概述

人机界面(或称人机交互,Human Computer Interaction)是系统与用户之间进行信息交互的媒介，包括硬件界面和软件界面。人机界面是计算机科学与设计艺术学、人机工程学的交叉研究领域。近年来，随着信息技术与计算机技术的迅速发展，人机界面在工业控制中已得到广泛的应用。

工业控制领域通常所说人机界面包括触摸屏和组态软件。触摸屏又叫图式操作终端(Graph Operation Terminal,GOT)，是目前应用较多的一种人机交互设备。在此只介绍三菱触摸屏和维纶触摸屏。

三菱常用的人机界面有通用触摸屏900(A900和F900)系列、1000(GT11和GT15)系列、显示模块(FX_{1N}—5DM、FX—10DM—E)和小型显示器(FX—10DU—E)，种类达数十种，GT11系列和F900系列触摸屏目前应用最广泛。GT1155—Q—C具有256色TFT彩色液晶显示，F940GOT—SWD具有8色STN彩色液晶显示，画面尺寸均为5.7in(对角)，分辨率为320×240像素。GT1155—Q—C用户存储器容量为3MB，F940GOT—SWD用户存储器容量为512KB，可生成500个用户画面，这两种触摸屏均能与三菱FX系列、Q系列PLC进行连接，也可与定位模块FX_{2N}—10GM、FX_{2N}—20GM及三菱变频器进行连接，此外还可与其他厂商的PLC进行连接，如OMRON、SIEMENS、AB等。

维纶触摸屏是目前性价比非常高的产品，产品包括MT500系列、MT6000、MT8000、i系列，其中MT500系列为低端机型，产品包括MT505TV5、MT506MTV5、MT508TV5、MT510TV5等型号；MT6000系列包括MT6070T、MT6056T、MT6104T机型；MT8000系列包括MT8070T、MT8104x、MT8121x、MT8150x、MT8104T、MT8080T、MT8056T、MT8121T机型；i系列为高性能系列(加H为高亮度)，包括MT6070iH、MT8100iH、MT8070iH、MT6100i、MT6050i机型。

下面通过一个简单的起停控制(带运行指示和数字显示)介绍触摸屏的运行原理，如图7-1所示。

按触摸屏的触摸键“运行”，使位元件M0置ON，如图7-2所示。

软元件M0为ON，则位元件Y010被置ON。此外，触摸屏的显示灯被设定为监控位元件Y010，因此灯也显示ON的图形。如图7-3所示。

因为位元件Y010为ON，所以“123”被存入软元件D10中。此外，触摸屏的数据显示被设定为监控字元件D10，因此显示123。如图7-4所示。

按触摸屏的触摸键“停止”，软元件M1置ON，软元件Y010变为OFF，所以触摸屏的显示灯变为OFF的图形。如图7-5所示。

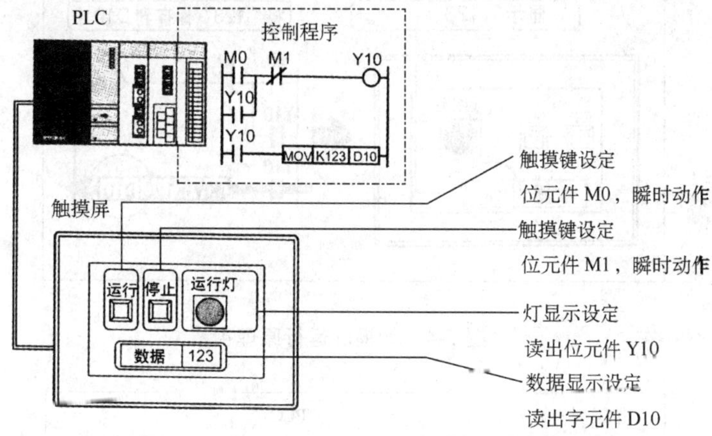

图 7-1　触摸屏运行原理 1

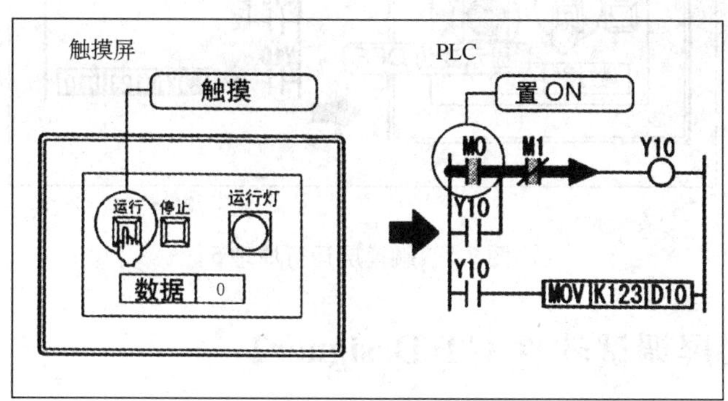

图 7-2　触摸屏运行原理 2

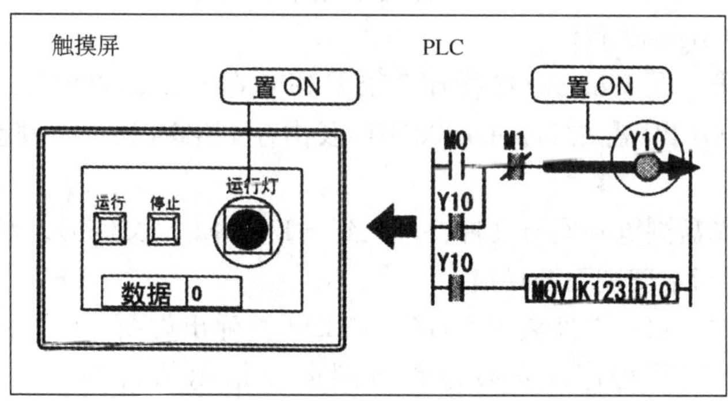

图 7-3　触摸屏运行原理 3

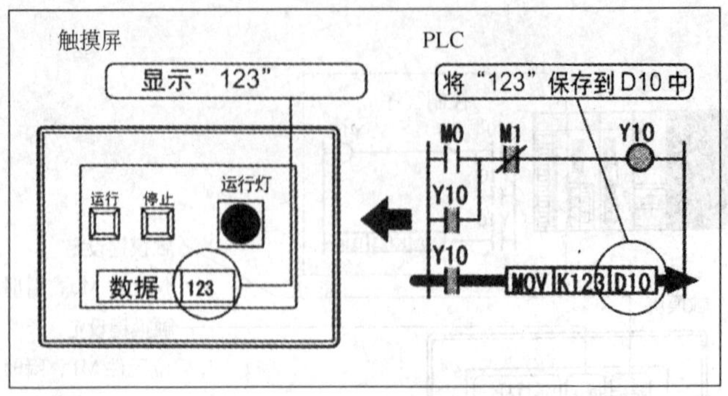

图 7-4　触摸屏运行原理 4

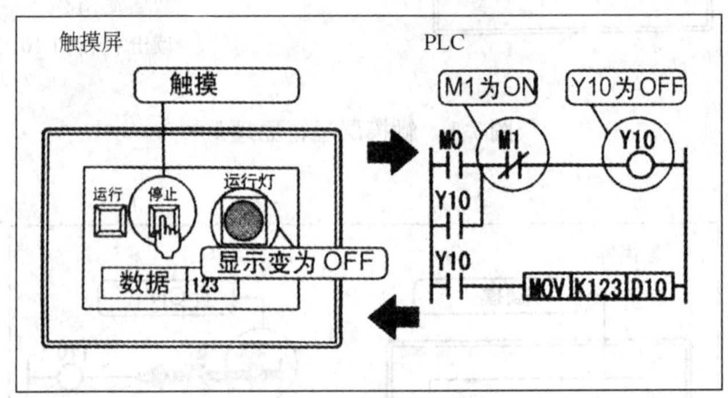

图 7-5　触摸屏运行原理 5

7.2　三菱触摸屏调试软件 GT Designer2

1. GT Designer2 安装

三菱触摸屏调试软件有 FX—DU/WIN—C 和 GT Designer 两类，FX—DU/WIN—C 是早期的版本，不支持全系列。GT Designer 有两个版本，其中 GT Designer2 支持全系列的触摸屏。以下介绍 GT Designer2 软件。

安装本软件要求：在 Windows98 操作系统需 CPU 在 Pentium200MHz 及内存 64MB 以上；WindowsXP 操作系统 CPU 需在 Pentium300MHz 及内存 128MB 以上，硬盘空间 300MB 以上。安装的过程如下：

首先插入安装光盘浏览到安装文件，进入到"EnvMEL"文件夹，双击该文件夹中 SETUP. EXE，按照向导指示安装系统环境。

返回到安装文件，双击文件夹中 GTD2—C. EXE，弹出如图 7-6 界面，点击"*GT Designer2* 安装"，即进入安装程序，安装过程按照向导指示执行即可，产品序列号在文件 ID. TXT 中。

2. 软件界面介绍

执行"程序/MELSOFT 应用程序/GT Designer2"，如图 7-7 所示，启动调试软件，启动

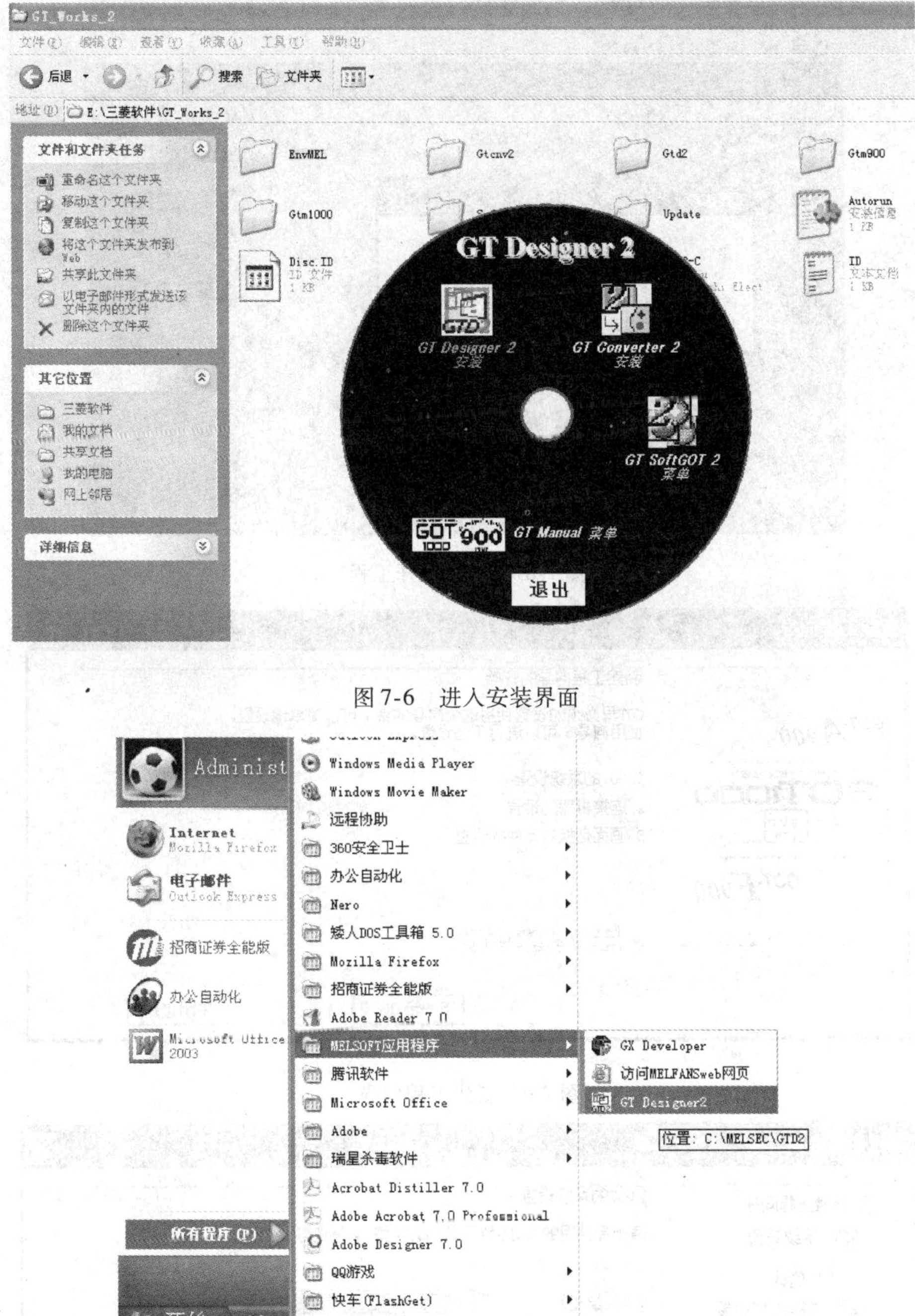

图 7-6　进入安装界面

图 7-7　启动程序画面

后需要进入“工程选择”对话框，如图 7-8 所示。

在图 7-8 中选择“新建”，出现图 7-9 所示的“新建工程向导”对话框。

在图 7-9 中单击“下一步”，进入如图 7-10 所示的选择触摸屏类型/设置颜色对话框。

在图 7-10 中选择连接 GOT(触摸屏)类型为“GT11 ** —V—C(640 ×480)”，并设置为

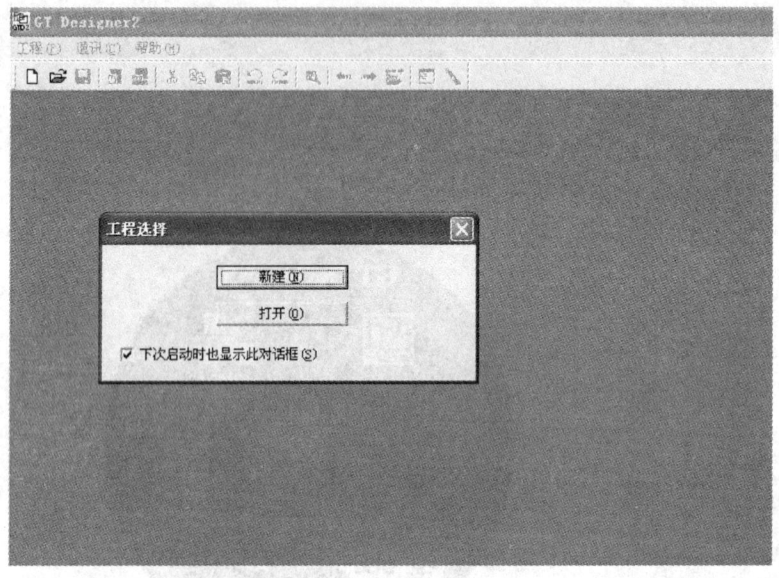

图 7-8　新建/打开工程

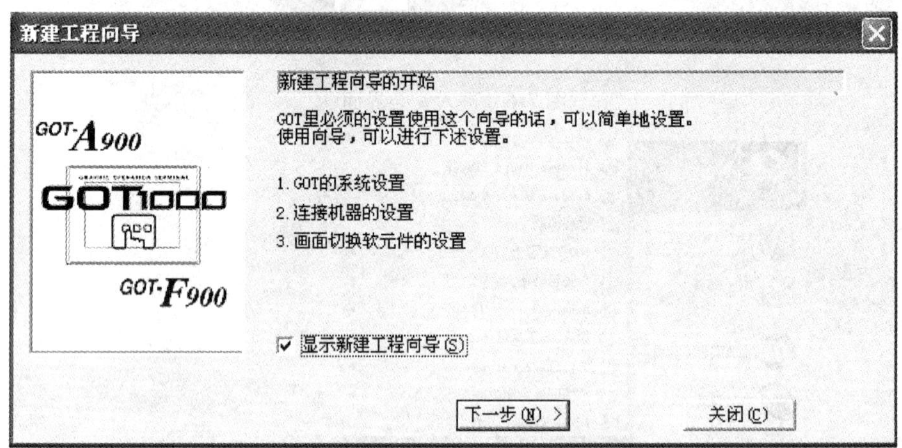

图 7-9　新建工程向导

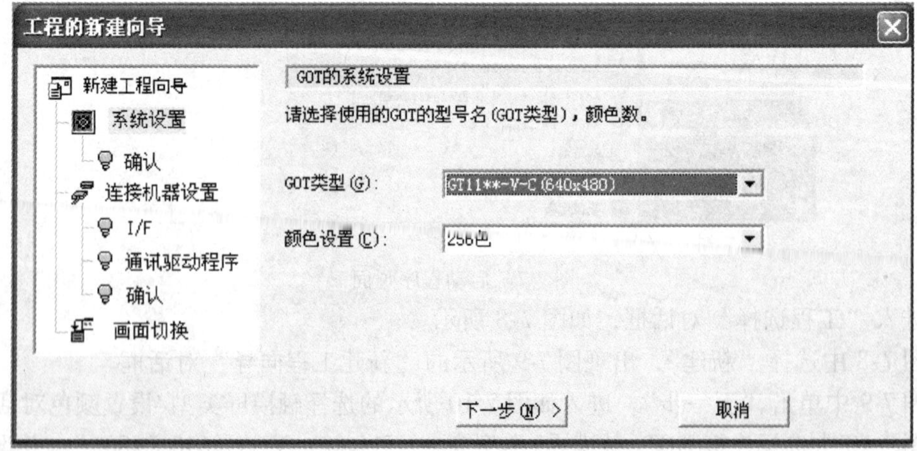

图 7-10　选择触摸屏类型/设置颜色

“256 色”，再点击“下一步”，进入确认设置对话框，如图 7-11 所示。

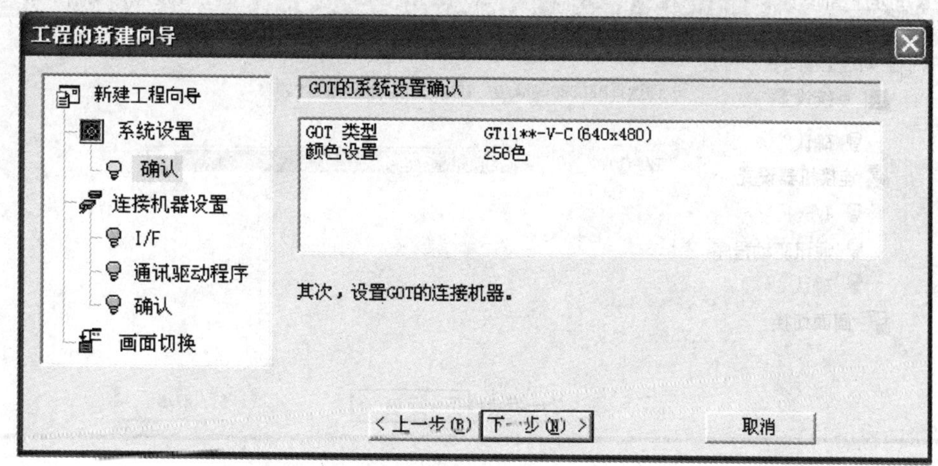

图 7-11　确认设置

确认以上操作直接单击“下一步”，需重新设置选择“上一步”。单击“下一步”后进入如图 7-12 所示的对话框，选择联机设备。

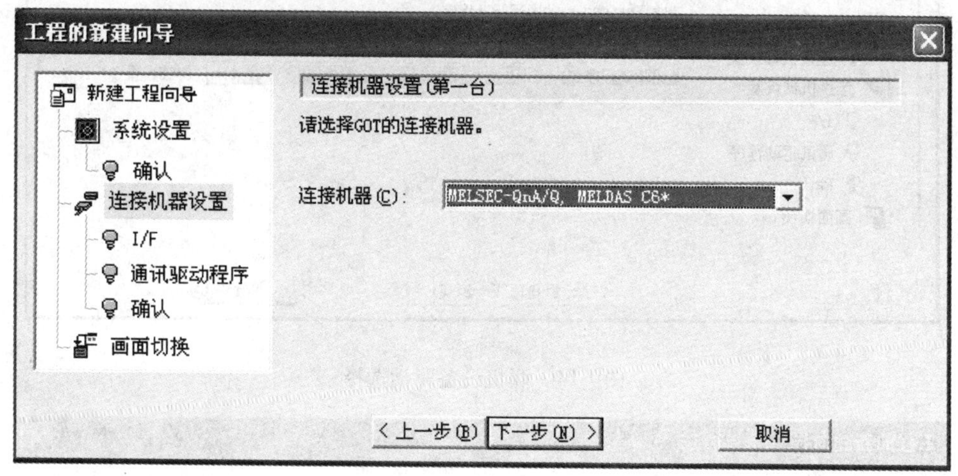

图 7-12　选择联机设备

在图 7-12 中设置连接机器，即触摸屏工作时连接控制的设备系列选“MELSEC —QnA/Q. MELDAS C6 *”。再单击“下一步”，打开如图 7-13 所示的对话框。

在图 7-13 中设置 I/F，即设置触摸屏与外部被控设备所使用的端口，选择“标准 I/F（标准 RS—422）”。再单击“下一步”，打开如图 7-14 所示的对话框。

在图 7-14 中选择所连接设备的驱动程序，系统会自动安装驱动。单击“下一步”，进入图 7-15 所示的对话框。

确认以上操作。单击“下一步”，进入如图 7-16 所示对话框，若需重新设置，则单击“上一步”。

在图 7-16 中设置画面切换时使用的软元件。单击“下一步”，进入图 7-17 所示界面。

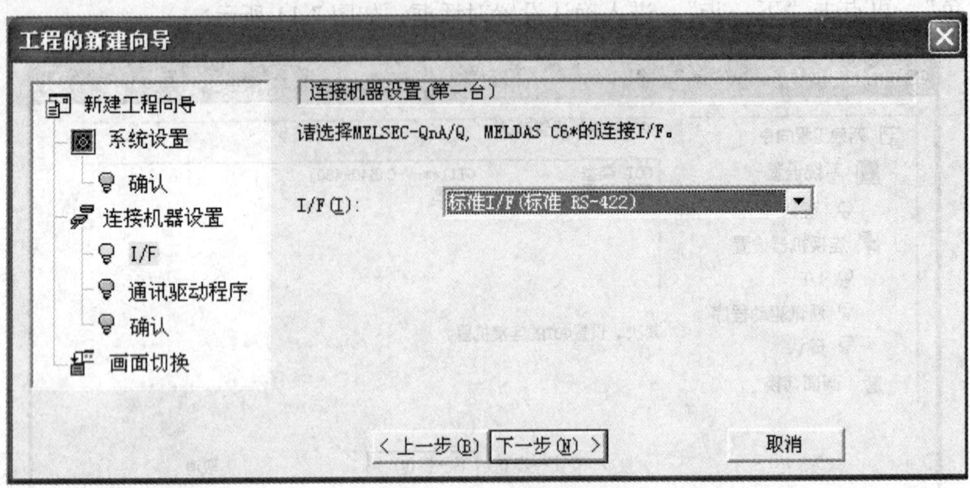

图 7-13　联机设备端口设置

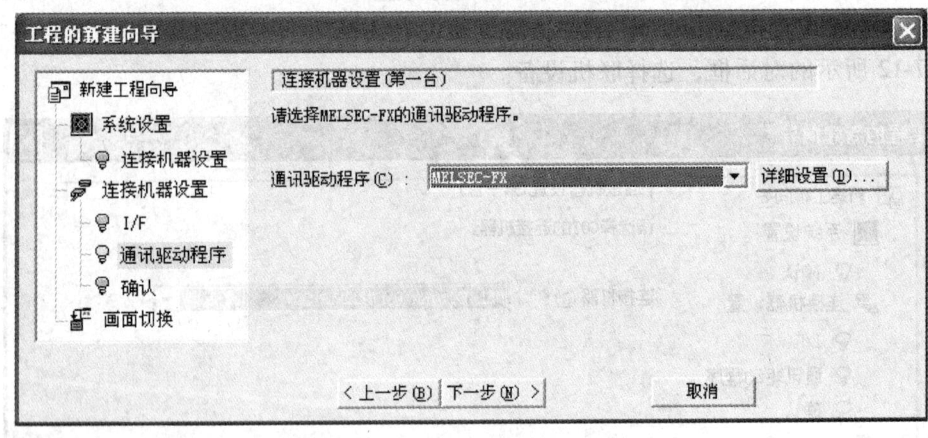

图 7-14　联机设备驱动选择

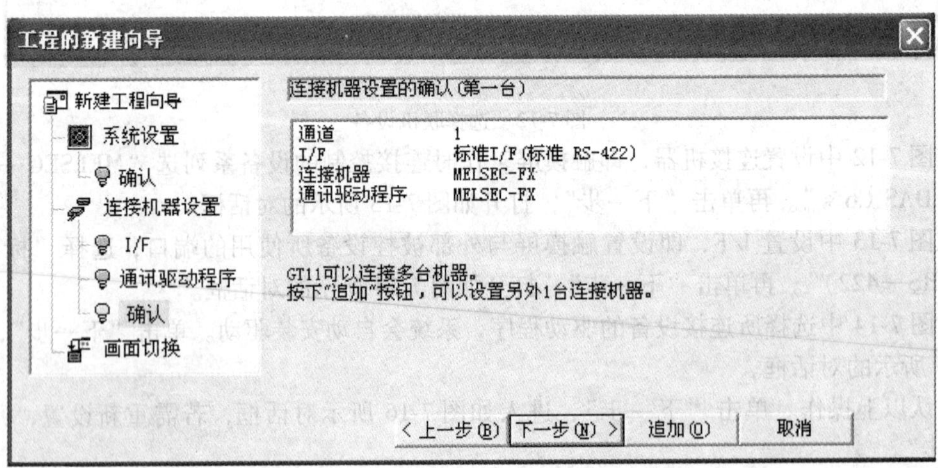

图 7-15　确认操作画面

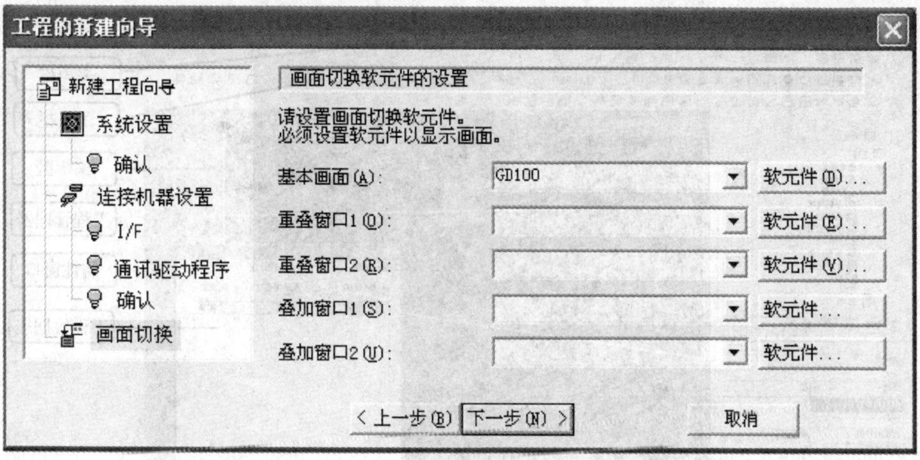

图 7-16　切换画面软元件设定

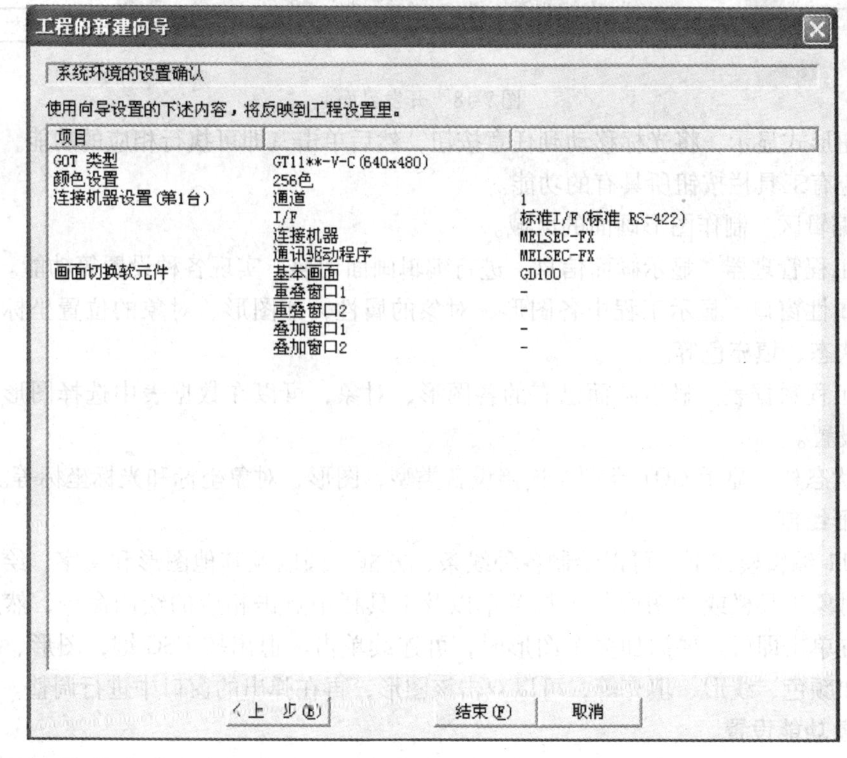

图 7-17　向导结束

最后确认上述操作。单击“结束”，进入软件开发环境，开发环境如图 7-18 所示。

（1）标题栏　显示屏幕的标题，将光标移动到标题栏，按住鼠标左键则可以将屏幕拖动到希望的位置，GT Designer2 具有屏幕标题栏和应用窗口标题栏。

（2）菜单栏　显示 GT Designer2 可使用的菜单名称，单击某个菜单，就会出现一个下拉菜单，然后可以从下拉菜单中选择执行各种功能，GT Designer2 具有自适应菜单。

（3）工具栏　工具栏包括主工具栏、视图工具栏、图形/对象工具栏、编辑工具栏，工

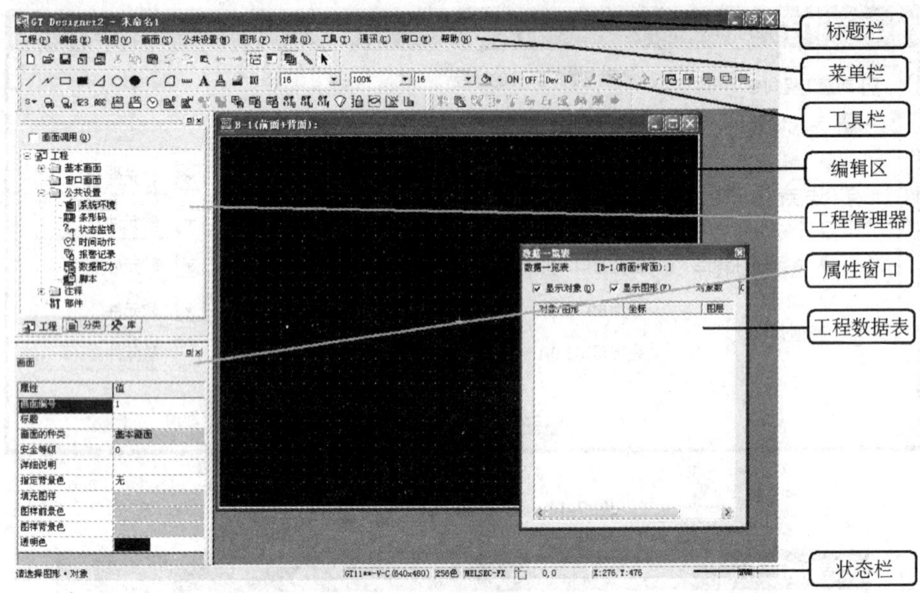

图 7-18　开发界面

具栏以按钮形式显示，将光标移动到任意按钮，然后单击，即可执行相应的功能，在菜单栏中，也对应有工具栏按钮所具有的功能。

（4）编辑区　制作图形画面的区域。

（5）工程管理器　显示画面信息，进行编辑画面切换，实现各种设置等功能。

（6）属性窗口　显示工程中各图形、对象的属性，如图形、对象的位置坐标、使用的软元件、状态、填充色等。

（7）工程数据表　显示画面已有的各图形、对象，可以在数据表中选择图形、对象并进行属性设置。

（8）状态栏　显示 GOT 类型、连接设备类型，图形、对象坐标和光标坐标等。

3. 图形绘制

在 GT11 编辑模式下，可以绘制各种线条、方框、圆以及其他图形和文字，绘制方法是在图形、对象工具栏或“图形”下拉菜单以及工具栏中点击相应的绘图命令，然后在编辑区合适位置单击即可。要添加多个图形时，可连续单击，退出按 ESC 键，图形、对象属性的调整，如颜色、线形、填充等，可以双击该图形，再在弹出的窗口中进行调整。

4. 对象功能设置

（1）数据显示功能　数据显示功能可实时显示 PLC 的数据寄存器的数据。数据可以以数字、数据列表、ASCII 字符及时钟等显示，对应的图标为 123 ASC ，分别单击这些按钮会出现该功能的属性设置窗口，设置完毕单击“OK”，然后将光标指向编辑区，单击鼠标即生成该对象，可以随意拖动对象到需要的位置。

（2）指示灯显示　指示灯显示是显示 PLC 位状态或字状态的图形对象，单击按钮将对象放到需要的位置，设定好相应的软元件和其他显示属性，单击“确定”即可。

（3）信息显示功能　信息显示功能可以显示 PLC 相对应的注释和出错信息，包括注释、报警记录和报警列表。按编辑工具栏或工具栏中的两个按钮，及三个报警显示按钮即可以添加注释和报警记录，设置好属性后单击“确定”即可。

（4）动画显示功能　显示与软元件相对应的零件、屏幕，显示的颜色可以通过其属性来设置，同时，可以根据软元件的 ON/OFF 状态来显示不同颜色，以示区别。

（5）图表显示功能　可以显示采集到 PLC 软元件的值，并将其以图表的形式显示。单击图形/对象工具栏的图标，然后将光标指向编辑区，单击鼠标即生成图表对象，设置好软元件及其他属性后单击“确定”。

（6）触摸按键功能　触摸键在被触摸时，能够改变位元件的开关状态、字元件的值，也可以实现画面跳转。添加触摸键须按编辑对象工具栏中的按钮，立即弹出下拉选项，分别是位开关、数据写入开关、扩展功能开关、画面切换开关、键代码开关、多用动作开关，将其放置到希望的位置，设置好软元件参数、属性，单击“确定”即可。

（7）数据输入功能　数据输入功能可以将任意数字和 ASCII 码输入到软元件中，对应的图标是，操作方法和属性设置与上述相同。

（8）画面切换　除了触摸键可以设定画面切换功能外，还可以用程序实现画面切换，在“环境设置”下“画面切换”画面中将切换软元件 GD100(默认)改为 PLC 字软元件，如 D、R、V、Z(加软元件地址)，如果需要重复画面，请选择重叠画面复选框，然后设置相应的字软元件，切换画面时，程序将画面对应的编号送入设定寄存器，即可实现画面的切换，如果切换时不需要设定重叠画面，在切换程序中送一个负数到设定的重叠画面软元件中即可。

（9）其他功能　其他功能包括硬复制功能、系统信息功能、条形码功能、时间动作功能，此外还具有屏幕调用功能、安全设置功能等。

5. GT1150 内部软元件

（1）GB 位寄存器　GB 的分配区间如下：GB0 ~ GB39、GB43 ~ GB63，禁止使用；GB40，常开；GB41，常闭；GB42，画面切换时 ON；GB64 ~ GB2047，用户区。

（2）GD 数据寄存器　GD 的分配区间为 GD0 ~ GD2047，全部分配给用户使用。

（3）GS 特殊寄存器　GS 是系统定义的具有特殊用途的寄存器，其分配区间为 GS0 ~ GS1023，在应用过程中很少用到，在此不予介绍。

7.3　维纶触摸屏调试软件 Easy Builder500

1. Easy Builder500 安装

Easy Builder500 是 MT500 触摸屏调试软件，软件安装所需电脑软硬件配置如下：

Intel PentiumⅡ以上的 CPU，2.5GB 以上的硬盘，Windows95 ~ WindowsXP 操作系统。

安装过程首先进入安装目录，双击 Setup.exe 文件，即进入安装向导，然后按照向导提示进行操作，即可完成安装，注意目前的机型需安装 EB500 V2. 7. 3 以上版本。

2. Easy Manager 介绍

调试软件安装完成，在桌面和程序文件中生成 Easy Manager 图标，双击 Easy Manager，进入调试软件的管理界面，如图 7-19 所示。

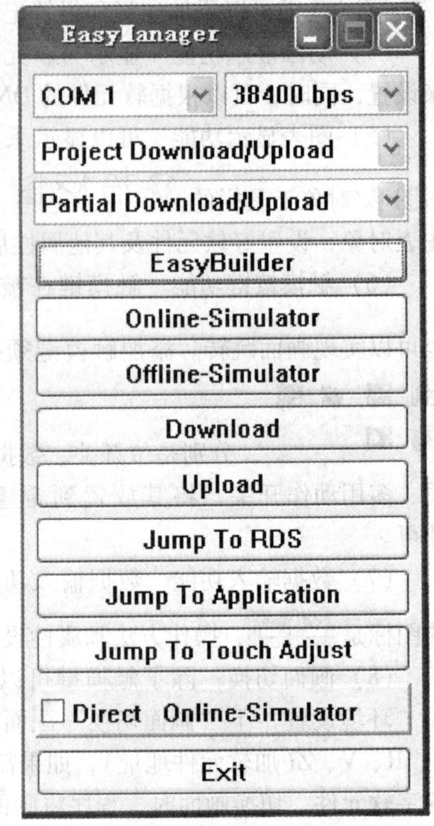

图 7-19　Easy Manager 软件管理界面

1）通信端口设置：在图 7-19 中“COM1”位置选择电脑与触摸屏所连接的端口。

2）通信速率设置：在图 7-19 中“38400bps”位置选择电脑与触摸屏通信的速率。

3）“Project Download/Upload”以及“Recipe Download/Upload”：工程数据下载/上传或配方数据下载/上传选择。

4）“Complete Download/Upload”以及“Partial Download/Upload”：全部下载/上传或部分下载/上传选择。选择“Complete Download/Upload”时，下载文件包括工程文件和系统文件，因此传送时比较慢，下载选择“Partial Download/Upload”时，只传送工程文件。触摸屏在不需要安装系统文件时选择“Partial Download/Upload”。

5）进入软件开放界面：单击管理界面中的“Easy Builder”，进入触摸屏开发界面。

6）在线模拟和离线模拟：单击“Online-Simulator”，进入在线模拟状态，此时需将计算机与 PLC 连接，可模拟触摸屏操作。单击“Offline-Simulator”，进入离线模拟状态，此时无须连接 PLC，即可模拟触摸屏操作。

7）下载/上传：单击 Easy Manager 界面上“Download”，执行下载操作，将工程数据(及系统)下载到触摸屏，执行的过程是：设置好通信端口和通信速率→设置下载工程数据(或系统数据)→单击“Download”→浏览到已经编译的 . ebo 文件→单击“打开”，完成操作。

上传是将触摸屏的工程数据传送到计算机当中，单击 Easy Manager 界面上“Upload”，然后设置保存路径以及文件名，单击“打开”，完成操作。

8）跳转到远端在线模式：单击 Easy Manager 界面上“Jump To RDS”，进入到远端在线模式，用于触摸屏的侦测或在线模拟，在上传/下载数据时自动进入此模式。

9）跳转到应用程序模式：单击 Easy Manager 界面上“Jump To Application”，触摸屏回到工程文件设置的起始画面窗口。

10）跳转到触摸屏校准模式：单击 Easy Manager 界面上“Jump To Touch Adjust”，执行触摸屏的校准操作。

3. Easy Builder500 开发界面

单击 Easy Manager 界面上的“Easy Builder”或执行程序文件中“Easy Builder/Easy

Builder500”，进入 Easy Builder500 开发初始界面，如图 7-20 所示。

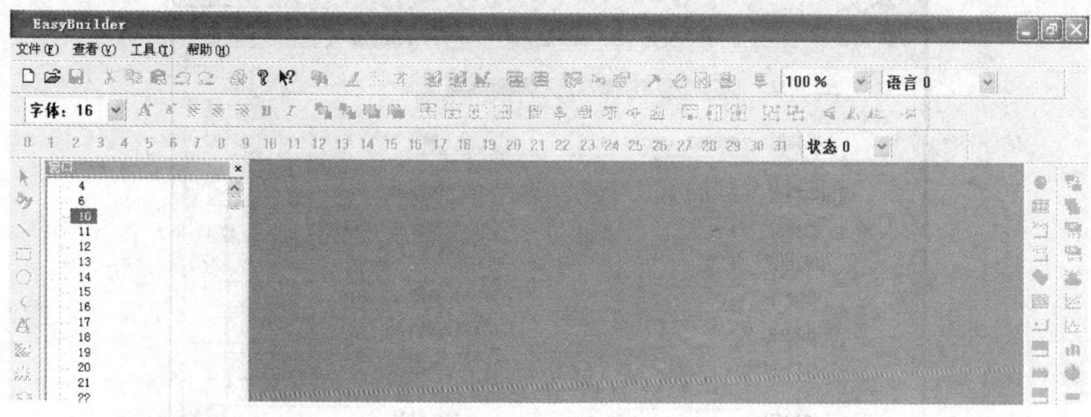

图 7-20　Easy Builder 500 开发初始界面

（1）新建项目　单击 Easy Builder500 开发界面中新建图标或执行文件菜单中新建命令，弹出新建项目设置窗口，在此窗口中设置触摸屏的类型、显示模式、语言类型，如图 7-21 所示。

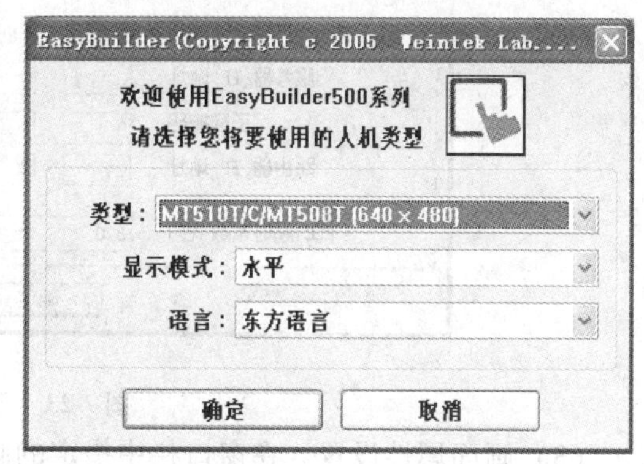

图 7-21　新建项目设置窗口

设置完成后，单击“确定”，开发界面如图 7-22 所示。

（2）系统参数设置　在制作控制画面前，需对系统的相关参数进行设置，单击“编辑”菜单下“系统设置”命令，进入系统参数设置窗口，如图 7-23 所示。

在“PLC 设置”选项卡中，设置 PLC 类型、通讯口类型及通讯参数等；在“一般”选项卡中，设置任务按钮属性、起始窗口编号、公共窗口属性等。其他设置可根据需要进行设置。

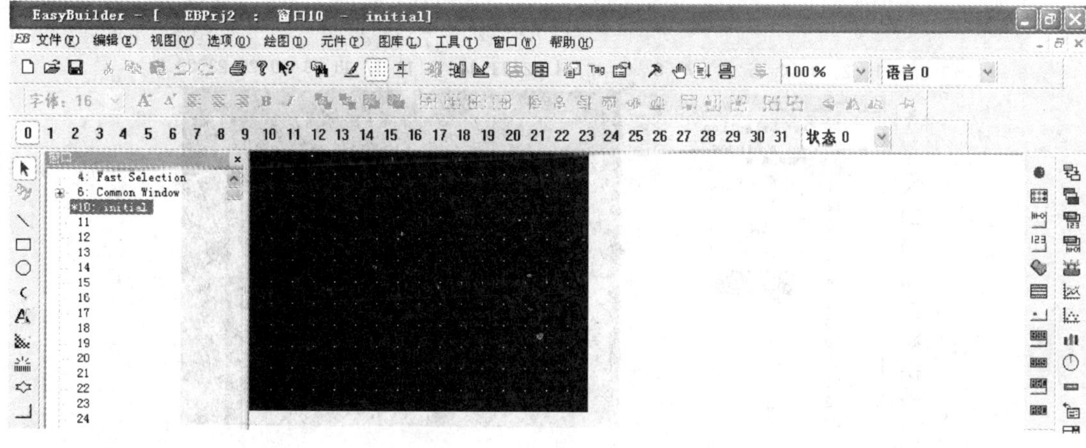

图 7-22　Easy Builder500 开发界面

设置系统参数

PLC 设置 | 一般 | 指示灯 | 安全等级 | 编辑器 | 硬件 | 辅助设备设置

PLC 类型 ： MITSUBISHI FX0n/FX2

人机类型 ： MT506T (320 x 240)

通讯口类型 ： RS-485 4W　　波特率 ： 9600

数据位 ： 7 位　　校验位 ： 偶校验

停止位 ： 1 位

参数 1 ： 0　　参数 2 ： 0

参数 3 ： 0　　参数 4 ： 0

参数 5 ： 0　　参数 6 ： 0

人机站号 ： 0　　PLC 站号 ： 0

多台人机互连 ： 主站　　人机互连通讯速率 ： 115200

互连接口 ： 串行口

本地 IP 地址 ： 0 0 0 0

服务器 IP 地址 ： 0 0 0 0

子网掩码 ： 0 0 0 0

路由器 IP 地址 ： 0 0 0 0

PLC 超时常数(秒) ： 3.0　　PLC 数据包 ： 3

确定　取消　应用(A)　帮助

图 7-23　系统参数设置

（3）画面属性设置　在窗口栏中指定的画面编号位置，如图 7-24 所示。

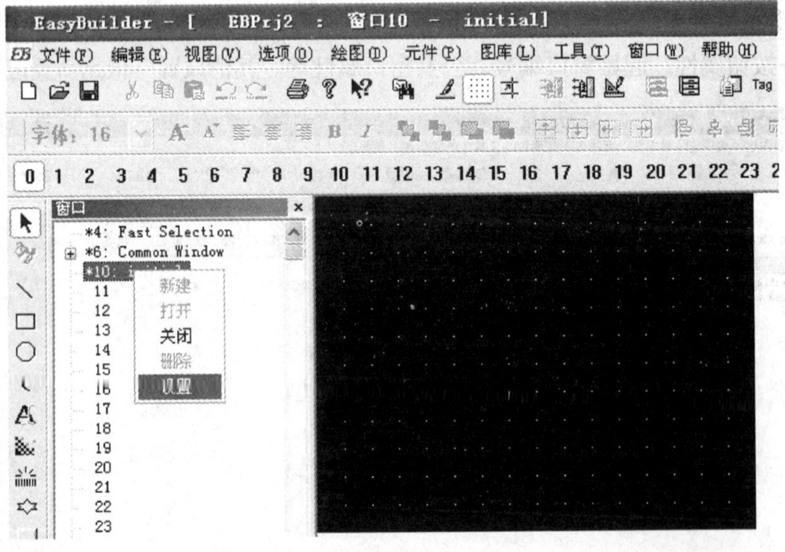

图 7-24　画面属性设置

单击右键，在弹出的快捷菜单中单击“设置”，进入该窗口设置对话框如图 7-25 所示。

窗口设置
窗口名称：initial
窗口编号：10　起始位置：X：0　Y：0
大小
宽度：320　高度：240
弹出窗口类型
☑跟随　☐垄断　☑截除　☐紧贴
安全等级
Lowest
底层窗口
1：无　2：无　3：无
边框
宽度：0　颜色：
背景
颜色：　模板样式：
☑填充　模板颜色：
确定　取消

图 7-25　窗口设置对话框

在此对话框可以设置窗口名称、大小、弹出窗口类型、背景等项目。

（4）绘图工具　单击开发绘图工具按钮，可以完成直线、矩形、圆(椭圆)、圆弧、多边形的绘制，可以输入文字、插入位图及刻度线、向量图等。

（5）控制元件　在 Easy Builder500 开发界面“元件”菜单下或右侧控制元件快捷按钮区包含多项控制元件，如图 7-26 所示，以下介绍常用的控制元件。

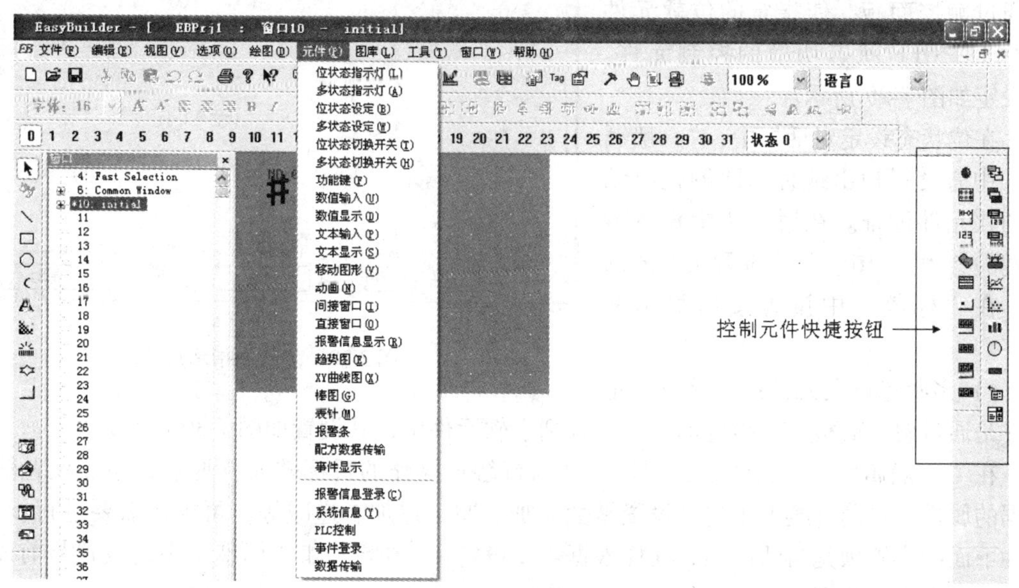

图 7-26　维纶触摸屏控制元件

1）位状态指示灯元件：位状态指示灯用于显示 PLC 指定的位的 ON/OFF 状态，如果指定的位为 0，则显示为 0 的状态图形（文字标签），如果为 1 则显示为 1 的状态图形（文字标签），如图 7-27 所示。

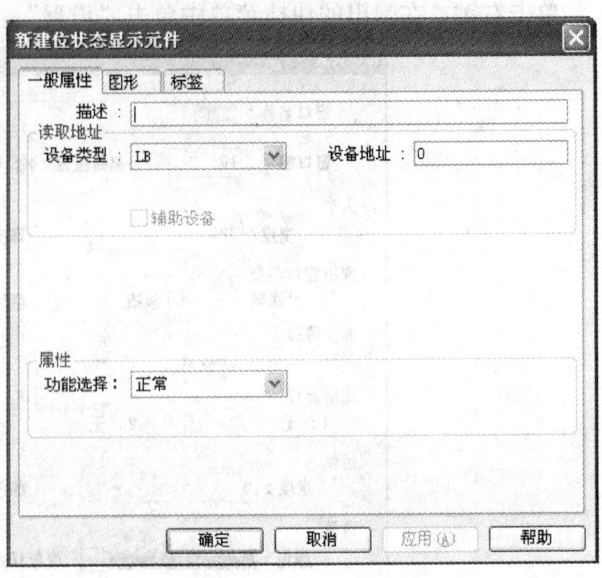

图 7-27　位状态指示灯

图 7-25 中，位状态指示灯的设置项包括“一般属性”、“图形”和“标签”三个选项卡，在“一般属性”中需要设置读取地址，即指定状态指示灯显示的某个位的状态，在“图形”中设置不同的状态显示的图形，在“标签”中设置不同的状态显示的文字。

2）多状态指示灯元件：多状态指示灯可以根据指定的字元件的数值来进行不同显示的指示灯，最多可以显示 32 个状态，多状态指示灯设定如图 7-28 所示。

在“一般属性”设置中，需要设置读取地址和数据类型 BIN（BCD）以及状态号，状态号是指定状态数，指定多个状态时，需在“图形”和“标签”中进行多次的设定。

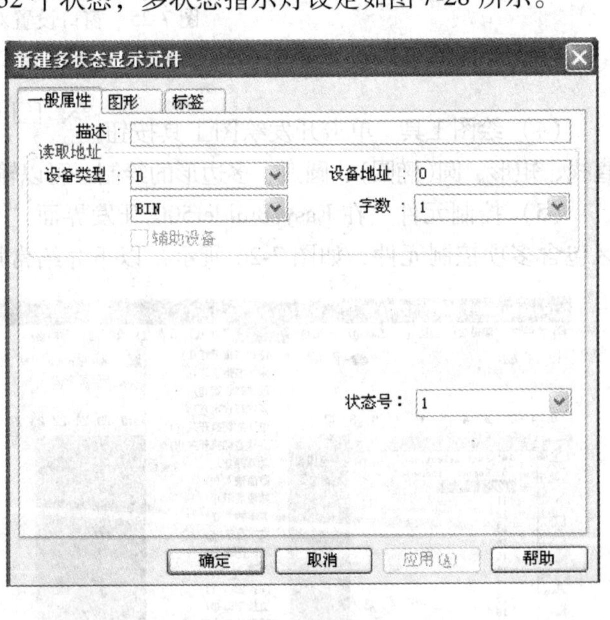

图 7-28　多状态指示灯

3）位状态设定元件：位状态设定是通过触控面板，使指定的位软元件执行 ON/OFF 状态切换的控制元件。其设定如图 7-29 所示。

在位状态设定对话框中，“一般属性”中需设置输出地址，即触控时动作的软元件地址。在属性栏中设置触控键的类型，“图形”中设置按钮的图形，在“标签”中设置按钮显示的文字。

4）多状态设定元件：多状态设定元件是通过触控面板，将指定的数值写入到字软元件中，其设置如图 7-30 所示。

在“一般属性”中设置输出地址，即执行触控操作的目标软元件地址，还需设置输入数据的属性，在属性类型中包括设置常数、加、减、递加、递减等，可根据需要进行设定，属性下面的设置项是自适应项，同样根据需要设定。“图形”和“标签”中的设置与前面其他元件设置方法相同。

5）位状态切换开关元件：位状态切换开关元件是位状态指示灯和位状态设定元件的组

合，其设定方法如图 7-31 所示。

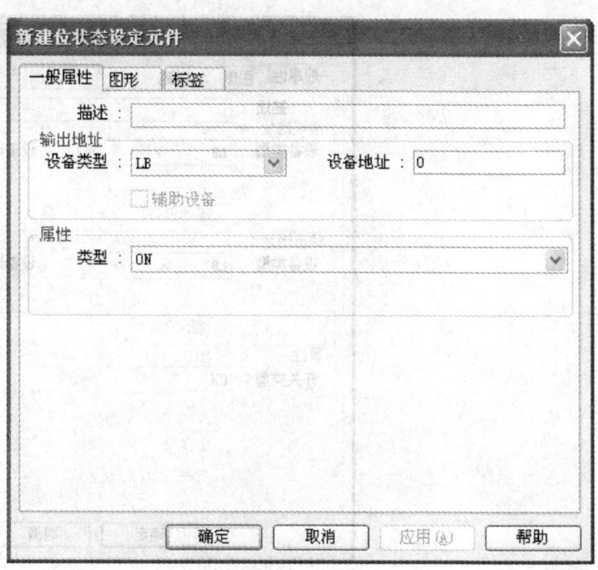

图 7-29　位状态设定

在“一般属性”中需设置读取地址和输出地址，读取地址是显示状态所需的位元件地址，输出地址是触控键操作的软元件地址，在此一定要注意区分。

6）多状态切换开关元件：多状态切换开关元件是多状态指示灯和多状态设定元件的组合。其设定方法参考多状态指示灯和位状态切换开关。

7）功能键：功能键用于设定屏幕切换，输入数字或 ASCII 字符、最大化或最小化、移动窗口、设计留言板、打印等，如图 7-32 所示。

在设置屏幕切换（弹出或关闭）时，选中切换（弹出或关闭）窗口选项，并输入切换（弹出或关闭）的窗口号即可。

“窗口控制条”可设定弹出窗口在屏幕中的移动。

[ENT]、[BS]、[CLR]、[ESC] 分别表示回车、退格清除、清除、返回，[ASCII] 用于指定 ASCII 字符，这些选项用于制作小键盘时使用。

此外功能键还可以设定打印和写字板功能等。

8）数值输入元件：数值输入元件可以通过触控面板小键盘来改变寄存器的数值并能进行显示当前值，其设置如图 7-33 所示。

读取地址是触控操作的目标字软元件地址，同时也是数据显示的软元件地址；触发地址是只有当设定的软元件为 ON 时，数据才可以被设定。

图 7-30　多状态设定元件

在“数值显示”中需要设置数据类型、小数点的位数、上下限值等，其他设置可根据需要进行设定。

9）数据显示元件：设定的方法与数据输入元件类似。

10）间接窗口和直接窗口元件：间接窗口是通过触控键弹出指定的窗口的元件，而弹出窗口号由软元件进行指定；直接窗口同样也是通过触控键弹出指定的窗口的元件，不过弹出的窗口号由触摸屏直接指定。如图 7-34 和图 7-35 所示。

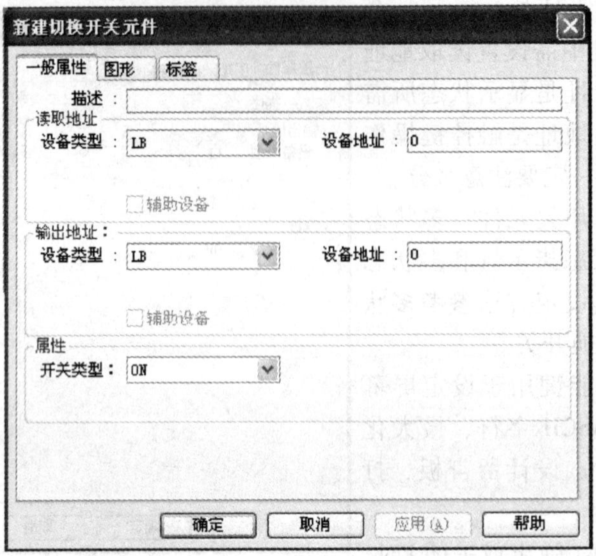

图 7-31　位状态切换开关

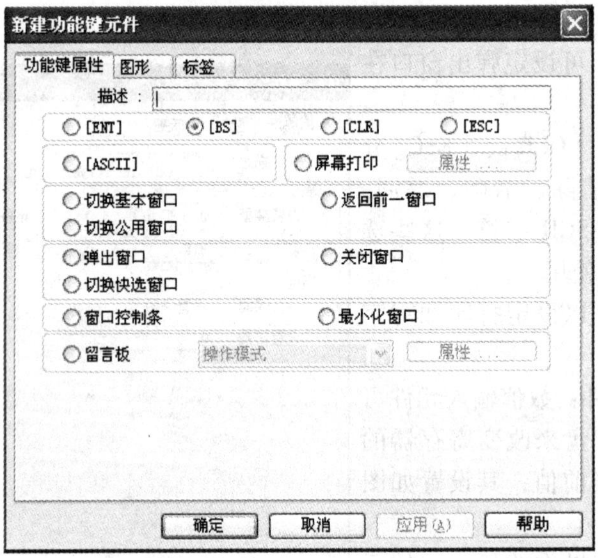

图 7-32　功能键

图 7-34 中，间接窗口的设定，读取地址是指保存弹出窗口编号的软元件地址。在图 7-35中，读取地址是指激活弹出窗口的位软元件。通过直接窗口和间接窗口的设定，可以实现用 PLC 的程序切换画面或弹出窗口。

4. 画面的传送及模拟操作

画面制作完毕，保存文件，此时将自动生成 . epj 文件，该文件类型不能进行下载以及模拟操作，应将文件进行编译。选择“工具”菜单下“编译”命令，如果所制作的画面没有任何错误，将生成 . eob 文件，此时可进行下载或在(离)线模拟操作。**需要注意，凡是画面有任何更改均应执行：存盘→编译→再下载(模拟)。**

图 7-33　数值输入元件

图 7-34　间接窗口

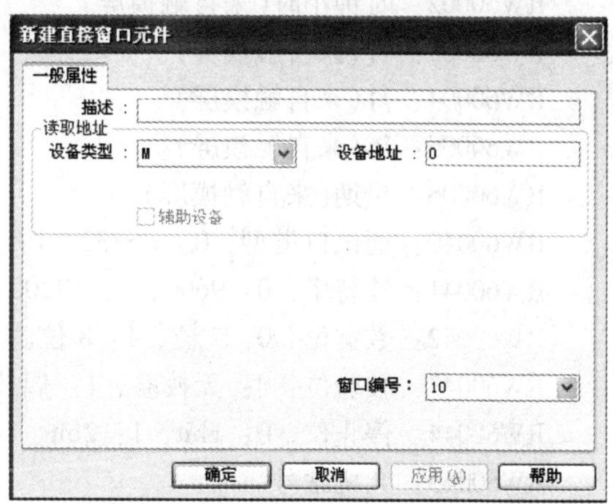

图 7-35　直接窗口

5. MT500 保留寄存器

MT500 系列触摸屏非保留区的寄存器可以由用户自行定义其功能，而保留寄存器是用于触摸屏特殊用途的寄存器，不能由用户定义。

(1) LB(Local Bit)　预留区间为 LB9000 ~ LB9999，常用的 LB 如下。

LB9000 ~ LB9008：初始化置位，即系统运行时为 ON。

LB9013：触控指示灯，有触控操作时为 ON。

LB9045：重启触摸屏。

LB9055：断开 PLC 操作，OFF 时任何写入 PLC 的命令无效。

LB9056：开启/关闭触控操作，OFF 时开启，ON 时关闭触控操作。

LB9090：报警信息复位。

LB9091：增加液晶屏对比度。

LB9092：降低液晶屏对比度。

（2）LW（Local Word） 预留区间为 LW9000 ~ LW9999，常用的 LW 如下。

LW9010：时钟秒（来自 PLC）。

LW9011：时钟分（来自 PLC）。

LW9012：时钟小时（来自 PLC）。

LW9013：日（来自 PLC）。

LW9014：月（来自 PLC）。

LW9015：年（来自 PLC）。

LW9016：星期（来自 PLC）。

LW9034、LW9035：系统时间（双字显示，单位为 0.1s）。

LW9040、LB9041：安全等级密码（双字）。

LW9042：安全等级（读）。

（3）RW（Recipe Word） 预留区间为 RW60000 ~ RW65535，常用的 RW 如下。

RW60000：时钟秒（来自触摸屏）。

RW60001：时钟分（来自触摸屏）。

RW60002：时钟小时（来自触摸屏）。

RW60003：日（来自触摸屏）。

RW60004：月（来自触摸屏）。

RW60005：年（来自触摸屏）。

RW60006：星期（来自触摸屏）。

RW60040：通讯口类型，0：RS232，1：RS485。

RW60041：波特率，0：9600，1：19200，2：38400，3：57600，4：115200。

RW60042：数据位，0：7 位，1：8 位。

RW60043：校验位，0：无校验，1：偶校验，2：奇校验。

RW60044：停止位，0：1bit，1：2bit。

RW60045：人机站号。

RW60046：PLC 站号。

RW60047：多台人机互联，0：关闭，1：主机，2：副机。

RW60060：起始窗口编号。

RW60061：背光节能，0：关闭，1：启用。

RW60064：蜂鸣音，0：关闭，1：开启。

RW60071：使用安全等级设置，0：关闭，1：启用。

RW60072、RW60073：密码（0 级，双字，显示用）。

RW60074、RW60075：密码（1 级，双字，显示用）。

RW60076、RW60077：密码（1 级，双字，显示用）。

第3篇

综　合　应　用

3

第 8 章　可编程序控制器的综合应用

8.1　PLC 模拟量处理模块应用

项目 20　FX_{0N}—3A 的应用

1. 控制要求

当 FX_{0N}—3A 输入通道 1 的输入电压低于 1V 时黄灯亮，当输入通道 1 的电压高于 1V、小于 4V 时绿灯亮，当输入通道 1 输入电压高于 4V 时红灯亮。

2. 完成内容

列出 I/O 分配并画出 I/O 接线图，编写 FX_{0N}—3A 调试程序，进行 A/D 输入通道增益和偏移调试；编写控制程序并进行调试。

3. 提高

编写当电压为 1 ~ 4V 时输入为 4 ~ 20mA 的程序。

4. 提供器材

FX_{3U}—48MR(或 FX_{2N}—48MR) PLC、FX_{0N}—3A、5V 可调电源、24VDC 红灯、黄灯、绿灯、按钮等。

5. 事例程序

电压输入→电流输出控制。

（1）控制要求　FX_{0N}—3A 输入通道 1 和输入通道 2 均为 0 ~ 5V 电压输入，输出通道为 4 ~ 20mA 电流输出，要求输出通道的数字量为两个给定输入通道数字量的平均值。

（2）I/O 分配及接线图　X000：起动；X001：停止；X010：通道 1 偏移、增益调整；X011：通道 2 偏移、增益调整；X012：输出偏移调整；X013：输出增益调整。系统接线图如图 8-1 所示。

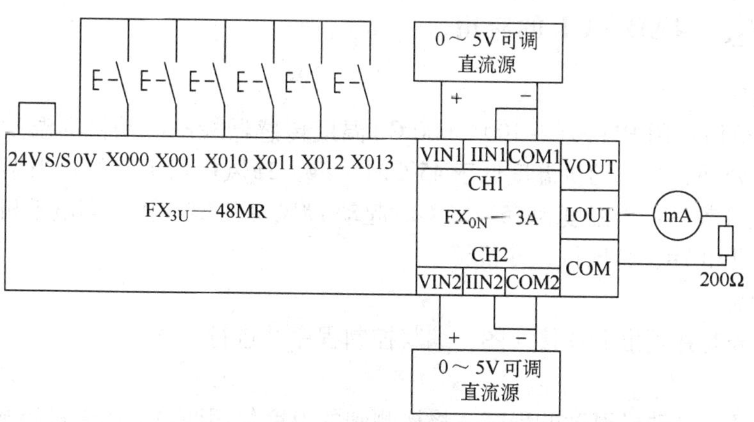

图 8-1　FX_{0N}—3A 接线图

（3）输入和输出校准程序　程序如图 8-2 所示。

```
      X010      通道1偏移、增益调整程序
  0 ──┤├──┬──────────[TO    K0   K17   H0    K1  ]  选择 A/D 通道 1
          ├──────────[TO    K0   K17   H2    K1  ]  启动通道 1A/D 转换
          └──────────[FROM  K0   K0    D0    K1  ]  保存通道 1 当前值
      X011      通道2偏移、增益调整程序
 28 ──┤├──┬──────────[TO    K0   K17   H1    K1  ]  选择 A/D 通道 2
          ├──────────[TO    K0   K17   H3    K1  ]  启动通道 2A/D 转换
          └──────────[FROM  K0   K0    D1    K1  ]  保存通道 2 当前值
      X012      输出偏移调整
 56 ──┤├──┬──────────[TO    K0   K16   K0    K1  ]  将 K0 写入 BFM#16
          ├──────────[TO    K0   K17   H4    K1  ]  启动 D/A
          └──────────[TO    K0   K17   H0    K1  ]
      X013      输出增益调整
 84 ──┤├──┬──────────[TO    K0   K16   K250  K1  ]  将 K250 写入 BFM#16
          ├──────────[TO    K0   K17   H4    K1  ]  启动 D/A
          └──────────[TO    K0   K17   K0    K1  ]
112 ─────────────────────────────────────[END    ]
```

图 8-2　输入和输出偏移、增益调整程序

调整输入通道偏移时，将输入通道 5V 可调电源移除，短接 COM1（COM2）、VIN、IIN，接通 X010，调整 OFFSET 旋钮，使 D0（D1）值为 K0；调整输入通道增益时，在 VIN 端子加 5V 电压，接通 X011，调整 GAIN 旋钮，使 D0（D1）值为 K250。

调整输出通道偏移时，接通 X012，调整输出通道 OFFSET，使输出电流为 4mA，调整输出通道偏移时，接通 X013，调整输出通道 GAIN，使输出电流为 20mA。

（4）控制程序　控制程序如图 8-3 所示。

项目 21　FX_{2N}—4AD—PT 的应用

1. 控制要求

起动电动机后，用 PT100（－100～600℃）温度传感器检测电动机的温度，并由 FX_{2N}—4AD—PT 进行处理，当电动机温度低于 45℃时，1#、2#风机均不运行；当温度为 45～55℃时，起动 1#风机散热；当温度为 55～65℃时起动 1#风机和 2#风机；当电动机温度高于 65℃时，停止电动机和 1#、2#风机，并报警。

2. 完成内容

列出 I/O 分配并画出 I/O 接线图，编写控制程序并进行调试。

3. 提高

设计 1 个显示电动机温度的程序，将检测到的温度值用两位数码管进行显示。

4. 提供器材

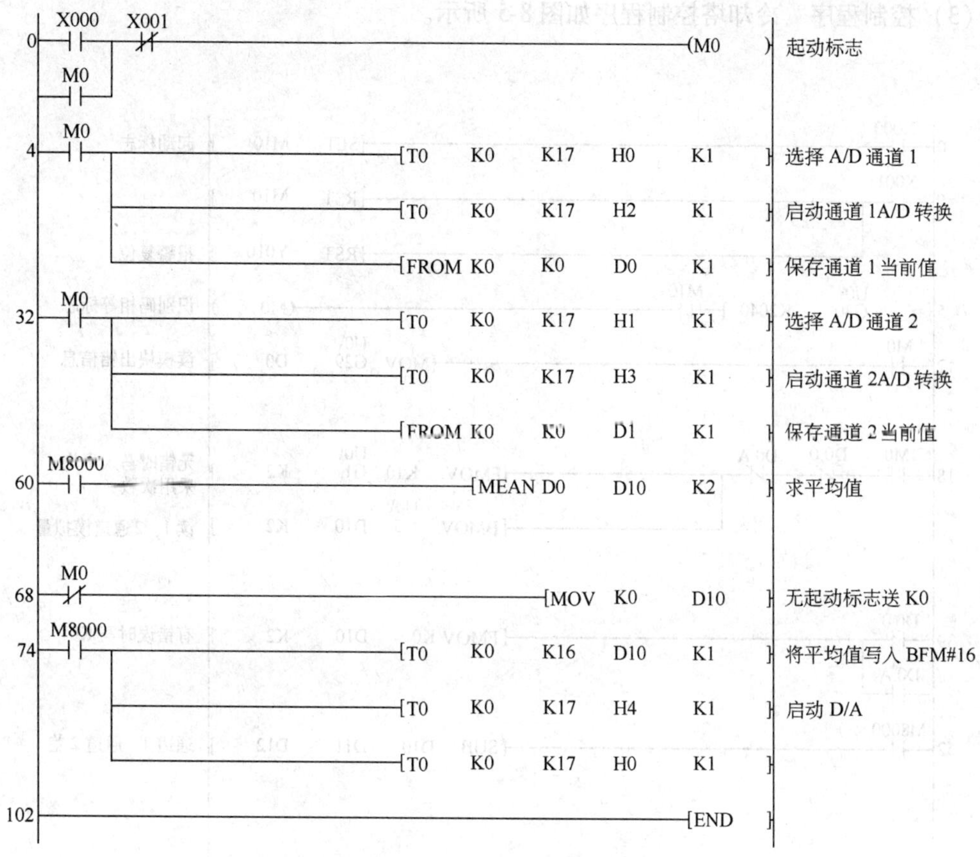

图 8-3 电压输入→电流输出控制程序

FX_{3U}—48MR（或 FX_{2N}—48MR）PLC、FX_{2N}—4AD—PT、PT100、接触器 3 只、报警器、按钮等。

5. 事例程序

冷却塔控制（FX_{2N}—4AD—PT 应用）。

（1）控制要求　起动冷却系统后，冷却水泵运行，用两个温度传感器 PT100 检测冷却水管的出回水温度，当出水温度低于 30℃时，冷却塔风机不起动；当出水温度大于 30℃时起动冷却塔风机；当出水温度大于 40℃且出回水温差小于 5℃或回水温度高于 40℃时报警，并停止运行。

（2）I/O 分配及接线图　X000：起动；X001：停止；Y000：冷却水泵；Y001：冷却塔风机；Y010：报警器。接线图如图 8-4 所示。

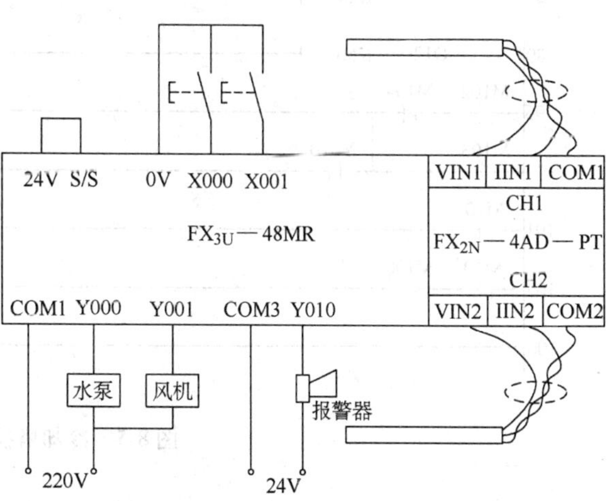

图 8-4 冷却塔控制接线图

（3）控制程序　冷却塔控制程序如图 8-5 所示。

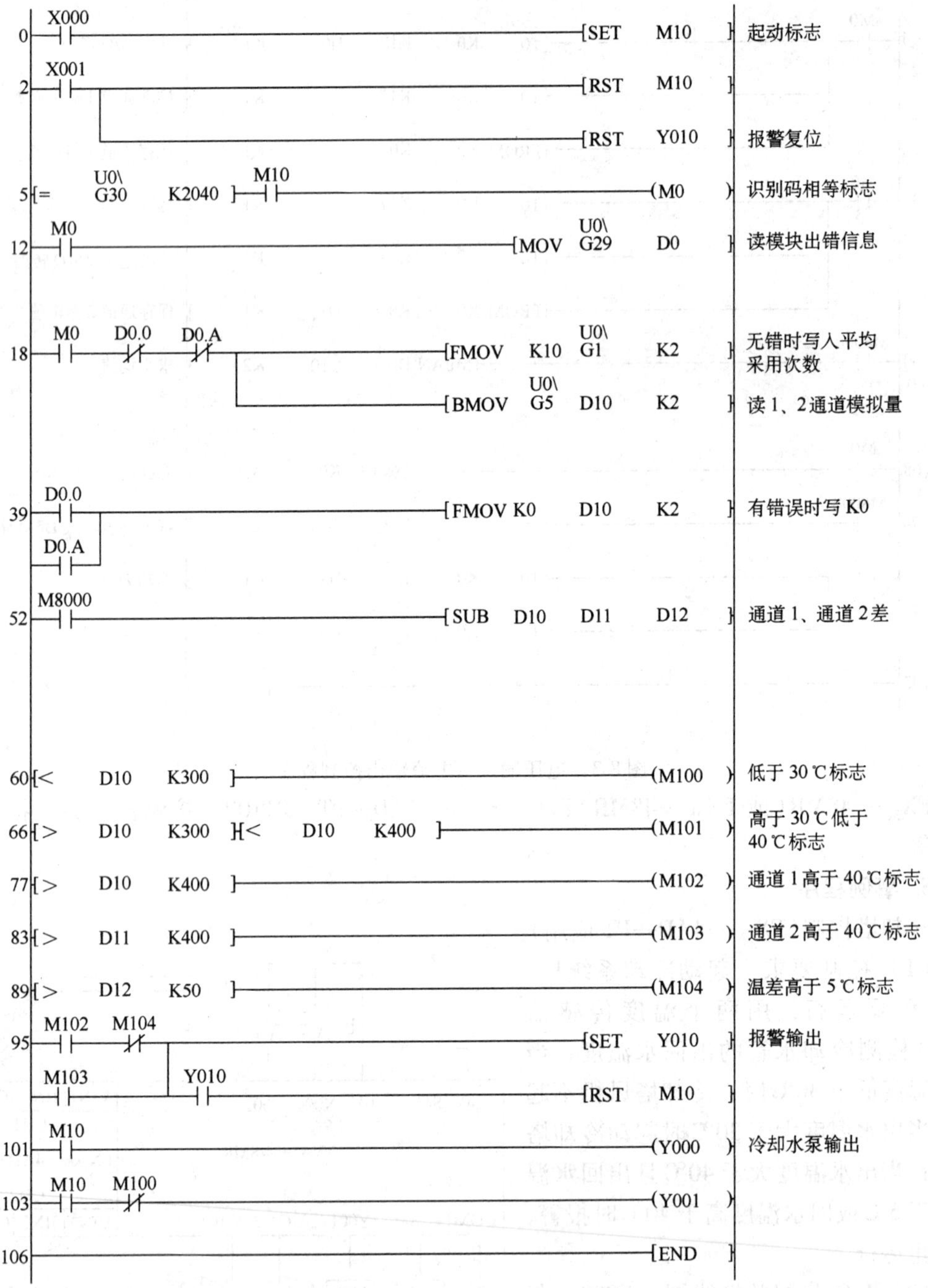

```
0    ─┤ X000 ├──────────────────────────────[SET  M10 ]        起动标志
2    ─┤ X001 ├──┬───────────────────────────[RST  M10 ]
                └───────────────────────────[RST  Y010 ]       报警复位
5    ─[= U0\G30 K2040 ]─┤ M10 ├─────────────(M0 )              识别码相等标志
12   ─┤ M0 ├────────────────────────[MOV  U0\G29  D0 ]         读模块出错信息
18   ─┤ M0 ├─┤/ D0.0 ├─┤/ D0.A ├─┬─[FMOV K10  U0\G1  K2 ]      无错时写入平均采用次数
                                 └─[BMOV U0\G5  D10  K2 ]      读 1、2 通道模拟量
39   ─┬┤ D0.0 ├┬────────────────[FMOV K0  D10  K2 ]            有错误时写 K0
      └┤ D0.A ├┘
52   ─┤ M8000 ├─────────────────[SUB  D10  D11  D12 ]          通道 1、通道 2 差
60   ─[< D10 K300 ]─────────────────────────(M100 )            低于 30℃标志
66   ─[> D10 K300 ]─[< D10 K400 ]───────────(M101 )            高于 30℃低于 40℃标志
77   ─[> D10 K400 ]─────────────────────────(M102 )            通道 1 高于 40℃标志
83   ─[> D11 K400 ]─────────────────────────(M103 )            通道 2 高于 40℃标志
89   ─[> D12 K50 ]──────────────────────────(M104 )            温差高于 5℃标志
95   ─┬┤ M102 ├─┤/ M104 ├┬──────────────────[SET  Y010 ]       报警输出
      └┤ M103 ├──────────┴─┤ Y010 ├─────────[RST  M10 ]
101  ─┤ M10 ├───────────────────────────────(Y000 )            冷却水泵输出
103  ─┤ M10 ├─┤/ M100 ├─────────────────────(Y001 )
106  ───────────────────────────────────────[END ]
```

图 8-5　冷却塔控制程序

项目 22 FX_{3U}—4AD 的应用

1. 控制要求

起动空气压缩机后，其运行和停止受储气罐的压力控制，当压力低于 5kg 时起动空气压缩机加压，当压力上升到 7kg 时，停止加压，即控制储气罐气压保持在 5～7kg 压力。储气罐的压力用压力传感器(0～10kg,4～20mA)检测，压力模拟量由 FX_{3U}—4AD 处理。

2. 完成内容

列出 I/O 分配并画出 I/O 接线图，编写 FX_{3U}—4AD 调试程序，调整其偏移和增益；编写控制程序并进行调试。

3. 提供器材

FX_{3U}—48MR(或 FX_{2N}—48MR)PLC、FX_{3U}—4AD、压力传感器、接触器、按钮等。

4. 事例程序

电源电压检测控制(FX_{3U}—4AD 应用)。

(1) 控制要求　起动电动机前，首先检测三相电源电压，如果电源电压正常(360～400V)，则投入设备，如果不正常，则不能投入，在运行过程中出现电压异常，应立即切除电源；电源电压由电压变送器(交流 0～500V,输出 4～20mA)进行检测，由 FX_{3U}—4AD 进行处理。

(2) I/O 分配及接线图　X000：起动；X001：停止；X021：调整偏移、增益；Y000：负载接触器。

接线图如图 8-6 所示。

(3) 偏移、增益调整程序　程序如图 8-7 所示。

(4) 控制程序　电源电压检测控制程序如图 8-8 所示。

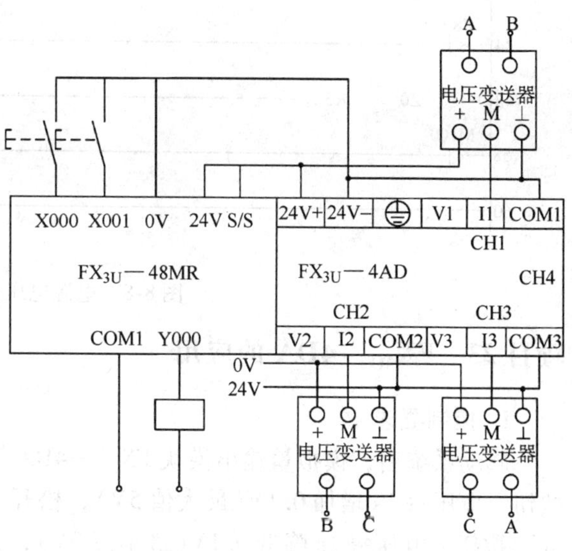

图 8-6　电源电压检测控制接线图

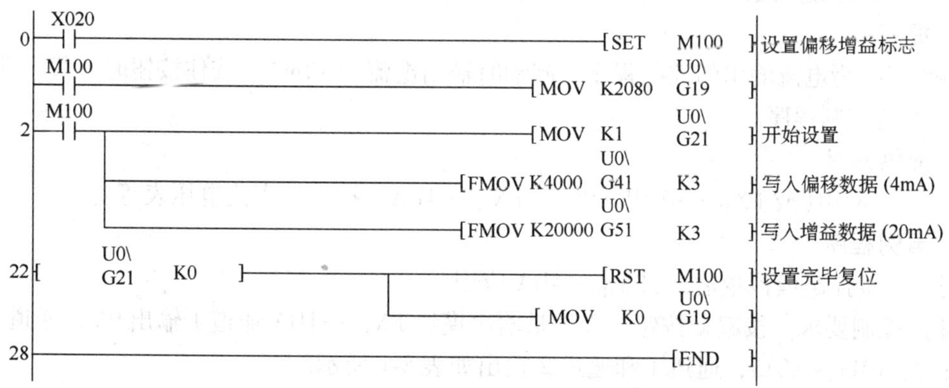

图 8-7　FX_{3U}—4AD 偏移、增益调整程序

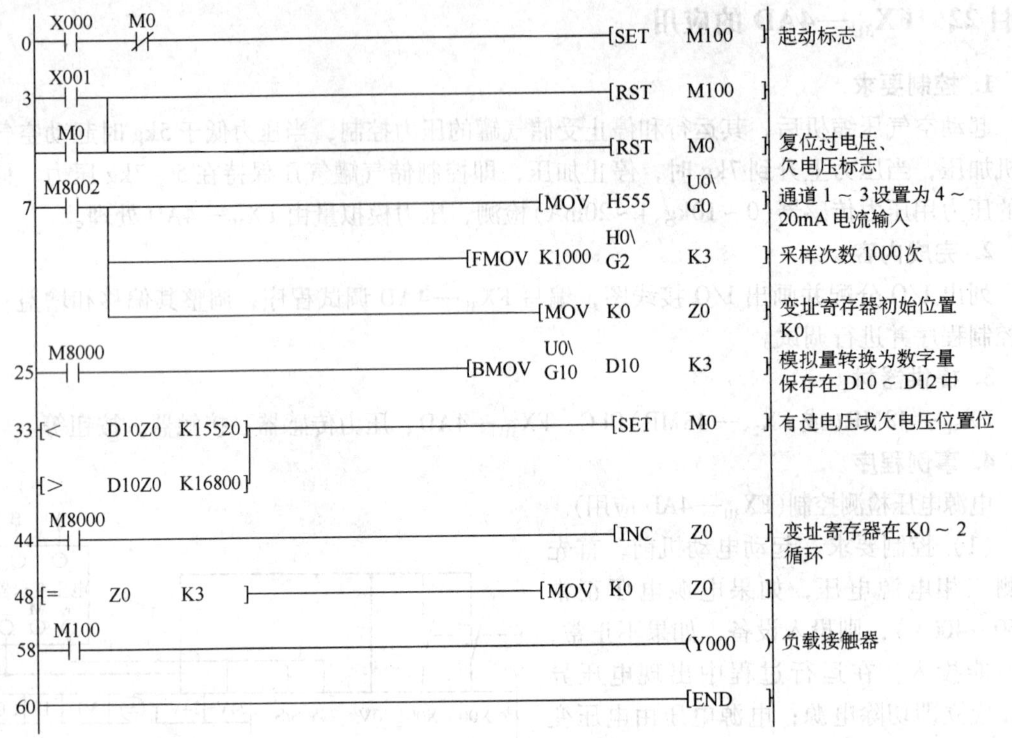

图 8-8 电源电压检测控制程序

项目 23 FX_{3U}—4DA 的应用

1. 控制要求

起动系统后，模拟量输出模块 FX_{3U}—4DA 第 1 通道输出电压为 2.5V，按“电压增加”按钮，电压每 1s 增加 0.1V（最大值 5V），松开“电压增加”按钮，电压保持；按“电压降低”按钮，电压每 1s 降低 0.1V（最小值 0V），松开“电压降低”按钮，电压保持；按停止按钮电压降到 0V。

2. 完成内容

列出 I/O 分配并画出 I/O 接线图；编写 FX_{3U}—4DA 调试程序；编写控制程序并进行调试。

3. 提高

将程序改为电流输出的控制程序，起动时输出电流为 12mA，按住按钮时，每 1s 增加或减少 1mA 的控制程序。

4. 提供器材

FX_{3U}—48MR（或 FX_{2N}—48MR）PLC、FX_{3U}—4DA，按钮、直流电压表等。

5. 事例程序

用开关量控制模拟量输出（FX_{3U}—4DA 应用）。

（1）控制要求　按起动按钮，模拟量输出模块 FX_{3U}—4DA 通道 1 输出 0V，通道 2 输出 20mA；按 X011～X015，通道 1 和通道 2 输出如表 8-1 所示。

表 8-1 输入和输出对应表

通道 \ 输入	X011	X012	X013	X014	X015
CH1	1V	2V	3V	4V	5V
CH2	18mA	16mA	14mA	12mA	10mA

按停止按钮通道 1 和通道 2 保持输出 0V 和 20mA。

（2）I/O 分配及接线图 X000：起动按钮；X001：停止按钮；X011 ~ X015：选择按钮；X20：偏移、增益调整。接线图如图 8-9 所示。

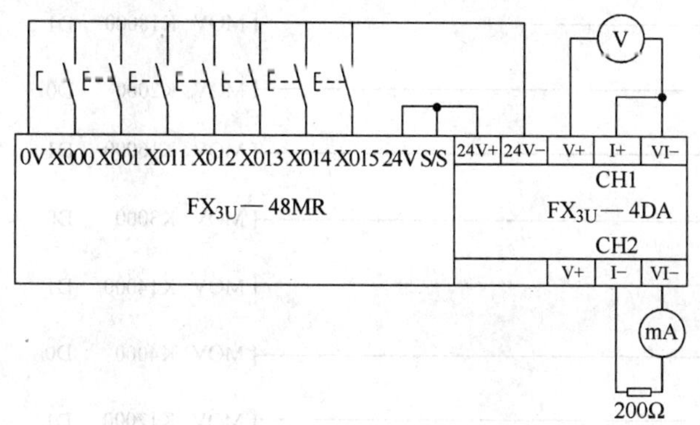

图 8-9 开关量控制模拟量输出接线图

（3）偏移、增益调整程序 FX_{3U}—4DA 偏移、增益调整程序如图 8-10 所示。

（4）控制程序 开关量控制模拟量输出程序如图 8-11 所示。

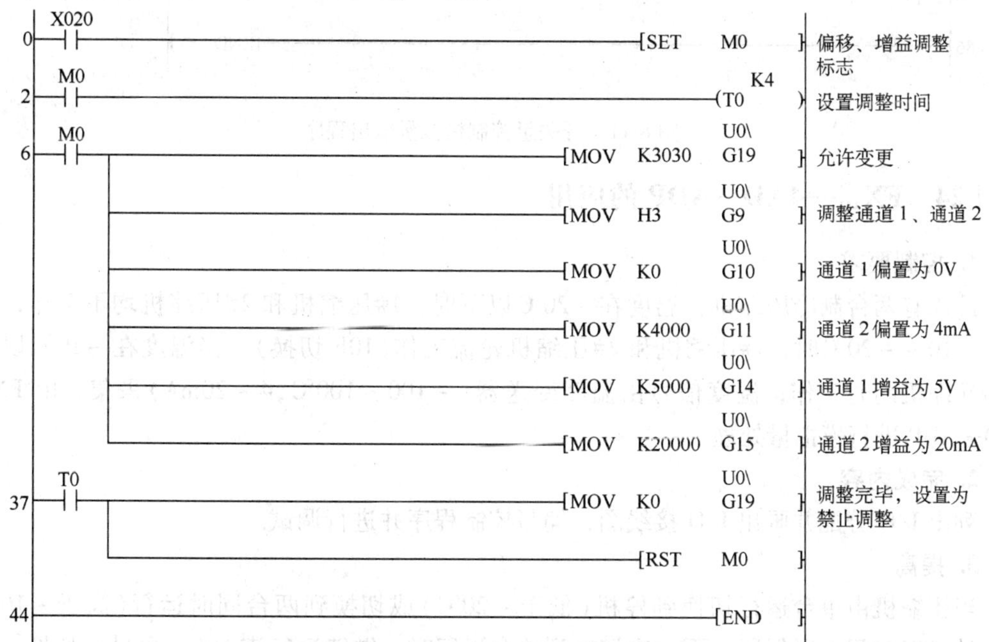

图 8-10 FX_{3U}—4DA 偏移、增益调整程序

```
     X000
0  ──┤├──────────────────────────────────[SET   M0        ]
     X001
2  ──┤├──────────────────────────────────[RST   M0        ]
     M8002                                            U0\
4  ──┤├──────────────────────────────[MOV  H0FF31   G0    ]  启动通道1电压输出通道2电流输出
     M0
10 ──┤↑├──┬──────────────────────────[MOV  K0       D0    ]  送初值
     M0   │
   ──┤/├──┴──────────────────────────[MOV  K20000   D1    ]
     X011
23 ──┤├───┬──────────────────────────[MOV  K1000    D0    ]
          └──────────────────────────[MOV  K18000   D1    ]
     X012
34 ──┤├───┬──────────────────────────[MOV  K2000    D0    ]
          └──────────────────────────[MOV  K16000   D1    ]
     X013
45 ──┤├───┬──────────────────────────[MOV  K3000    D0    ]
          └──────────────────────────[MOV  K14000   D1    ]
     X014
56 ──┤├───┬──────────────────────────[MOV  K4000    D0    ]
          └──────────────────────────[MOV  K12000   D1    ]
     X015
67 ──┤├───┬──────────────────────────[MOV  K5000    D0    ]
          └──────────────────────────[MOV  K10000   D1    ]
     M8000                                     U0\
78 ──┤├──────────────────────────[BMOV  D0     G1     K2  ]  D/A 转换
86 ──────────────────────────────────────────[END         ]
```

图 8-11　开关量控制模拟量输出程序

项目 24　FX_{3U}—4AD—ADP 的应用

1. 控制要求

冷库有两台制冷压缩机，温度在 -20℃以下时，1#压缩机和 2#压缩机均不工作，当温度为 -10 ~ -20℃时，1#压缩机和 2#压缩机轮流工作(10h 切换)，当温度在 -10℃以上时两台压缩机同时工作；温度信号由温度变送器(-100 ~ 100℃，4 ~ 20mA)采集，由 FX_{3U}—4AD—ADP 进行模拟量处理。

2. 完成内容

列出 I/O 分配并画出 I/O 接线图，编写控制程序并进行调试。

3. 提高

当压缩机由单台运行切换到停机(低于 -20℃)或切换到两台同时运行(高于 -10℃)，其累计运行时间予以保留，下一次切换到单台运行时，继续运行满 10h，再进行切换；添加制冷温度设置的程序。

4. 提供器材

FX_{3U}—48MR（或 FX_{2N}—48MR）PLC、FX_{3U}—4AD—ADP、温度变送器、接触器2只、按钮等。

5. 事例程序

湿度控制（FX_{3U}—4AD—ADP 应用）。

（1）控制要求　某车间要求湿度控制在65%～70%，如果湿度低于60%则起动加湿器加湿，检测到湿度到70%停止加湿；如果湿度高于75%则起动除湿器除湿，检测到湿度到65%时停止除湿器，湿度信号由湿度变送器(0%～100%,4～20mA)采集，由 FX_{3U}—4AD—ADP 进行模拟量处理。

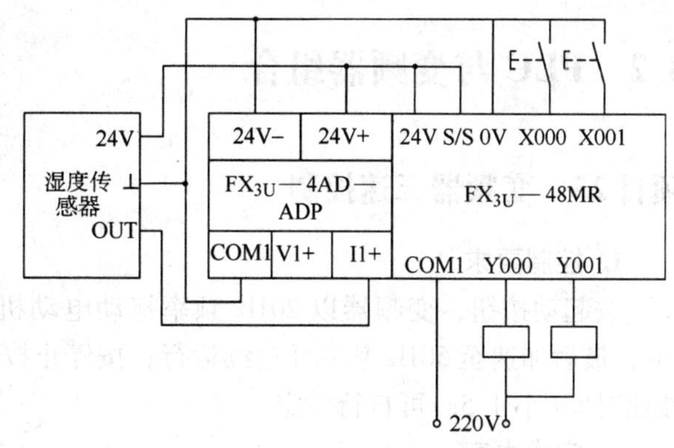

图 8-12　湿度控制接线图

（2）I/O 分配及接线图　X000：起动；X001：停止；Y000：加湿接触器；Y001：除湿接触器。接线图如图 8-12 所示。

（3）控制程序　湿度控制程序如图 8-13 所示。

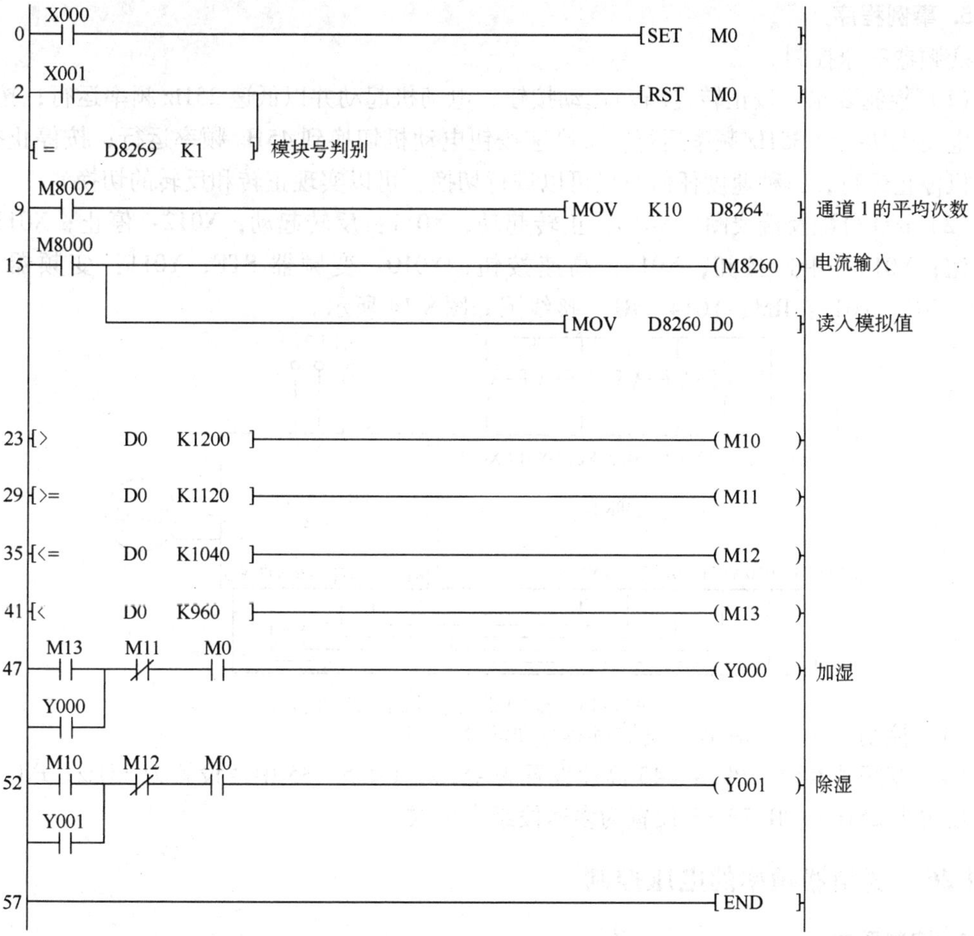

```
0   --| |X000----------------------------------[SET  M0]
2   --| |X001----------------------------------[RST  M0]
    [=  D8269  K1]  模块号判别
9   --| |M8002-------------------------[MOV  K10  D8264]  通道1的平均次数
15  --| |M8000---------------------------------(M8260)  电流输入
             |-------------------------[MOV  D8260  D0]  读入模拟值
23  [>   D0  K1200]----------------------------(M10)
29  [>=  D0  K1120]----------------------------(M11)
35  [<=  D0  K1040]----------------------------(M12)
41  [<   D0  K960]-----------------------------(M13)
47  --| |M13--+--|/|M11----| |M0---------------(Y000)  加湿
    --| |Y000-+
52  --| |M10--+--|/|M12----| |M0---------------(Y001)  除湿
    --| |Y001-+
57  -------------------------------------------[END]
```

图 8-13　湿度控制程序

8.2 PLC与变频器组合

项目25 变频器三速控制

1. 控制要求

按起动按钮，变频器以20Hz频率拖动电动机运行10s，然后加速到30Hz频率，运行10s，最后加速至50Hz频率并连续运行；按停止按钮，其停止减速过程与起动过程相反；加减速时间(小于5s)可自行设定。

2. 完成内容

列出I/O分配并画出I/O接线图，编写控制程序并进行调试；进行变频器参数设置。

3. 提高

设计八种速度可以切换的控制程序。

4. 提供器材

FX_{3U}—48MR(或FX_{2N}—48MR)PLC、FR—A740(A540)变频器、按钮、电动机等。

5. 事例程序

变频器三速控制。

(1) 控制要求　按正转(反转)起动按钮，电动机起动并以低速25Hz频率运行；按中速按钮电动机切换到35Hz频率运行；按高速按钮电动机切换到45Hz频率运行；按停止按钮，电动机停止运行；三种速度任何时候可以进行切换，可以实现正转和反转的切换。

(2) I/O分配及接线图　X010：正转起动；X011：反转起动；X012：停止；X013：低速按钮；X014：中速按钮；X015：高速按钮；Y010：变频器STF；Y011：变频器STR；Y012：RH；Y013：RM；Y014：RL。接线图如图8-14所示。

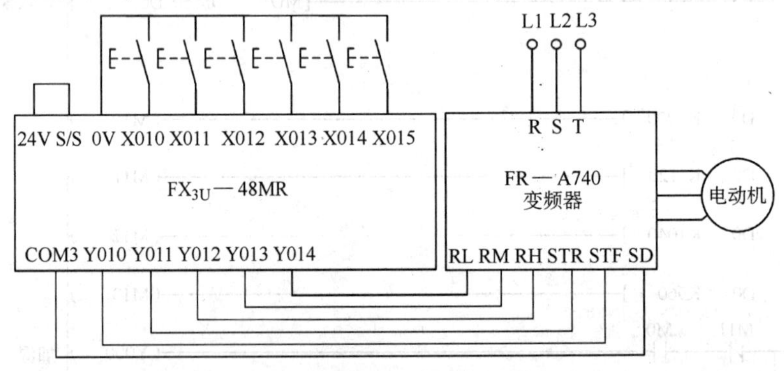

图8-14　变频器三速控制接线图

(3) 控制程序　变频器三速控制程序如图8-15所示。

(4) 变频器参数　PR.4 = 45 高速设置为45Hz；PR.5 = 35 中速设置为35Hz；PR.6 = 25 低速设置为25Hz；PR.79 = 3 设置为多速段组合模式。

项目26 变频器频率的电压控制

1. 控制要求

按正转起动按钮，变频器拖动电动机正转运行，并按电位器设定的频率运行，按停止按

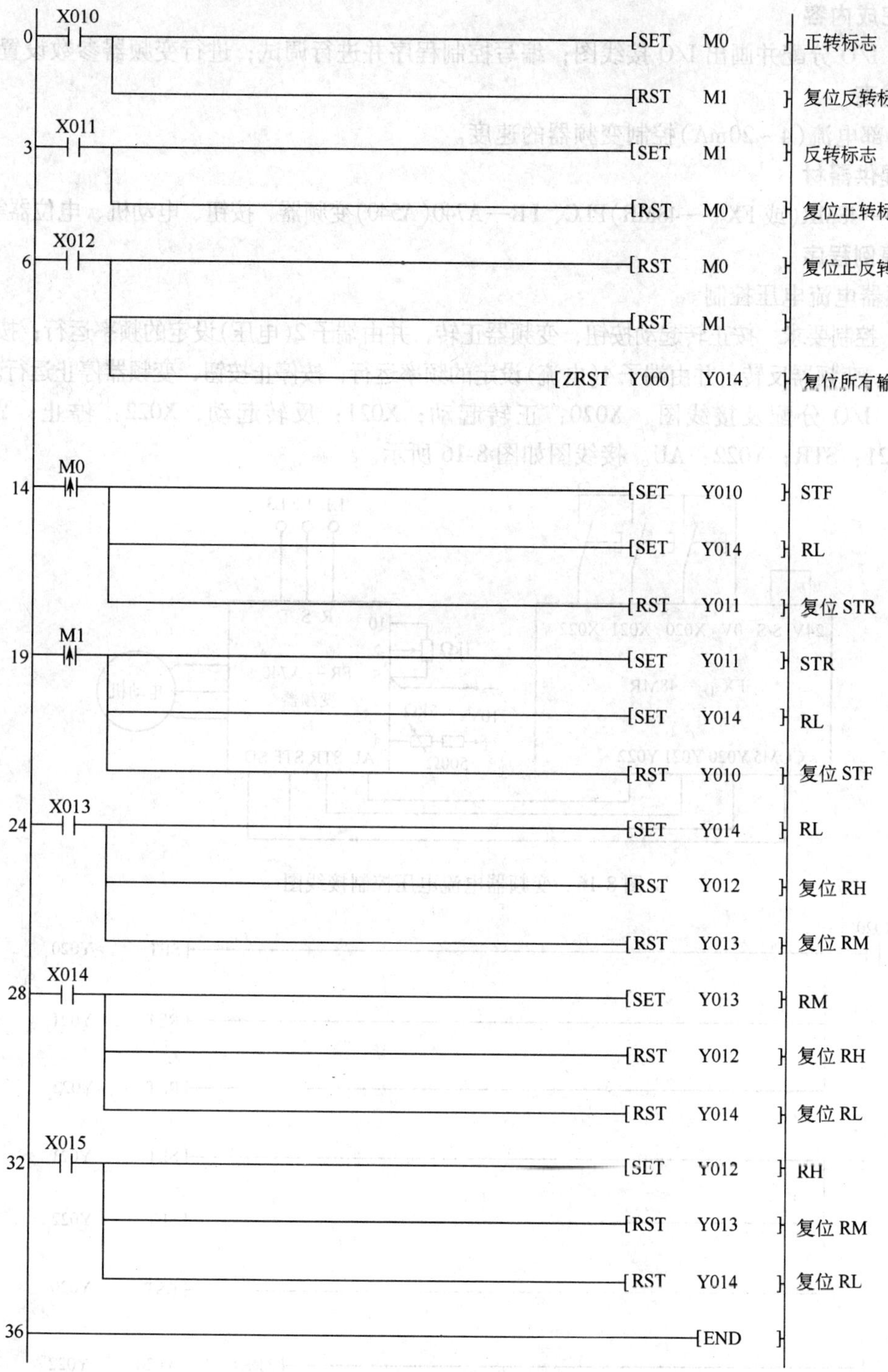

```
0   X010 ─┤├─┬──────────[SET  M0   ]  正转标志
             └──────────[RST  M1   ]  复位反转标志
3   X011 ─┤├─┬──────────[SET  M1   ]  反转标志
             └──────────[RST  M0   ]  复位正转标志
6   X012 ─┤├─┬──────────[RST  M0   ]  复位正反转标志
             ├──────────[RST  M1   ]
             └──────────[ZRST Y000 Y014]  复位所有输出
14  M0   ─┤↑├─┬─────────[SET  Y010 ]  STF
              ├─────────[SET  Y014 ]  RL
              └─────────[RST  Y011 ]  复位 STR
19  M1   ─┤↑├─┬─────────[SET  Y011 ]  STR
              ├─────────[SET  Y014 ]  RL
              └─────────[RST  Y010 ]  复位 STF
24  X013 ─┤├─┬──────────[SET  Y014 ]  RL
             ├──────────[RST  Y012 ]  复位 RH
             └──────────[RST  Y013 ]  复位 RM
28  X014 ─┤├─┬──────────[SET  Y013 ]  RM
             ├──────────[RST  Y012 ]  复位 RH
             └──────────[RST  Y014 ]  复位 RL
32  X015 ─┤├─┬──────────[SET  Y012 ]  RH
             ├──────────[RST  Y013 ]  复位 RM
             └──────────[RST  Y014 ]  复位 RL
36  ────────────────────[END       ]
```

图 8-15　变频器三速控制程序

钮变频器停止运行；按反转起动按钮变频器反转起动，并按电位器设定的频率运行，按停止按钮变频器停止运行。

2. 完成内容

列出 I/O 分配并画出 I/O 接线图；编写控制程序并进行调试；进行变频器参数设置。

3. 提高

用外部电流(4～20mA)控制变频器的速度。

4. 提供器材

FX_{3U}—48MR(或 FX_{2N}—48MR)PLC、FR—A740(A540)变频器、按钮、电动机、电位器等。

5. 事例程序

变频器电流电压控制。

(1) 控制要求　按正转起动按钮，变频器正转，并由端子2(电压)设定的频率运行；按反转起动按钮，变频器反转，并由端子4(电流)设定的频率运行；按停止按钮，变频器停止运行。

(2) I/O 分配及接线图　X020：正转起动；X021：反转起动；X022：停止；Y020：STF；Y021：STR；Y022：AU。接线图如图 8-16 所示。

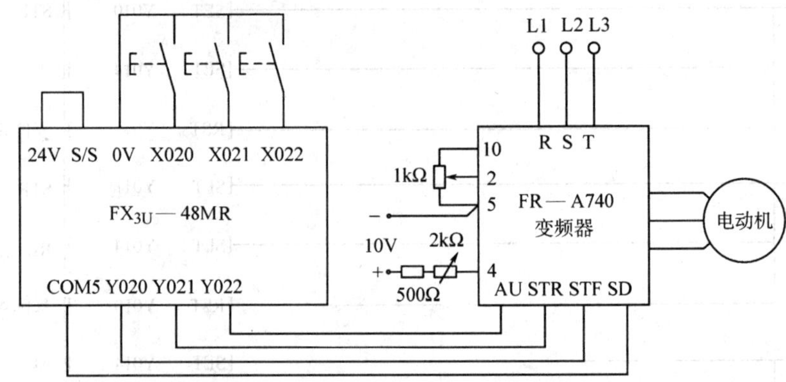

图 8-16　变频器电流电压控制接线图

```
    X020
0 ──┤├──┬──────────────────[SET    Y020      ]
        ├──────────────────[RST    Y021      ]
        └──────────────────[RST    Y022      ]
    X021
4 ──┤├──┬──────────────────[SET    Y021      ]
        ├──────────────────[SET    Y022      ]
        └──────────────────[RST    Y020      ]
    X022
8 ──┤├─────────────────[ZRST   Y020   Y022   ]

14 ────────────────────────────────[END      ]
```

图 8-17　变频器电流电压控制程序

（3）控制程序　变频器电流电压控制程序如图 8-17 所示。

（4）参数设置　PR. 79 =2 其他参数自行设置。

8.3　PLC、变频器与模拟量处理模块

项目 27　PID 调节控制

1. 控制要求

用 PID 指令进行管网压力控制，系统中由 1 台变频器拖动 1 台水泵电动机，要求管网压力保持 5kg，并用压力传感器采集压力信号(0 ~ 10kg,4 ~ 20mA)；系统设置 8kg 上限和 3kg 下限报警，压力超出此范围 3s 后系统停机；模拟量模块使用 FX_{2N}—5A。

2. 提供器材

FX_{3U}—48MR(或 FX_{2N}—48MR)PLC、FX_{2N}—5A、FR—A740 变频器、电动机、按钮等。

3. I/O 分配及系统接线图

X000：起动按钮；X001：停止按钮；Y000：变频器起动 STF；Y004：报警输出。PID 调节恒压供水系统接线图如图 8-18 所示。

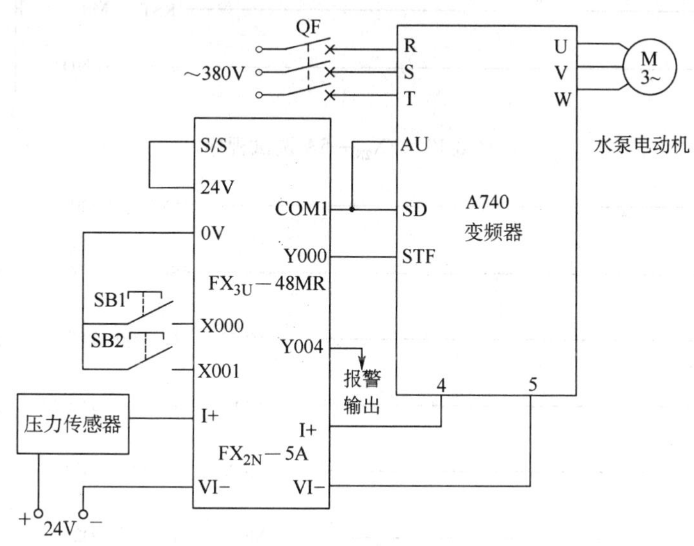

图 8-18　PID 调节恒压供水系统接线图

4. FX_{2N}—5A 调试程序

FX_{2N}—5A 调试程序如图 8-19 所示。

5. 控制程序

PID 控制程序如图 8-20 所示。

6. 变频器参数

PR. 1 =50 上限频率 50Hz；PR. 2 =15 下限频率 15Hz；PR. 79 =2 外部操作模式。其他参数自行设定。

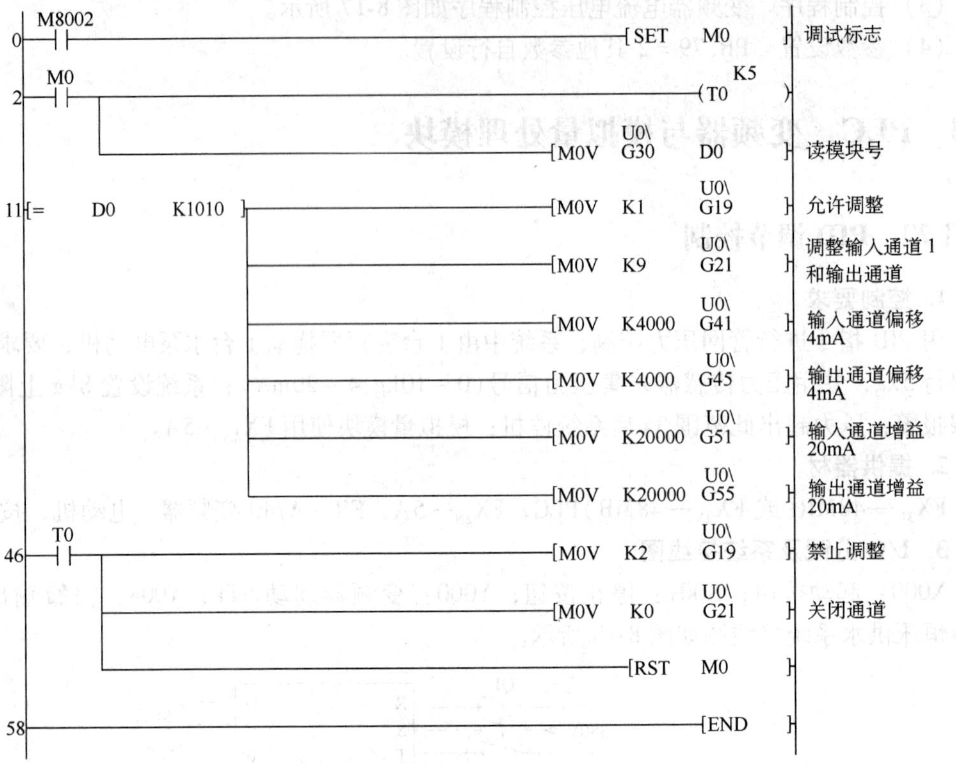

M8002
0
SET M0
调试标志
M0
2
T0
K5
U0\
MOV G30 D0
读模块号
11
= D0 K1010
MOV K1 U0\ G19
允许调整
MOV K9 U0\ G21
调整输入通道1和输出通道
MOV K4000 U0\ G41
输入通道偏移4mA
MOV K4000 U0\ G45
输出通道偏移4mA
MOV K20000 U0\ G51
输入通道增益20mA
MOV K20000 U0\ G55
输出通道增益20mA
T0
46
MOV K2 U0\ G19
禁止调整
MOV K0 U0\ G21
关闭通道
RST M0
58
END

图 8-19　FX_{2N}—5A 调试程序

X000
0
SET M0
自动调谐标志
SET Y000
STF
M0
3
MOV K10000 D200
自动调谐目标值
MOV K15000 D202
自动调谐输出值
MOV K2000 D210
采样的时间
MOV K31 D211
动作方向
MOV K80 D212
输入滤波常数 80%
MOV K0 D215
微分增益 0%
M8002
34
MOV K6 U0\ G0
输入通道1输入特性4～20mA
MOV K7 U0\ G1
输出通道1输入特性4～20mA
MOV K10 U0\ G2
输入采样次数6次

图 8-20　PID 控制程序

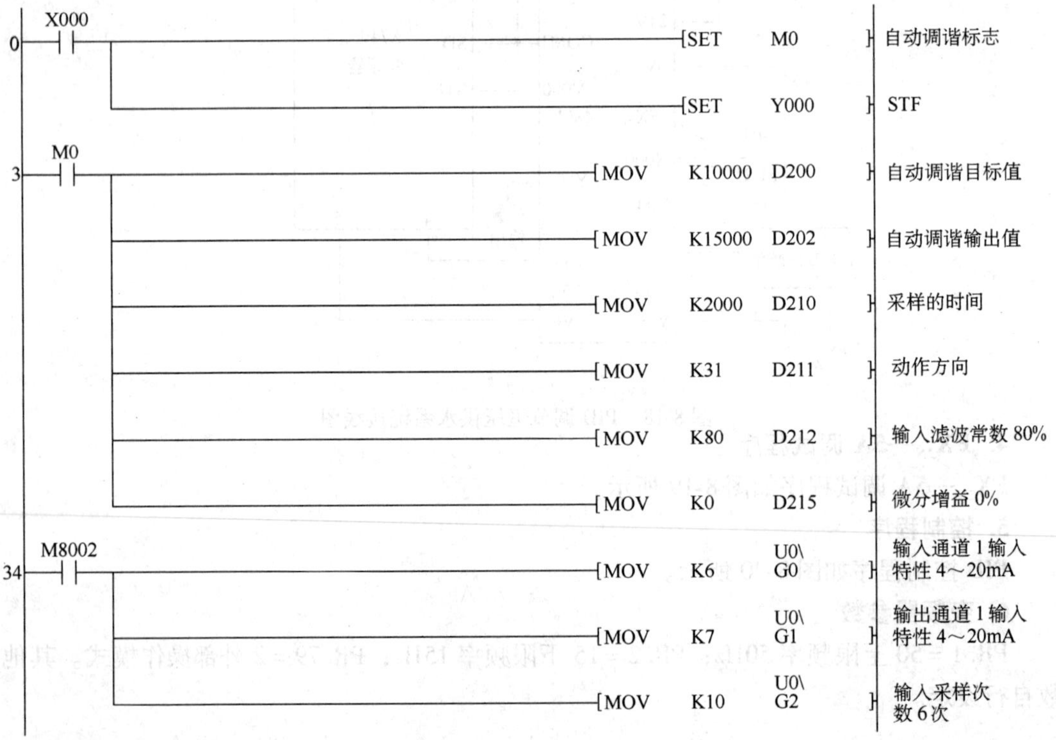

```
50  Y000
   ─┤├──┬──────────────[MOV   U0\G6   D201  ]  读测定值
        ├──────────────[MOV   D202    U0\G14]  写目标数据
        └──────[PID    D200   D201    D210   D202 ]  启动PID

70 ─[>   D201   K16800]─┬────────────(T0  K30 )  压力超范围延时
   ─[<   D201   K8800 ]─┘

83  T0
   ─┤├──┬──────────────[SET   Y004 ]  压力超范围报警
        └──────────────[RST   Y000 ]

86  X001
   ─┤├──┬──────────────[RST   M0   ]
        ├──────────────[RST   Y000 ]
        └──────────────[RST   Y004 ]

90 ─────────────────────[END       ]
```

图 8-20　PID 控制程序(续)

8.4　PLC 与触摸屏

项目 28　触摸屏控制电动机顺序起动

1. 控制要求

设计一个用触摸屏控制三台电动机顺序起动的控制画面。按触摸屏上的“起动”按钮三台电动机按顺序起动，按“停止”按钮电动机逆序停止，其起动(停止)间隔的时间可以在触摸屏面板中进行设定；已经起动的电动机，在触摸屏上有指示灯显示；有标题文字和其他说明文字。

2. 完成内容

列出 PLC I/O 分配及触摸屏软元件分配；画出系统接线图；制作控制画面；编写控制程序并进行调试。

3. 提高

将以上触摸屏画面中的指示灯设计为：已起动的电动机指示灯闪烁，周期为 2s。

4. 提供器材

FX_{3U}—48MR(或 FX_{2N}—48MR)PLC、GT1155(三菱)或 MT506MTV5(维纶)触摸屏、接触器 3 只。

5. 事例程序

触摸屏控制电动机正反转。

（1）控制要求 设计一个用触摸屏控制电动机正反转的控制系统。按触摸屏上的“正转起动”按钮，电动机正转运行；按“反转起动”按钮，电动机反转运行；正转运行、反转运行或停止时均有文字显示；具有电动机的运行时间设置及运行时间显示功能；运行时间到或按“停止”按钮，电动机即停止运行。

（2）软元件分配及系统接线图

1）触摸屏软元件分配。M100：正转起动；M101：反转起动；M102：停止；D100：运行时间设定；D102：运行时间显示；Y000：正转指示；Y001：反转指示。

2）PLC 软元件分配。Y000：正转接触器，Y001：反转接触器；M103：停止；D101：定时器 T0 的设定值。

个人计算机、PLC、触摸屏系统接线图如图 8-21 所示。

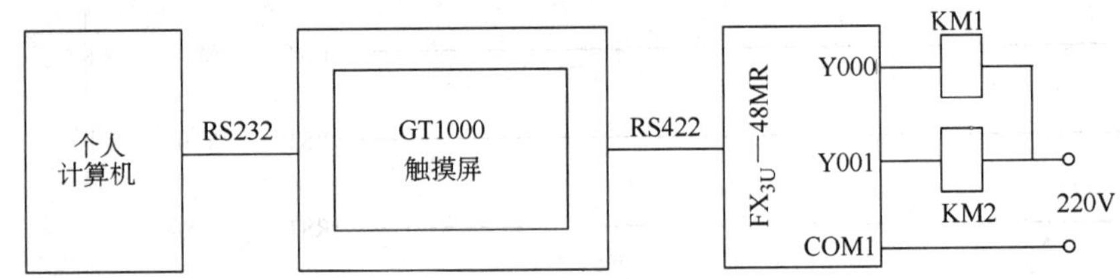

图 8-21 系统接线图

（3）触摸屏画面设计（以 GT1155 为例） 根据系统的控制要求及触摸屏的软元件分配，触摸屏的画面如图 8-22 所示。

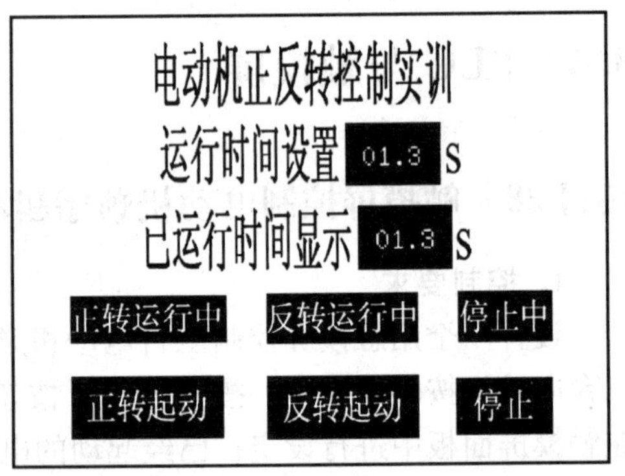

图 8-22 触摸屏画面

1）文本对象。执行“图形/文字”命令，在画面合适位置单击，出现如图 8-23 所示的文字属性设置窗口，进行文字属性设置。在文本栏中输入显示的文字，在下面文字属性中选择颜色和尺寸，设置完毕，单击“确定”，图 8-22 中“运行时间设置”和“已运行时间显示”的操作方法与此相同。

2）注释文本。在画面中显示的“正转运行中”、“反转运行中”、“停止中”为注释文本对象，现以“正转运行中”为例介绍其操作方法。首先单击“对象”工具栏按钮，放在合适位置，先按 ESC 键再双击，弹出如图 8-24 所示窗口，然后在软元件选项中输入“Y000”，其他设置保持默认。

单击“显示注释”标签，弹出如图 8-25 所示的注释设置界面，在 ON 状态下选择单选项“直接注释”，并在文本框中输入“正在运行中”，设置文本为红色。

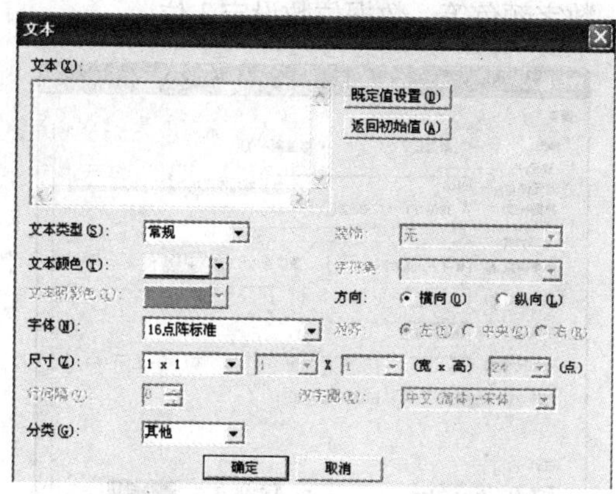

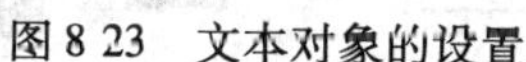
图 8 23　文本对象的设置

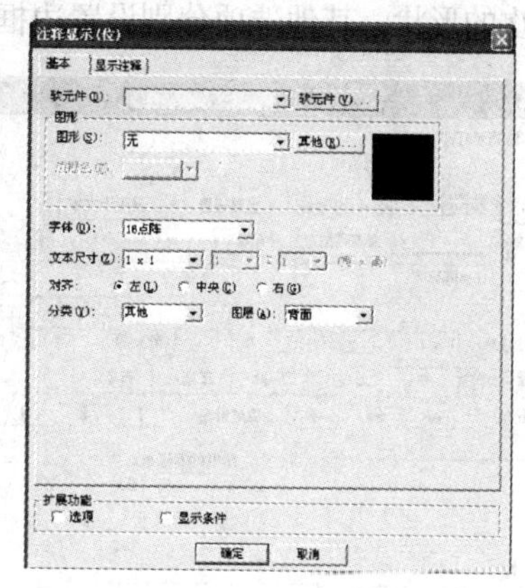

图 8-24　注释文本的设置 1

3）触摸键。以“正转起动”按钮为例，先单击“图像/对象”工具栏 S▾ 图标下的位开关按钮，放到合适的位置并双击，弹出如图 8-26 所示属性设置窗口。在“软元件”中输入“M100”，并设置为“点动”，ON 状态开关色设置为红色，OFF 状态开关色设置为绿色，然后设置好开关的外形。

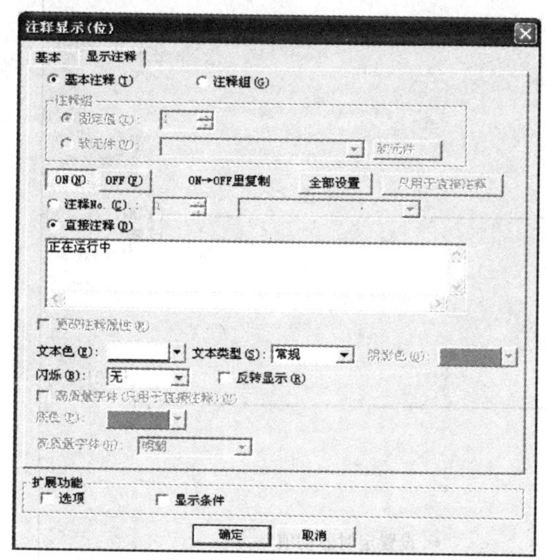

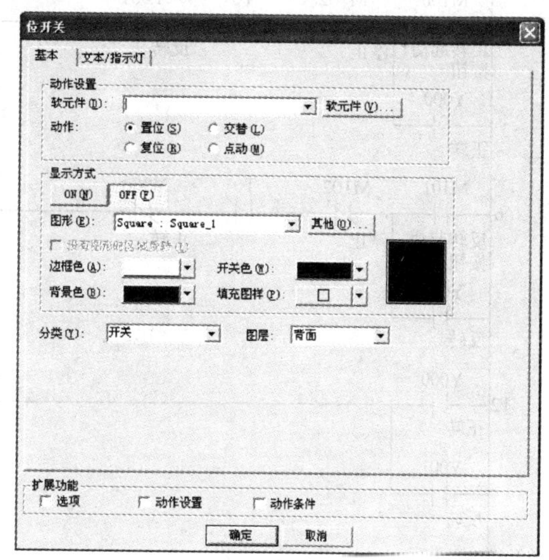

图 8-25　注释文本的设置 2

图 8-26　触摸键的设置 1

单击“文本/指示灯”标签，弹出如图 8-27 所示的界面。在此界面中设置触摸键在“开”和“关”时显示的文字、颜色、大小等信息，在 ON 状态下“文字”框中文本编辑栏中输入“正转运行中”，在 OFF 状态下“文字”框中文本编辑栏中输入“正转起动”。设置好颜色及文字大小，在指示灯功能中选择“位”并指定 M100，设置完毕单击“确定”。

“反转起动”按钮和“停止”按钮设置类似，只是“停止”按钮的“指示灯功能”选择“键”。

4）数据输入和数据显示。运行时间设置需要用数据输入对象来实现，单击“对象”工具栏 按钮，弹出如图 8-28 所示窗口。在基本属性中设定软元件为“D100”，在图形选项中选择自己喜欢的形状，其他选项分别设置边框色、底色、数字颜色等，数据位数设定 3 位。

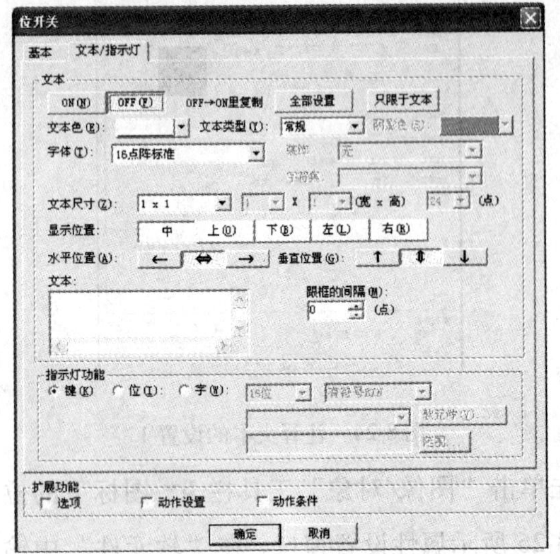

图 8-27　触摸键的设置 2

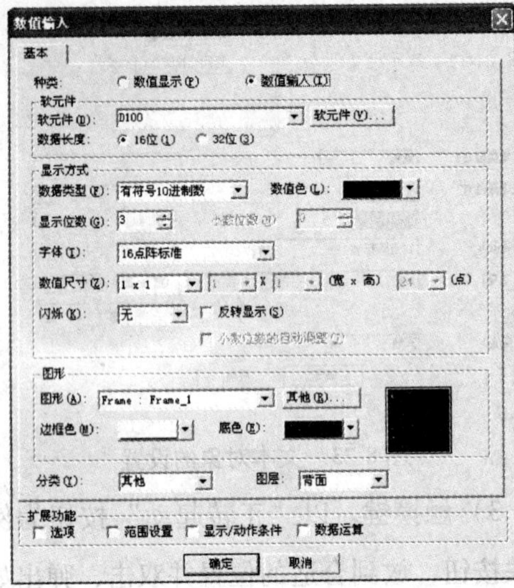

图 8-28　数据 I/O 对象的设置

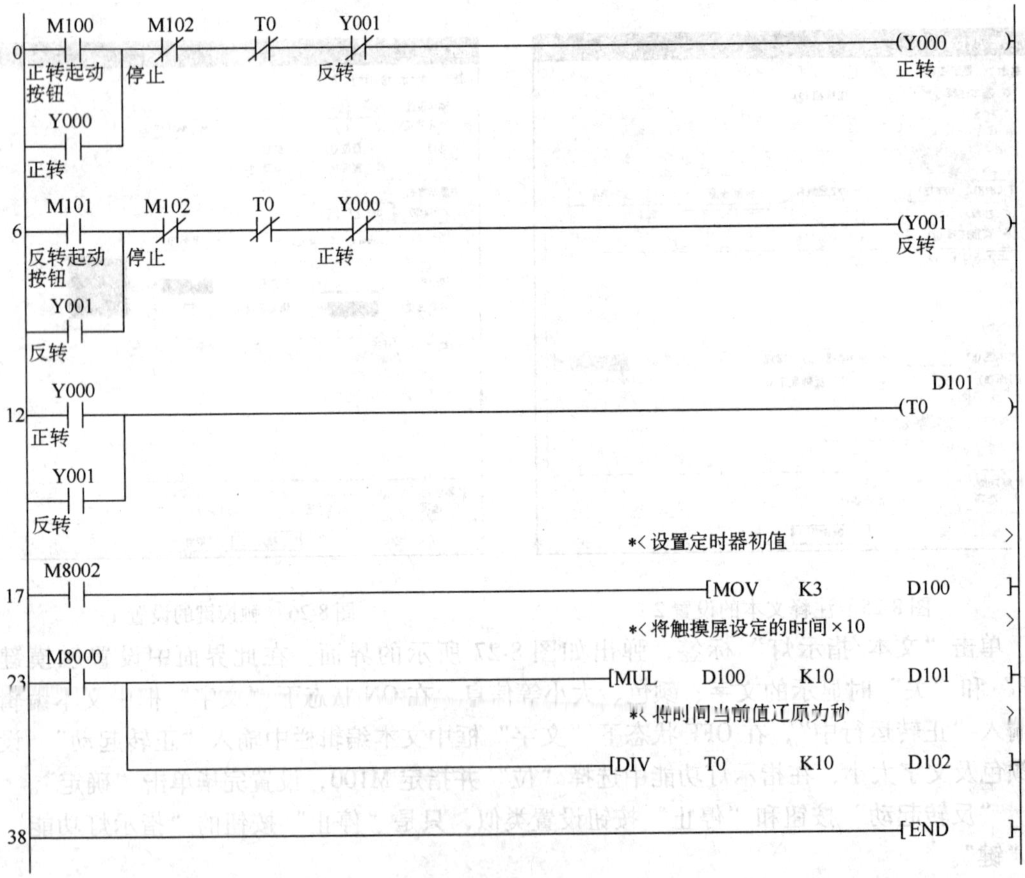

```
    M100      M102     T0      Y001
0 ──┤├──┬──┤/├────┤/├────┤/├──────────────────(Y000  )
  正转起动│  停止            反转                  正转
  按钮   │
    Y000 │
  ──┤├──┘
  正转

    M101      M102     T0      Y000
6 ──┤├──┬──┤/├────┤/├────┤/├──────────────────(Y001  )
  反转起动│  停止            正转                  反转
  按钮   │
    Y001 │
  ──┤├──┘
  反转
                                                  D101
    Y000
12──┤├──┬─────────────────────────────────────(T0    )
  正转  │
    Y001│
  ──┤├──┘
  反转
                               *<设置定时器初值              >
    M8002
17──┤├──────────────────────────[MOV    K3     D100  ]
                               *<将触摸屏设定的时间×10       >
    M8000
23──┤├──┬───────────────────────[MUL   D100    K10    D101  ]
        │                      *<将时间当前值还原为秒        >
        └───────────────────────[DIV   T0      K10    D102  ]

38──────────────────────────────────────────[END   ]
```

图 8-29　PLC 程序

已运行时间显示需要设置数字显示对象，软元件设定 D102，其他设定方法与数字输入对象类似，在此不再赘述。

（4）控制程序　PLC 程序如图 8-29 所示。

8.5　变频器与触摸屏

项目 29　触摸屏监视控制变频器运行

1. 控制要求

通过触摸屏监视变频器的运行，触摸屏能显示变频器的输出频率、输出电流、输出电压和输出功率等；能通过触摸屏操作变频器的正反转操作及停止运行操作；能够设定变频器的上限频率、下限频率、加速时间、减速时间、过流保护和运行频率。

2. 提供器材

FX_{3U}—48MR（或 FX_{2N}—48MR）PLC、GT1155 触摸屏、FX_{3U}—485BD、FR—A740（A540）变频器、电动机、通信缆线等。

3. 数据线的连接

数据线采用专用数据线，一般需要自己制作，连接方式如图 8-30 所示。

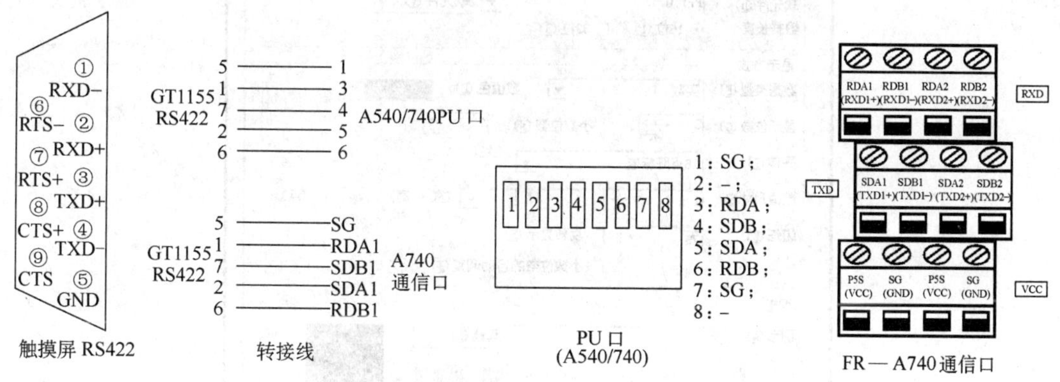

图 8-30　触摸屏与变频器 RS485 通信口定义

变频器端 PU 口定义：1 与 7 脚 SG；2 和 8 脚 PS5；3 脚 RDA；4 脚 SDB；5 脚 SDA；6 脚 RDB。

4. 触摸屏画面

控制画面如图 8-31 所示。

（1）文本对象　参考上一项目进行操作。

（2）数据输入对象　以设置上限频率为例，在工具栏中点 123，在编辑栏合适位置再点击（放置位置），再按 ESC 键，双击已添加的对象，出现如图 8-32 所示窗口，单击“软元件”设置为 Pr1 和站台号为 0；数据类型选择“实数”；显示位数设置为 5 位；小数位数 2 位；数值尺寸选 1×1；外形选择喜欢的外形即可，如图 8-32 所示。

（3）数据显示对象　以设置输出频率为例，在工具栏中点 123，在编辑栏合适位置再点击，

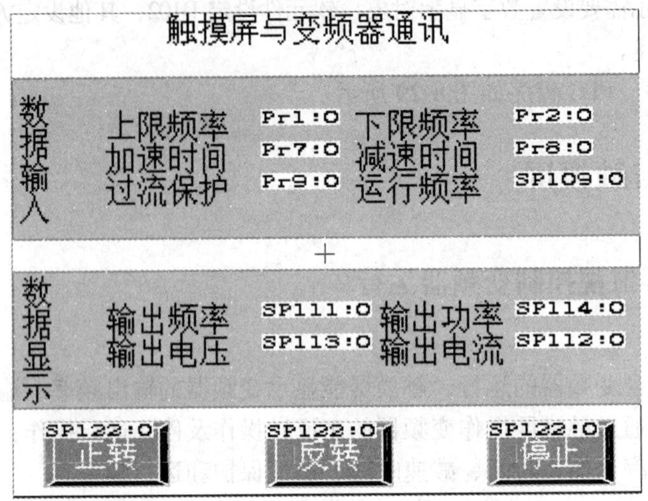

图 8-31 控制画面

数值输入
基本
种类: 数值显示(P) 数值输入(I)
软元件
软元件(D): Pr1:0 软元件(V)...
数据长度: 16位(1) 32位(3)
显示方式
数据类型(F): 实数 数值色(L):
显示位数(G): 5 小数位数(N): 2
字体(T): 16点阵标准
数值尺寸(Z): 1 x 1 x (宽 x 高) 24 (点)
闪烁(K): 无 反转显示(S)
小数位数的自动调整(J)
图形
图形(A): 无 其他(B)...
边框色(M): 底色(E):
分类(Y): 其他 图层: 背面
扩展功能
选项 范围设置 显示/动作条件 数据运算
确定 取消

图 8-32 数字输入对象设置 1

再按 ESC 键，双击已添加的对象，出现如图 8-33 所示窗口，设置方法与数据输入设置方法类似。

（4）按钮对象 以起动按钮为例，在工具栏中点 S▾ 下的数据写入开关，在编辑区合适位置点击，再按 ESC 键，双击已添加的按钮对象，出现如图 8-34 所示窗口，软元件选择“SP122”，站台号为“0”，设定值选中固定值并输入“2”，显示方式分别设置 ON 和 OFF 下的图形样式和颜色设置，设置完毕，单击“文本/指示灯”标签。

在 OFF/ON 状态下，选择合适的文本色、字体及文本尺寸，在 OFF 下文本输入“正

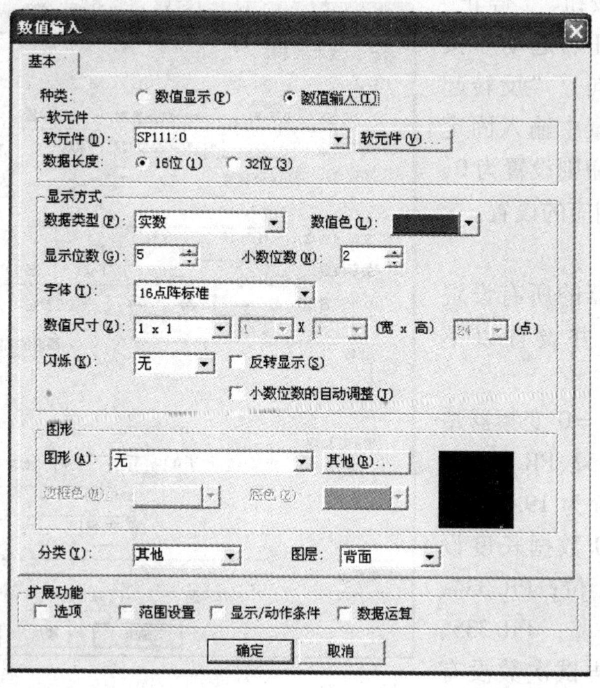

图 8-33　数字输入对象设置 2

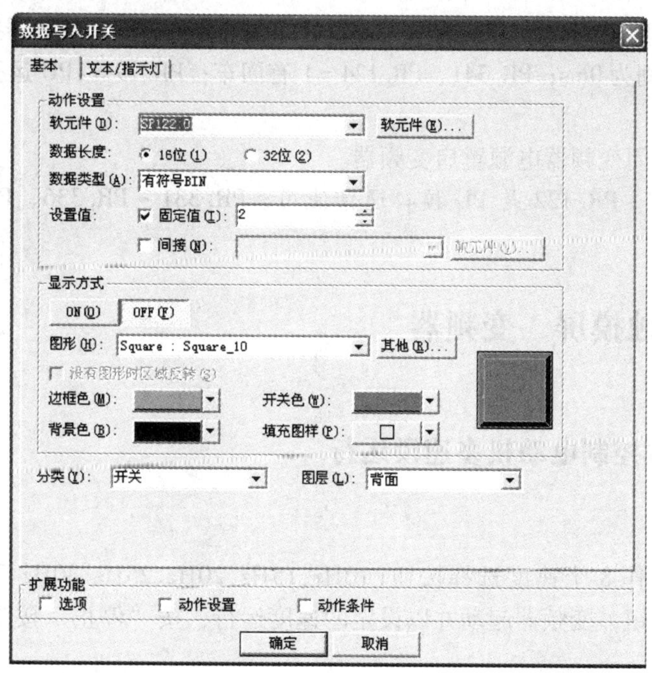

图 8-34　数据写入开关设置 1

转”，在 ON 状态输入“正转中”，在指示灯功能选中“字”，软元件输入“SP122”，站台号为“0”，范围为“2 == SP122:0”，如图 8-35 所示。

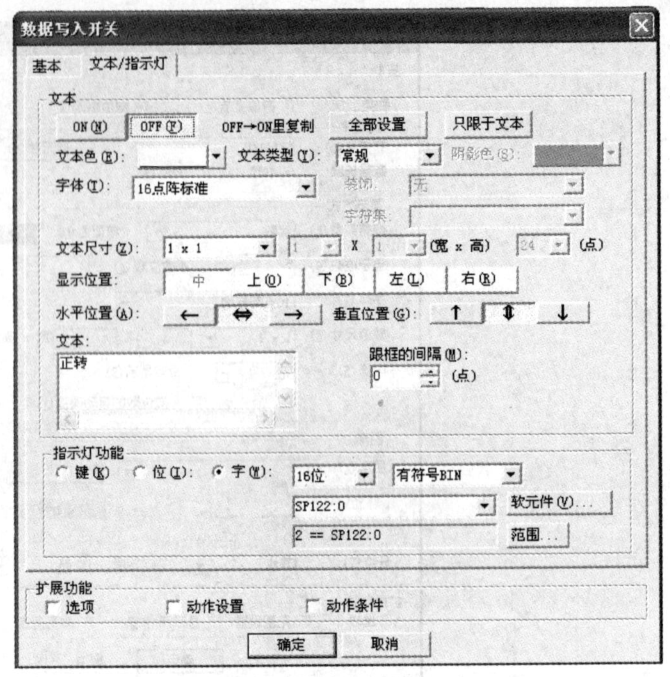

图 8-35　数字写入开关设置 2

"反转起动"按钮、"停止"按钮设置方法与"正转起动"按钮设置方法基本相同，"反转起动"按钮在动作设置中输入固定值为 4，"停止"按钮则设置为 0，指示灯功能中也做相应的设置。

5. 变频器设置

首先清除变频器的所有设置项（CLEAR ALL），并设置以下参数：

PR. 331、PR. 117 = 0 变频器站号设置为 00#；PR. 332、PR. 118 = 192 传送波特率设置为 19. 2kHz；PR. 333、PR. 119 = 10 数据长度设置为 7 位，停止位 1 位；PR. 334、PR. 120 = 1 奇校验；PR. 335、PR. 121 = 9999 通信再试次数没有设定，表示发送错误时，变频器没有报警停止；PR. 336、PR. 122 = 9999 通信校验时间间隔，设置 9999 表示无通信时间超过允许时间，变频器报警停止；PR. 337、PR. 123 = 0 等待时间为 0ms；PR. 341、PR. 124 = 1 有回车；PR. 79 = 1PU 运行模式；PR. 52 = 14 显示功率的设定。

设置完毕，关闭变频器电源重启变频器。

注意：PR. 117 ~ PR. 122 是 PU 接口通信使用，PR. 331 ~ PR. 336、PR. 341 是 RS485 专用通信接口使用。

8. 6　PLC 与触摸屏、变频器

项目 30　触摸屏控制电动机多速段运行

1. 控制要求

在触摸屏上制作 8 个速度选择按钮（10Hz、15Hz、20Hz、25Hz、30Hz、35Hz、40Hz、45Hz），选择相应的速度按钮，变频器起动并以设定的速度运行，按"停止"按钮停止运行。

2. 完成内容

列出 I/O 分配并画出 I/O 接线图；编写控制程序并进行调试；制作控制画面；进行变频器参数设置。

3. 提高

变频器设定 1 个 REX 端子（PR. 180 ~ PR. 186），做一个 15 速控制的触摸屏控制画面，

其频率自行设定。

4. 提供器材

FX_{3U}—48MR（或 FX_{2N}—48MR）PLC、GT1155 或 MT506MTV5 触摸屏、FR—A740 变频器、电动机等。

5. 事例程序

参考项目 25 和项目 28 中事例程序。

项目 31　触摸屏、变频器调速控制

1. 控制要求

变频器的输出频率由模拟量输出模块 FX_{3U}—4DA 给定，其起动（停止）信号由 PLC 给定；触摸屏画面中设置起动、停止按钮，并在触摸屏上可设置变频器的输出频率；运行频率设置范围为 0～50Hz，使用电流输出方式进行控制。

2. 完成内容

列出 I/O 分配并画出 I/O 接线图；编写控制程序并进行调试；制作控制画面；进行变频器参数设置。

3. 提高

编写程序实现当电流回路断线后，立即报警并停机的控制程序。

4. 提供器材

FX_{3U}—48MR（或 FX_{2N}—48MR）PLC、GT1155 或 MT506MTV5 触摸屏、FX_{3U}—4DA、FR—A740 变频器、电动机等。

5. 事例程序

触摸屏、变频器调速控制。

（1）控制要求　与本项目控制要求相同，其模拟量输出模块改用 FX_{3U}—4DA—ADP。

（2）I/O 分配及接线图

1）PLC 输出分配。Y000：STF；Y001：STR。

2）触摸屏软元件分配。M100：正转起动；M101：反转起动；M102：停止；D0：频率设置。系统接线图如图 8-36 所示。

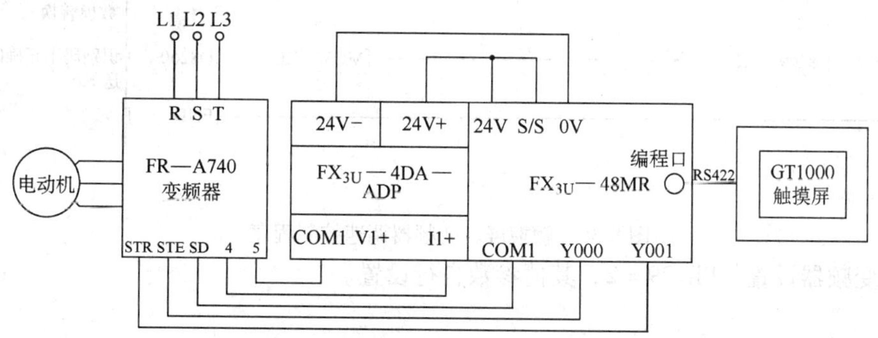

图 8-36　触摸屏、变频器（模拟量）调速控制接线图

（3）触摸屏画面　触摸屏控制画面如图 8-37 所示。

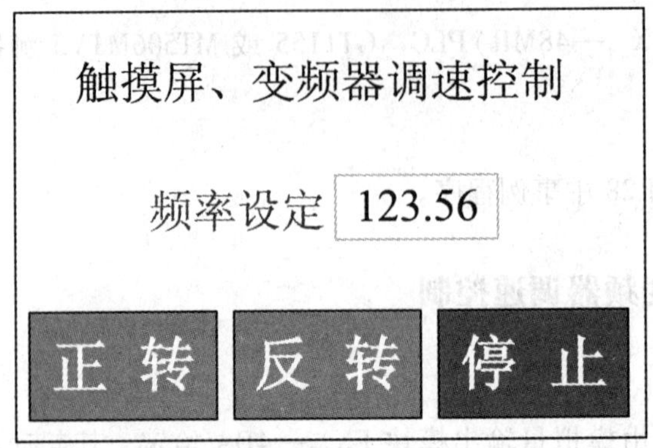

图 8-37　触摸屏控制画面

（4）控制程序　触摸屏、变频器调速控制程序如图 8-38 所示。

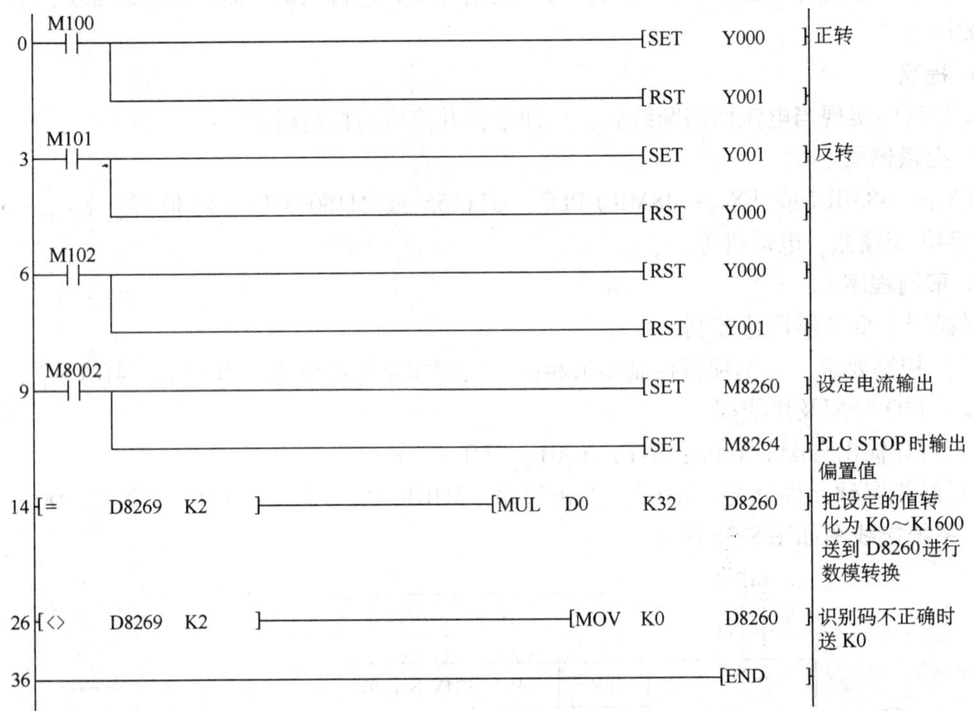

图 8-38　触摸屏、变频器调速控制程序

（5）变频器设置　PR. 79 =2，其他参数自行设置。

8.7 PLC RS485 通信

项目 32 电梯的 RS485 网络通信

1. 控制要求

3 台电梯(FX_{3U} PLC 或 FX_{2N}PLC 控制)组成的 RS485 N：N 网络，设定 1#电梯为主站，2#、3#电梯为从站，要求将 2#、3#电梯的楼层信息和呼叫信息传送到主站中保存。从站楼层信号保存在本站 D1000 中，呼叫信号保存在本站 M500 ~ M515 中，要求将保存在本地的信号传送到主站的目标地址为 D100(2#)、D101(3#)、M100 ~ M115(2#)、M116 ~ M131(3#)中。

2. 完成内容

列出 I/O 分配并画出 I/O 接线图；编写控制程序并进行调试。

3. 提供器材

FX_{3U}—48MR(或 FX_{2N}—48MR)PLC 4 台、FX_{3U}—485BD 3 块、通信线缆、按钮等。

4. 事例程序

PLC RS485 通信。

(1) 控制要求　在 RS485 N：N 网络中有 4 台 PLC 站点，其中 0#为主站，1#、2#、3#为从站，主站触摸屏可以控制 1#、2#、3#从站的 Y0 ~ Y7 输出，从站的 X000 为计数输入点，要求将 1#、2#、3#从站 X000 所计数值之和保存在主站的 D100 中，主站可以设定各从站的计数值(设定值)。

(2) I/O 分配及系统接线图

1) PLC 输入。X000：计数输入。

2) 触摸屏软元件分配。D0：1#从站计数设定值；D1：2#从站计数设定值；D2：3#从站计数设定值；D10：1#从站计数当前值；D20：2#从站计数当前值；D30：3#从站计数当前值；D100：计数合计值；M1000 ~ M1007：控制 1#站 Y000 ~ Y007 按钮；M1008 ~ M1015：控制 2#站 Y000 ~ Y007 按钮；M1016 ~ M1023：控制 3#站 Y000 ~ Y007 按钮。

系统接线图如图 8-39 所示。

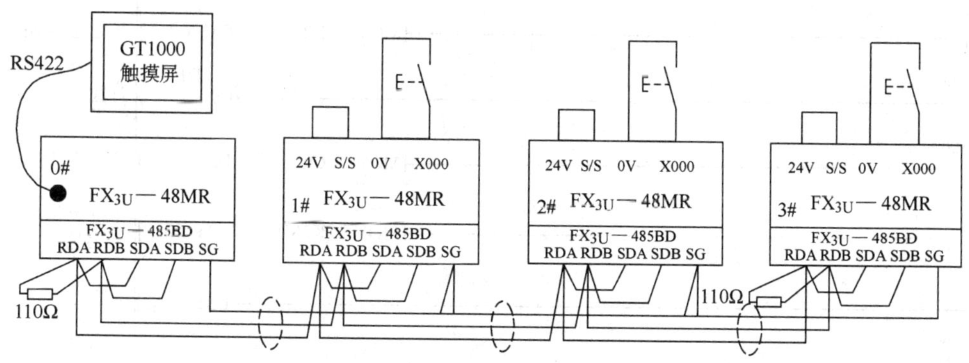

图 8-39　PLC RS485 通信接线图

(3) 主站程序　PLC RS485 通信主站程序如图 8-40 所示。

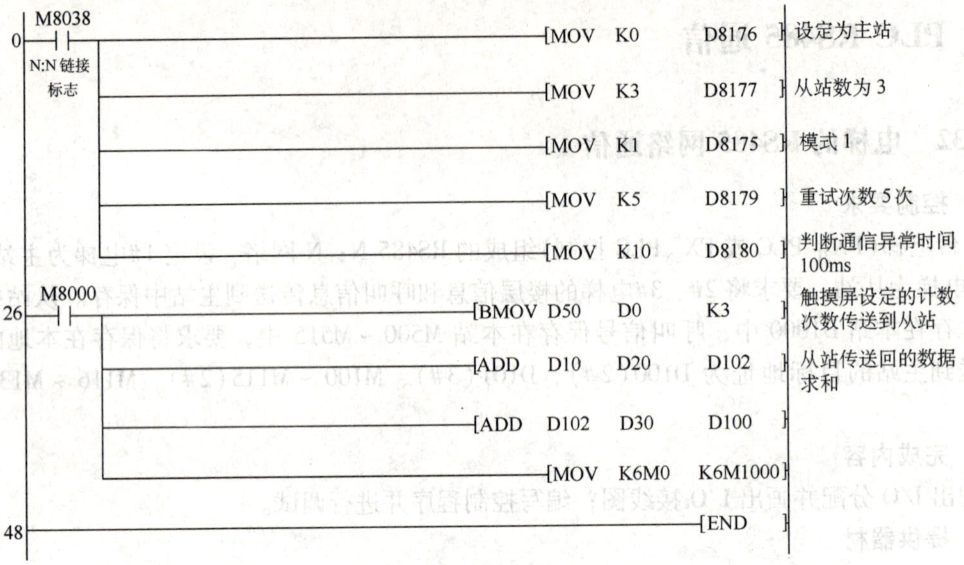

```
   M8038
0  —| |—————————————————————[MOV  K0     D8176 ]  设定为主站
   N:N 链接
   标志
                 ——————————[MOV  K3     D8177 ]  从站数为 3
                 ——————————[MOV  K1     D8175 ]  模式 1
                 ——————————[MOV  K5     D8179 ]  重试次数 5 次
                 ——————————[MOV  K10    D8180 ]  判断通信异常时间
                                                   100ms
   M8000
26 —| |—————————————[BMOV D50   D0     K3    ]  触摸屏设定的计数
                                                   次数传送到从站
                 ———————————[ADD  D10   D20    D102  ]  从站传送回的数据
                                                   求和
                 ———————————[ADD  D102  D30    D100  ]
                 ——————————[MOV  K6M0   K6M1000]
48 ————————————————————————————————[END  ]
```

图 8-40　PLC RS485 通信主站程序

（4）1#站程序　PLC RS485 通信接 1#站程序如图 8-41 所示。

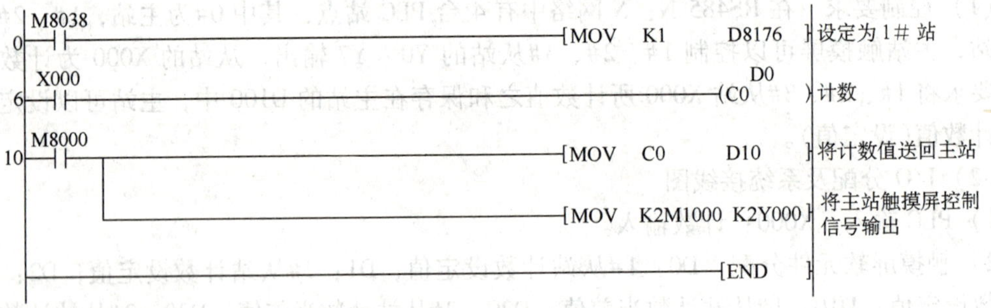

```
   M8038
0  —| |—————————————————————[MOV  K1     D8176 ]  设定为 1# 站
   X000                                     D0
6  —| |—————————————————————————————————(C0    )  计数
   M8000
10 —| |—————————————————————[MOV  C0     D10   ]  将计数值送回主站
            ————————————————[MOV  K2M1000 K2Y000]  将主站触摸屏控制
                                                   信号输出
   ————————————————————————————————————[END   ]
```

图 8-41　PLC RS485 通信接 1#站程序

（5）2#站程序　PLC RS485 通信接 2#站程序如图 8-42 所示。

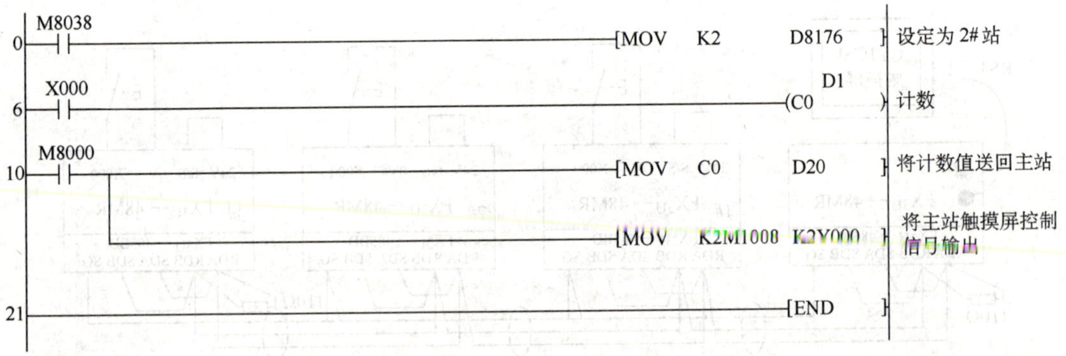

```
   M8038
0  —| |—————————————————————[MOV  K2     D8176 ]  设定为 2# 站
   X000                                     D1
6  —| |—————————————————————————————————(C0    )  计数
   M8000
10 —| |—————————————————————[MOV  C0     D20   ]  将计数值送回主站
            ————————————————[MOV  K2M1008 K2Y000]  将主站触摸屏控制
                                                   信号输出
21 ————————————————————————————————————[END   ]
```

图 8-42　PLC RS485 通信接 2#站程序

（6）3#站控制程序　PLC RS485 通信接 3#站程序如图 8-43 所示。

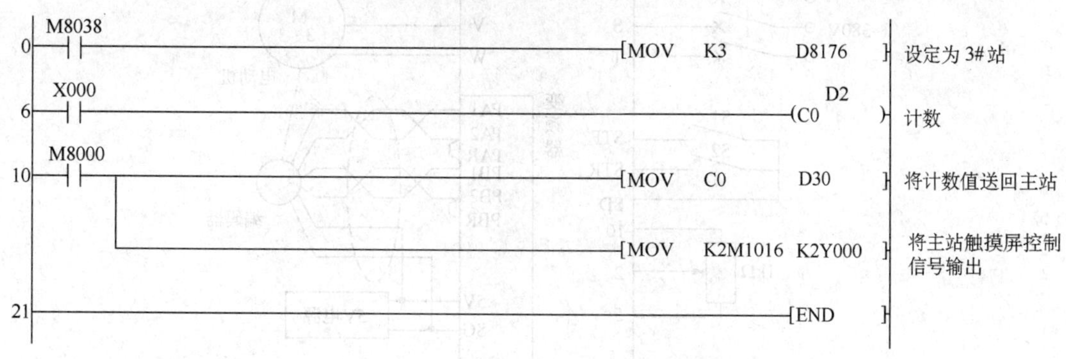

图 8-43　PLC RS485 通信接 3#站程序

（7）触摸屏画面　PLC RS485 通信接触摸屏画面如图 8-44 所示。

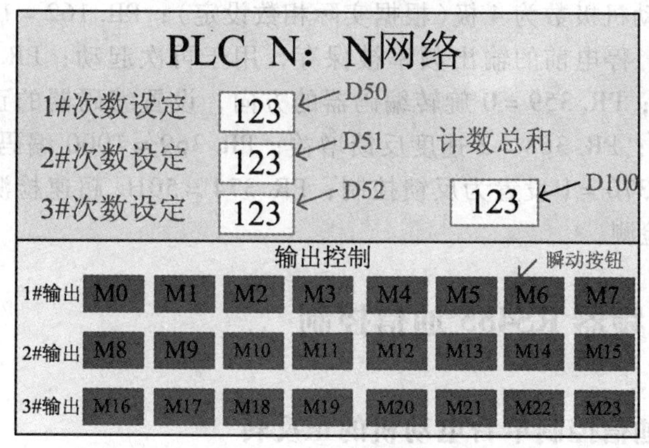

图 8-44　PLC RS485 通信接触摸屏画面

8.8　变频器 A7AP 闭环控制

项目 33　变频器速度反馈控制

1. 控制要求

用 FR—A7AP 设计一个变频器 V/F 闭环调速系统，频率可以通过电位器（或 PU）进行调节，在负荷变化时频率相对稳定。

2. 提供器材

FR—A740 变频器、FR—A7AP、电位器、开关、电动机（带旋转编码器）等。

3. 接线图

如图 8-45 所示，采用外部设定频率需要接电位器，如采用 PU 设定则不需要接电位器。

4. 参数设置

PR. 29 = 0 加减速曲线设置为斜直；PR. 79 = 2（PU 操作时 = 1）设置为外部操作模

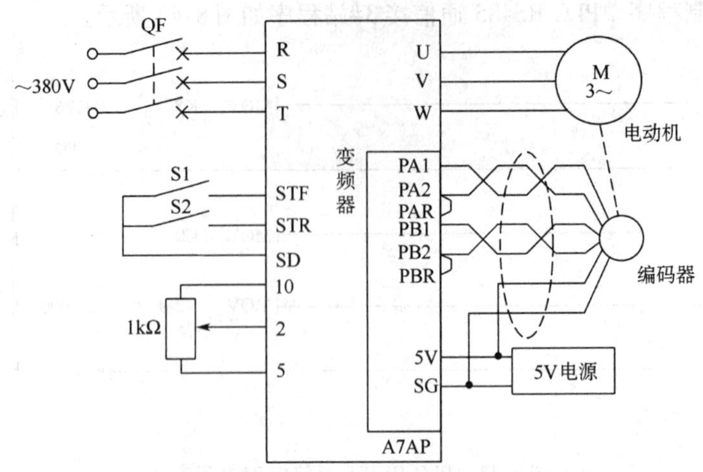

图 8-45　闭环调速接线图

式；PR. 144 = 4 电动机极数为 4 极（根据实际相数设定）；PR. 162 = 1 瞬时再起动选择，当出现瞬时停电时，停电前的输出频率被保存，用于再次起动；PR. 285 = 3Hz 超速检测（速度偏差检测）；PR. 359 = 0 旋转编码器的方向，设置编码器的正方向；PR. 367 = 50Hz 速度反馈范围；PR. 368 = 2 速度反馈增益；PR. 369 = 1000 编码器的脉冲数（根据编码器设定）；PR. 370 = 1 设置为反馈控制；PR. 374 = 50Hz 超速检测水平；PR. 376 = 1 开启编码器电缆检测。

8.9　PLC 与变频器 RS485 通信控制

项目 34　RS485 通信控制单台电动机的正反转

1. 控制要求

用 PLC 与变频器 RS485 通信方式，实现电动机的正转、反转起动和停止功能，电动机的运行频率是 50Hz，加减速时间和其他参数自行设定。

2. 提供器材

FX_{3U}—48MR（或 FX_{2N}—48MR）PLC、FX_{3U}—485BD、FR—A740 变频器、电动机、通信线缆、按钮等。

3. I/O 分配及系统接线

X000：正转起动；X001：反转起动；X002：停止。接线图如图 8-46 所示。

4. 控制程序

控制程序如图 8-47a、b 所示。

注意： 如果是使用 FX_{2N}—48MR PLC，在图 8-47a 程序中将 RS2 指令改为 RS 指令，图 8-47b 中将 IVDR 指令改为 EXTR 指令。

5. 变频器设置

设定 PU 频率 = 50Hz。PR. 331、PR. 117 = 0 变频器站台号设置为 00#。PR. 332、PR. 118 = 192 频率设置为 19. 2kHz。PR. 333、PR. 119 = 10 数据长度设置为 7 位，停止位 1 位。

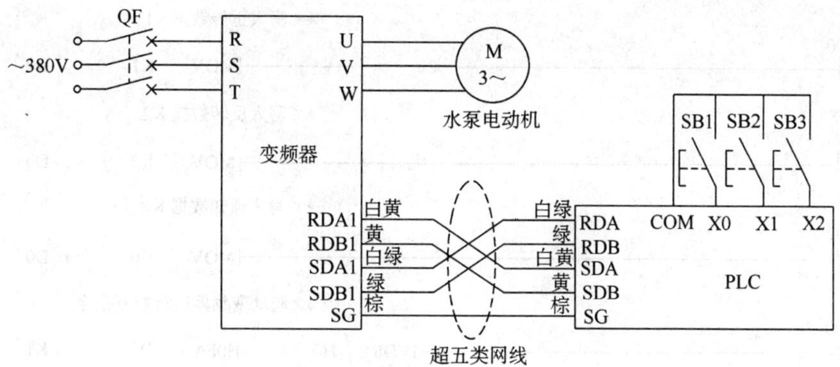

图 8-46　接线图

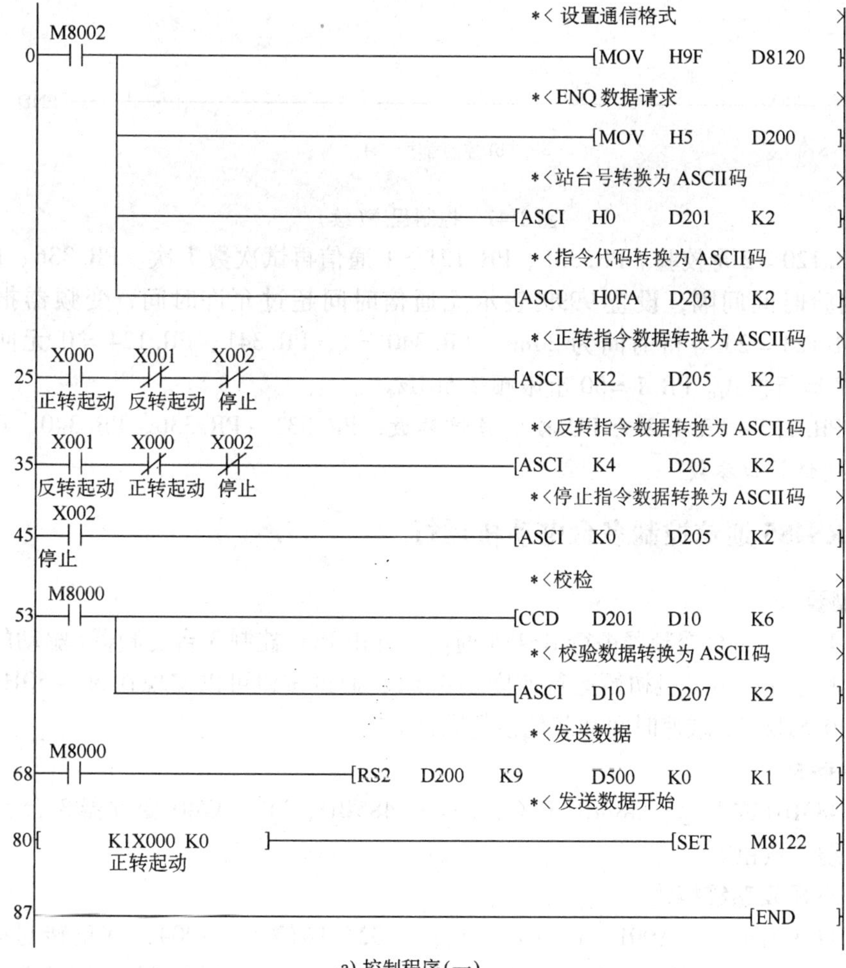

a) 控制程序(一)

图 8-47　控制程序

```
                                                        *<写入正传数据K1                        >
      X000
0 ----| |--------------------------------------------[MOV    K1          D0              ]
                                                        *<写入反转数据K2                        >
      X001
6 ----| |--------------------------------------------[MOV    K2          D0              ]
                                                        *<写入通知数据K0                        >
      X002
12----| |--------------------------------------------[MOV    K0          D0              ]
                                                        *<起动变频器运行控制指令                >
      X000
18----| |----+----------------------------[IVDR   H0     H0FA     D0          K1         ]
      X001   |
  ----| |----+
      X002   |
  ----| |----+

30---------------------------------------------------------------------------[END        ]
```

b) 控制程序(二)

图 8-47　控制程序(续)

PR. 334、PR. 120 =2 奇校验。PR. 335、PR. 121 =1 通信再试次数 1 次。PR. 336、PR. 122 = 9999 通信校验时间间隔，设置 9999 表示无通信时间超过允许时间，变频器报警停止。PR. 337、PR. 123 = 20 等待时间为 20ms。PR. 340 = 1、PR. 341、PR. 124 = 0 无回车换行。PR. 79 =1PU 运行模式。PR. 1 =50 上限频率 50Hz。

注意：PR. 117 ~ PR. 122 为 PU 接口通信参数，PR. 331 ~ PR. 336、PR. 340、PR. 341 为 RS485 专用通信接口参数。

项目 35　RS485 通信控制多台电动机运行

1. 控制要求

用一台 PLC 与 3 台变频器进行 RS485 通信，并由 PLC 控制 3 台变频器(驱动的电动机)正转、反转和停止，电动机初始运行速度是 40Hz，通过按钮可以实现在 30 ~ 50Hz 间变化，变化精度是 0. 5Hz，加减速时间和其他参数默认。

2. 提供器材

FX_{3U}—48MR(或 FX_{2N}—48MR) PLC、FX_{3U}—485BD、FR—A740 变频器 3 台、电动机 3 台、通信线缆、按钮等。

3. I/O 分配及系统接线

X000：1#正转起动；X001：1#反转起动；X002：1#停止，X004：2#正转起动；X005：2#反转起动；X006：2#停止；X010：3#正转起动；X011：3#反转起动；X012：3#停止；X020：1#加速；X021：1#减速；X022：2#加速 X023：2#减速；X024：3#加速；X025：3#减速。接线图如图 8-48 所示。

4. 控制程序

控制程序如图 8-49 所示。

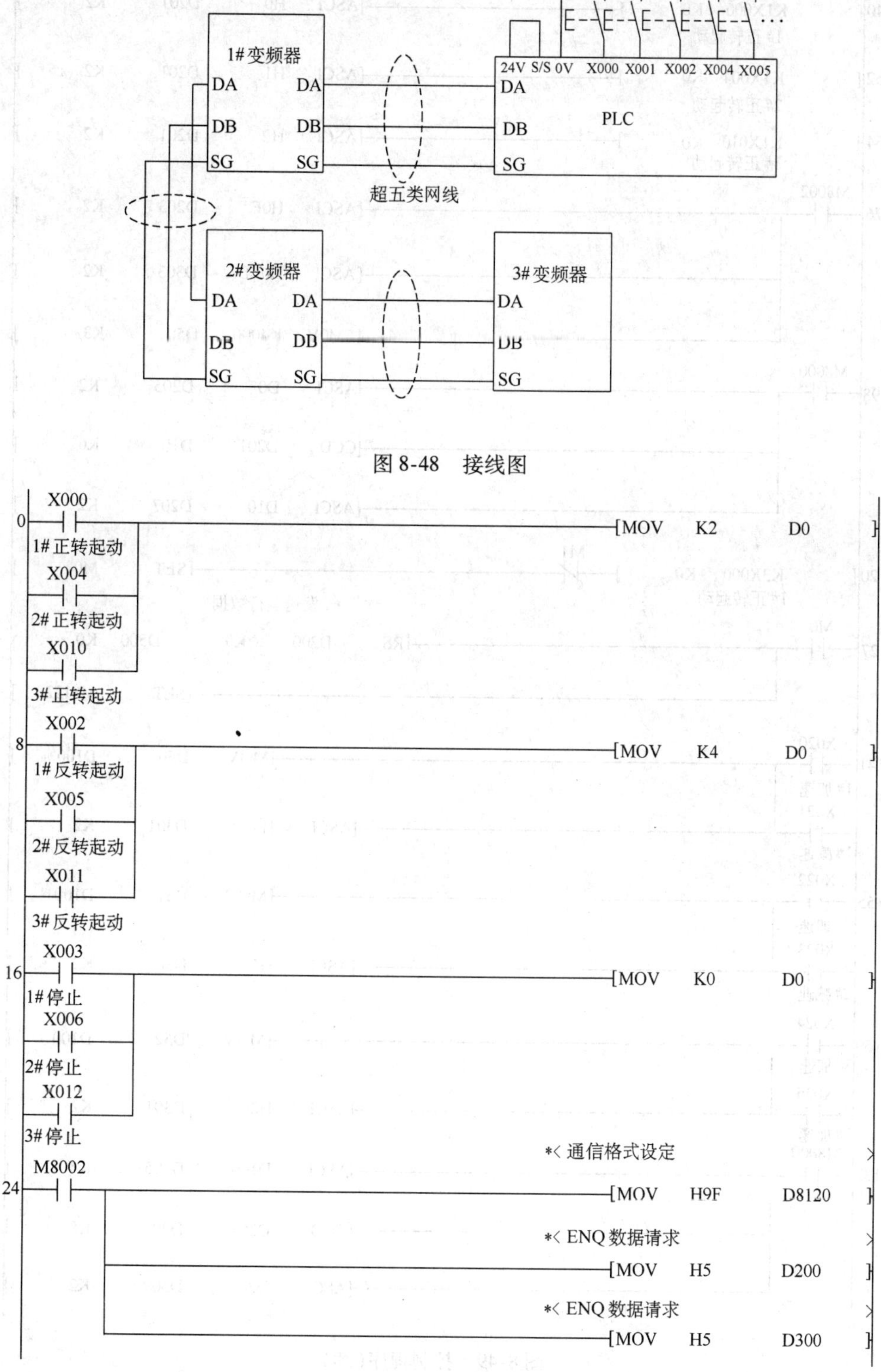

图 8-48 接线图

图 8-49 控制程序

```
40  [>  K1X000  K0 ]----------------------[ASCI  H0     D201   K2  ]
        1#正转起动
52  [>  K1X004  K0 ]----------------------[ASCI  H1     D201   K2  ]
        2#正转起动
64  [>  K1X010  K0 ]----------------------[ASCI  H2     D201   K2  ]
        3#正转起动
     M8002
76  --| |--+------------------------------[ASCI  H0F    D203   K2  ]
           |
           +------------------------------[ASCI  H0ED   D303   K2  ]
           |
           +------------------------------[FMOV  K4000  D50    K3  ]
     M8000
98  --| |--+------------------------------[ASCI  D0     D205   K2  ]
           |
           +------------------------------[CCD   D201   D10    K6  ]
           |
           +------------------------------[ASCI  D10    D207   K2  ]
                                 M1
120 [   K3X000  K0 ]----|/|---------------[SET   M0                ]
        1#正转起动
                                  *<发送运行数据                    >
     M0
127 --| |--+------------------------[RS   D200   K9   D500   K0   ]
           |
           +------------------------------[SET   M8122             ]
     X020
141 --| |--+------------------------------[MOV   D50    D100      ]
    1#加速 |
     X021  |
    --| |--+------------------------------[ASCI  H0     D301   K2  ]
    1#减速
     X022
155 --| |--+------------------------------[MOV   D51    D100      ]
    2#加速 |
     X023  |
    --| |--+------------------------------[ASCI  H1     D301   K2  ]
    2#减速
     X024
169 --| |--+------------------------------[MOV   D52    D100      ]
    3#加速 |
     X025  |
    --| |--+------------------------------[ASCI  H2     D301   K2  ]
    3#加速
     M8000
183 --| |--+------------------------------[ASCI  D100   D305   K4  ]
           |
           +------------------------------[CCD   D301   D20    K8  ]
           |
           +------------------------------[ASCI  D20    D309   K2  ]
```

图8-49　控制程序(续)

```
205 [>  K2X020  K0 ]──M0/──────────[SET  M1]
        1#加速
                          *< 发送频率数据 >
212 ──M1──┬───────────────────[RS  D300  K11  D500  K0]
          └───────────────────[SET  M8122]
226 ──M8122/──┬───────────────[RST  M0]
              └───────────────[RST  M1]
229 ──X020↑──────────────────[ADD  D50  K50  D50]
    1#加速
238 ──X021↑──────────────────[SUB  D50  K50  D50]
    1#减速
247 ──X022↑──────────────────[ADD  D51  K50  D51]
    2#加速
256 ──X023↑──────────────────[SUB  D51  K50  D51]
    2#减速
265 ──X024↑──────────────────[ADD  D52  K50  D52]
    3#加速
274 ──X025↑──────────────────[SUB  D52  K50  D52]
    3#减速
283 [>  D50  K5000 ]──────────[MOV  K5000  D50]
293 [>  D51  K5000 ]──────────[MOV  K5000  D51]
303 [>  D52  K5000 ]──────────[MOV  K5000  D52]
313 [<  D50  K3000 ]──────────[MOV  K3000  D50]
323 [<  D51  K3000 ]──────────[MOV  K3000  D51]
333 [<  D52  K3000 ]──────────[MOV  K3000  D52]
343 ──────────────────────────[END]
```

图 8-49　控制程序(续)

5. 变频器设置

参考项目 34，站台号 PR. 117 分别设定为 00、01、02。

项目 36　RS485 综合控制

1. 控制要求

如图 8-50 所示，系统由触摸屏、PLC 和三台变频器及 RS485 总线组成，通过触摸屏可

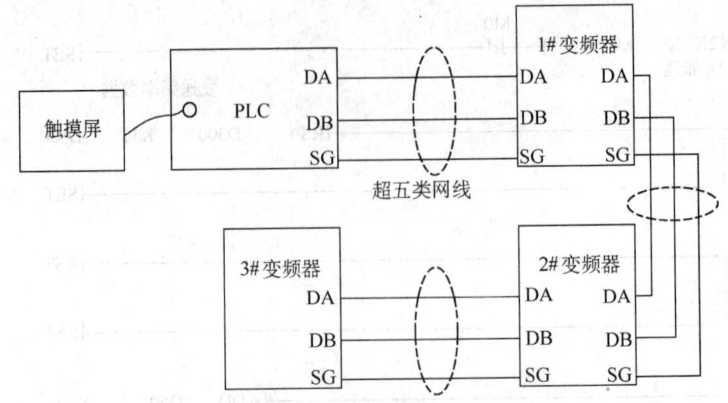

图 8-50　RS485 综合控制接线图

以任意设置三台变频器的频率(0～50Hz)，可以控制变频器正反转及停止，触摸屏画面能够显示各变频器当前运行频率；初始运行速度为 20Hz。

2. 提供器材

FX_{3U}—48MR(或 FX_{2N}—48MR)PLC、触摸屏、FX_{3U}—485BD、FR—A740 变频器 3 台、电动机 3 台、通信线缆等。

3. 触摸屏软元件分配

M0：1#变频器正转；M1：1#变频器反转；M2：1#变频器停止；M4：2#变频器正转；M5：2#变频器反转 M6：2#变频器停止 M10：3#变频器正转 M11：3#变频器反转；M12：3#变频器停止；D100：1#变频器频率设定；D101：2#变频器频率设定；D102：3#变频器频率设定；D200：1#变频器当前频率；D201：2#变频器当前频率；D202：3#变频器当前频率。

4. 触摸屏画面

RS485 综合控制画面如图 8-51 所示。

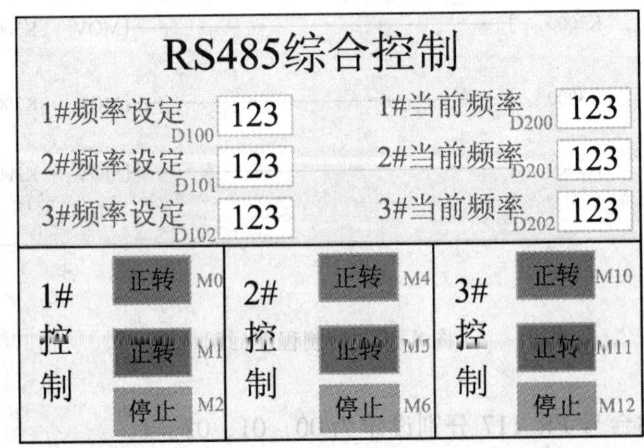

图 8-51　RS485 综合控制画面

5. 控制程序

RS485 综合控制程序如图 8-52 所示。

```
      M8002
0  ───┤ ├──────────────────────────────[MOV  K0   Z0      ]  变址寄存器初始化
      M8000
6  ───┤ ├──┬───────────────────────────[MOV  Z0   D0      ]  变址寄存器内容送D0
           ├──────────────[IVCK  D0   H6F   D200Z0  K1 ]  依次读出3台变频器频率
           ├──────────────[IVDR  D0   H0ED  D100Z0  K1 ]  依次写入3台变频器频率(RAM)
           └───────────────────────────[INC  Z0           ]
33 [=   Z0     K3  ]─────────────────[MOV  K0   Z0      ]
43 [>   K1M0   K0  ]─────────────────[MOV  K0   D10     ]  1#变频器运行操作(站号0)
53 [>   K1M4   K0  ]─────────────────[MOV  K1   D10     ]  2#变频器运行操作(站号1)
63 [>   K1M10  K0  ]─────────────────[MOV  K2   D10     ]  1#变频器运行操作(站号2)
      M0
73 ───┤ ├──┬─────────────────────────[MOV  K2   D11     ]  正转数据
      M4   │
   ───┤ ├──┤
      M10  │
   ───┤ ├──┘
      M1
81 ───┤ ├──┬─────────────────────────[MOV  K4   D11     ]  反转数据
      M5   │
   ───┤ ├──┤
      M11  │
   ───┤ ├──┘
      M2
89 ───┤ ├──┬─────────────────────────[MOV  K0   D11     ]  停止数据
      M6   │
   ───┤ ├──┤
      M12  │
   ───┤ ├──┘
97 [>   K4M0   K0  ]──────────[IVDR  D10  H0FA  D11  K1 ]  运行数据写入
111 ─────────────────────────────────────────────[END   ]
```

图 8-52　RS485 综合控制程序

注意：FX_{2N}—48MR PLC 使用 EXTR 指令代替 IVCK、IVDR 指令。

6. 变频器参数设定

参考项目 34，站台号 PR. 117 分别设定为 00、01、02。

8.10　CC-Link 通信

项目 37　PLC CC-Link 网络

1. 控制要求

系统设一个主站和三个远程站，每个远程站有一台电动机(接触器控制)；主站通过触摸屏“起动”或“停止”按钮，控制对应远程站的电动机的运行或停止；电动机运行方式为正反转循环运行。正转和反转的运行时间、正反转的间隔时间及循环的次数可通过主站触摸屏进行设置；电动机的运行状态可以通过触摸屏进行监视。

2. 提供器材

FX_{3U}—48MR（或 FX_{2N}—48MR）PLC 4 台、触摸屏、FX_{2N}—16CCL 3 台、FX_{2N}—32CCL、接触器 6 个、电动机 3 台、通信线缆等。

3. 软元件分配及系统接线图

1）触摸屏软元件分配。

M116：1#站起动，M117：1#站停止；M156：2#站起动，M157：2#站停止；M196：3#站起动，M197：3#站停止。M100：1#站运行指示，M140：2#站运行指示，M180：3#站运行指示。D500：1#站正转时间，D501：1#站反转时间，D502：1#站间隔时间，D503：1#站循环次数；D510：2#站正转时间，D511：2#站反转时间，D512：2#站间隔时间，D513：2#站循环次数；D520：3#站正转时间，D521：3#站反转时间，D522：3#站间隔时间，D523：3#站循环次数。

2）远程站 I/O 分配。

Y000：正转；Y001：反转。

3）系统接线图如图 8-53 所示。

4. 触摸屏画面

触摸屏画面如图 8-54 所示。

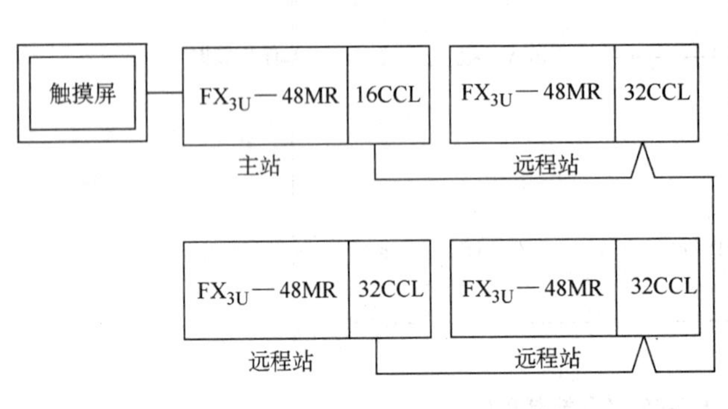

图 8-53　系统接线图

电动机群组的CCLINK网络控制		
1#站	2#站	3#站
正转012秒	正转012秒	正转012秒
反转012秒	反转012秒	反转012秒
间隔012秒	间隔012秒	间隔012秒
循环012次	循环012次	循环012次
起动	起动	起动
停止	停止	停止

图 8-54　触摸屏画面

5. 调试程序

调试程序如图 8-55 所示。

6. 主站程序

主站程序如图 8-56 所示。

7. 远程站程序

远程站程序如图 8-57 所示。

步	触点	指令	注释
0	M8000 ─┤├─	[MOV U0\G10 K4M20]	将 BFM#A 中的内容读出
6	M20 ─┤/├─ M35 ─┤├─ ↑	[SET M0]	
10	M0 ─┤├─	[MOV K3 D0]	已连接 3 个模块
		[MOV K3 D1]	重试 3 次
		[MOV K3 D2]	自动恢复模块数
		[BMOV D0 U0\G1 K3]	写入参数
		[MOV K3 U0\G6]	CPU 出错的操作
38	M0 ─┤├─	[MOV K0 U0\G16]	指定预留站
		[MOV H0FFF8 U0\G20]	指定无效站
49	M8002 ─┤├─ M20 ─┤/├─ M35 ─┤├─	[MOV H1101 D12]	1# 站设置
		[MOV H1102 D13]	2# 站设置
		[MOV H1103 D13]	3# 站设置
		[BMOV D12 U0\G32 K3]	写入 BFM#20~#22
		[RST M0]	
75	M8002 ─┤├─	[SET M40]	启动刷新指令
77	M20 ─┤/├─ M35 ─┤├─ ↑	[SET M1]	
81	M1 ─┤├─	[SET M50]	设置为写入到 EEPROM 中
83	M30 ─┤├─	[RST M50]	正常结束
		[RST M1]	
86	M31 ─┤├─	[MOV U0\G1720 D0]	异常结束读 BFM#6B9
		[RST M50]	
		[RST M1]	
94	M8000 ─┤├─	[MOV K4M40 U0\G10]	写入到 EEPROM
100		[END]	

图 8-55　调试程序

```
0    M8000            [MOV  U0\G10    K4M20   ]  读 BFM#AH
6    M8002            [SET  M40               ]  启动刷新
8    M20  M35  ↑      [SET  M0                ]
12   M0               [SET  M48               ]  设置用 EEPROM 启动链接
14   M28              [RST  M48               ]  正常结束
                      [RST  M0                ]
17   M29              [MOV  U0\G1640  D0      ]  异常结束读 BFM#668H
                      [RST  M48               ]
                      [RST  M0                ]
25   M8000            [MOV  K4M40     U0\G10  ]  写入到 BFM#AH
31   M8000            [MOV  U0\G224   K4M100  ]  读 1#站位 BFM#E0H
                      [MOV  K4M116    U0\G352 ]  写 1#站位 BFM#160H
                      [MOV  U0\G736   D100    ]  读 1#站字 BFM#2E0H
                      [MOV  D104      U0\G480 ]  写 1#站字 BFM#1E0H
52   M8000            [MOV  U0\G226   K4M140  ]  读 2#站位 BFM#E2H
                      [MOV  K4M156    U0\G354 ]  写 2#站位 BFM#162H
                      [MOV  U0\G740   D108    ]  读 2#站字 BFM#2E4H
                      [MOV  D112      U0\G484 ]  写 2#站字 BFM#1E4H
73   M8000            [MOV  U0\G228   K4M180  ]  读 3#站位 BFM#E4H
                      [MOV  K4M196    U0\G356 ]  写 3#站位 BFM#164H
                      [MOV  U0\G744   D116    ]  读 3#站字 BFM#2E8H
                      [MOV  D120      U0\G488 ]  写 3#站字 BFM#1E8H
94   M8002            [MOV  K0        Z0      ]  变址操作
100  M8000            [MUL  D500Z0  K10  D104Z0 ]  时间值还原
                      [MUL  D510Z0  K10  D112Z0 ]
                      [MUL  D520Z0  K10  D120Z0 ]
                      [MOV  D503      D106    ]  计数值
```

图 8-56 主站程序

```
                 [MOV  D513   D115 ]
                 [MOV  D523   D123 ]
                 [INC         Z0   ]
140 [=  Z0  K3 ] [MOV  K0     Z0   ]
150              [END              ]
```

图 8-56　主站程序(续)

```
0   M8000            [MOV  U0\G25   D0        ]  读模块状态信息
6   D0.7 链接正常      [MOV  U0\G0    K4M300    ]  读主站来的位信息
                     [MOV  K4M400   U0\G0     ]  写入到主站的位信息
                     [BMOV U0\G0    D300  K4  ]  读主站来的字信息
                     [BMOV D400     U0\G8 K4  ]  写入到主站的字信息
33  M300  M301  C0   (M400)                       运行标志
    M400
38  M400  T3         (T0    D300)
          T0         (T1    D301)
          T1         (T2    D302)
          T2         (T3    D303)
58  T3               (C0    D304)
62  M400             [RST   C0   ]
65  M400  T0         (Y000)
68  T1    T2         (Y001)
71  M8000            [MOV   C0   D400 ]           当前值送到 D400
77                   [END             ]
```

图 8-57　远程站程序

项目 38　变频器 CC-Link 网络(事例程序)

1. 控制要求

用一台 PLC 通过 CC-Link 网络控制 3 台变频器运行，实现电动机的正转、反转和停止功能，电动机运行频率为50Hz，加减速时间和其他参数默认。

2. 提供器材

FX_{3U}—48MR(或FX_{2N}—48MR)PLC、FX_{2N}—16CCL、FX_{2N}—32CCL、FR—A740变频器3台、FR—A7NC3块、电动机3台、通信线缆、按钮(需要直接设定频率和显示频率时,则准备触摸屏)等。

3. I/O分配及系统接线

X000：1#变频器正转；X001：1#变频器反转；X002：1#变频器停止；X003：2#变频器正转；X004：2#变频器反转；X005：2#变频器停止；X006：3#变频器正转；X007：3#变频器反转；X010：3#变频器停止；X020：通信调试按钮；Y000：1#运行指示灯；Y001：2#运行指示灯；Y002：3#运行指示灯。

接线图如图8-58所示。

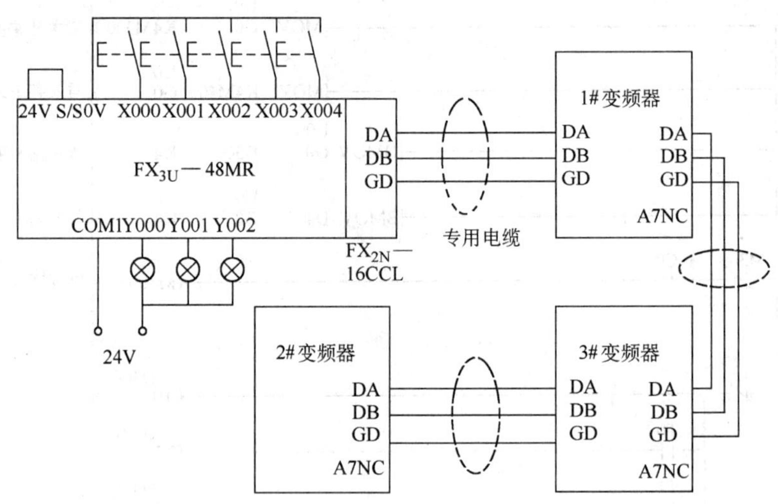

图8-58 接线图

4. 调试程序

调试程序参考图8-55。

5. 主站控制程序

主站控制程序如图8-59所示。

6. 变频器参数设置

PR. 79 = 2&PR. 340 = 1，网络操作模式；PR. 338 = 0&PR. 339 = 0，STF、STR均采用网络模式；PR. 550 = 0或999，通信选件操作权有效或通信选件自动识别；PR. 542 = 1(2、3)，站号选择；PR. 543 = 0，速率选择156kbit/s。

7. FX_{2N}—16CCL及FR—A5NC设置

(1) FX_{2N}—16CCL设置　STATION NO. 站号设置为00；MODE模式设置为0；B. RATE设置为0。

(2) FR—A7NC设置　STATION NO. 站号分别设置为01、02、03；B. RATE设置为0。

```
       M8000                                          U0\
0  ----| |-----------------------------------[MOV    G10       K4M20  ]  读 BFM#AH
       M8002
6  ----| |-----------------------------------------[SET    M40    ]  启动刷新
       M20    M35
8  ----|/|----| |-------------------------------------[SET    M0     ]
       M0
12 ----| |-----------------------------------------[SET    M48    ]  设置用 EEPROM
       M28                                                             启动链接
14 ----| |--+--------------------------------------[RST    M48    ]  正常结束
            |
            +--------------------------------------[RST    M0     ]
       M29                                          U0\
17 ----| |--+----------------------------------[MOV    G1640     D0     ]  异常结束读
            |                                                           BFM#668H
            +--------------------------------------[RST    M48    ]
            |
            +--------------------------------------[RST    M0     ]
       M8000                                                  U0\
25 ----| |-----------------------------------[MOV    K4M40     G10    ]  写入到 BFM#AH
       M8000                                          U0\
31 ----| |--+--------------------------------[MOV    G224      K4M100 ]  读 1#站位 BFM#E0H
            |                                                 U0\
            +--------------------------------[MOV    K4M200    G352   ]  写 1#站位 BFM#160H
            |                          U0\
            +-------------------------[BMOV  G736    D100      K4     ]  读 1#站字
            |                                  U0\                      BFM#2E0H~2E3H
            +-------------------------[BMOV  D110    G480      K4     ]  写 1#站字
       M8000                                   U0\                      BFM#1E0H~1E3H
56 ----| |--+--------------------------------[MVO    G226      K4M140 ]  读 2#站位 BFM#E2H
            |                                                 U0\
            +--------------------------------[MOV    K4M240    G354   ]  写 2#站位 BFM#162H
            |                          U0\
            +-------------------------[BMOV  G740    D120      K4     ]  读 2#站字
            |                                  U0\                      BFM#2E4H~2E7H
            +-------------------------[BMOV  D130    G484      K4     ]  写 2#站字
       M8000                                   U0\                      BFM#1E4H~1E7
81 ----| |--+--------------------------------[MOV    G228      K4M180 ]  读 3#站位 BFM#E4H
            |                                                 U0\
            +--------------------------------[MOV    K4M280    G356   ]  写 3#站位 BFM#164H
            |                          U0\
            +-------------------------[BMOV  G744    D140      K4     ]  读 3#站字
            |                                  U0\                      BFM#2E8H~2EBH
            +-------------------------[BMOV  D150    G488      K4     ]  写 3#站字
                                                                        BFM#1E8H~1EBH
       M102
106----| |------------------------------------------------(Y000   )  1#运行指示
       M142
108----| |------------------------------------------------(Y001   )  2#运行指示
       M182
110----| |------------------------------------------------(Y002   )  3#运行指示
```

图 8-59　主站控制程序

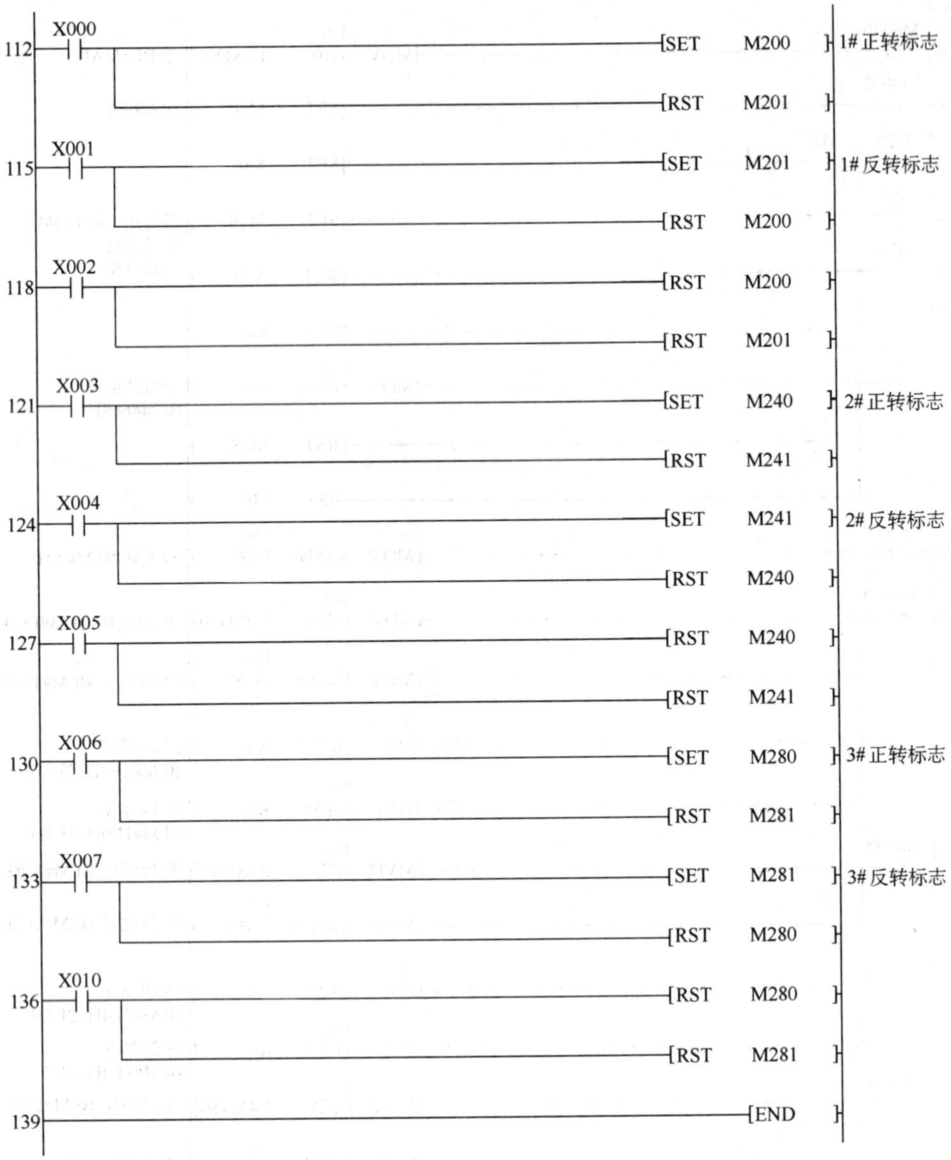

```
112  X000  [SET M200]  1#正转标志
            [RST M201]
115  X001  [SET M201]  1#反转标志
            [RST M200]
118  X002  [RST M200]
            [RST M201]
121  X003  [SET M240]  2#正转标志
            [RST M241]
124  X004  [SET M241]  2#反转标志
            [RST M240]
127  X005  [RST M240]
            [RST M241]
130  X006  [SET M280]  3#正转标志
            [RST M281]
133  X007  [SET M281]  3#反转标志
            [RST M280]
136  X010  [RST M280]
            [RST M281]
139         [END]
```

图 8-59 主站控制程序(续)

附　录

附录 A　可编程序控制器的分类及技术性能指标

1. PLC 的分类

（1）按照输入/输出点数分　可以分为小型机、中型机和大型机。小型机一般是指输入/输出点数在 256 点或以下（FX_{3U}系列为 384 点），用户存储器容量一般在 4K 左右（FX_{3U}系列为 64K，FX_{2N}系列为 8K），这类 PLC 的特点是价格低廉，体积较小，适合于控制单台设备和机电一体化产品；中型机的输入/输出点数为 256 ~ 2048 点，用户存储器容量在 8K 以上，中型机不仅具有开关量和模拟量控制功能，还具有更强的数字计数能力，有较强的通信能力，指令也更加丰富，适用于复杂的逻辑控制系统及过程控制场合；大型机是指输入/输出点数在 2048 点以上，用户存储器容量在 16KB 以上。大型 PLC 的性能与工业控制计算机相当，具有计算、控制和调节的功能，还具有强大的网络通信能力、冗余能力，大型 PLC 适用于设备自动化控制、过程自动化控制和过程监控系统中。

（2）按结构形式分　按照 PLC 结构形式的不同，可以将 PLC 分为整体式、模块式和板式。整体式结构是将 PLC 的基本部件，如 CPU 板、输入输出板、电源板等安装在一个标准的机壳内，构成一个整体，组成 PLC 的基本单元，基本单元上设有扩展接口，通过扩展电缆与扩展单元或适配器相连，如 I/O 模块、模拟量处理模块、通信模块等，整体式 PLC 具有体积小、成本低、安装方便等优点，被广泛使用；模块式 PLC 是由一些标准模块单元组成，如 CPU 模块、输入输出模块、电源模块及各种功能模块等，这些模块只需按要求插在基板上即可使用，各模块的功能是独立的，外形尺寸一致，可根据需要灵活配置；板式 PLC 一般不加任何封装，直接将 PLC 的 CPU、输入/输出、电源安装在 1 块（或 2 块）电路板上，有的板式 PLC 还增加模拟量处理单元，这种类型的 PLC 一般价格较低，安装时需要考虑防护的问题。

2. PLC 的主要技术性能指标

（1）I/O 点数　是指 PLC 外部 I/O 端子的总和，这是一个非常主要的技术指标，选择 PLC 时需要考虑 PLC 的输入和输出的点数，并留一定裕量。

（2）扫描速度　即执行 1 步（或 1000 步）指令所需要的时间，FX_{2N}系列 PLC 执行 1 步指令的时间是 0.08μs，FX_{3U}系列 PLC 执行 1 步指令的时间是 0.065μs。性能越好的 PLC，执行指令速度越快。

（3）用户存储器容量　是指存储用户程序的存储器空间的大小，一般 PLC 的用户存储器为几 K 到几十 K，大型 PLC 的容量在 1M 以上，这里所指的存储容量是按程序步来指定的，一个存储单位可以存放 1 个程序步，如 8K 容量的存储器可以存放 8000 步用户程序。

（4）指令系统　PLC 的指令系统是衡量其控制功能的主要指标。PLC 的指令种类越多，它的控制功能就越强大。

(5) 内部软元件　内部软元件用于存放变量状态、运算中间结果和数据等，还有许多的特殊功能软元件为用户提供特定的功能，因此软元件的配置情况是衡量 PLC 硬件功能的一个指标。

(6) 特殊功能模块　PLC 基本单元只能实现基本控制功能，为了实现一些特定的功能，还需要配置特殊功能模块，如 A/D 模块、D/A 模块、高速计数模块、位置控制模块、温度控制模块、通信模块等，因此在配置基本单元的同时还应考虑基本单元是否支持这些特殊功能模块。

附录 B　可编程序控制器的基本原理

PLC 的工作原理与个人计算机的工作原理是一致的，PLC 也是在系统程序的管理下，通过运行用户程序实现控制功能，但是计算机与 PLC 的执行用户程序的方式有所不同，计算机是采用等待任务的工作方式，而 PLC 则采用循环扫描的工作方式。

PLC 工作模式有两种，即停止模式和运行模式，当处于停止模式时，PLC 只进行内部处理和通信服务，当处于运行模式时，PLC 要进行内部处理、通信服务，同时还循环执行输入处理、程序处理和输出处理。

(1) 内部处理　在内部处理阶段，PLC CPU 检查内部硬件是否正常，如果硬件出现异常，立即报警并停止执行用户程序，如果硬件没有异常，将监控定时器复位。

(2) 通信服务　在通信服务阶段，PLC 能与其他的智能装置通信，响应编程命令等。

(3) 输入处理　在 PLC 输入处理阶段，PLC 读入所有输入端子的通断状态，并将读入的状态存入内存中对应的输入映像寄存器中，此时，输入映像寄存器被刷新，然后进入程序执行阶段和输出处理阶段，在这两个阶段，输入映像寄存器与外界隔离，即使输入信号发生变化，其映像寄存器的内容也不会发生变化，只有在下一个扫描周期的输入处理阶段才能进行刷新。

在 PLC 的存储器中，设置了一片区域用来存放输入信号和输出信号的状态，称为输入映像寄存器和输出映像寄存器。其他的软元件也有对应的映像寄存器，它们统称为元件映像寄存器。

(4) 程序处理　即执行用户控制程序，其执行的顺序是从左到右，从上到下，逐句逐行执行(扫描)，但遇到流程控制指令，则按照流程控制指令的要求执行，当用户程序中需要输入/输出状态时，PLC 从输入/输出映像寄存器中读出对应的映像寄存器的状态，按照用户程序进行各种运算，运算结果保存在元件映像寄存器中。因此元件映像寄存器(输入映像寄存器除外)中所寄存的内容，会随程序的执行而变化。

(5) 输出处理　在输出处理阶段，PLC 将输出映像寄存器的状态传送到输出锁存器中，并通过输出端子进行输出，用于控制外部设备的运行。在执行输入处理和程序处理时，输出锁存器的状态不会发生变化。

输入处理、程序处理、输出处理执行过程如图 B-1 所示。

输入处理、程序处理、输出处理是按照循环的工作方式进行，这也是 PLC 工作方式的一大特点，也可以说 PLC 是“串行”工作的，这和传统的继电控制系统“并行”工作有质的区别，串行工作方式避免了继电器控制系统中触点竞争和时序失配的问题。

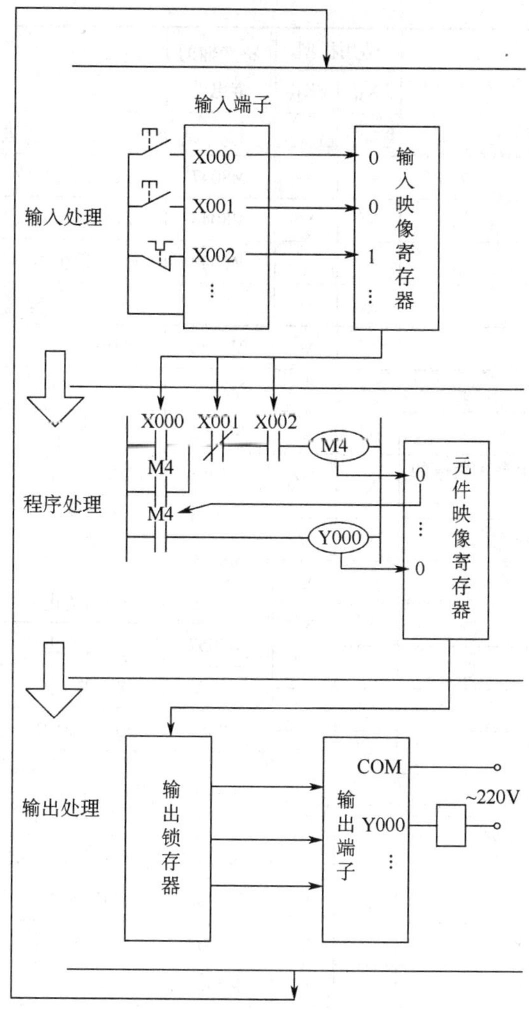

图 B-1 PLC 工作过程

附录 C FX 可编程序控制器的特殊功能软元件

附录表 C-1 常用特殊辅助继电器

特殊辅助继电器	说明	适用机型		特殊辅助继电器	说明	适用机型	
		FX_{3U}	FX_{2N}			FX_{3U}	FX_{2N}
PLC 状态				PLC 状态			
M8000	运行监控	√	√	M8005	电池电压过低	√	√
M8001	运行监控反向	√	√	M8006	电池电压低锁存	√	√
M8002	初始化脉冲	√	√	M8007	检测出瞬间停止	√	√
M8003	初始化脉冲反向	√	√	M8008	检测出停电中	√	√
M8004	发送错误	√	√	M8009	扩展单元直流 24V 掉电	√	√

（续）

特殊辅助继电器	说　明	适用机型	
		FX_{3U}	FX_{2N}
时钟			
M8010	—	—	—
M8011	10ms 周期脉冲	√	√
M8012	100ms 周期脉冲	√	√
M8013	1s 周期脉冲	√	√
M8014	1min 周期脉冲	√	√
标志位			
M8020	加减运算结果为 0 标志	√	√
M8021	减法运算结果超出最大负值的借位标志	√	√
M8022	发生进位或溢出标志	√	√
M8024	指定 BMOV 方向	√	√
M8025	HSC 模式	√	√
M8026	RAMP 模式	√	√
M8027	PR(FNC77)模式	√	√
M8029	动作结束标志	√	√
PLC 模式			
M8030	驱动后，PLC 电池电压低 LED 不指示	√	√
M8031	非保存内存清除	√	√
M8032	保存内存全部清除	√	√
M8033	驱动后，内存保存	√	√
M8034	禁止所有外部输出	√	√
M8035	强制 RUN 模式	√	√
M8036	强制 RUN 指令	√	√
M8037	强制 STOP 指令	√	√
M8038	通信参数设置标志	√	√
M8039	恒定扫描模式	√	√
步进专用			
M8040	禁止状态转移	√	√
M8041	转移开始	√	√
M8042	启动输入的脉冲输出	√	√
M8043	原点回归结束	√	√
M8044	原点条件	√	√
M8045	禁止所有输出复位	√	√
M8046	STL 动作状态	√	√

特殊辅助继电器	说　明	适用机型	
		FX_{3U}	FX_{2N}
步进专用			
M8047	STL 监控有效	√	√
M8048	信号报警器动作	√	√
M8049	信号报警器 D8049 有效	√	√
禁止中断			
M8050	I00□禁止	√	√
M8051	I10□禁止	√	√
M8052	I20□禁止	√	√
M8053	I30□禁止	√	√
M8054	I40□禁止	√	√
M8055	I50□禁止	√	√
M8056	I60□禁止	√	√
M8057	I70□禁止	√	√
M8058	I80□禁止	√	√
M8059	I010 ~ I060 禁止	√	√
出错检测			
M8060	I/O 构成出错	√	√
M8061	PLC 硬件出错	√	√
M8062	PLC/PP 通信出错	×	√
M8063	串行通信出错	√	√
M8064	参数出错	√	√
M8065	语法出错		
M8066	梯形图出错	√	√
M8067	运算出错	√	√
M8068	运算出错锁存	√	√
M8069	I/O 总线检测	√	√
并行链接			
M8070	并行链接设置主站	√	√
M8071	并行链接设置从站	√	√
M8072	并行链接标志	√	√
M8073	M8070、M8071 设置不良	√	√
采样跟踪			
M8075	采样跟踪准备开始指令	√	√
M8076	采样跟踪执行开始指令	√	√
M8077	采样跟踪执行中监控	√	√

（续）

特殊辅助继电器	说　明	适用机型 FX3U	适用机型 FX2N	特殊辅助继电器	说　明	适用机型 FX3U	适用机型 FX2N
采样跟踪				变频器通信			
M8078	采样跟踪结束监控	√	√	M8158	变频器通信出错锁定	√	×
M8079	采样跟踪系统区域	√	√	M8159	IVBWR 出错(CH2)	√	×
标志位				扩展功能			
M8090	BKCMP 块比较信号	√	×	M8160	XCH 的 SWAP 功能	√	√
M8091	COMRD BINDA 输出字符数切换信号	√	×	M8161	8 位处理模式	√	√
高速环形计数器				M8162	高速并联链接模式	√	√
M8099	高速环形计数器动作	√	√	M8165	SORT2 指令降序排列	√	×
M8100	—	—	—	M8167	HKY 处理 HEX 数据	√	√
内存信息				M8168	SMOV 处理 HEX 数据	√	√
M8105	在内存中写入接通	√	×	脉冲捕捉			
M8107	软元件注释登录确认	√	×	M8170	输入 X000 脉冲捕捉	√	√
输出刷新				M8171	输入 X001 脉冲捕捉	√	√
M8109	输出刷新出错	√	√	M8172	输入 X002 脉冲捕捉	√	√
计算机链接【RS 指令专用】				M8173	输入 X003 脉冲捕捉	√	√
M8121	发送待机标志	√	√	M8174	输入 X004 脉冲捕捉	√	√
M8122	请求发送	√	√	M8175	输入 X005 脉冲捕捉	√	√
M8123	发送结束标志	√	√	M8176	输入 X006 脉冲捕捉	√	×
M8124	检测出进位的标志位	√	√	M8177	输入 X007 脉冲捕捉	√	×
高速计数器比较、高速表格、定位				计数器增减计数方向			
M8130	HSZ 表格比较模式	√	√	M8200 ~ M8234	C200 ~ C234 脉冲方向控制，ON 为减计数	√	√
M8131	HSZ 执行结束标志	√	√	高速计数器增减计数方向			
M8132	HSZ、PLSY 速度模式	√	√	M8246 ~ M8255	C246 ~ C255 脉冲方向控制，ON 为减计数	√	√
M8133	HSZ、PLSY 执行结束	√	√	模拟量特殊适配器			
M8138	HSCT 执行结束标志	√	×	M8260 ~ M8269	第　台特殊适配器	√	×
M8139	高数比较指令执行中	√	×	M8270 ~ M8279	第二台特殊适配器	√	×
变频器通信				M8280 ~ M8289	第三台特殊适配器	√	×
M8151	变频器通信中	√	×	M8290 ~ M8299	第四台特殊适配器	√	×
M8152	变频器通信出错	√	×	标志位			
M8153	变频器通信出错锁定	√	×	M8304	乘除运算结果为 0	√	×
M8154	IVBWR 指令出错	√	×	M8306	除法运算结果溢出	√	×
M8155	EXTR 指令驱动时置位	√	×				
M8156	变频器通信中(CH2)	√	×				
M8157	变频器通信出错(CH2)	√	×				

（续）

特殊辅助继电器	说　明	适用机型	
		FX_{3U}	FX_{2N}
I/O 安装出错			
M8316	I/O 未安装出错	√	×
M8318	BFM 初始化出错	√	×
M8328	指令不执行	√	×
M8329	指令执行异常结束	√	×
定时时钟			
M8330	DUTY 定时时钟输出 1	√	×
M8331	DUTY 定时时钟输出 2	√	×
M8332	DUTY 定时时钟输出 3	√	×
M8333	DUTY 定时时钟输出 4	√	×
M8334	DUTY 定时时钟输出 5	√	×
定位			
M8336	DVIT 指令中断输入有效	√	×
M8338	PLSV 指令加减速动作	√	×
M8340	Y000 脉冲输出监控	√	×
M8341	Y000 清除信号输出	√	×
M8342	Y000 原定回归方	√	×
M8343	Y000 正转限位	√	×
M8344	Y000 反转限位	√	×
M8345	Y000 JOG 逻辑反转	√	×
M8346	Y000 零点逻辑反转	√	×
M8347	Y000 中断逻辑反转	√	×
M8348	Y000 定位指令驱动中	√	×
M8349	Y000 脉冲输出停止	√	×
M8350	Y001 脉冲输出监控	√	×
M8351	Y001 清除信号输出	√	×
M8352	Y001 原定回归方	√	×
M8353	Y001 正转限位	√	×
M8354	Y001 反转限位	√	×
M8355	Y001 JOG 逻辑反转	√	×
M8356	Y001 零点逻辑反转	√	×
M8357	Y001 中断逻辑反转	√	×
M8358	Y001 定位指令驱动中	√	×
M8359	Y001 脉冲输出停止	√	×
M8360	Y002 脉冲输出监控	√	×
M8361	Y002 清除信号输出	√	×

特殊辅助继电器	说　明	适用机型	
		FX_{3U}	FX_{2N}
定位			
M8362	Y002 原定回归方	√	×
M8363	Y002 正转限位	√	×
M8364	Y002 反转限位	√	×
M8365	Y002 JOG 逻辑反转	√	×
M8366	Y002 零点逻辑反转	√	×
M8367	Y002 中断逻辑反转	√	×
M8368	Y002 定位指令驱动中	√	×
M8369	Y002 脉冲输出停止	√	×
M8370	Y003 脉冲输出监控	√	×
M8371	Y003 清除信号输出	√	×
M8372	Y003 原定回归方	√	×
M8373	Y003 正转限位	√	×
M8374	Y003 反转限位	√	×
M8375	Y003 JOG 逻辑反转	√	×
M8376	Y003 零点逻辑反转	√	×
M8377	Y003 中断逻辑反转	√	×
M8378	Y003 定位指令驱动中	√	×
M8379	Y003 脉冲输出停止	√	×
高速计数功能			
M8380	C235、C241、C244、C247、C249、V251、C252、C254 动作状态	√	×
M8381	C236 动作状态	√	×
M8382	C237、C242、C245 动作状态	√	×
M8383	C238、C248、C250、C253、C255 动作状态	√	×
M8384	C239、C243 动作状态	√	×
M8385	C240 动作状态	√	×
M8386	C244(OP)动作状态	√	×
M8387	C245(OP)动作状态	√	×
M8388	高速计数器功能变更用触点	√	×
M8389	外部复位输入逻辑切换	√	×
M8390	C244 功能切换	√	×
M8391	C245 功能切换	√	×
M8392	C248、C253 功能切换	√	×
RS2 通道 1			
M8401	发送待机标志	√	×

（续）

特殊辅助继电器	说明	适用机型		特殊辅助继电器	说明	适用机型	
		FX_{3U}	FX_{2N}			FX_{3U}	FX_{2N}
RS2 通道 1				M8429	计算机链接下位通信请求字/字节切换	√	×
M8402	发送请求	√	×	M8438	串行通信出错	√	×
M8403	发送结束标志	√	×	定位			
M8404	检测出进位标志位	√	×	M8460	DVIT 指令 Y000 用户中断输入指令	√	×
M8405	数据设定指标就绪标志	√	×	M8461	DVIT 指令 Y001 用户中断输入指令	√	×
M8409	判断超时标志位	√	×	M8462	DVIT 指令 Y002 用户中断输入指令	√	×
RS2 通道 2				M8463	DVIT 指令 Y003 用户中断输入指令	√	×
M8421	发送待机标志	√	×	M8464	DSZR、ZRN 指令 Y000 清除信号软元件有效	√	×
M8422	发送请求	√	×	M8465	DSZR、ZRN 指令 Y001 清除信号软元件有效	√	×
M8423	发送结束标志	√	×	M8466	DSZR、ZRN 指令 Y002 清除信号软元件有效	√	×
M8424	检测出进位标志位	√	×	M8467	DSZR、ZRN 指令 Y003 清除信号软元件有效	√	×
M8425	数据设定指标就绪标志	√	×				
M8426	计算机链接全局 ON	√	×				
M8427	计算机链接下位通信请求发送中	√	×				
M8428	计算机链接下位通信请求出错标志位	√	×				

附录表 C-2　常用特殊数据寄存器

特殊数据寄存器	说明	适用机型		特殊数据寄存器	说明	适用机型	
		FX_{3U}	FX_{2N}			FX_{3U}	FX_{2N}
PLC 状态				时钟			
D8000	看门狗定时器初值 200	√	√	D8012	扫描时间的最大值	√	√
D8001	PLC 类型及系统版本	√	√	D8013	时钟秒	√	√
D8002	内存容量	√	√	D8014	时钟分	√	√
D8003	内存种类	√	√	D8015	时钟小时	√	√
D8004	出错辅助继电器编号	√	√	D8016	日	√	√
D8005	电池电压	√	√	D8017	月	√	√
D8006	检测电池电压低的等级	√	√	D8018	年	√	√
D8007	检测出瞬时停电次数	√	√	D8019	星期	√	√
D8008	检测出停电的时间	√	√	输入滤波时间			
D8009	直流 24V 掉电的单元号	√	√	D8020	X000 ~ X0017 输入滤波时间	√	√
时钟				变址寄存器的内容			
D8010	扫描的当前时间	√	√	D8028	Z0 寄存器的内容	√	√
D8011	扫描时间的最小值	√	√	D8029	V0 寄存器的内容	√	√

（续）

特殊数据寄存器	说　明	适用机型 FX$_{3U}$	适用机型 FX$_{2N}$
	步进专用		
D8040	ON 状态编号 1（最小）	√	√
D8041	ON 状态编号 2	√	√
D8042	ON 状态编号 3	√	√
D8043	ON 状态编号 4	√	√
D8044	ON 状态编号 5	√	√
D8045	ON 状态编号 6	√	√
D8046	ON 状态编号 7	√	√
D8047	ON 状态编号 8	√	√
D8049	ON 时，保存报警继电器最小编号	√	√
	出错检测		
D8060	输入/输出未安装，起始编号	√	√
D8061	PLC 硬件出错代码编号	√	√
D8062	PLC/PP 通信出错代码	√	√
D8063	通道 1 通信出错代码	√	√
D8064	参数出错代码	√	√
D8065	语法出错代码	√	√
D8066	梯形图出错代码	√	√
D8067	运算出错代码	√	√
D8068	发送运算出错的步编号	√	√
D8069	M8065～M8067 产生出错编号	√	√
	并行链接		
D8070	判断并行链接出错时间	√	√
	采样跟踪		
D8074～D8098	使用 A6GPP、A6PHPP、A7PHP 采样跟踪时被可编程序控制器占用	√	√
	环形计数器		
D8099	0～32767 的递增环形计数器	√	√
	内存信息		
D8101	PLC 类型及版本	√	×
D8102	内存容量	√	√
D8104	功能扩展类型机型代码	√	√
D8105	功能扩展内存版本	√	√
D8107	软元件注释登录数	√	×

特殊数据寄存器	说　明	适用机型 FX$_{3U}$	适用机型 FX$_{2N}$
	内存信息		
D8108	特殊模块的链接台数	√	×
	输出刷新出错		
D8109	刷新输出出错 Y 编号	√	√
	RS 计算机链接		
D8120	设定通信格式	√	√
D8121	设定站台号	√	√
D8122	发送数据剩余点数	√	√
D8123	接收点数	√	√
D8124	报头 STX	√	√
D8125	报尾 ETX	√	√
D8127	指定下位通信请求的起始编号	√	√
D8128	指定下位通信请求的数据数	√	√
D8129	设定超时的时间	√	√
	高速计数器比较、表格、定位		
D8130	HSZ、PLSY 高速比较表格计数器	√	√
D8131	HSZ、PLSY 速度型表格计数器	√	√
D8132	HSZ、PLSY 速度型式频率低位	√	√
D8133	HSZ、PLSY 速度型式频率高位	√	√
D8134	HSZ、PLSY 速度型式目标脉冲数低位	√	√
D8135	HSZ、PLSY 速度型式目标脉冲数高位	√	√
D8136	PLSY、PLSR 输出到 Y000、Y001 的脉冲合计低位	√	√
D8137	PLSY、PLSR 输出到 Y000、Y001 的脉冲合计高位	√	√
D8138	HSCT 表格计数器	√	√
D8139	HSCS、HSCR、HSZ、HSCT 执行的指令数	√	√
D8140	PLSY、PLSR 输出到 Y000 的脉冲数或定位指令的当前地址低位	√	√
D8141	PLSY、PLSR 输出到 Y000 的脉冲数或定位指令的当前地址高位	√	√
D8142	PLSY、PLSR 输出到 Y001 的脉冲数或定位指令的当前地址低位	√	√

（续）

特殊数据寄存器	说　明	适用机型	
		FX$_{3U}$	FX$_{2N}$
高速计数器比较、表格、定位			
D8143	PLSY、PLSR 输出到 Y001 的脉冲数或定位指令的当前地址高位	√	√
D8144	—	—	—
变频器通信			
D8150	通道 1 通信响应等待时间	√	×
D8151	通道 1 通信中的步编号，初始值 -1	√	×
D8152	通道 1 通信错误代码	√	×
D8153	通道 1 通信出错步的锁存，初始值 -1	√	×
D8154	通道 1 IVBWR 指令发生错误的参数编号，初始值 -1 或 EXTR 指令响应等待时间	√	√
D8155	通道 2 通信响应等待时间	√	√
D8156	通道 1 通信中的步编号，初始值 -1 或 EXTR 指令的错误代码	√	√
D8157	通道 2 通信错误代码	√	√
D8158	通道 2 通信出错步的锁存，初始值 -1	√	×
D8159	通道 2 IVBWR 指令发送错误的参数编号，初始值 -1	√	×
扩展功能			
D8164	指定 FROM、TO 指令传送点数	×	√
D8169	使用第 2 密码限制存取的状态：H0000 未设定 2 级密码；H0010 禁止写入；H0011 禁止读写；H0012 禁止所有操作；H0020 解除密码	√	×
简易 PLC 间链接设定			
D8173	相应的站号设定状态	√	√
D8174	通信子站的设定状态	√	√
D8175	刷新范围的设定状态	√	√
D8176	设定站号	√	√
D8177	设定子站数	√	√
D8178	设定刷新范围	√	√
D8179	刷新次数	√	√
D8180	监视时间	√	√
变址寄存器			
D8182	Z1 寄存器的内容	√	√
D8183	V1 寄存器的内容	√	√
D8184	Z2 寄存器的内容	√	√
D8185	V2 寄存器的内容	√	√
D8186	Z3 寄存器的内容	√	√
D8187	V3 寄存器的内容	√	√
D8188	Z4 寄存器的内容	√	√
D8189	V4 寄存器的内容	√	√
D8190	Z5 寄存器的内容	√	√
D8191	V5 寄存器的内容	√	√
D8192	Z6 寄存器的内容	√	√
D8193	V6 寄存器的内容	√	√
D8194	Z7 寄存器的内容	√	√
D8195	V7 寄存器的内容	√	√
简易 PLC 间链接监控			
D8201	当前链接扫描时间	√	√
D8202	最大的链接扫描时间	√	√
D8203 ~ D8210	站号 1 ~ 7 数据传送顺控出错计数	√	√
D8211 ~ D8218	主站及站号 1 ~ 7 数据传送出错代码	√	√
模拟量特殊适配器			
D8260 ~ D8269	第一台适配器专用	√	×
D8270 ~ D8279	第二台适配器专用	√	×
D8280 ~ D8289	第三台适配器专用	√	×
D8290 ~ D8299	第四台适配器专用	√	×
定时时钟			
D8330	DUTY 指令定时时钟输出 1 用扫描计数器	√	×
D8331	DUTY 指令定时时钟输出 2 用扫描计数器	√	×
D8332	DUTY 指令定时时钟输出 3 用扫描计数器	√	×
D8333	DUTY 指令定时时钟输出 4 用扫描计数器	√	×

（续）

特殊数据寄存器	说　明	适用机型	
		FX$_{3U}$	FX$_{2N}$
	定时时钟		
D8334	DUTY指令定时时钟输出5用扫描计数器	√	×
D8336	DVIT指令用中断输入初始值设定	√	×
	定位		
D8340	Y000当前值寄存器低位	√	×
D8341	Y000当前值寄存器高位	√	×
D8342	Y000偏差速度，初始值0	√	×
D8343	Y000最高速度低位，初始值100000	√	×
D8344	Y000最高速度高位，初始值100000	√	×
D8345	Y000爬行速度，初始值1000	√	×
D8346	Y000原点回归速度低位，初始值50000	√	×
D8347	Y000原点回归速度高位，初始值50000	√	×
D8348	Y000加速时间，初始值100	√	×
D8349	Y000减速时间，初始值100	√	×
D8350	Y001当前值寄存器低位	√	×
D8351	Y001当前值寄存器高位	√	×
D8352	Y001偏差速度，初始值0	√	×
D8353	Y001最高速度低位，初始值100000	√	×
D8354	Y001最高速度高位，初始值100000	√	×
D8355	Y001爬行速度，初始值1000	√	×
D8356	Y001原点回归速度低位，初始值50000	√	×
D8357	Y001原点回归速度高位，初始值50000	√	×
D8358	Y001加速时间，初始值100	√	×
D8359	Y001减速时间，初始值100	√	×
D8360	Y002当前值寄存器低位	√	×
D8361	Y002当前值寄存器高位	√	×
D8362	Y002偏差速度，初始值0	√	×
D8363	Y002最高速度低位，初始值100000	√	×
D8364	Y002最高速度高位，初始值100000	√	×

特殊数据寄存器	说　明	适用机型	
		FX$_{3U}$	FX$_{2N}$
	定位		
D8365	Y002爬行速度，初始值1000	√	×
D8366	Y002原点回归速度低位，初始值50000	√	×
D8367	Y002原点回归速度高位，初始值50000	√	×
D8368	Y002加速时间，初始值100	√	×
D8369	Y002减速时间，初始值100	√	×
D8370	Y003当前值寄存器低位	√	×
D8371	Y003当前值寄存器高位	√	×
D8372	Y003偏差速度，初始值0	√	×
D8373	Y003最高速度低位，初始值100000	√	×
D8374	Y003最高速度高位，初始值100000	√	×
D8375	Y003爬行速度，初始值1000	√	×
D8376	Y003原点回归速度低位，初始值50000	√	×
D8377	Y003原点回归速度高位，初始值50000	√	×
D8378	Y003加速时间，初始值100	√	×
D8379	Y003减速时间，初始值100	√	×
	中断程序及环形计数器		
D8393	延迟时间	√	×
D8398	0～2147483647递增环形计数器低位	√	×
D8399	0～2147483647递增环形计数器高位	√	×
	RS2指令通道1		
D8400	设定通信格式	√	×
D8402	发送剩余点数	√	×
D8403	接收点数监控	√	×
D8405	显示通信参数	√	×
D8409	设定超时的时间	√	×
D8410	报头	√	×
D8411	报头	√	×
D8412	报尾	√	×
D8413	报尾	√	×

（续）

特殊数据寄存器	说　明	适用机型	
		FX_{3U}	FX_{2N}
RS2 指令通道 1			
D8414	接收数据求和(接收数据)	√	×
D8415	接收数据求和(计数结果)	√	×
D8416	发送数据求和	√	×
D8419	显示动作模式	√	×
RS2 通道 2【计算机链接】			
D8420	设定通信格式	√	×
D8421	设定站号	√	×
D8422	发送剩余点数	√	×
D8423	接收点数监控	√	×
D8425	显示通信参数	√	×
D8427	指定下位通信请求起始编号	√	×
D8428	指定下位通信请求数据数	√	×
D8429	设定超时时间	√	×
D8430	报头	√	×
D8431	报头	√	×
D8432	报尾	√	×
D8433	报尾	√	×
D8434	接收数据求和(接收数据)	√	×
D8435	接收数据求和(计数结果)	√	×
D8436	发送数据求和	√	×
D8438	通道 2 串行通信出错	√	×
D8349	显示动作模式	√	×
特殊模块			
D8449	特殊模块错误代码	√	×
定位			
D8464	DSZR、ZRN 指令 Y000 指定清除信号软元件	√	×
D8465	DSZR、ZRN 指令 Y001 指定清除信号软元件	√	×
D8466	DSZR、ZRN 指令 Y002 指定清除信号软元件	√	×
D8467	DSZR、ZRN 指令 Y003 指定清除信号软元件	√	×

附录 D　可编程序控制器状态指示灯

指示灯类型	灯　状　态	PLC 状态
POWER LED	灯亮(绿色)	PLC 电源正常
	闪烁	电源不正常或 PLC 内部故障
	灯灭	PLC 电源不正常
RUN LED	灯亮(绿色)	用户程序执行中
	灯灭	未执行用户程序
BATT LED	灯亮(红色)	电池电压过低
	灯灭	电池电压超过 M8006 设定值
ERROR LED	灯亮(红色)	看门狗定时器出错或 PLC 硬件出错
	灯闪烁	用户程序参数出错、语法出错、回路出错
	灯灭	用户程序没有出错

附录 E 错误代码表

错误类型（软元件）	错误代码	错误原因	备注
I/O 构成出错（M8060、D8060）	四位 BCD 码	使用未安装 I/O 扩展单元的 I/O 编号	BCD 码最高位为 1 是输入 X 出错，为 0 便是输出 Y 出错，其余 3 位为软元件编号。出现此类错误时 PLC 可继续运行
串行通信出错 2（M8438、D8438）	0000	无异常	PLC 可继续运行
	3801	奇偶校验或溢出校验、帧出错	
	3802	通信字符出错	
	3803	通信数据和校验不一致	
	3804	数据格式出错	
	3805	命令错误	
	3806	监视超时	
	3807	调制解调器初始化出错	
	3808	简易 PC 间链接的参数出错	
	3812	并行链接字符出错	
	3813	并行链接求和校验出错	
	3814	并行链接格式出错	
	3820	变频器通信时通信出错	
PLC 硬件出错（M8061、D8061）	0000	无异常	
	6101	RAM 出错	PLC 停止运行
	6102	运算回路出错	
	6103	I/O 总线出错	
	6104	扩展单元电源掉电	
	6105	看门狗定时器出错	
	6106	I/O 表制作	
PLC 与手持编程器通信（D8062）	0000	无异常	PLC 继续运行
	6201	奇偶校验、溢出、帧出错	
	6202	通信字符出错	
	6203	通信数据的校验和不一致	
	6204	数据格式错误	
	6205	命令错误	
串行通信出错 1（M8063、D8063）	0000	无异常	PLC 可继续运行
	6301	奇偶校验或溢出校验、帧出错	
	6302	通信字符出错	
	6303	通信数据和校验不一致	
	6304	数据格式出错	

（续）

错误类型（软元件）	错误代码	错误原因	备注
串行通信出错 1（M8063、D8063）	6305	命令错误	PLC 可继续运行
	6306	监视超时	
	6307	调制解调器初始化出错	
	6308	简易 PC 间链接的参数出错	
	6312	并联链接字符出错	
	6313	并联链接求和校验出错	
	6314	并联链接格式出错	
	6320	变频器通信时通信出错	
参数出错（M8064、D8064）	0000	无异常	
	6401	程序的和校验不一致	PLC 停止运行
	6402	内存容量的设置错误	
	6403	保持区域的设置错误	
	6404	注释区域的设置错误	
	6405	文件寄存器的区域设置错误	
	6406	BFM 初始值数据的和校验不一致	
	6407	BFM 初始值数据异常	
	6409	其他的设定错误	
语法出错（M8065、D8065）	0000	无异常	
	6501	指令、软元件符号、软元件编号错误	PLC 停止运行
	6502	TC 设定值前没有线圈驱动指令	
	6503	TC 后面没有设定值	
	6504	标签编号重复、中断和高速输入重复	
	6505	软元件编号超出范围	
	6506	使用了未定义的指令	
	6507	P 标签编号定义错误	
	6508	I 标签标号定义错误	
	6509	其他	
	6510	MC 的嵌套标号关系错误	
回路出错（M8066、D8066）	0000	无异常	
	6610	LD、LDI 连续使用超过 9 次	PLC 停止运行
	6611	相对 LD、LDI，ANB、ORB 使用次数过多	
	6612	相对 LD、LDI，ANB、ORB 使用次数过少	
	6613	MPS 连续使用超过 12 次	
	6614	遗漏 MPS	

（续）

错误类型（软元件）	错误代码	错误原因	备　注
回路出错（M8066、D8066）	6615	遗漏 MPP	PLC 停止运行
	6616	MPS 与 MRD、MPP 之间输出遗漏	
	6617	应该连接在母线上的指令没连在母线上	
	6618	只能在主程序中使用的程序在主程序以外使用	
	6619	FOR NEXT 之间程序不能使用的指令	
	6620	FOR NEXT 嵌套超出	
	6621	FOR NEXT 数量关系出错	
	6622	无 NEXT	
	6623	无 MC	
	6624	无 MCR	
	6625	STL 指令连续使用超出 9 次	
	6626	STL RET 中有不能使用的指令	
	6627	无 STL	
	6628	主程序中有不能使用的指令	
	6629	无 P、I	
	6630	无 SRET、IRET	
	6631	错误使用了 SRET	
	6632	错误使用 FEND	
运算出错（M8067、D8067）	0000	无异常	PLC 继续运行
	6701	没有 CJ CALL 目标地址	
	6702	CALL 指令嵌套超过 6 次	
	6703	中断嵌套超过 3 次	
	6704	FOR NEXT 嵌套超过 6 个	
	6705	应用指令的操作数软元件错误	
	6706	应用指令的操作数软元件地址范围出错	
	6707	未设定文件寄存器参数，就对文件寄存器进行访问	
	6708	FROM TO 指令出错	
	6709	不正确的分支等	
	6710	参数之间不匹配	
	6730	采样时间对象范围错误	
	6732	输入滤波器常数对象范围出错	
	6733	比例增益的对象范围出错	
	6734	积分时间的对象范围出错	
	6735	微分增益的对象范围出错	

（续）

错误类型（软元件）	错误代码	错误原因	备注
运算出错（M8067、D8067）	6736	微分时间的对象范围出错	PLC 继续运行
	6740	采样时间小于运算周期	
	6742	测量值变化超出范围(PID)	
	6743	偏差超出范围(PID)	
	6744	积分时间超出范围	
	6745	由于微分增益超出导致微分值超出	
	6746	微分计算值超出	
	6747	PID 运算结果超出	
	6748	PID 输出上限设定值 < 输出下限值设定	
	6749	PID 输入变化量报警设定值、输出变化量报警值异常	
	6750	阶跃响应自整定结果出错	
	6751	阶跃响应自整定动作方向不一致	
	6760	来自伺服的 ABS 数据和校验不一致	
	6762	变频器指定的通信端口已经被占用	
	6763	DSZR DVIT ZRN 指令中指定的 X 已经被占用。 DVIT 指令中断信号软元件设定超出范围	
	6764	脉冲输入 Y 地址已经被占用	
	6765	应用指令使用次数出错	
	6770	快闪存储器的写入错误	
	6771	未连接快闪存储器	
	6772	快闪存储器禁止写入时写入出错	
	6773	RUN 时快闪存储器访问出错	
特殊模块出错（M8049、D8049）	*020	一般数据的和校验出错	PLC 继续运行
	*021	一般数据的报文出错	
	*090	FROM TO 访问的 BFM 地址出错	
	*091	外围设备访问出错	确认模块连接是否正常

参 考 文 献

[1] 阮友德. PLC 基础训练教程[M]. 北京：人民邮电出版社，2007.
[2] 阮友德. 电气控制与 PLC 实训教程[M]. 北京：人民邮电出版社，2006.